U0215517

Plants of Yanqing
延庆植物图鉴

李凤华　聂永国　郤瑞兰
马志刚　李建亮　郭艳霞　等 编著

中国林业出版社

图书在版编目（CIP）数据

延庆植物图鉴 / 李凤华等编著. -- 北京 : 中国林业出版社，2014.12
ISBN 978-7-5038-7785-8

Ⅰ. ①延… Ⅱ. ①李… Ⅲ. ①植物－延庆县－图集 Ⅳ. ①Q948.521.3-64

中国版本图书馆CIP数据核字（2014）第298285号

出 版 中国林业出版社（100009 北京市西城区德胜门内大街刘海胡同7号）
E-mail Lucky70021@sina.com
电 话 (010) 83143520
印 刷 北京卡乐富印刷有限公司
发 行 新华书店北京发行所
版 次 2015年1月第1版
印 次 2015年1月第1次
开 本 880mm × 1230mm 1/16
印 张 43
字 数 1000千字
定 价 680.00元

《延庆植物图鉴》编委会

编写说明

一、收录范围

本书以延庆县范围（15 个乡、镇）内的露地维管束植物为收录范围，以收录县域内分布的野生乔木、灌木、草本以及蕨类植物为主。同时收录部分常见栽培作物和园林绿化植物，其中一般能在露地栽培，并正常开花结实的植物均加以收入；常见农作物、花草尽量收录。

二、内容编排

第一章，延庆自然地理及植被概况，介绍延庆的基本自然条件及植被情况。

第二章，延庆植物调查新发现，介绍调查工作中的新发现，即《北京植物志》(1992) 等无记载的植物种，并进行详细阐述。

第三章，延庆重点保护植物。延庆分布的各种重点保护植物，包括“北京市重点保护植物”“国家重点保护植物”。

第四章，延庆植物各论，分为3个部分，科排列基本依据《北京植物志》所采用的顺序编排，即：

1. 蕨类植物，按秦仁昌教授 1976 年系统排列。

2. 裸子植物按《中国植物志》第七卷系统排列。

3. 被子植物各科按恩格勒和迪尔士 (Engler-Diels) 1936 年出版的 Syllabu der Pflenzenfamili-en 一书的第 11 版系统排列，按习惯将双子叶植物纲放在单子叶植物纲的前面。根据专家意见，将芍药属独立成芍药科 (Paeoniaceae)；五味子属独立成五味子科 (Schisandraceae)。

4. 科内各属按亲缘关系进行排列，属内各种的排列则以拉丁名字母顺序进行排列。

三、正文条例

1. 每个条目的项目包括：中文名、别名、拉丁学名、主要形态识别特征、花果期、生境、分布以及用途。

2. 中文名基本以《中国植物志》采用者为准，别名以常见者以及延庆地方名为主。

3. 拉丁学名以《中国植物志》英文版所采用的最新接受名为准，以方便国内外交流。因此，该书的拉丁学名与《北京植物志》相比，有不少变化。

4. 鉴于已经配有彩图，形态特征描述力求简明扼要，方便阅读。

5. 分布信息仅记录延庆境内，地名准确到乡镇或村和名山及自然保护区。

6. 照片：每种植物均配有 2~5 张彩色照片，展示其生境、根、茎、叶、花、果、种子等整体或局部特征，力求做到将植物的主要特征展示出来。绝大多数照片均拍摄于延庆县域内，以真实反映当地植物特色。

序

延庆地处北京西北，东邻怀柔，南接昌平，西与河北怀来接壤，北与河北赤城相邻；地势较高，平均海拔 500m 以上，为华北平原与蒙古高原之间的过渡地区，境内多山，如松山、玉渡山等高山；又多湿地，有妫河、白河、黑河、官厅水库、野鸭湖等。复杂多变的自然环境为植物提供了各种各样的生境，造就了延庆丰富多彩的植物区系。

自 2007 年以来，延庆县林业调查队跋山涉水、不畏艰辛，足迹几乎踏遍了延庆的各个角落，对延庆的植物资源进行了十分全面的考察，拍摄了大量的植物照片。经过整理鉴定，编写出《延庆植物图鉴》一书，记载延庆维管束植物 137 科 605 属 1242 种（变种）。这个数字已经超过了整个北京市所有已知野生植物的 2/3。在一个面积不大的县域内调查到这么多的物种，可见调查队工作做得有多细致。纵观全书，该书不仅仅是简单收录一些延庆的常见植物，而是广泛涉猎，物种收录十分全面。其中，有植物分类学家也难得一见的稀有濒危植物，如丁香叶忍冬（*Lonicera oblata*）、毛叶山樱花（*Cerasus serrulata* var. *pubescens*）、木贼麻黄（*Ephedra equisetina*）、拟漆姑（*Spergularia marina*）等；有北京地区近年的新记录植物，如侧金盏花（*Adonis amurensis*）、睡菜（*Menyanthes trifoliata*）、宽苞水柏枝（*Myricaria bracteata*）、箭报春（*Primula fistulosa*）等；甚至还记录了一些近年才进入中国的外来入侵植物，如刺果瓜（*Sicyos angulatus*）、刺萼龙葵（*Solanum rostratum*）、少花蒺藜草（*Cenchrus spinifex*）等。

书中每种植物基本都配有生境、植株和各种器官的特写照片，并配有主要识别特征、分布和利用等方面的简要说明，可谓图文并茂。本书作者长期从事林业调查工作，具有长期实地观察植物的丰富经验，能够在关键时期拍摄植物的关键性状，照片十分精美，尤其是多数种的花果特写照片，对读者认识和鉴别植物大有帮助。

近年来，图鉴方面的书籍出版不少，但在县域范围内较为系统的植物图鉴仍不多见。本书可谓是继湖北省《竹溪植物志》之后，对一个县域内植物调查较全面、展示较详细的一部专著了。《延庆植物图鉴》的出版，可对延庆、北京乃至整个华北地区的植物资源利用、植物区系研究、环境保护和植物学普及等方面起到积极的推动作用。此书的编写和出版，凝结着编著者多年来的辛勤汗水，在此我祝愿本书能早日问世，以为各方面所用。

王文采

2014. 7. 8.

中国科学院院士

前 言

植物是生物多样性的核心组成部分，是人类社会和经济可持续发展的基础资源。植物为人类提供了基本的食物、纤维、能源和医药，具有无可估量的生态、经济、文化和科学价值。植物也是维系生态系统功能最重要的组分，在维持生态平衡和改善人类生存环境方面具有不可替代的作用。在当今全球气候变化、经济高速发展、物种灭绝速度加快的背景下，开展植物资源调查，摸清一个地区的植物家底，并进行系统编目整理，对于指导植物多样性保护及可持续利用工作，具有极为重要的现实意义。

延庆地处北京西北，东邻怀柔，南接昌平，西与河北怀来接壤，北与河北赤城相邻，地势较高，海拔在356~2241m之间，平均海拔500m以上，为华北平原与蒙古高原之间的过渡地区。其三面环山，一面临水。境内多山，太行山脉和燕山山脉交汇于军都山，境内最高峰海坨山海拔2241m，同时也是北京的第二高山。多湿地，有妫河、白河、黑河、蔡家河、菜食河、官厅水库、野鸭湖等湿地。复杂多变的自然环境为植物提供了各种各样的生境，造就了延庆丰富多彩的植物区系。

延庆县历来十分重视生态环境保护和建设工作，长期以来开展了多项林业生态工程，如“飞、封、造”多措并举消灭荒山；工程造林治理荒滩；绿化美化营建新农村；到2012年开始的平原造林工程等。经过全县人民多年的不懈努力，延庆的山绿了，天蓝了，水清了，并先后获得“全国绿化模范县”“国家生态县”等荣誉称号，还成功申办了“2019年世界园艺博览会”。在这样的背景下，为了更好地开展植物多样性保护及可持续利用工作，同时让国人及国际友人了解延庆的植物多样性和生态文明建设，我们系统整理了历年积累的植物资料，编著了《延庆植物图鉴》。

该书决非编撰于一朝一夕，而是经过长期的野外调查、鉴定和整理工作后才得以完成。

早在2005年，延庆县林业调查队在进行湿地调查时，就开始关注延庆植物；此后，2007年调查队对全县湿地植物的分布及数量进行了详细调查。2007年以后，植物调查工作继续进行，范围也扩大到全县所有维管束植物。特别是从2012年开始加大调查力度，投入大量的人力物力，抽调专人常年进行调查。

为进行植物调查，调查队收集了大量的植物信息资料，包括志书、报告、论文及各种资料信息。其中，最重要的为《北京植物志》(1992)，记载了延庆分布的绝大多数植物；另外，《北京松山自然保护区综合科学考察报告》提供了松山植物名录；一些近年发表的论文，也提及延庆植物，如“北京地区湿地植物新记录”等；还有一些很有价值的内部资料，如野鸭湖自然保护区的湿地植物名录资料。此外，发达的网络也可提供不少有价值的信息。

野外调查工作也非想象中简单，而是一件琐碎而复杂的事情。为调查各种不同植物，调查队按如下区域、地质类型进行调查：山顶草甸、河流湿地、山麓平川旱地、沼泽盐碱地、东部山区、南部山区、南北部山区、军都山脉南暖区、石灰岩山地、火成岩山地等类型。为不错过植物的花果期，调查之前，需要把每个月开花的植物提前列出，按时调查。为了获取高质量照片，队里购置了高性能单反相机，同时配备了微距镜头以及其他必备用品。外业调查归来，当天的野外调查、数据及照片也要及时整理。

为了寻觅稀有的植物，需要付出艰辛的努力，有时还需要一些运气。如北京市一级保护植物大花杓兰和紫点杓兰，调查队数次上海坨山，甚至翻山越岭穿密灌走上数十里，才终得一见。凤凰坨的裂叶榆、四海岔石口的侧金盏花、千家店大石窑的柳穿鱼等，每一种植物都有一段动人的故事。

植物的鉴定也是极费工夫的事情。一个植物种的确定，可能花费一分钟、半小时，甚至是3天时间！还有一些植物极难鉴定，只能另外请教专家。资料汇总编目以及书稿撰写等工作，无不花费大量工夫。

《延庆植物图鉴》全书共分4章。第一章，延庆自然地理及植被概况；第二章，延庆植物调查新发现，重点介绍了64种《北京植物志》未记载的植物，包括2种《中国植物志》未记载的植物；第三章，延庆重点保护植物，共有73种，其中国家一级保护植物4种、国家二级保护植物25种、北京市一级重点保护植物4种，北京市二级重点保护植物58种，其中18种既是国家也是北京市重点保护植物，并简要介绍了部分重点物种的生存和保育状况；第四章，延庆植物各论，按照植物自然分类系统排列，共收录延庆维管束植物137科605属1242种（变种），其中蕨类植物13科19属33种，裸子植物4科7属14种，被子植物120科579属1195种，基本包括了绝大多数延庆维管束植物。各类基本依据《北京植物志》所采用的分类系统进行编排，以方便使用。全书每种植物全部配有野外实地拍摄的生境、植株及花果彩色照片，并辅以植物形态、产地、用途方面的简要文字说明，力求做到美观、简洁、实用。

该书是为植物科学和林业建设服务的一部基础工具书，可为延庆植物保护、研究和利用提供基础数据，还可为延庆绿化、林业区划、自然保护区建设等工作提供可靠依据，同时也可供广大植物爱好者、中小学生物教学、生物小组课外采集和观察植物时参考。

该书在编写及出版过程中，得到了各界的关心与帮助。延庆县园林绿化局各级领导十分关心与支持该项工作；北京市林业勘察设计院的薛康院长、王金增博士、李伟主任在植物资源调查工作中给予了重要的指导，延庆县乡土专家赵富周为调查、成书做了大量工作，贡献突出。美科尔（北京）生物科技有限公司也对该项工作给予大力支持；中国科学院植物研究所的王文采院士为该书的编写提出宝贵建议并作序，林秦文、刘冰博士协助审核并鉴定了大部分物种，为成书提供全方位的指导；在该书的出版过程中，中国林业出版社的相关工作人员从排版到编辑校对等方面做了很多工作，在此一并表示感谢。

由于编者的专业知识和能力有限，书中难免存在错漏之处，欢迎读者批评指正。

编著者

2014年7月15日

目　录

第一章　延庆自然地理及植被概况

一、延庆自然地理与气候概况

延庆地处首都北京市西北部（东经115° 44'～116° 34', 北纬40° 16'～40° 47'），东邻怀柔，南接昌平，西与河北怀来接壤，北与河北赤城相邻，为华北平原与蒙古高原之间的过渡地区。延庆地域总面积1993.75km^2，其中，山区面积占72.8%，平原面积占26.2%，水域面积占1%。延庆总体地形地貌特征为北东南三面环山，西临官厅水库，即延怀盆地，延庆位于盆地东部，地势较高，县城平均海拔500m左右（图1-1）。

延庆县属大陆性季风气候，是暖温带与中温带、半干旱与半湿润的过渡带，冬季干旱寒冷，夏季炎热多雨。受地形影响，春秋两季冷暖气流接触频繁，对流活跃，各气候要素波动很大。延庆县年平均温度8.7℃，极端最低温度–27.3℃，最高温度39℃。山区的千家店和大庄科地区属于山间河谷盆地和谷地，气候偏暖，平均气温9℃；海坨山和四海地区气候偏冷，平均气温6.3℃；山顶局部气温较低，平均气温为3℃。平均无霜期180～200天。降雨量少且集中在6、7、8几个月份，历年平均降雨量为441.8mm，且分布不均，四海、珍珠泉年降雨达600mm，而大榆树镇下屯地区仅为284mm。就全县整体来看，山区降雨高于平原。此外，延庆县由于受河北坝上及内蒙古高原气流影响，风力较大。

图1-1 延庆地形图

（一）行政区划

延庆县下辖11镇4乡：延庆镇、康庄镇、八达岭镇、永宁镇、旧县镇、张山营镇、四海镇、千家店镇、沈家营镇、大榆树镇、井庄镇、刘斌堡乡、大庄科乡、香营乡、珍珠泉乡。

（二）山地概况

延庆境内多山，山区面积占全境比例2/3以上，名山众多，有记载的山峰就有108座（表1-1）。

表1-1 延庆山峰列表

序号	山 名	海拔(m)	经纬度	位 置	主要特征
1	大海坨山	2241	N: 40° 34′ 29″ E: 115° 49′ 14″	张山营镇，张山营村北，延庆赤城交界	延庆第一高峰，上有高山草甸，有铁架
2	小海坨山	2198	N: 40° 33′ 30″ E: 115° 48′ 49″	张山营镇，张山营村北，大海坨山南侧	植被垂直分布明显，顶部平坦，有石碑，有面积广大的高山草甸
3	三海坨山	1854	N: 40° 32′ 24″ E: 115° 48′ 52″	张山营镇，张山营村北，小海坨山南侧	顶部平坦，有高山草甸
4	松山	1143	N: 40° 31′ 32″ E: 115° 49′ 22″	张山营镇，佛峪口村北	有温泉、八仙洞遗址植被丰富，溪流纵横为国家级自然保护区、著名风景区
5	马鞍山	1798	N: 40° 29′ 39″ E: 115° 44′ 03″	张山营镇，下营村西北	山形状如马鞍，半山有古代洞窟遗址，顶部有铁架
6	白石头坑	1380	N: 40° 30′ 24″ E: 115° 50′ 26″	张山营镇，张山营村北	地势险要，为局部高峰，顶部大白石有坑
7	玉渡山	957	N: 40° 33′ 08″ E: 115° 52′ 40″	张山营镇，玉皇庙村北	植被丰富，溪流纵横，为县级自然保护区、著名风景区顶有寺庙遗址
8	纪家岭	1758	N: 40° 35′ 43″ E: 115° 52′ 11″	张山营镇，海沟村西北	山顶有草甸，过去是平北革命根据地
9	大西山	1583	N: 40° 36′ 55″ E: 115° 54′ 00″	张山营镇，海沟村北	过去是革命根据地，山下有平北军分区司令部纪念碑
10	应梦寺山	1178	N: 40° 31′ 48″ E: 115° 55′ 58″	张山营镇，丁家堡北山	有应梦寺遗址，现修复，有古松树19株，顶有铁架
11	青寺顶	1210	N: 40° 31′ 56″ E: 115° 54′ 19″	张山营镇，教练场西北侧	山顶有寺庙遗址，有众多古松山势有华山之态
12	大北梁	1186	N: 40° 33′ 39″ E: 115° 54′ 36″	张山营镇，高家河村北	为局部高峰，顶部有铁架
13	黄土梁	1042	N: 40° 33′ 07″ E: 115° 56′ 33″	张山营镇，苏家河村北	为局部高峰，顶部有铁架
14	茶壶山	1076	N: 40° 31′ 47″ E: 115° 55′ 41″	张山营镇，教练场北山	状似茶壶，山势秀美
15	冠帽山	1321	N: 40° 32′ 13″ E: 115° 57′ 40″	张山营镇，黄柏寺北山	雄峙县城城北，为延庆标志性山峰，上有木架
16	玉皇顶	903	N: 40° 33′ 06″ E: 115° 59′ 57″	旧县镇，龙庆峡景区内	山腰有神仙院寺庙，顶有玉皇庙，有索道和登山步道
17	金刚山	874	N: 40° 33′ 19″ E: 115° 59′ 00″	旧县镇，龙庆峡景区内	有登山步道，山下有金刚寺
18	北燕羽山	1253	N: 40° 35′ 04″ E: 115° 59′ 57″	旧县镇，白草洼村东北	走白罗寺遗址登山，为局部高山
19	富贵山	1418	N: 40° 35′ 39″ E: 115° 58′ 06″	旧县镇，龙庆峡北深山中，赤城野猪窝村南	为局部山峰
20	半块豆腐山	1157	N: 40° 35′ 50″ E: 116° 00′ 49″	旧县镇，太安山村东北侧	山形状如豆腐块，局部高峰
21	馒头山	790	N: 40° 35′ 32″ E: 116° 02′ 43″	旧县镇，烧窑峪村北	山头上有明代摩崖石刻

（续）

序号	山 名	海拔(m)	经纬度	位 置	主要特征
22	榆树仙	1013	N: 40° 36′ 26″ E: 116° 03′ 52″	旧县镇，白羊峪村北	山顶有烽火台遗址和古榆树
23	佛爷顶	1253	N: 40° 35′ 56″ E: 116° 08′ 03″	香营乡，黑峪口村东北	局部高山，山顶有空军雷达站，昌赤路右侧有三香峰
24	五指山	1210	N: 40° 35′ 41″ E: 116° 11′ 27″	香营乡，辛庄堡北山	顶有铁架，烽火台
25	暴雨顶	1253	N: 40° 35′ 37″ E: 116° 13′ 03″	刘斌堡乡，刘斌堡村北	为局部高峰，雄伟高峻，上有长城遗址、铁架，后山植被丰富
26	老虎坑	1173	N: 40° 37′ 36″ E: 116° 12′ 21″	刘斌堡乡，柏木井村北	为废弃景区，植被丰富，有古长城，顶有铁架
27	猴石山	1100	N: 40° 37′ 39″ E: 116° 12′ 38″	刘斌堡乡，柏木井村北，老虎坑东侧	山石峻美，状如猴形
28	辽坡	1192	N: 40° 37′ 39″ E: 116° 06′ 56″	香营乡，昌赤路黑峪口梁西侧，云盘沟村南	山顶有草甸，有木质三角架，植被丰富
29	南天门	1178	N: 40° 16′ 27″ E: 115° 57′ 16″	八达岭镇，石峡村南	有古长城遗址，有通讯塔
30	石峡关	935	N: 40° 18′ 21″ E: 115° 56′ 12″	八达岭镇，石峡村西北	有古长城遗址
31	楼尖山	882	N: 40° 17′ 00″ E: 115° 58′ 33″	八达岭镇，石峡村榛子岭南	延庆最南端边界高峰
32	清水顶	1239	N: 40° 15′ 21″ E: 115° 56′ 41″	八达岭镇，营城子村南侧	有古长城遗址，为长城结点，上有气象站，有公路通到山顶
33	好汉坡	828	N: 40° 21′ 48″ E: 116° 01′ 02″	八达岭镇，八达岭景区北八楼	八达岭长城为国家著名景区
34	红叶岭	746	N: 40° 20′ 51″ E: 116° 01′ 16″	八达岭镇，青龙桥与石佛寺之间	秋天观赏红叶的佳地，东有青龙桥火车站
35	八达岭南楼	1019	N: 40° 19′ 51″ E: 115° 59′ 00″	八达岭镇，八达岭景区南楼	有古长城遗址
36	五桂头	573	N: 40° 19′ 53″ E: 116° 01′ 58″	关沟内，三堡村北	有五桂头、弹琴峡等历史遗迹
37	桃山	1045	N: 40° 22′ 17″ E: 116° 00′ 41″	八达岭镇，岔道村北，小张家口村南	山形如桃东侧有古长城遗址
38	莽山寨	939	N: 40° 22′ 24″ E: 116° 07′ 02″	井庄镇，碓臼石村东	山势险峻，状如莽头，从白龙坑村上山
39	白脖山	730	N: 40° 24′ 53″ E: 116° 03′ 19″	井庄镇，西红山村南	山顶有环形山寨遗址东有白河干渠
40	红门山	972	N: 40° 23′ 35″ E: 116° 02′ 40″	大榆树镇，小张家口村东南高峰	睁视妫川，西南与桃山相望
41	磨盘山	1066	N: 40° 18′ 42″ E: 116° 07′ 03″	井庄镇，西三岔村西南，昌平九仙庙村南	与昌平交界，植被丰富
42	玉皇山	726	N: 40° 27′ 14″ E: 116° 03′ 49″	井庄大榆树交界，阜高营村南，奚官营村东	离县城最近之山，观景佳地，山顶有玉皇庙遗址
43	南寨坡	578	N: 40° 24′ 25″ E: 115° 58′ 10″	大榆树镇，新堡庄村东独立小山	古堡遗址，山顶有环形寨墙，有寺庙遗址
44	笔架山	668	N: 40° 24′ 29″ E: 116° 00′ 03″	大榆树镇，东桑园村南	延庆南望，山形如笔架，顶有铁架
45	团山	733	N: 40° 32′ 15″ E: 116° 05′ 34″	旧县镇，团山村北，盆窑村东	独立山峰，有“独山月夜”之景山顶有寺庙遗迹
46	金牛山	542	N: 40° 30′ 09″ E: 116° 05′ 55″	永宁镇，吴坊营村南独立小山	状若卧牛，东南侧有温泉顶有铁架
47	无影山	526	N: 40° 30′ 33″ E: 116° 06′ 05″	永宁镇，吴坊营村北独立小山	山势低矮，日照无影

（续）

序号	山 名	海拔(m)	经纬度	位 置	主要特征
48	九龙山	791	N: 40° 32′ 00″ E: 116° 07′ 00″	永宁镇，吴坊营、新华营村北	延庆盆地当中靠东部突出的山脉，若龙脊然，阳坡有树植“九龙山”字样
49	石片梁	842	N: 40° 28′ 57″ E: 116° 08′ 28″	永宁镇，西灰岭村西，王木营村东	植被丰富，上有长城遗址
50	燕羽山	1278	N: 40° 25′ 32″ E: 116° 08′ 22″	井庄永宁交界，果树园村东高峰	两峰并峙，形如燕尾，上有测量标志
51	蚂蚁山	1007	N: 40° 24′ 10″ E: 116° 06′ 57″	井庄镇，窑湾村东	三峰并列，山形险峻秀丽
52	五座石	1144	N: 40° 26′ 09″ E: 116° 10′ 12″	永宁镇，四司村南	西与燕羽山相望五座石峰并立，西侧为古代要道边上有青龙潭、风动石景点
53	贼山	827	N: 40° 30′ 58″ E: 116° 12′ 11″	永宁镇，清泉铺村西南高峰	雄视永宁古镇，昔有贼人占山为王
54	仙髻山	987	N: 40° 34′ 30″ E: 116° 15′ 09″	刘斌堡乡正东，对公路	双峰并峙，状若髻然，上有铁架
55	晾马场	1096	N: 40° 28′ 13″ E: 116° 14′ 35″	永宁大庄科交界，营城村南，台自沟村北	有长城遗址，阴坡植被丰富，顶有铁架
56	五座山	1067	N: 40° 28′ 47″ E: 116° 16′ 11″	永宁镇马蹄湾村南	远观五座小山峰相连，山形峻美
57	鹰翅梁	1145	N: 40° 29′ 02″ E: 116° 17′ 08″	永宁大庄科交界，永宁偏坡峪村西南	状如鹰飞，有残长城遗址
58	凤凰坨	1530	N: 40° 29′ 54″ E: 116° 19′ 18″	四海永宁怀柔交界，西沟里村西，偏坡峪村东山峰	山形如凤凰，植被丰富，有高山草甸
59	北大坨子	1303	N: 40° 28′ 37″ E: 116° 25′ 25″	四海怀柔交界，岔石口村南	上有长城遗址，有木架
60	乔玉顶	1080	N: 40° 31′ 59″ E: 116° 22′ 51″	四海大胜岭村南	局部高峰，植被丰富
61	齐仙岭	551	N: 40° 38′ 48″ E: 116° 30′ 47″	珍珠泉乡，南天门村西北	烟筒沟梁风景区，有侧柏古树群、齐仙庙
62	猴石梁头	1318	N: 40° 33′ 14″ E: 116° 31′ 23″	珍珠泉乡，双金草村东	山峰似猴头状西侧有川沙路，上有铁架
63	二碴蹬	1367	N: 40° 33′ 05″ E: 116° 28′ 45″	珍珠泉乡，水泉子村南	局部高峰，上有铁架
64	望京石	1381	N: 40° 33′ 05″ E: 116° 28′ 45″	珍珠泉乡，水泉子村南	局部高峰，山顶平缓
65	卧牛石	1315	N: 40° 31′ 30″ E: 116° 27′ 23″	珍珠泉乡，郭家湾村北	局部高峰，上有长城
66	火焰山	1141	N: 40° 28′ 56″ E: 116° 30′ 08″	四海怀柔交界，石窑村东南	有长城遗址，为九眼楼风景区，南行可至箭扣长城
67	黑坨山	1534	N: 40° 29′ 49″ E: 116° 31′ 01″	四海怀柔交界，石窑村东高峰	山势险峻，有长城遗址
68	莲花山	1005	N: 40° 27′ 00″ E: 116° 16′ 27″	大庄科乡，汉家川村东	山石秀美，状如莲花，为县级自然保护区顶有瞭望塔
69	石缝山	672	N: 40° 22′ 39″ E: 116° 10′ 06″	大庄科乡，铁炉村南，大青沟村东	双峰并立，险峻至极
70	庙梁	619	N: 40° 24′ 20″ E: 116° 15′ 39″	大庄科乡，解字石村北山梁	山环水绕，有古长城
71	分水岭	940	N: 40° 22′ 32″ E: 116° 16′ 44″	大庄科昌平交界，香屯村南，昌平分水岭村北	上有铁架，植被丰富
72	石头山	767	N: 40° 26′ 24″ E: 116° 14′ 09″	大庄科乡大庄科东北山峰	独立山峰，植被丰富

（续）

序号	山 名	海拔（m）	经纬度	位 置	主要特征
73	封山	760	N: 40° 24′ 03″ E: 116° 12′ 02″	大庄科乡，慈母川西南山峰	为当地神山，禁止砍伐，植被丰茂
74	九里梁	1068	N: 40° 37′ 35″ E: 116° 16′ 29″	刘斌堡乡，九里梁村北	上有古长城遗址，东侧有去千家店古道
75	槟榔山	1231	N: 40° 40′ 42″ E: 116° 12′ 16″	香营千家店交界，东边村东，六道河村西	有天然侧柏林
76	北梁	907	N: 40° 40′ 32″ E: 116° 09′ 41″	香营乡，白河堡水库北侧	平顶，上有沙石公路、长城、烽火台、瞭望塔
77	降蓬山	1016	N: 40° 39′ 08″ E: 116° 07′ 17″	香营乡，白河堡水库西侧	东侧绝壁、北侧平顶、上有村落遗址
78	囤上后山	1407	N: 40° 36′ 27″ E: 116° 18′ 05″	四海镇，囤上村遗址北，石槽村西南	山势高峻，上有测量标志，西北有西孔山
79	小昆仑山	981	N: 40° 41′ 29″ E: 116° 14′ 42″	千家店镇，六道河村北	背斜地质遗迹
80	南猴顶	1477	N: 40° 38′ 28″ E: 116° 20′ 21″	千家店镇，石槽村东侧	为大滩自然保护区内局部高峰，顶有木架
81	鸭山	1403	N: 40° 37′ 17″ E: 116° 21′ 28″	千家店镇，石槽村东南3.5km	植被丰富，顶有铁架
82	南孔山	1227	N: 40° 36′ 47″ E: 116° 18′ 54″	千家店镇，石槽村南	山顶有天然孔洞
83	柏树林梁尖	1088	N: 40° 35′ 22″ E: 116° 22′ 27″	四海镇，上花楼村东北	局部高峰，植被丰富
84	梯子沟顶	1280	N: 40° 38′ 42″ E: 116° 27′ 28″	珍珠泉乡，珍珠泉乡转山子北	植被丰富，有天然侧柏林
85	照山	1235	N: 40° 39′ 45″ E: 116° 27′ 33″	千家店镇，滴水壶南侧山峰，东有仓米道村	北侧有滴水壶景观，山顶诸峰并立，当地风水山
86	鹰嘴山	1257	N: 40° 42′ 54″ E: 116° 11′ 14″	千家店镇，大石窑村西南3.5km高峰	山形如鹰嘴
87	钻天峁	1335	N: 40° 44′ 54″ E: 116° 14′ 10″	千家店镇，大石窑东北，西木门子东侧	与西木门子相对，上有松树一棵
88	西木门子	1314	N: 40° 44′ 39″ E: 116° 13′ 51″	千家店镇，大石窑东北	平顶、局部高峰
89	蚂蚁窝高尖	1494	N: 40° 45′ 23″ E: 116° 13′ 47″	千家店镇，大石窑村北，庙沟山南侧	植被丰富，山顶有蚂蚁窝，有水泥测量标志
90	庙沟山	1555	N: 40° 46′ 10″ E: 116° 13′ 30″	水头村北，营四路山东侧山峰	千家店第一高峰，植被丰富
91	营四路山	1490	N: 40° 46′ 30″ E: 116° 13′ 45″	千家店镇，水头村北赤城古仔房村东南	山势险峻，植被丰富
92	板场山	1487	N: 40° 46′ 55″ E: 116° 13′ 45″	水头村北，营四路山北侧山峰	上有三角架、蚂蚁窝
93	塔山	1209	N: 40° 44′ 24″ E: 116° 17′ 18″	千家店镇，水头村东，水头与茨顶之间高峰	山顶峥嵘，山形如塔
94	十八盘	1195	N: 40° 43′ 25″ E: 116° 17′ 30″	千家店镇，红旗甸东北	东北与黑山相对
95	大黑尖	1433	N: 40° 42′ 21″ E: 116° 12′ 06″	千家店镇，六道河村北，大石窑村西南	植被丰富，南眺白河水库，上有铁架
96	茨顶	1044	N: 40° 44′ 51″ E: 116° 19′ 14″	千家店镇，茨顶村北小山	山顶有古松一株，山势秀美
97	北南天门	1190	N: 40° 44′ 25″ E: 116° 19′ 44″	千家店镇，茨顶村南山峰	由系列像形山峰组成，秀美异常

（续）

序号	山 名	海拔(m)	经纬度	位 置	主要特征
98	黑山	1345	N: 40° 44′ 34″ E: 116° 18′ 22″	千家店镇，东邻茨顶，西北靠鹿叫，北有西平塌梁	山色暗，山顶险峻，上有通讯塔
99	大敞洼	1145	N: 40° 46′ 04″ E: 116° 21′ 46″	千家店镇，花盆村西北高峰南接虎头山	山势敞亮易见，山前有关帝庙
100	毛尖山	1048	N: 40° 43′ 57″ E: 116° 23′ 21″	千家店镇，千家店东北，前山村南侧	植被丰富，东侧有长嵯绝壁
101	毛公山	953	N: 40° 42′ 58″ E: 116° 22′ 09″	千家店镇，镇东侧之山	从辛栅子看，山形如毛泽东睡卧
102	道豁子南山	1139	N: 40° 42′ 38″ E: 116° 25′ 00″	千家店镇，前道豁子村遗址南，木化石景区北侧	植被丰富，南临白河峡谷，上有铁架
103	黄嵯沟山	1033	N: 40° 42′ 41″ E: 116° 24′ 18″	千家店镇，道豁子南山西侧	为道豁子南山之副峰
104	松树梁	1055	N: 40° 43′ 08″ E: 116° 26′ 07″	千家店镇，沙梁子西侧高峰	山势险峻，上有松树一棵
105	阳坡高尖	1103	N: 40° 43′ 37″ E: 116° 30′ 16″	千家店镇，怀柔交界，大楝树东侧山峰	山形如乌龟
106	妈妈骨朵山	973	N: 40° 42′ 33″ E: 116° 29′ 59″	千家店镇，沙梁子东南侧，怀柔交界	植被丰富，山形如乳峰，群峰竞秀
107	大西岔	1039	N: 40° 45′ 50″ E: 116° 26′ 52″	千家店镇，沙梁子北6.5km三道河村北	山势高峻雄伟，南眺黑河峡谷，有通讯塔
108	小西天	1040	N: 40° 45′ 44″ E: 116° 29′ 05″	千家店镇，东北邻大西岔山，三道河村东	山势峥嵘，西南有花沙路

延庆植物分布热点地区如下。

（1）松山（海坨山）

国家级自然保护区，位于张山营镇佛峪口水库以里。松山保护区地形复杂，海拔高度变化大，最低处海拔仅627.6m，最高峰海坨山海拔2241m，为延庆最高峰，同时也是北京第二高峰。由海拔变化导致的温度和水分分布的变化，使这里形成了较为明显的植被垂直分布带和丰富的植物种群，据统计有维管束植物近800余种。此外，保护区内保存有华北地区唯一的大片天然油松林，以及华北地区典型的天然次生阔叶林。

海坨山

（2）玉渡山

位于海坨山东麓，往东延伸至龙庆峡上游，属燕山余脉军都山脉的一部分。地貌以中山*为主。该地区有两条河，两河在三枝河处交汇注入龙庆峡。独特的地理环境和良好的水分条件，使得玉渡山植被茂密，物种繁多。

（3）凤凰坨

凤凰坨位于县城东30km，四海镇西南7.2km，西沟里村西，永宁四海两镇与怀柔区交界之处，四周群山连绵，峰顶秃峭，东侧一峰似凤凰独立，故有此名。凤凰坨海拔1530m，山势雄伟高峻，是延庆地

* 中山是海拔800m以上的山。

莲花山

石缝山

区有名的高山之一。该山东西走向，北坡平缓，南坡陡峭，山顶开阔，有古烽火台遗址，沟谷溪水清澈，常年不断。阴坡主要分布有蒙古栎、胡桃楸、山杨、白桦、黑桦；另外零星分布有裂叶榆。

(4) **莲花山**

位于大庄科乡汉家川村东北。莲花山主峰海拔1005m，余脉海拔600~700m。裸露的花岗岩，酷似含苞待放的莲花，蔚为壮观。群峰耸立，植被茂密，环境清幽，气候温和；这里分布着稀有的豆茶决明。

(5) **燕羽山**

位于永宁镇、井庄镇和大庄科乡交汇处，海拔1278m。山顶为双峰，山势陡峭，山脉为东西走向。阴坡湿度大，植物生长茂盛，分布着大面积的蕨（俗称蕨菜），供人们采食；坡面上生长着许多暴马丁香，花开时节，遍野芳香；另外零星分布有珍贵药用树种黄波罗。

(6) **石缝山**

位于大庄科乡铁炉村，海拔672m。孤峰突起，似鹤立鸡群，峰上部裸岩呈粉红色，从前看似一道石缝将山体分开，从后看两座独立山峰又合二为一形成独特山峰，山顶石缝有一石桥，这里气候比城里低4℃，泉水长流，植被茂盛，阳坡主要分布有山杏、山桃、栾树、鼠李、荆条、白羊草等。阴坡有胡桃楸、暴马丁香、山荆子、绣线菊、榛板、薹草。沟底分布有北京二级保护植物球子蕨。

（三）湿地概况

延庆湿地分类（见表1-2）。

表1-2 延庆湿地分类

湿地类型	湿地名称	级 别	地点名称
自然湿地	河流	一级永久性河流	白河、妫河
		二级河流	黑河、菜食河、古城河、蔡家河
人工湿地	鱼塘		谷家营、农场、吴庄、康庄
	水库	大型水库	官厅水库
		中型水库	白河水库
		小型水库	龙庆峡水库、佛峪口水库
	人工引水渠		白河水库干渠
	稻田		田宋营

据调查，延庆湿地总面积约3694.6hm²，其中天然湿地1651.5hm²，主要为河流湿地及少数天然池塘；人工湿地2043.1hm²，包括公园湿地、水库湿地、坑塘稻田湿地和人工水渠。

（1）**河流湿地**

延庆河流众多，孕育了丰富的湿地植物，重要的河流主要有以下4条。

白河：起源于河北沽源，经赤诚流入延庆县，流经香营乡白河堡、千家店镇后注入密云水库。沿河两岸植被有杨柳树、扁秆藨草、北水苦荬、水蒿、艾蒿、千屈菜、水麦冬、苍耳、狐尾藻、金鱼藻、眼子菜等。

黑河：起源于河北省赤诚县的东卯镇，流经延庆花盆村、沙梁子村到菜木沟村汇入白河。沿河两岸除了人工杨柳树外，莎草科植物种类丰富。

蔡家河：起源于张山营镇的吴庄村、田宋营村，向西流入官厅水库。主要湿地植物有慈姑、泽泻、黑三棱、酸模叶蓼、睡菜、野大豆、香蒲、水芹、豆瓣菜等。

菜食河：起源于四海镇海子口村，经珍珠泉乡流入怀柔境内。河流海拔较高，植物种类丰富。

（2）**水库湿地**

官厅水库：面积1156.0hm²。库区周围分布有大量的人工杨柳树，野生草本主要有扁秆藨草、针蔺、香蒲、芦苇等。

康西草原：面积15.4hm²。主要分布有盐碱地植物，例如，砂引草、苍耳、猪毛菜、狗娃花、牛鞭草、泽兰、假苇拂子茅等。

白河堡水库：湿地面积275.5hm²。湿地分布植物种有苍耳、意大利苍耳、狗娃花、赖草、酸模叶蓼、小蓬草、鹤虱等。

（3）**公园湿地**

野鸭湖：面积775hm²。主要的湿生植物如挺水植物芦苇、狭叶香蒲，有许多淡水水生植物，特别是沉水和浮水植物。例如，蓖齿眼子菜、菹草、金鱼藻、大茨藻等。

金牛湖：湿地面积67.1hm²。主要植物中有香蒲、花蔺、针蔺、扁秆藨草、水毛茛、虎尾藻、黑藻等。

三里河：湿地面积53.7hm²。主要植物有芦苇、香蒲、茭白、蒲公英、委陵菜、柳叶鬼针草等。

（4）**人工水渠**

白河引水渠：总长度92.12km。其中南干渠全长53.75km，北干渠24.64km。十三陵补水渠6.33km，官厅水库补水渠7.4km。每年向延庆县川区提供灌溉用水0.3亿~0.4亿m³，向官厅水库、十三陵水库补

官厅湖

野鸭湖

水1.2亿m³。

（5）**坑塘、稻田**

环湖鱼池面积336hm²，水田面积96.6hm²，自然水池37.7hm²，蓄水区73.7hm²。

（6）**延庆湿地自然保护区**（表1-3）。

妫河

表1-3 延庆湿地自然保护区

保护区名称	级别	面积（hm²）	批建时间	保护对象	主管部门
野鸭湖市级湿地自然保护区	市级	9000	1997年7月	湿地、候鸟	林业
金牛湖县级自然保护区	县级	1000	1999年12月	湿地、候鸟	林业
白河堡水库县级保护区	县级	8260	1999年12月	水源涵养林、侯鸟	林业

二、延庆植被概况

延庆复杂多变的自然环境为植物提供了各种各样的生境，造就了丰富多彩的植被类型。根据植被特征，结合自然条件状况，延庆植被可分为以下类型（表1-4）。

表1-4 延庆植被类型表

植被大类	植被小类	植被类型	代表物种	海拔范围(m)	代表分布地
草甸		亚高山草甸	薹草属、胭脂花、大花杓兰	2000 以上	海坨山
灌丛	高山灌丛	金露梅—银露梅灌丛	金露梅、银露梅等	1800~2000	海坨山
	低山灌丛	荆条灌丛	荆条、蚂蚱腿子	300~700	张山营北山
		三裂绣线菊—土庄绣线菊灌丛	绣线菊、酸枣、卵叶鼠李	700~1000	三道河村东沟
		山桃—山杏灌丛	山杏、山桃、卵叶鼠李、荆条、栾树	500~800	大庄科乡铁炉村
		榛子灌丛	榛、毛榛等	700~1200	四海镇岔石口村
		大花溲疏灌丛	大花溲疏、蚂蚱腿子等	400~700	玉皇庙村北山
森林	针叶林	华北落叶松林	华北落叶松、山杨、栎类	700~1300	四海镇海字口村
		油松林	油松、蒙古栎、椴树、元宝枫	1000~1500	松山
	落叶阔叶林	白桦林	白桦、山杨、坚桦、六道木、蒙古栎	1000~1600	千家店镇南猴顶
		蒙古栎林	蒙古栎、椴树、元宝枫、鹅耳枥、春榆等	600~1100	玉渡山
		杂木林	黑桦、蒙古栎、胡桃楸、裂叶榆等	1200~1800	凤凰坨
		山杨林	山杨、落叶松、蒙古栎、榛、胡枝子	600~900	四海镇菜食河

（续）

植被大类	植被小类	植被类型	代表物种	海拔范围 (m)	代表分布地
湿地	沼泽	芦苇群落	芦苇、香蒲、黑三棱、茭白	450~500	官厅水库淹没区
		香蒲群落	香蒲、扁秆藨草、针蔺	450~500	官厅水库淹没区
		假苇拂子茅群落	假苇拂子茅、牛鞭草、大刺菜、泽兰	450~500	官厅水库淹没区
		茭白群落	茭白、芦苇、黑三棱、香蒲	450~500	官厅水库淹没区
	河流	水芹群落	水芹、酸模叶蓼、豆瓣菜	500~600	妫河
		睡菜群落	睡菜、盒子菜、香蒲、泽泻、慈姑、花蔺	500~600	张山营镇田宋营村
	水生植被	泽泻群落	泽泻、慈姑、花蔺、莎草科植物等	500~600	菜家河
		慈姑群落	慈姑、泽泻、花蔺、莎草科植物等	500~600	菜家河
		水葱群落	水葱、扁秆藨草、水毛花、针蔺	480~500	官厅水库淹没区
		菖蒲群落	菖蒲、小香蒲、荇菜、眼子菜、狐尾藻	480~500	官厅水库淹没区
		荇菜群落	荇菜、眼子菜、金鱼藻、狐尾藻	480~500	官厅河叉
人工林	山地	侧柏林	侧柏、鼠李、小叶白蜡、荆条、山桃	500~1000	张山营北山
	平原	旱柳林	旱柳、榆树、杨树	500~600	井庄镇北老君堂
农业植被	人工群落	农田	玉米、土豆、蔬菜、苹果、梨、桃、葡萄	500~700	旧县白羊峪

延庆主要植被类型简介如下。

（一）亚高山草甸

亚高山草甸仅分布于延庆海坨山，海拔在2000m以上。该类型是高寒草甸的一种类型，以耐寒冷、密丛短根茎地下芽嵩草以及薹草、禾草、杂类草为建群植物的草甸群落，并杂且有蓼科、菊科、报春花科、兰科等众多野花，夏季野花盛开，姹紫嫣红，故又得名“百花草甸”。主要的代表植物种类有胭脂花、岩青兰、翠雀、叉分蓼、拳参、黑柴胡、白苞筋骨草、紫苞风毛菊、细裂叶蒿、野罂粟、白缘蒲公英、紫羊茅等。

亚高山草甸

（二）灌丛

（1）金露梅—银露梅灌丛

金露梅—银露梅灌丛为天然高山灌丛，分布在海拔1800m以上的山脊或山坡的上部，灌木层几乎全为金露梅和银露梅所占据；草本层多为耐寒耐旱草本组成，如紫苞风毛菊、小丛红景天、火绒草、地榆、白莲蒿、野罂粟、小红菊、岩青兰、大叶龙胆、卷耳、老鹤草等。

（2）荆条灌丛

荆条灌丛分布较广，由低山栎林破坏后演替而成，分布于海拔800m以下的阳坡、半阳坡，荆条是灌木层的单一优势种，其中有少量的三裂绣线菊、多花胡枝子、酸枣、细叶小檗等。草本层以旱生种类为

荆条灌丛

山杏灌丛

主，包括披针叶薹草、白羊草、多叶隐子草、白头翁、小花鬼针草、猪毛菜、野鸢尾、火绒草等。

（3）三裂绣线菊—土庄绣线菊灌丛

三裂绣线菊灌丛主要分布在海拔1100m以下的阴坡或海拔1100~1400m的阳坡。灌木除三裂绣线菊外，还有胡枝子、蚂蚱腿子、照山白等；草本植物常见有矮丛薹草、苍术、白莲蒿、桔梗、石竹等。土庄绣线菊灌丛分布在海拔900~1400m阳坡，伴生有照山白、六道木、山桃、巧玲花等；草本种类丰富，以矮丛薹草为主、还有野古草、白莲蒿、甘野菊、石竹、桔梗、展叶沙参等。

（4）山桃—山杏灌丛

山桃—山杏灌丛在北京山区分布较广，绝大多数分布在海拔450~1200m的阳坡半阳坡。以灌丛为主，局部地段形成矮疏林。群落种类组成较简单。灌木有山桃、山杏、暴马丁香、大花溲疏和土庄绣线菊等；草本主要包括白莲蒿、披碱草、早熟禾、木本香薷、唐松草、大油芒、北京隐子草、北柴胡、阿尔泰狗娃花、野古草等。

（5）黑桦林榛子灌丛

主要分布在海拔600~1000m的阴坡的疏林地带。伴生的植物有胡枝子、六道木、蚂蚱腿子；草本有华北风毛菊、糙苏、蓝萼香茶菜、紫菀、歪头菜、黄精、北柴胡、大披针薹草、矮薹草等。

（6）大花溲疏灌丛

主要分布在海拔500~800m的低山阳坡。伴生植物有山杏、酸枣、鼠李、荆条、绣线菊、红花锦鸡儿、白莲蒿、白羊草、祁州漏芦等。

大花溲疏灌丛

鼠李灌丛

荻草丛

（7）牛叠肚灌丛

主要分布在海拔600~1000m的阴坡、沟谷及疏林下。伴生植物有蒙古栎、暴马丁香、山杏、白蜡；灌木有胡枝子、榛板、北五味子；草本有远东芨芨草、大披针薹草、矮薹草等。

（8）荻草丛

分布在玉渡山水库北岸、箭杆岭沟、烧窑峪北山洼地等，集中连片，密丛，单一，周围很少有其他植物。到了秋季，穗为白色，叶子也变成了黄色，给大自然增添了美的色彩。

（三）主要森林类型

（1）华北落叶松林

华北落叶松林主要分布在白河水库南山、四海镇海字口村。海拔800~1200m的山地阴坡，常混生有蒙古栎、山杨、大叶白蜡、椴树等，在土壤湿润地段还混有胡桃楸。林下开阔，地面为厚松针层覆盖，林下植被常较稀疏。有零星分布的植物种如：六道木、太平花、毛榛、胡枝子、土庄绣线菊、小花溲疏、锦带花等种类。

（2）油松林

油松林广泛分布在海拔1300m以下的山区，多为人工林，其中松山自然保护区有较大面积的天然油松林。油松林大部分为纯林，树冠茂密，地面为厚松针层覆盖，林下植被常较稀疏。有零星分布的植物如：荆条、山杏、胡枝子、三裂绣线菊、雀儿舌头等种类。

（3）蒙古栎林

蒙古栎林主要分布在延庆东部山区的海拔600~1000m的阴坡、阳坡或半阴坡，由于过去人为过度采伐，导致蒙古栎林高低、粗细参差不齐。伴生树种有椴树、元宝枫、鹅耳枥、春榆、大叶白蜡、元宝枫、栾树、暴马丁香等。灌木层有金花忍冬、北京忍冬、照山白、迎红杜鹃等；藤本植物北五味子等。草本层生长状况极好，主要由宽叶薹草、披针薹草、银背风毛菊、地榆、唐松草、歪头菜、小红菊、糙苏、舞鹤草、展枝沙参等组成。

华北落叶松林

油松林

蒙古栎林

黄桦林

（4）白桦林

白桦林一般分布于海拔1000~2000m的中高山地。林相整齐，树干挺直，树皮白色，常与黑桦、硕桦、花楸、蒙古栎、山杨形成不同的混交群落。林下灌木丰富，主要包括毛榛、六道木、胡枝子、照山白、美蔷薇、土庄绣线菊、接骨木、金花忍冬等；林间则缠绕有山葡萄、穿山龙等藤本植物；草本层发育较好，主要有披针薹草、宽叶薹草、藜芦、玉竹、歪头菜、糙苏、返顾马先蒿、舞鹤草、地榆、东亚唐松草、银背风毛菊、乌苏里风毛菊、篦苞风毛菊、类叶升麻、荚果蕨等。

（5）黑桦林

黑桦林是在蒙古栎林遭重复砍伐后发育成的次生林型，林内伴生乔木树种以糠椴、蒙古栎为多，其次有白桦、大叶白蜡等；林下灌木主要种类有胡枝子、土庄绣线菊、金花忍冬、平榛、小花溲疏等；藤本植物可见山葡萄、穿山龙；草本层除披针薹草、野青茅外，还有紫菀、三褶脉紫菀、展枝沙参、二叶舌唇兰、鹿药、藜芦、歪头菜、玉竹、北柴胡、银背风毛菊、地榆等。

（6）山杨林

山杨林常呈片状或带状分布，树冠较整齐，结构简单。常与白桦、槲栎或蒙古栎混交，有的还会混有大叶白蜡、蒙椴、糠椴等。灌木层有毛榛、平榛、土庄绣线菊、圆叶鼠李、东北茶藨子、六道木、胡枝子等，草本层有披针薹草、野青茅、篦苞风毛菊、北柴胡、委陵菜、龙牙草、展枝沙参等。

（7）椴树林

椴树林见于延庆海拔500~1600m的阴坡、半阴坡。椴树林以紫椴为优势，其次糠椴和蒙椴也有分布，紫椴主要分布在松山、玉渡山、东部山区，糠椴和蒙椴有零星分布。其他伴生乔木有蒙古栎、白蜡树、山杨等；灌木主要以毛榛和胡枝子为主，此外较多的有六道木、三裂绣线菊、蚂蚱腿子等；草本植物较稀疏，以披针薹草为主。

（四）主要湿地群落类型

1. 水生植物群落

（1）北京水毛茛群落

北京水毛茛在延庆较为多见，主要分布在玉渡山、妫河、张山营镇、大庄科乡等地，有时可与水毛茛混生。一般春夏之交时开花，盛开时可呈现大片的白色花朵铺于水面的美丽景象，伴生种有狐尾藻、眼子菜属植物等。

（2）狸藻群落

该群落较为少见，延庆见于张山营镇的野鸭湖西卓家营村、下营村南池塘。这也是唯一的一种食虫植物群落，群落外貌较为零乱，常混生大量藻类以及苔藓类的植物，花期时黄色花朵伸出水面。

河滩草丛

（3）眼子菜群落

该群落广泛分布于池塘以及溪流湿地中，是重要的湿地植物群落类型之一，常由眼子菜属的一种或数种植物组成。由于眼子菜属植物繁殖较快，常可迅速占满整个水体，形成大小不一的群落。群落中还常混生有黑藻、金鱼藻、大茨藻、狐尾藻、角果藻等沉水植物种类。此外，眼子菜群落及浮叶眼子菜群落则是根生浮叶植物群落，由沉水植物和浮叶植物共同组成，是沉水植物群落到浮水植物群落的过渡类型。

（4）槐叶苹群落

该群落主要分布于静水池塘或将河流截成的人工湖水面上，如妫河从日上大桥到师范路大桥段水面布满了槐叶苹，形成了靓丽的风景；并常与其他漂浮植物混生。

（5）荇菜群落

该群落主要分布于静水池塘、水库浅水区水面。延庆见于西卓家营村南池塘、西湖南河汊及池塘、农场大桥北河汊，呈集中连片分布。荇菜群落外貌整齐，花开时金黄一片，蔚为壮观。

2. 沼泽植被

（1）香蒲群落

该群落为浅水沼泽型湿地植物群落，也是最重要的湿地植物群落之一。香蒲群落以水烛、蒙古香蒲、小香蒲等为优势种，可形成面积较大的单一优势群落，也常几种香蒲混生，或以芦苇、菖蒲、水葱、慈姑、泽泻及蓼属植物等混生。

（2）芦苇群落

该群落是最重要的湿地植物群落之一，能适应各种不同的水深。芦苇群落高度依环境好坏可有很大变化，一般高度在2~3m，但条件差的群落高度可能不到1m，结构可分为3层，由挺水植物、浮水或浮叶植物及沉水植物共同组成，伴生植物种类丰富，可达10种以上。

芦苇群落

（3）茭白群落

野生茭白少见，但在延庆有分布，如：三里河、江水泉公园、妫河两岸。野生的茭白群落种类组成单一，少有伴生物种，能正常抽穗，花期时群落高度可达2~3m，群落春季初生时呈浅绿色，夏季茂盛时呈现暗绿色，秋后枯黄。

3. 河流湿地植被

（1）水芹群落

该群落常见于延庆河流、溪水边，并伴生许多其他沼生或湿生植物，花白色。

（2）睡菜群落

该群落分布于蔡家河沿岸田宋营段，沼泽及浅水处，早春开白色花，叶片类似慈姑，并与多种湿地植物伴生。

（3）盒子草群落

该群落主要见于蔡家河沿岸田宋营段，常攀附于其他湿地植物上成片生长。盒子草秋后大量开花，整个群落外貌呈现黄白色。

4. 人工林植被

（1）山地侧柏林

人工侧柏林以2000年后在浅山区营建的为主面积较大。造林树种主要是侧柏，少混有油松、山杏、黄栌、栎类等树种。造林地多选荒山、灌木林地内进行，因此灌木茂盛，以荆条为优势种，其他还有小叶鼠李、酸枣、蚂蚱腿子、土庄绣线菊、三裂绣线菊、雀儿舌头、薄皮木等；草本层则有白羊草、披针薹草、委陵菜、多歧沙参、蒙古蒿、狗尾草、远志等。

（2）平原杨柳林

杨柳科多高大乔木，是早期造林的当家树种，杨属的北京杨、加杨等，高大、干形通直，出材率高；柳属的垂柳、旱柳等树形婀娜，绿化美化效果好；延庆平原杨柳林分布广泛，至今仍是人工造林的主选树种。沙柳、蒿柳，多自然繁殖，分布于河道两侧、湿地及周边，植株矮化成灌。杨柳林下郁闭度大，伴生种少，有禾本科植物、车前子、水蒿等。柳属其他种类，如沙柳、蒿柳、红皮柳等，常以灌木林的形态存在于湿地周边。

平原旱柳林

第二章　延庆植物调查新发现

有关延庆植物记录最重要的志书为《北京植物志》(1992)，共记载有延庆植物488种，实际调查到453种，另有36种没有在延庆发现；《北京松山自然保护区综合科学考察报告》记载松山植物783种，实际调查全部见到；"野鸭湖植物名录"记载368种野鸭湖植物，实际调查全部见到；一些近期新发表论文中的有关延庆的植物调查中也均有发现。最终调查结果显示，延庆共发现维管束植物1242种，其中553种为延庆分布新记录，64种为《北京植物志》(1992)所未记载，2种为《中国植物志》未记载。这些资料具有一定的价值，特整理介绍如下。

1.球子蕨　*Onoclea sensibilis* L.

《北京植物志》记载北京怀柔喇叭沟门、昌平、延庆有该种分布，但已经多年未再有人发现。在延庆大庄科发现了该种植物的一个居群，约有上千株个体，为该物种在延庆及北京的分布提供了确切依据。

2.河北柳　*Salix taishanensis* var. *hebeinica* C. F. Fang

《北京植物志》无记录，《中国植物志》记载该种产河北蔚县小五台山（模式产地）。在延庆玉渡山发现了一种与黄花柳显然不同的柳属植物，经北京林业大学何理博士鉴定为该种，为河北柳在延庆以及北京的分布新记录。

3.乌柳　*Salix cheilophila* Schneid.

该种在《河北植物志》记载产张北，在《北京植物志》无记载，在玉渡山溪流边发现，数量不多。为北京新记录植物。

4.旱榆　*Ulmus glaucescens* Franch.

《河北植物志》记载该种产河北张家口赐儿山，《北京植物志》无记载，延庆千家店镇上奶子山村阳坡第一次发现，后来在应梦寺、松山保护区等多地发现，分布在海拔600~1100m阳坡，数量很多，为北京新记录植物。

5.西伯利亚滨藜　*Atriplex sibirica* L.

《河北植物志》记载该种产张家口，在盐碱地上生长。《北京植物志》无记载。经调查在张山营镇以西、康庄镇西部的盐碱地上有分布，数量不多。该种为北京的新记录植物。

6.雾冰藜　*Bassia dasyphylla* (Fisch. et Mey.) O. Kuntze

《河北植物志》记载该种产于承德、张家口、蔚县小五台山。《北京植物志》无记载。在张山营镇西部、康庄镇西部的沙丘、盐碱地发现，数量不多。为延庆及北京的新记录植物。

7.绿穗苋 *Amaranthus hybridus* L.

《中国植物志》记载该种产于陕西南部、河南、安徽、江苏、浙江、湖南、湖北、四川、贵州。《北京植物志》无记载。在北老君堂南妫河边农田发现此植物，数量不多，是延庆北京新记录植物。

8.细叶孩儿参 *Pseudostellaria sylvatica* (Maxim.) Pax

《中国植物志》记载该种分布东北地区，河北、河南、湖北、陕西、甘肃、新疆、四川、云南、西藏等地。《北京植物志》无记载。在玉渡山林下，海拔1000m左右见到，数量很少，为延庆及北京的新记录植物。

9.河北石头花 *Gypsophila tschiliensis* J.Krause

《中国植物志》记载该种产于河北小五台山，《北京植物志》无记载。在海坨山见到，为延庆及北京新记录植物 。

10.唐松草 *Thalictrum aquilegiifolium* var. *sibiricum* Regel et Tiling

唐松草无记载。延庆在海坨山阴坡林间草丛中发现，为延庆及北京新记录植物。

11.兴安白头翁 *Pulsatilla dahurica* (Fisch.) Spreng.

《内蒙古植物志》记载该种产于呼伦贝尔盟、兴安盟。《北京植物志》无记载。在海坨山阳坡发现，分布在海拔1500~1800m的阳坡，数量很多。为延庆及北京新记录植物。

12.卷萼铁线莲 *Clematis tubulosa* Turcz.

以往《中国植物志》和《北京植物志》均将该种归并于大叶铁线莲*Clematis heracleifolia* DC.中。但据王文采院士研究结果，尽管该种枝叶与后者相似，但该种花梗极短，花萼上密被绒毛，与后者显然有区别。该种在延庆松山、玉渡山等地均有分布。

13.侧金盏花 *Adonis amurensis* Regel et Radde

该种主产东北地区，《河北植物志》记载该种亦产阜平龙泉关。经“驴友”提供信息，在延庆四海与怀柔交界的岔石口地区发现了该种植物的一个居群，大约有几十株活体，十分稀有，又是早春开花极早的植物，十分独特，为延庆及北京的新记录植物。

14、小药八旦子 *Corydalis caudata* (Lam.) Pers.

《中国植物志》记载北京、河北、山东、山西、江苏、安徽、湖北、陕西和甘肃东部均有该种分布，而《北京植物志》无记载。在玉渡山、松山等地阴湿林下成片分布，数量很多，为延庆及北京新记录植物。

15.北京延胡索 *Corydalis gamosepala* Maxim.

《中国植物志》记载北京、河北、山东、山西、内蒙古、陕西、甘肃东部及宁夏有该种分布，《北京植物志》无记载。在井庄镇西三岔、珍珠泉乡的南山阴坡一带均有分布，数量较多，为延庆及北京新记录植物。

16.黄花糖芥 *Erysimum bungei f. flavum* (Kitagawa) K. C. Kuan

《中国植物志》记载产于辽宁，《北京植物志》无记载。延庆在大庄科发现，分布在海拔500~800m山上，数量很多。为延庆及北京新记录植物。

17.豆梨 *Pyrus calleryana* Decne

《中国植物志》记载该种产于山东、河南、江苏、浙江、安徽、湖北、湖南、福建、广东、广西。《北京植物志》无记载。在旧县镇太安山发现，为延庆及北京新记录植物。

18.长叶地榆 *Sanguisorba officinalis* var. *longifolia* (Bertol.) Yü et Li

《河北植物志》记载该种产河北北部，《北京植物志》无记载。在延庆多分布在东部山区，以四海镇山区为最多，海拔600~1200m，为延庆及北京新记录植物。

19.毛叶山樱花 *Cerasus serrulata* var. *pubescens* (Makino) Yü et Li

《北京植物志》记载该种产昌平南口，《河北植物志》还记载产河北遵化、武安等地。在延庆张山营镇后河南阴坡，发现该种居群，分布海拔高度为800~1000m，为延庆新记录植物。作为樱花的野生种质资源，该种具有潜在的重要价值。

20.牛枝子 *Lespedeza potaninii* Vass.

《内蒙古植物志》记载该种产乌兰察布盟南部、伊克昭盟、巴彦淖尔盟。《北京植物志》无记载。在延庆平川和低山路边均可见到，常与其他胡枝子混生，为延庆及北京的新记录植物。

21.骆驼蒿 *Peganum nigellastrum* Bunge

《河北植物志》记载该种产张家口、宣化等地。《北京植物志》无记载。在延庆张山营以西，与河北怀来接壤的风沙旱地上发现，为延庆及北京的新记录植物。

22.斑地锦 *Euphorbia maculata* L.

《中国植物志》记载该种产于湖南、江苏、浙江、台湾、江西、福建、广东、广西、海南和云南。《北京植物志》无记载。发现于永宁镇永新堡农田，数量不多，偶见，为延庆及北京新记录植物。

23.卵叶鼠李 *Rhamnus bungeana* J. Vass.

《河北植物志》记载该种产于磁县炉峰山，北京门头沟的妙峰山，但《北京植物志》无记载。过去将本种多鉴定为小叶鼠李*R. parvifolia* Bunge。经调查本种在延庆海拔1000m以下阳坡均有分布，数量庞大，为延庆及北京新记录植物。

24.宽苞水柏枝 *Myricaria bracteata* Royle

《河北植物志》记载该种产赤城等地。《北京植物志》无记载。延庆康庄镇火烧营北鱼池边发现，只有一株，生长在盐碱地上，为延庆及北京新记录植物。

25.总裂叶堇菜 *Viola dissecta* var. *incisa* (Turcz.) Y. S. Chen

《河北植物志》记载该种产于宣化庞家堡、北京怀柔喇叭沟门、门头沟东灵山，但《北京植物志》无记载。在靳家堡北山及其他地方发现有零星分布，数量不多。为延庆及北京新记录植物。

26.蒙古堇菜 *Viola mongolica* Franch.

《河北植物志》记载该种产于承德山区、北京妙峰山、金山，但《北京植物志》无记载。在井庄镇西三岔发现，数量很多。为延庆及北京新记录植物。

27.沙棘 *Hippophae rhamnoides* L.

《河北植物志》记载本种产于怀安、阳源、蔚县，《北京植物志》无记载。在延庆旧县镇的云瀑沟、刘斌堡乡北山等地均有分布。有很多栽培，故不提新记录。

28.谷蓼 *Circaea erubescens* Franch. et Savat.

《中国植物志》记载本种产于黑龙江、辽宁、山东及江苏沿海地区至浙江舟山群岛。《北京植物志》无记载。在延庆见于千家店镇菜木沟村栽培。为延庆及北京的新记录植物。

29.小花柳叶菜 *Epilobium parviflorum* Schreb.

《河北植物志》记载本种产河北涞源白石山、内邱小岭底；北京百花山、潭柘寺。《北京植物志》无记载。在千家店镇的滴水壶、玉渡山发现了该植物，存量不少，为延庆及北京新记录植物。

30.多枝柳叶菜 *Epilobium fastigiatoramosum* Nakai

《河北植物志》记载本种产蔚县小五台山、东陵、兴隆雾灵山、承德长山峪、阜平；北京百花山。《北京植物志》无记载。经调查在香营乡大云盘沟见到该种植物，但数量极小，只有2株。为延庆及北京新记录植物。

31.毛脉柳叶菜 *Epilobium amurense* Hausskn.

《河北植物志》记载该种产河北兴隆雾灵山。《北京植物志》无记载。在延庆松山景区、玉渡山等溪流处生长着数量不多的该植物，为延庆及北京的新记录植物。

32.岩生报春 *Primula saxatilis* Kom.

《河北植物志》记载该种产于太行山区、北京密云坡头。《北京植物志》无记载。在水泉南沟发现，零星分布在海拔800~1000m的阴坡，数量不多，为延庆及北京新记录植物。

33.粉报春 *Primula farinosa* L.

《河北植物志》记载本种产于张北神威台。《北京植物志》无记载。在千家店镇滴水壶石壁上被发现，数量较多，其他地方没有出现过，为延庆及北京新记录植物。

34.箭报春 *Primula fistulosa* Turkev.

《内蒙古植物志》记载本种产于兴安北部，岭东。《北京植物志》无记载。在玉渡山水溪旁发现，分布在海拔1000m左右，数量在几百株，为延庆及北京新记录植物。

35.睡菜 *Menyanthes trifoliata* L.

《河北植物志》记载本种产围场。《北京植物志》无记载。在延庆蔡家河田宋营村北段发现，数量很多，该种为延庆及北京的新记录植物。

36.银灰旋花 *Convolvulus ammannii* Desr.

《河北植物志》记载本种产于尚义、蔚县、张家口等地。《北京植物志》无记载。在延庆康庄镇南荒滩发现，数量较多，但不成片，为延庆及北京新记录植物。

37.狭叶黄芩 *Scutellaria regeliana* Nakai

《河北植物志》记载本种产张北、抚宁、白洋淀。《北京植物志》无记载。在延庆妫河两岸、康庄镇北部路边有分布，数量较多，为延庆及北京的新记录植物。

38.白英 *Solanum lyratum* Thunb.

《河南植物志》记载本种产河南山区各县。《北京植物志》无记载。在延庆刘斌堡乡的柏木井林下有分布，数量不多，为延庆及北京的新记录植物。

39.刺萼龙葵 *Solanum rostratum* Dunal

发现于延庆康庄大学城附近，2个居群，10多株。该种为近年新报道的外来入侵植物，各类资料均无记载。

40.大婆婆纳 *Veronica dahurica* Stev.

《中国植物志》记载本种产于东北地区、内蒙古、河北及河南。《北京植物志》无记载。见于海坨山，数量极少，为延庆及北京新记录植物。

41.兔儿尾苗 *Pseudolysimachion longifolium* (L.) Opiz

在延庆四海镇海子口村黑坑和玉渡山发现，数量很少。为延庆及北京新记录植物。

42.欧亚列当 *Orobanche cernua* var. *cumana* (Wallroth) G. Beck

《内蒙古植物志》记载本种产于兴安盟、包头市、阿拉善盟。《北京植物志》无记载。在延庆张山营镇的前庙村风沙盐碱地上被发现，数量很少，只有近20株，是延庆及北京的新记录植物。

43.异叶轮草 *Galium maximowiczii* (Kom.) Pobed.

《中国植物志》记载本种在东北地区、河北、河南、山东、山西、内蒙古、安徽和浙江有分布。《北京植物志》无记载。经调查，在延庆海拔800~1200m阴坡林下有分布，数量较多，为延庆及北京的新记录植物。

44.中亚车轴草 *Galium rivale* (Sibth. et Smith) Griseb.

《内蒙古植物志》记载该种产乌兰察布盟的卓资县、凉城县、兴和县；巴彦淖尔盟的乌拉山；呼和浩特市的大青山。《北京植物志》无记载。延庆见于海坨山海拔1200~1600m的阳坡，数量多，为延庆及北京新记录植物。

45.刺果瓜 *Sicyos angulatus* L.

延庆发现该种于张山营镇黄柏寺路边，居群数量庞大，蔓延速度很快。该种为近年新报道的外来入侵植物，各类志书均无记载。

46.狭叶沙参 *Adenophora gmelinii* (Spreng.) Fisch.

《河北植物志》记载该种产赤城黑龙山、内邱小岭底。《北京植物志》无记载。延庆见于海坨山海拔1300~1800m林下，数量很多，为延庆及北京的新记录植物。

47.大狼把草 *Bidens frondosa* Buch.-Ham. ex Hook.f.

《中国植物志》记载该种原产北美洲，由国外传入。《北京植物志》无记载。延庆常见山沟湿润处，为延庆及北京的新记录植物。

48.粗毛牛膝菊 *Galinsoga quadriradiata* Ruiz & Pav.

《中国植物志》记载该种仅见于江西庐山。《北京植物志》无记载。在延庆东龙湾河边发现此物种，数量不多，为延庆及北京的新记录植物。

49.块蓟 *Cirsium viridifolium* (Hand.-Mazz.) C. Shih

延庆发现于海坨山和玉渡山林间草丛中，该植物种虽不多但零星可见，各类志书均无记载。为北京新记录植物。

50.大刺儿菜 *Cirsium setosum* (Willd.) Bess. ex M. Bieb.

大刺儿菜与刺菜形态特征区别很大，而且大刺儿菜分布范围也较刺菜广泛，但所有志书都无记载。为北京新记录植物。

51.盐地风毛菊 *Saussurea salsa* (Pall.) Spreng.

《内蒙古植物志》记载该种产锡林郭勒盟、巴彦淖尔盟、阿拉善盟。《北京植物志》无记载。在延庆康庄镇西部盐碱地发现，叶子明显肉质，群体数量不多，为延庆及北京的新记录植物。

52.黄瓜假还阳参 *Crepidiastrum denticulatum* (Houtt.)

该种在延庆山区湿润的林下普遍分布，俗称为“黄瓜菜”。为北京新记录植物。

53.芒颖大麦草 *Hordeum jubatum* L.

《中国植物志》记载该种原产北美、欧亚大陆寒温带，我国东北地区可能为逸生。《北京植物志》无记载。延庆在旧县镇车坊路边及千家店镇河西路边发现并记载，为延庆及北京的新记录植物。

54.紫大麦草 *Hordeum roshevitzii* Bowden

《内蒙古植物志》记载该种产于大兴安岭、伊克昭盟等地。《北京植物志》无记载。延庆发现在西湖南岸，潮湿的盐碱地上生长着紫大麦草，分布较少，为延庆及北京的新记录植物。

55.蔺状隐花草 *Crypsis schoenoides* (L.) Lam.

《河北植物志》记载该种产于河北霸县的盐碱地上。《北京植物志》无记载。延庆在官厅水库淹没区盐碱地上发现，只有一小居群，共10余株，为北京新记录植物。

56.芨芨草 *Achnatherum splendens* (Trin.) Nevski

《河北植物志》记载该种产于蔚县小五台山、宣化、张家口以及坝上各县。《北京植物志》无记载。延庆见于海坨山区，数量不多，只有一丛，为延庆及北京的新记录植物。

57.蓉草 *Leersia oryzoides* (Linn.) Swartz.

《中国植物志》记载该种产于新疆、河南。《北京植物志》无记载。在延庆景沟村水库边发现，数量不多，为延庆及北京新记录植物。

58.少花蒺藜草 *Cenchrus spinifex* Cav.

见于延庆康庄镇西部田边地埂上生长，属于入侵植物，各类志书无记载。为延庆及北京新记录植物。

59.圆囊薹草 *Carex orbicularis* Boott

《中国植物志》记载该种产甘肃、青海、新疆、西藏等地。《北京植物志》无记载。在延庆张山营镇五里坡发现，数量较多，为延庆及北京的新记录植物。

60.五叶黄精 *Polygonatum acuminatifolium* Kom.

《河北植物志》记载该种产于兴隆雾灵山小莲花池。《北京植物志》无记载。在延庆凤凰坨阴坡海拔1100~1400m被发现，零星分布，为延庆及北京的新记录植物。

61.粗根鸢尾 *Iris tigridia* Bunge

《河北植物志》记载该种产围场、蔚县、井陉等地。《北京植物志》无记载。在延庆四海镇上花楼村山坡路边发现，共有6株，是色泽鲜艳非常美丽的花卉。为延庆及北京新记录植物。

62.细叶鸢尾 *Iris tenuifolia* Pall.

《河北植物志》记载该种产迁安、承德、崇礼等地。《北京植物志》无记载。在延庆康庄镇、八达岭镇的风沙地上发现，数量较多，蓝色花朵十分鲜艳，为延庆及北京新记录植物。

63.黄菖蒲 *Iris pseudacorus* L.

《中国植物志》记载，原产欧洲。延庆发现于妫水河内，独此一株。为北京新记录植物。

64.山西杓兰 *Cypripedium shanxiense* S. C. Chen

《中国植物志〉记载产于内蒙古南部、河北西部、山西、甘肃南部、青海东部和四川西北部。《北京植物志》无记载。延庆见于海坨山，数量很少，为北京植物新记录。

第三章　延庆重点保护植物

通过调查发现，延庆共有重点保护植物73种，其中国家重点保护植物29种，北京市重点保护植物62种，另有18种既是国家级也是北京市级重点保护植物（表3-1）。

表3-1 延庆重点保护植物

国家级重点保护植物							
编号	种　名		科　名		批次	等级	分布地点
	拉丁名	中文名	拉丁名	中文名			
1	*Cypripedium guttatum*	紫点杓兰	Orchidaceae	兰科	二	I	海坨山草甸
2	*Cypripedium macranthum*	大花杓兰	Orchidaceae	兰科	二	I	海坨山草甸
3	*Cypripedium shanxiense*	山西杓兰	Orchidaceae	兰科	一	I	海坨山草甸
4	*Ginkgo biloba*	银杏	Ginkgoaceae	银杏科	一	I	小营村南
5	*Eleutherococcus senticosus*	刺五加	Araliaceae	五加科	二	II	海拔1000m以上阴坡
6	*Ephedra equisetina*	木贼麻黄	Ephedraceae	麻黄科	二	II	张山营
7	*Ephedra sinica*	草麻黄	Ephedraceae	麻黄科	二	II	张山营
8	*Juglans regia*	胡桃	Juglandaceae	胡桃科	二	II	大庄科
9	*Nelumbo nucifera*	莲	Nelumbonaceae	莲科	一	II	莲花湖
10	*Schisandra chinensis*	五味子	Schisandraceae	五味子科	二	II	岔石口
11	*Rhodiola dumulosa*	小丛红景天	Crassulaceae	景天科	二	II	海坨山草甸
12	*Rhodiola kirilowii*	狭叶红景天	Crassulaceae	景天科	二	II	海坨山草甸
13	*Ribes mandshuricum*	东北茶藨子	Grossulariaceae	虎儿草科	二	II	岔石口
14	*Prunus cerasifera*	樱桃李	Rosaceae	蔷薇科	二	II	上卢凤营村路南
15	*Rosa rugosa*	玫瑰	Rosaceae	蔷薇科	二	II	小鲁庄
16	*Glycyrrhiza uralensis*	甘草	Fabaceae	豆科	二	II	康庄南
17	*Phellodendron amurense*	黄檗	Rutaceae	芸香科	一	II	烂角沟、燕羽山
18	*Actinidia arguta*	软枣猕猴桃	Actinidiaceae	猕猴桃科	二	II	珍珠泉乡水泉南沟
19	*Paris verticillata*	北重楼	Liliaceae	百合科	二	II	凤凰坨
20	*Dioscorea nipponica*	穿龙薯蓣	Dioscoreaceae	薯蓣科	二	II	刘斌堡乡柏木井村
21	*Gymnadenia conopsea*	手参	Orchidaceae	兰科	二	II	海坨山草甸
22	*Herminium monorchis*	角盘兰	Orchidaceae	兰科	二	II	海坨山草甸
23	*Malaxis monophyllos*	沼兰	Orchidaceae	兰科	二	II	海坨山草甸

（续）

编号	种 名		科 名		批次	等级	分布地点
	拉丁名	中文名	拉丁名	中文名			
24	*Neottia acuminata*	尖唇鸟巢兰	Orchidaceae	兰科	二	Ⅱ	海坨山林下草甸或灌丛
25	*Neottianthe cucullata*	二叶兜被兰	Orchidaceae	兰科	二	Ⅱ	刘斌堡柏木井阴坡林下
26	*Platanthera chlorantha*	二叶舌唇兰	Orchidaceae	兰科	二	Ⅱ	松山、玉渡山
27	*Spiranthes sinensis*	绶草	Orchidaceae	兰科	二	Ⅱ	海坨山草甸
28	*Corallorhiza trifida*	珊瑚兰	Orchidaceae	兰科	二	Ⅱ	海坨山草甸
29	*Listera puberula*	对叶兰	*Orchidaceae*	兰科	二	Ⅱ	海坨山草甸
			北京市重点保护植物				
1	*Batrachium pekinense*	北京水毛茛	Ranunculaceae	毛茛科		Ⅰ	玉渡山小溪中
2	*Cypripedium guttatum*	紫点杓兰	Orchidaceae	兰科		Ⅰ	海坨山草甸
3	*Cypripedium macranthos*	大花杓兰	Orchidaceae	兰科		Ⅰ	海坨山草甸
4	*Cypripedium shanxiense*	山西杓兰	Orchidaceae	兰科		Ⅰ	海坨山草甸
5	*Onoclea sensibilis* var. *interrupta*	球子蕨	Onocleaceae	球子蕨科		Ⅱ	铁炉村小青沟
6	*Picea meyeri*	白杄	Pinaceae Lindl.	松科		Ⅱ	小营村南
7	*Picea wilsonii*	青杄	Picea Mast.	松科		Ⅱ	下屯苗圃
8	*Larix gmelinii* var. *principis-rupprechtii*	华北落叶松	Pinaceae Lindl.	松科		Ⅱ	四海岔石口南山
9	*Ephedra equisetina*	木贼麻黄	Ephedraceae Dumortier	麻黄科		Ⅱ	张山营北山
10	*Ephedra sinica*	草麻黄	Ephedraceae Dumortier	麻黄科		Ⅱ	张山营北山
11	*Ephedra monosperma*	单子麻黄	Ephedraceae Dumortier	麻黄科		Ⅱ	张山营北山
12	*Juglans mandshurica*	胡桃楸	Juglandaceae	胡桃科		Ⅱ	大庄科台自沟村
13	*Ulmus lamellosa*	脱皮榆	Ulmaceae	榆科		Ⅱ	珍珠泉水泉南沟
14	*Humulus lupulus* var. *cordifolius*	华忽布	Moraceae	桑科		Ⅱ	玉渡山
15	*Paeonia obovata*	草芍药	Ranunculaceae	毛茛科		Ⅱ	海坨山草甸
16	*Clematis fruticosa*	灌木铁线莲	Ranunculaceae	毛茛科		Ⅱ	海坨山
17	*Caulophyllum robustum*	红毛三七	Berberidaceae	小檗科		Ⅱ	千家店石槽村东山
18	*Schisandra chinensis*	五味子	Magnoliaceae	五味子科		Ⅱ	四海岔石口南山
19	*Rhodiola dumulosa*	小丛红景天	Crassulaceae	景天科		Ⅱ	海坨山草甸
20	*Rhodiola kirilowii*	狭叶红景天	Crassulaceae	景天科		Ⅱ	海坨山草甸
21	*Exochorda serratifolia*	齿叶白鹃梅	Rosaceae	蔷薇科		Ⅱ	珍珠泉柳条湾北山
22	*Sorbus alnifolia*	水榆花楸	Rosaceae	蔷薇科		Ⅱ	松山烂角沟
23	*Glycyrrhiza uralensis*	甘草	Leguminosae	豆科		Ⅱ	康庄南山
24	*Dictamnus dasycarpus*	白鲜	Rutaceae	芸香科		Ⅱ	海坨山
25	*Staphylea bumalda*	省沽油	Staphyleaceae	省沽油科		Ⅱ	井庄与昌平交界处
26	*Actinidia arguta*	软枣猕猴桃	Actinidiaceae	猕猴桃科		Ⅱ	珍珠泉水泉南沟
27	*Myricaria bracteata*	宽苞水柏枝	Tamaricaceae	柽柳科		Ⅱ	康庄火烧营村北
28	*Begonia grandis subsp. sinensis*	中华秋海棠	Begoniaceae	秋海棠科		Ⅱ	珍珠泉古道村西

（续）

编号	种名		科名		批次	等级	分布地点
	拉丁名	中文名	拉丁名	中文名			
29	*Aralia elata*	辽东楤木	Araliaceae	五加科		Ⅱ	井庄西三岔北沟
30	*Eleutherococcus senticosus*	刺五加	Araliaceae	五加科		Ⅱ	井庄西三岔北沟
31	*Eleutherococcus sessiliflorus*	无梗五加	Araliaceae	五加科		Ⅱ	大庄科莲花山
32	*Monotropa hypopitys*	松下兰	Pyrolaceae	鹿蹄草科		Ⅱ	海坨山
33	*Primula saxatilis*	岩生报春	Primulaceae	报春花科		Ⅱ	珍珠泉水泉南沟
34	*Limonium bicolor*	二色补血草	Plumbaginaceae	白花丹科		Ⅱ	康庄西
35	*Chionanthus retusus*	流苏树	Oleaceae	木犀科		Ⅱ	珍珠泉乡上水沟村
36	*Gentiana macrophylla*	秦艽	Gentianaceae	龙胆科		Ⅱ	海坨山
37	*Cynanchum bungei*	白首乌	Asclepiadaceae	萝摩科		Ⅱ	刘斌堡北山
38	*Salvia miltiorrhiza*	丹参	Labiatae	唇形科		Ⅱ	张山营北荒地
39	*Scutellaria baicalensis*	黄芩	Labiatae	唇形科		Ⅱ	张山营北山
40	*Lonicera oblata*	丁香叶忍冬	Caprifoliaceae	忍冬科		Ⅱ	松山
41	*Bolbostemma paniculatum*	土贝母	Cucurbitaceae	葫芦科		Ⅱ	井庄西三岔北沟
42	*Platycodon grandiflorus*	桔梗	Campanulaceae	桔梗科		Ⅱ	大庄科莲花山
43	*Codonopsis pilosula*	党参	Campanulaceae	桔梗科		Ⅱ	海坨山
44	*Codonopsis lanceolata*	羊乳	Campanulaceae	桔梗科		Ⅱ	玉渡山
45	*Sparganium stoloniferum*	黑三棱	Sparganiaceae	黑三棱科		Ⅱ	妫河
46	*Butomus umbellatus*	花蔺	Butomaceae	花蔺科		Ⅱ	妫河
47	*Zizania latifolia*	茭笋	Gramineae	禾本科		Ⅱ	延庆西湖
48	*Anemarrhena asphodeloides*	知母	Liliaceae	百合科		Ⅱ	姚家营村北山
49	*Allium victorialis*	茖葱	Liliaceae	百合科		Ⅱ	六道河西沟
50	*Polygonatum sibiricum*	黄精	Liliaceae	百合科		Ⅱ	六道河西沟
51	*Lilium concolor* var. *pulchellum*	有斑百合	Liliaceae	百合科		Ⅱ	六道河西沟
52	*Lilium pumilum*	山丹	Liliaceae	百合科		Ⅱ	六道河西沟
53	*Dioscorea nipponica*	穿山薯蓣	Dioscoreaceae	薯蓣科		Ⅱ	海坨山
54	*Dactylorhiza viridis*	凹舌兰	Orchidaceae	兰科		Ⅱ	海坨山草甸
55	*Neottianthe cucullata*	二叶兜被兰	Orchidaceae	兰科		Ⅱ	刘斌堡乡
56	*Neottia acuminata*	尖唇鸟巢兰	Orchidaceae	兰科		Ⅱ	海坨山
57	*Gymnadenia conopsea*	手参	Orchidaceae	兰科		Ⅱ	海坨山草甸
58	*Spiranthes sinensis*	绶草	Orchidaceae	兰科		Ⅱ	海坨山
59	*Platanthera chlorantha*	二叶舌唇兰	Orchidaceae	兰科		Ⅱ	海坨山
60	*Herminium monorchis*	角盘兰	Orchidaceae	兰科		Ⅱ	海坨山草甸
61	*Listera puberula*	对叶兰	Orchidaceae	兰科		Ⅱ	海坨山草甸
62	*Malaxis monophyllos*	沼兰	Orchidaceae	兰科		Ⅱ	海坨山草甸

延庆部分重点保护植物介绍如下。

1.北京水毛茛 *Batrachium pekinense* L. Liou

北京市一级保护植物。见于玉渡山、松山溪流中，数量较多。分布于水质清澈、干净的溪流中，通常成片生长。水质要求极高。近年来由于环境变化和人为活动频繁，对北京水毛茛的生长繁衍造成很大影响。应进行就地保护，加强对生境的监控，确保水量、水质达到其生长要求。加大宣传教育力度，在易受到人为干扰的地带设立醒目标牌或设立专人看护。

2.紫点杓兰 *Cypripedium guttatum* Sw.

北京市一级保护植物。见于海坨山阴坡桦树林下，数量很少，多分布在海拔1500m以上的高山林下、草丛或草甸地带。伴生草本植物有藁本、拳参、金莲花、胭脂花等。由于兰科植物具有重要的观赏价值和药用价值，备受关注。再加上登山运动越来越热，大量人群涌上山区、高山，是对花形优美，颜色艳丽的紫点杓兰繁衍、保护构成了威胁。应进行就地保护，加强生境的保护及潜在分布区保护。加大宣传教育力度，让游客、登山爱好者文明观景，提高他们自觉保护植物的意识。研究人工就地繁育的技术及措施。

3.大花杓兰 *Cypripedium macranthos* Sw.

北京市一级保护植物。多生于海拔1500m以上的林下、林缘或草甸地带，常2~5株成丛或单株分布。见于海坨山落叶松林缘或桦树林下，数量较少。伴生草本植物有藁本、拳参、金莲花、胭脂花等。由于大花杓兰具有重要的观赏价值和药用价值，备受关注。另外，户外运动兴起，大量人群涌上山区、高山，特别是对花形优美，颜色艳丽的物种构成威胁。应进行就地保护，加强生境的保护及潜在分布区保护。加大宣传教育力度，让游客、登山爱好者文明观景，提高他们的自觉保护植物的意识。

4.球子蕨 *Onoclea sensibilis* var. *interrupta* Maxim.

北京市二级保护植物。常分布于水、湿条件较好的乔木林下或潮湿灌丛中。见于大庄科乡。分布于山间溪流岸边，伴生植物有胡桃楸、山榆、山桃、荆条、以及各种水生薹草。球子蕨叶片较大，株形美丽，可用于园林配景。由于对水湿和光线等条件要求较高。近年来越来越干旱，致使生境遭到破坏，种群数量很少。对现存的大庄科乡分布的球子蕨，采取就地保护措施，严禁人为、牲畜破坏。

5.脱皮榆 *Ulmus lamellosa* Wang et S. L. Chang ex L. K. Fu

北京市二级保护植物。常生长在沟谷杂木林中。见于松山、张山营镇、四海镇，伴生植物有胡桃楸、鹅耳枥、六道木、绣线菊等。本种为华北地区特有物种，十分珍稀，多成零星分布，少有成片分布。群落更新能力较低。由于以前对森林的大肆采伐，从而影响了该物种的繁殖。采取就地保护措施，严禁乱砍滥伐，研究就地扩大种群技术和引种驯化技术。

6.华忽布 *Humulus lupulus* var. *cordifolius* (Miq.) Maxim.

北京市二级保护植物。生于林缘、林下或者山坡灌木丛。见于玉渡山、永宁镇，伴生植物有山杨、暴马丁香、蒙椴、鼠李、木本香薷等。华忽布具有广泛的食用、药用价值，民间多有利用。分布量极少，且呈零星或团状。由于近年来破坏严重，对种群的生长、繁衍造成很大困难。实施就地保护，加强伴生物种的保护。加大宣传、管理力度。适当驯化利用。

7.胡桃楸 *Juglans mandshurica* Maxim.

北京市二级保护植物。一般生于坡脚、台地、沟谷，常与阔叶林混生。见于松山、大庄科乡、井庄镇、四海镇、千家店镇。多集中连片。资源量较大。胡桃楸材质良好，其果实可以榨油或食用，还可以加工后把玩；为野生动物提供了大量食物及栖息地。本种分布范围广，适应性强，应进行封山育林，杜绝乱砍滥伐或改接等破坏行为。

8.五味子 *Schisandra chinensis* (Turcz.) Baill.

北京市二级保护植物。生长在阴坡的沟谷，阔叶林间、灌木丛中。见于四海镇、张山营镇、珍珠泉乡、千家店镇。五味子的伴生植物有栎类、椴树、元宝枫、牛叠肚、绣线菊、榛板等。五味子具较高的药用价值。自然分布广，利用率低，延庆有种植，但规模小，难形成产业。须在经营模式、生产、加工等方面加以引导，实现规模经营和产业化发展。

9.小丛红景天 *Rhodiola dumulosa* (Franch.) S. H. Fu

北京市二级保护植物。生于高海拔地区阳坡。见于海坨山。伴生物种有拳参、蓝花棘豆、白苞筋骨草、地椒等。小丛红景天具有重要药用价值。本种分布于高海拔地带，种群生长、繁殖困难。就地保护为主，严禁盗挖及游客的采摘。加大宣传力度提高人们自觉保护的意识。

10.侧金盏花 *Adonis amurensis* Regel et Radde

新记录的珍稀植物。分布在海拔1100m以上山脊。见于四海岔石口南山。生长在蒙古栎林下，无灌木，土层较厚，坡度较陡的地方。由于近年来登山活动越来越频繁。对稀有的侧金盏花保护造成不利影响。采取就地保护措施，加强对生境的监控，确保生存环境不被破坏。尽量减少植物爱好者及驴友对其生境和种群的破坏。

11.细叶白头翁 *Pulsatilla turczaninovii* Kryl. et Serg.

生于较高海拔的山地草坡或林边。见于松山、海坨山阳坡，伴生植物有酸枣、鼠李、荆条、白羊草等。由于本种生存于海拔800～1000m地带，近年来开发旅游项目的不断增多，对其构成一定的威胁。尽量减少游人对其生境及种群的破坏，应原地进行扩大种群繁殖。

12.宽苞水柏枝 *Myricaria bracteata* Royle

北京市二级保护植物。生于砂质沟边、高山砂质地带。见于香营乡八道河村、康庄镇大营村。伴生植物有巴天酸模、蒙山莴苣、小藜、莎草科植物。宽苞水柏枝多分布于砂质土壤地区，对水土保持具有重要作用。应进行扩大繁殖，用于绿化，扩大其种群规模、数量，达到保护目的。

13.睡菜 *Menyanthes trifoliata* Linn.

新记录的珍稀植物。生于水渠边、池塘中，为挺水植物。见于张山营镇田宋营村。伴生植物有菖蒲、香蒲、芦苇、水芹、花蔺、泽泻、慈姑、菹草等。就地保护原生境，尽量减少人为破坏，另外还可以进行人工繁育，以扩大种群数量。

14.银灰旋花 *Convolvulus ammannii* Desr.

新记录的珍稀植物。生于盐碱沙地及荒滩草地。见于康庄镇南荒滩。银灰旋花属典型旱生盐碱性植物，是盐碱化草地和各类草原群落常见的伴生种。喜干旱排水良好的生境，草原退化和盐碱化后其数量增多，它是草地退化和盐碱化的指示种。在退化和盐碱化的草地上可成为下层的优势种，在局部碱地上，上层草消失后也可成为优势种，形成小群落。由于人为活动增多，严重影响其生存环境。就地保护，尽量保护生境减少人为干预，扩大种群的规模数量。

15.齿叶白鹃梅 *Exochorda serratifolia* S. Moore

北京市二级保护植物。生于杂木林中、林缘、或山坡灌丛，多成丛或片状分布。见于千家店镇、珍珠泉乡、四海镇。主要生长在阴坡或沟底，阳坡也有少量分布，坡的上、中、下均有分布，伴生植物有绣线菊、榛板、栎类、荆条、薹草等。花色洁白，具有观赏价值。延庆只有东部山区有分布，数量较多。就地保护为主，对有本种分布的范围，进行封山育林。

16.水榆花楸 *Sorbus alnifolia* (Sieb. et Zucc.) K. Koch

北京市二级保护植物。生于杂木林中，林缘或灌木丛。见于松山。伴生植物有胡桃楸、山榆、白屈菜、楼斗菜等。叶片、果实在秋、冬季节颜色艳丽，具观赏和经济价值，延庆分布较少，局部有，种群的自我更新能力低，一旦遭到破坏很难恢复。实施就地保护，加大保护及管理力度，最大限度在原地进行扩繁，扩大种群的规模数量。

17.甘草 *Glycyrrhiza uralensis* Fisch. ex DC.

北京市二级保护植物。生于山坡、草地、路旁。见于康庄镇。周围植物有酸枣、荆条、白羊草、草麻黄等。零星分布，数量稀少。甘草为著名中药材，人为破坏严重，给种群带来很大威胁。由于市场的大量需求，使野生数量逐步下降。实施就地保护，并进行人工繁殖、规模生产，这样既可保护野生物种，又可满足对甘草的需求。

18.软枣猕猴桃 *Actinidia arguta* (Sieb. et Zucc.) Planch. ex Miq.

北京市二级保护植物。生于阴坡、杂木林、林缘、沟谷中。见于张山营镇、千家店镇、珍珠泉乡、四海镇。伴生植物有山杨、椴树、元宝枫、白蜡、栎类、胡枝子、绣线菊、丁香等。资源量较大。软枣猕猴桃果实营养丰富，可鲜食，极具开发潜力。另外叶片、花形美观适宜作为廊道绿化植物。保护好其生境的同时，可考虑适当引种驯化，扩大种群数量。以便更好保护野生资源。

19.二色补血草 *Limonium bicolor* (Bunge) O. Kuntze

北京市二级保护植物。生于偏碱化的河滩、坡地，是盐碱地的指示植物。见于康庄镇，伴生植物有铁杆蒿、薹草以及荒漠植物。延庆数量少且呈零星分布。在就地保护的基础上，进行人工繁育，在适宜的自然保护区内建群，达到保护目的。

20.流苏树 *Chionanthus retusus* Lindl. et Paxt.

北京市二级保护植物。生于稀疏的混交林或灌木林中，或山坡、河边，见于珍珠泉乡、大庄科乡。伴生树种有蒙古栎、白蜡、栾树、榆树。流苏树在当地呈零星分布。资源量稀少。本种既有观赏价值，又有经济价值。花、叶可做茶；种子可榨油，供工业用；木材坚硬细致，可作器具。当地人为了方便采摘花叶做茶，对植株造成破坏；再者由于树木瘦小与其他树木竞争不过，现已有部分树木枯死，为此应引起有关方面的重视，尽快采取措施保护野生资源。建议应对其分布的区域进行重点保护，采取封山育林，适当抚育，为其创造良好的生存环境。进行引种驯化，繁殖苗木，探索营建流苏茶园的技术及管理方法，推广利用。

21.秦艽 *Gentiana macrophylla* Pall.

北京市二级保护植物。生于海拔较高的草坡、湿地或沟边。见于玉渡山、千家店镇、松山。伴生植物有小花草玉梅、小米草、山韭、地榆、委陵菜等。秦艽具观赏价值，同时具有一定的药用价值。自然分布少，乔木、灌木林恢复快，适于其生长的环境渐被侵蚀。采取就地保护措施的同时，需要人工繁育，扩大种群的规模和数量，适当加以利用。

22.白首乌 *Cynanchum bungei* Decne.

北京市二级保护植物。生于林下、林缘、灌丛、阳坡、坡脚等地。见于刘斌堡乡、珍珠泉乡、四海镇等，分布较广，但数量极少。周围植物有荆条、鼠李、酸枣、黄草、白羊草等。白首乌为重要药材，目前野生数量逐年减少。如不采取保护措施，其种群将继续减少，采取就地保护措施，可进行引种、栽培，人工繁育，保护利用相结合。

23.丁香叶忍冬 *Lonicera oblata* Hao ex Hsu et H. J. Wang

北京市二级保护植物。生于林下。见于松山自然保护区。周围植物有油松、白蜡、风毛菊、薹草等。本种仅存一株，且生长环境不利，亟待保护。该种虽生长在保护区内，可是随着游客逐渐增多，对其构成一定威胁，松山自然保护区管理处对此非常重视，已与北京林业大学共同组培繁育成功，不久的将来，会有喜人的成果。

24.土贝母 *Bolbostemma paniculatum* (Maxim.) Franquet

北京市二级保护植物。生于山坡、灌木丛或平原地区。见于井庄镇。周围植物有溲疏、榛板、绣线菊、胡桃楸等。土贝母为传统药材，自然分布很少。采取就地保护措施，为其营造适生环境。可进行人工繁殖、栽培，保护与利用结合。

25.羊乳 *Codonopsis lanceolata* (Sieb. et Zucc.) Trautv.

北京市二级保护植物。生于林下、林缘、灌丛等地。见于玉渡山。周围植物有山杨、卫矛、一叶萩、球果堇菜、龙须菜等。羊乳为重要中药，药用价值较高，但数量很少，在延庆地区接近濒危。对分布区域实行重点保护，严禁人为破坏，就地保护同时，进行人工繁育，扩大种群规模数量，合理利用。

26.二叶兜被兰 *Neottianthe cucullata* (Linn.) Schltr.

北京市二级保护植物。生于海拔400m以上山坡林下、林缘或草地，见于刘斌堡乡。周围植物有栎类、油松、落叶松、山葡萄、薹草等。二叶兜被兰资源量极少。在其分布的区域，严禁人为活动，人工干预，扩大种群规模和数量。引种驯化，栽培，作为观赏花卉利用，有较好前景。

27.绶草 *Spiranthes sinensis* (Pers.) Ames

北京市二级保护植物。生于海拔200m以上的山坡林下、灌丛下、草地、溪旁或河滩沼泽草甸中。见于井庄镇、张山营镇。伴生植物有荩草、车前、针蔺、委陵菜以及湿地植物。绶草在延庆主要分布在湿地、荒滩中，由于近年来人为的干预使得湿地面积逐年减少，从而影响绶草种群的繁衍，应引起重视。随着2013年5月1日起《北京市湿地保护条例》施行，湿地系统将得到有效保护，会还绶草更优的生长环境。

28.二叶舌唇兰 *Platanthera chlorantha* Cust. ex Rchb.

北京市二级保护植物。生于海拔400m以上山坡林下或草丛中。见于松山、千家店镇。其周围植物有秦艽、地榆、风毛菊、委陵菜、小玉竹等。资源量较多。就地保护的同时，通过人工干预，促进种群壮大；引种驯化，丰富花卉产业品种。

第四章　延庆植物各论

一、蕨类植物门（Pteridophyta）

红枝卷柏 *Selaginella sanguinolenta* (L.) Spring　卷柏科　卷柏属

多年生草本。茎匍匐丛生，细弱，高约10cm，铁丝状，圆柱形，下面鲜红色，侧枝斜上，数次多分，主枝和侧枝背腹不扁。叶片同形，交互对生，4列紧贴枝上，覆瓦状排列，卵状长圆形，先端钝，有小尖头，质厚而呈龙骨状，边缘膜质，有微锯齿或全缘，灰绿色，革质，两面光滑。孢子囊穗生枝顶，四棱形，长1~3cm，比营养枝略粗；孢子叶宽卵形，急尖，边缘膜质，有细纤毛。**见于千家店镇的上德龙湾村。**生于山坡石缝。

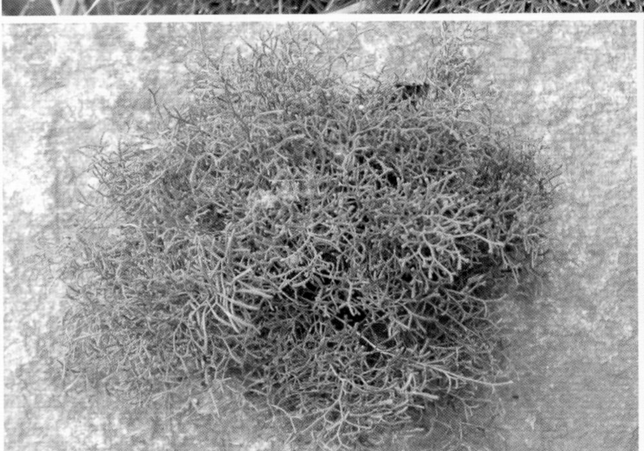

旱生卷柏 *Selaginella stauntoniana* Spring 卷柏科 卷柏属

多年生草本。根状茎横走，匍匐生根，密被棕红色、先端锐尖的干鳞片；地上茎直立，下部紫红色、无分枝，上部棕黄色、分枝紧密，二至三回羽状，枝叶背腹扁平。叶密生。孢子囊穗生小枝顶端，四棱形；孢子叶紧密贴生。**见于千家店镇。**生于旱山坡岩石上。

垫状卷柏 *Selaginella pulvinata* (Hook. & Grev.) Maxim. 卷柏科 卷柏属

根散生，不聚生成短干；主茎短，分枝多而密；小枝中叶两排直向排列，形成二平行线；叶缘厚，全缘。**见于千家店镇的天桥子村。**生于石灰岩上。

中华卷柏（护山网子）*Selaginella sinensis* (Desv.) Spring 卷柏科 卷柏属

多年生草本。茎纤细圆柱状，黄色或黄褐色，匍匐，随处着地生根；互生二叉分枝。主茎及侧枝基部的叶疏生贴伏茎上，边缘有长纤毛；侧枝顶部茎叶背腹扁平；侧叶与中叶同形，长圆状卵形，质薄，边缘具白色睫毛。孢子囊穗生小枝顶端，四棱形；孢子叶卵状三角形，边缘有微细锯齿，背部龙骨状；大小孢子囊同穗，大孢子囊黄色。**见于千家店镇熊洞沟村**。生于中低山山坡。

蔓出卷柏 *Selaginella davidii* Franch. 卷柏科 卷柏属

多年生常绿草本。主茎伏地蔓生，多回分枝，各分枝基部生根，背腹扁平。营养叶二型，侧叶向两侧平展，卵状长圆形；中叶卵状披针形，指向枝端。孢子囊穗生小枝顶端；孢子叶同型，卵状三角形，长渐尖头，边缘有锯齿。**见于千家店镇上德龙湾村**。多生于山坡，常见。

问荆 *Equisetum arvense* L. 木贼科 木贼属

多年生草本。根状茎黑褐色，常具小球茎。地上茎二型；孢子茎紫褐色，无叶绿素，肉质，不分枝。营养茎在孢子茎枯萎后由根状茎上生出，绿色，分枝多，斜向上伸展；孢子囊穗顶生，长椭圆形，孢子叶六角形，盾状着生，边缘着生长形孢子囊，孢子囊成熟后枯萎。**见于大庄科瓦庙村**。生于田边、沟旁沙质地、湿地上。孢子含油38%。全株为利尿、止血剂。

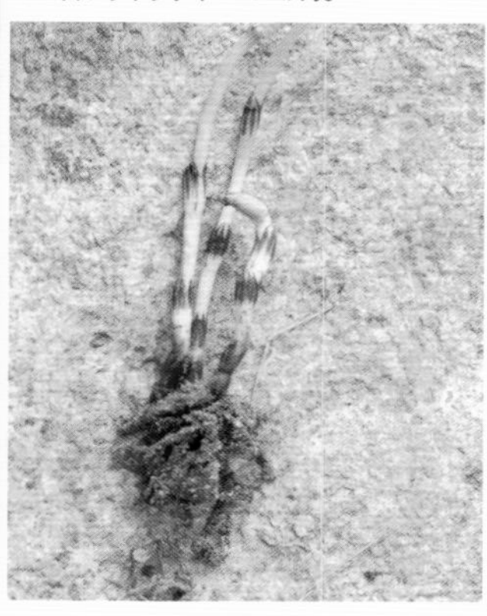

草问荆 *Equisetum pratense* Ehrhart 木贼科 木贼属

多年生草本。根状茎光滑，黑褐色。孢子茎春季由根状茎生出，绿褐色，具绿色短分枝，披针形白色透明膜质，中肋细，褐色；茎顶生孢子囊1个，长椭圆形，钝头，有柄，孢子囊成熟后先端枯萎，产生分枝，渐变绿色，即为营养茎；脊背上密生硅质小刺突起；分枝轮生，柔软细长，与主茎成直角，具三棱；鞘齿膜质，长三角形。**见于松山**。生于林内、灌草丛或山沟中。

木贼（锉草）*Equisetum hyemale* L. 木贼科 木贼属

多年生草本。根茎粗，黑褐色；地上茎直立，单一，中空。叶鞘圆筒形，叶鞘基部和鞘齿各有一黑色环圈；鞘齿线状钻形。孢子囊穗长圆形，无柄，具有尖头。**见于五里坡西沟。**生于山坡湿地或林下。全草入药，能收敛止血、利尿、发汗；还可作金工、木工的磨光材料。

节节草 *Equisetum ramosissimum* Desf. 木贼科 木贼属

多年生草本。根状茎横走，黑色。茎一型，无孢子茎和营养茎区分。基部有2~5分枝，中空；分枝近直立，细长，和主茎近相等，鞘片背上无棱脊，鞘筒长为宽的2倍；鞘齿短三角形，黑色。孢子囊穗生枝顶，长圆形，有小尖头，无柄；孢子叶六角形，中央凹入，盾状着生，排列紧密，边缘着生长形孢子囊。**见于八达岭、康庄镇。**生于水边或沙质地上，常见。地上茎入药，能明目退翳、清热、利尿、祛痰、止咳。

溪洞碗蕨（光叶碗蕨）*Dennstaedtia wilfordii* (Moore) Christ 碗蕨科 碗蕨属

植株高20~50cm。根茎横走，被棕色有节长毛。叶柄细，长约14cm，基部紫黑色，无毛，有光泽。叶片薄草质，长圆状披针形，二至三回羽状深裂；羽片卵状披针形，先端渐尖或尾尖，基部楔形；小裂片全缘，有小脉1条不达叶缘。孢子囊群圆形，生于短的小裂片顶端；囊群盖碗形，无毛，常反卷成烟斗状。**见于千家店镇。**生于山坡沟边阴湿地及梯田石缝中。

蕨（蕨菜）*Pteridium aquilinum* var. *latiusculum* (Desv.) Underw. ex Heller 蕨科 蕨属

植株高约1m。根状茎长而横走，黑色，密被锈黄色短毛。叶疏生；叶片阔三角形，三至四回羽裂，末回小羽片或裂片长圆形，圆钝头，全缘；叶脉羽状。孢子囊群线形，着生于小羽叶边上。**见于井庄镇燕羽山。**生于山坡、草地、及林下。嫩叶可食，称蕨菜；根状茎贮藏优质淀粉，可制成蕨粉食用，为滋养食品；植株入药，能祛风湿，利尿解热，又可作驱虫剂。

银粉背蕨 *Aleuritopteris argentea* (Gmél.) Fée 中国蕨科 粉背蕨属

多年生草本。根状茎短而直立或斜生，被带有淡棕色边的鳞片，披针形，黑色。叶丛生，柄栗红色，有光泽，基部被鳞片；叶片五角形，正面绿色，背面被淡黄色或乳白色的蜡质粉末；二至三回羽状分裂，最下的羽片最长；裂片长圆形。孢子囊群着生于叶缘的细脉顶端，成熟时汇合，为反卷的膜质叶缘所包被。**见于千家店镇**。在含有石灰质的岩石缝中常见。全草入药，称紫背金牛，能调经补虚。

陕西粉背蕨（无银粉背蕨）*Aleuritopteris argentea* var. *obscura* (Christ) Ching 中国蕨科 粉背蕨属

本种与银粉背蕨很相似，其区别在于它的叶背面淡绿色，不被乳白色或淡黄色的蜡质粉末。**见于玉渡山**。生石缝中和墙缝中。

薄叶粉背蕨（华北薄鳞蕨）*Aleuritopteris dalhousiae* (Hook.) Ching 中国蕨科 粉背蕨属

植株高30~40cm。根状茎直立，顶部有红棕色卵状渐尖头的鳞片。叶簇生，薄草质，下面不被粉粒；叶柄栗红色，脆而易断，疏生鳞片；三回羽裂；羽片无柄，或基部略与叶轴合生。小羽片以狭翅和羽轴相连；裂片边缘有不规则牙齿。孢子囊群生于小脉顶端；囊群盖不连续，薄膜质，肾圆形，边缘啮断状。**见于玉渡山**。生于杂木林下石缝中。

日本蹄盖蕨（华东蹄盖蕨）*Athyrium niponicum* (Mett.) Hance 蹄盖蕨科 蹄盖蕨属

多年生草本。植株高30~80cm。根茎横走，密被褐色鳞片。叶疏生；叶柄禾秆色，叶片长圆状卵形，先端急变狭成尾状，基部圆楔形，二至三回羽裂；羽片斜展，顶端尾状急尖，下面者最大，基部具短柄；小羽片披针形，无柄或有具狭翅的短柄，先端渐尖，边缘有小锯齿或浅裂。孢子囊群长圆形，沿侧脉上侧着生。**见于玉渡山**。生于低山区或平原、山坡林下湿地。

东北蹄盖蕨 *Athyrium brevifrons* Nakai ex Kitag. 蹄盖蕨科 蹄盖蕨属

植株高60~75cm。根茎短，斜生，密被黑褐色鳞片。叶簇生。深禾秆色，基部黑褐色，向下尖削。叶片厚草质，长圆状卵形，三回羽裂；羽片密接，基部对称。孢子囊群长圆形；囊群盖同形，每裂片有孢子囊群1枚，裂片先端有数个短而钝的锯齿。**见于珍珠泉乡**。生于混交林下。

麦秆蹄盖蕨 *Athyrium fallaciosum* Milde 蹄盖蕨科 蹄盖蕨属

多年生草本。根茎短，斜升，顶部被鳞片；鳞片棕褐色，狭披针形。叶簇生，基部被鳞片，上部稀疏。叶片披针形或长圆状披针形，下部渐变狭，二回羽状深裂；无柄，镰刀形；中部的较大，羽状深裂；基部各羽片渐缩短，最基部一对成耳形；裂片长圆形，钝圆头，边缘有锯齿。孢子囊群半圆形、弯钩形或马蹄形；囊群盖大。**见于松山**。生于林下或阴湿处。

中华蹄盖蕨 *Athyrium sinense* Rupr. 蹄盖蕨科 蹄盖蕨属

植株高30~50cm。根茎斜升，先端和叶柄基部被棕褐色阔披针形鳞片。叶簇生，禾秆色，被鳞片，向下尖削。叶片草质，长圆状披针形，二回羽状或三回羽裂；羽片狭披针形，中部的较大，基部1~2对羽片稍缩短；小羽片基部以狭翅相连，浅裂。孢子囊群长圆形或短条形；生于裂片上侧小脉的下部；囊群盖同形，边缘啮蚀状。**见于四海镇岔石口村**。生于山谷林下。

河北蛾眉蕨 *Lunathyrium vegetius* (Kitagawa) Ching 蹄盖蕨科 蛾眉蕨属

多年生草本。根状茎粗短，斜生，顶部被棕褐色鳞片。叶簇生，棕褐色，基部密被鳞片。叶片长圆状披针形，基部微收缩，二回羽状深裂。羽片披针形，下部几对较短疏；中部羽片较长，先端短尾尖，基部截形，羽裂达羽轴约2mm处。长圆形，钝圆头，全缘或仅顶端有少数小圆齿。孢子囊群短线形，生于侧脉上侧，每裂片2~4对；囊群盖线形或新月形，褐色。**见于玉渡山**。生于山谷阴湿地。

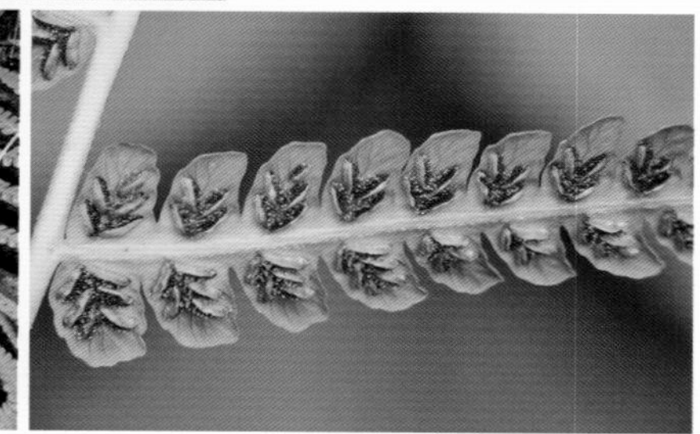

羽节蕨 *Gymnocarpium jessoense* (Koidz.) Koidz. 蹄盖蕨科 羽节蕨属

株高20~50cm。根状茎细长，横走，黑褐色，幼时被鳞片。叶柄散生，细长，禾秆色，基部疏生鳞片。叶片卵状三角形，三回羽状，叶片或羽片以关节着生于叶柄或叶轴。孢子囊群小，圆形或近圆形，生于侧脉中部，无盖。**见于珍珠泉乡。**生于林下或潮湿的梯田或石缝中。

过山蕨 *Camptosorus sibiricus* Rupr. 铁角蕨科 过山蕨属

小草本。根状茎短而直立，顶部密生黑褐色膜质具粗筛孔的鳞片。叶簇生。叶柄绿色。叶近二型，草质，光滑。不育叶较短，披针形或长圆形。能育叶叶柄长2~5cm；长披针形，先端尾状部分长达5cm，着地生根产生新株。叶脉网状。孢子囊群沿主脉两侧各1~3行；囊群盖同形，膜质，灰绿色。**见于玉渡山。**生于潮湿的岩石脚下。

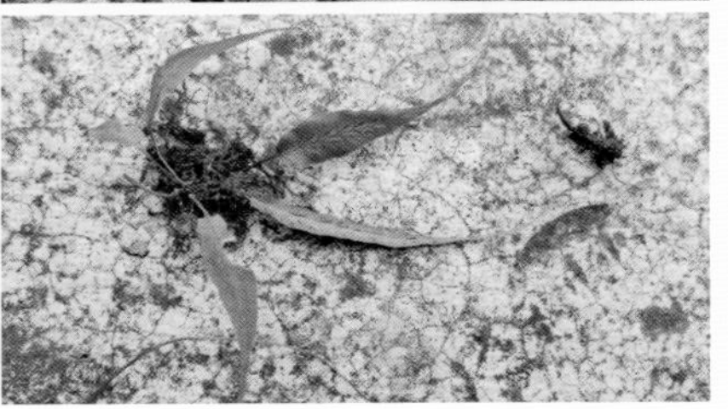

北京铁角蕨 *Asplenium pekinense* Hance 铁角蕨科 铁角蕨属

多年生草本。根状茎短而直立，密生锈褐色披针形具粗筛孔鳞片，鳞片上有褐色毛。叶簇生。叶柄淡绿色，疏生小鳞片。叶片披针形，较厚，灰绿色，无毛，二回羽状或三回羽裂，羽轴和叶轴均具狭翅。叶脉羽状分枝，每裂片有一小脉。孢子囊群长圆形，每裂片1枚，成熟时常布满叶背面。**见于千家店镇。**生于较干旱的山谷或溪边岩石上。

荚果蕨（野鸡膀子）*Matteuccia struthiopteris* (L.) Todaro 球子蕨科 荚果蕨属

根状茎短而直立，被棕色膜质披针形鳞片。叶二型，丛生成莲座状。营养叶的柄深棕色，上面有一深纵沟，密被鳞片；叶片为披针形、倒披针形，二回羽状深裂；互生，线状披针形，裂片长圆形，先端钝，边缘有波状圆齿。孢子叶的叶片为狭倒披针形，一回羽状，羽片两侧向背面反卷成荚果状，深褐色。孢子囊群圆形，具膜质囊群盖。**见于四海凤凰坨、玉渡山，**生于林下的潮湿土壤上或山谷阴湿处。根状茎入药。

球子蕨 *Onoclea sensibilis* L. 球子蕨科 球子蕨属

多年生草本。根状茎长而横走。叶疏生，二型：不育叶柄长20~50cm，圆柱形，粗2~3mm，上面有浅纵沟，疏被棕色鳞片；能育叶低于不育叶，叶柄长18~45cm，较不育叶柄粗。孢子囊群圆形，着生于由小脉先端形成的囊托上，囊群盖膜质，紧包着孢子囊群。**见于大庄科乡**。生于潮湿草甸或林区河谷湿地。

耳羽岩蕨 *Woodsia polystichoides* Eaton 岩蕨科 岩蕨属

植株高30cm。根状茎短而直立，密被棕色膜质披针形的鳞片。叶丛生。叶柄基部被鳞片，顶端具倾斜关节。叶片狭披针形，一回羽裂。羽片镰刀形，无柄，基部斜楔形，上方呈耳状，全缘或波状。叶两面被疏毛，毛之间常混生少数鳞片。孢子囊群着生于叶缘细脉的顶端，每羽片两行；囊群盖碗形，具长的睫毛。**见于四海镇**。生于山坡岩石缝中。

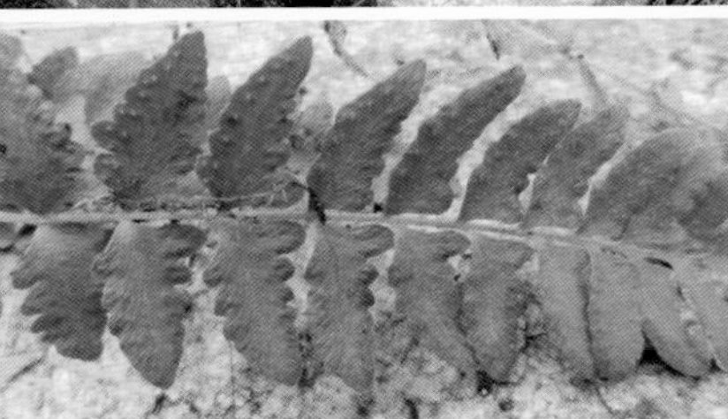

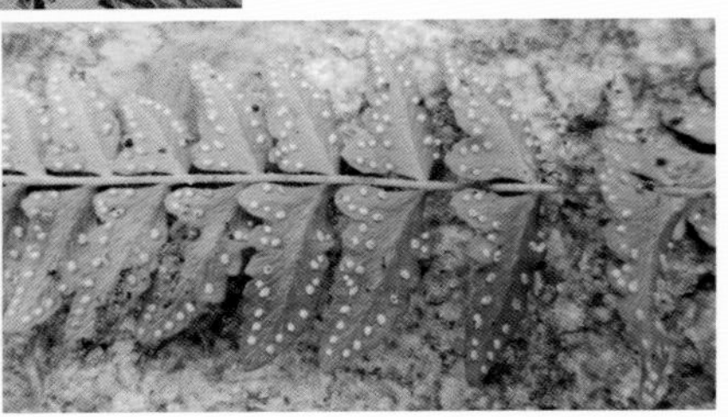

东亚岩蕨 *Woodsia intermedia* Tagawa 岩蕨科 岩蕨属

根状茎短而直立或斜升，先端密被鳞片。叶丛生。叶柄褐色，上部具斜生的关节，被褐色膜质披针形的鳞片，边缘为不整齐的毛状。叶片长披针形，先端锐尖，基部多少渐狭，一回羽状裂，羽轴上具毛和线形鳞片；羽片倾斜，无柄，长卵状三角形，先端钝或微尖，基部狭楔形，微成耳状；叶脉不明显。孢子囊群小，囊群盖浅碟状，边缘细裂成毛发状或睫毛状。**见于松山。**生于山坡岩石缝中。

鞭叶耳蕨 *Polystichum lepidocaulon* J. Sm. 鳞毛蕨科 耳蕨属

植株匍匐状。根状茎短而直立，密被棕色的长尾尖的披针形鳞片。叶丛生，具柄，叶柄与叶轴均被褐色的鳞片和毛。叶片披针形，一回羽状裂，羽状先端延长；顶端具再生芽，能着地生根，长出1个新的植物体；羽片20对以上，几无柄，镰刀形，基部楔形，上方成耳状。孢子囊群圆形，着生于小脉的顶端，彼此连结，排成1行；囊群盖圆形，膜质，盾状着生。**见于玉渡山。**生于林下或阴湿的石缝中。

华北鳞毛蕨 *Dryopteris goeringiana* (Kunze) Koidz. 鳞毛蕨科 鳞毛蕨属

多年生草本。根状茎粗而横走，被棕色披针形鳞片。叶丛生，叶柄除基部外几乎无毛。叶片卵状广椭圆形，三回羽状分裂，羽片阔披针形，基部略变窄；小羽片基部不对称，边缘深羽裂，裂片顶端具2~3个尖齿，侧脉羽状分叉。孢子囊群近圆形，着生于侧脉上，排成两行，囊群盖圆肾形，边缘具齿，一侧弯缺。**见于千家店镇**。生于林下阴湿处或潮湿的石缝中。

绵马鳞毛蕨 *Dryopteris crassirhizoma* Nakai 鳞毛蕨科 鳞毛蕨属

植株高1m，根状茎粗大成块状。叶丛生。叶柄基部密被鳞片。叶片倒披针形，二回羽状裂；羽片无柄，长圆形，边缘有微细锯齿，与羽轴合生，两面皆被线状鳞毛，叶脉分离。孢子囊群着生于羽片的中部以上，囊群盖圆肾形，质厚，棕色。**见于玉渡山**。生于林下阴湿处或阴湿的沟谷中。全株入药，可做驱虫剂。

华北石韦（北京石韦）*Pyrrosia davidii* (Baker) Ching. 水龙骨科 石韦属

多年生草本。根状茎短而横卧。叶近生，一型；几无炳；叶片披针形，短钝尖头，下半部突然变狭，长10~23cm，最宽为7~25mm，全缘，干后厚革质，叶正面淡灰绿色，几光滑无毛，叶背面棕色，被两种星状毛。主脉在下面隆起。孢子囊群近圆形，聚生于叶片上半部，在主脉每侧成多行排列，幼时被棕色星状毛覆盖，成熟时孢子囊开裂，呈砖红色。**见于玉渡山**。生于山坡岩石上或石缝中。

有柄石韦 *Pyrrosia petiolosa* (Christ) Ching 水龙骨科 石韦属

多年生草本。根状茎长而横走，密被棕褐色披针形鳞片，边缘有锯齿。叶二型，疏生，营养叶柄较孢子叶柄为短，革质，正面无毛，有排列整齐的小凹点，背面密被棕色星状毛，干后通常向上内卷成筒状，全缘，顶端钝头，偶为锐尖，叶脉不明显。孢子囊群深棕色，成熟时满布于叶片的背面。**见于珍珠泉乡**。生于山坡湿润的岩石上。

槐叶苹 *Salvinia natans* (L.) All. 槐叶苹科 槐叶苹属

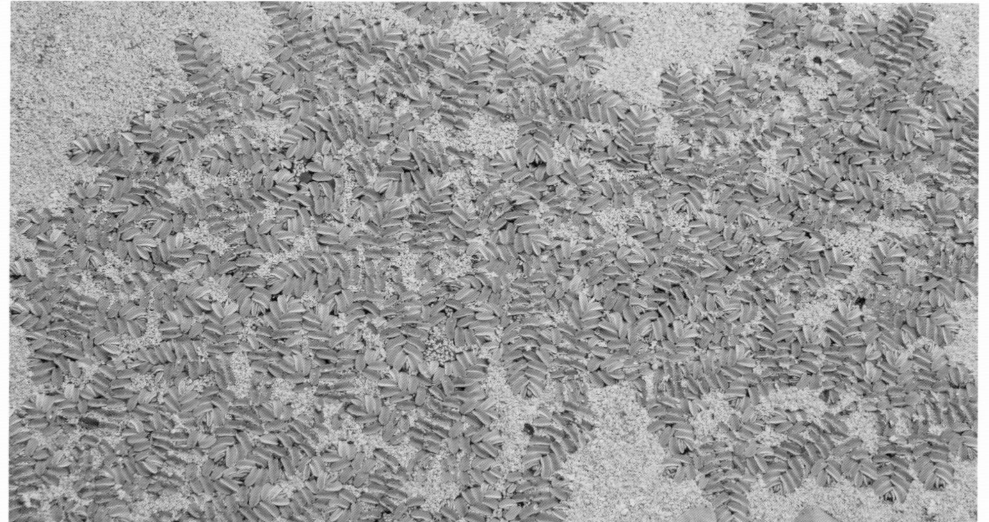

水生漂浮植物。茎细长横走，被毛，无真正的根。叶3片轮生，有2片平展漂浮水面，在茎两侧紧密排列，如槐叶。叶片长圆形，全缘，每条侧脉间有5~9个突起；突起上面生有1丛粗短毛；另一片叶细裂似根，沉在水中。孢子果二型；大孢子果小，生有少数具短柄的大孢子囊；小孢子果稍大，生有多数具长柄的小孢子囊。**见于妫河，**生于沟塘中。全株入药，能清热解毒、活血止痛。煮熟可作畜禽饲料。

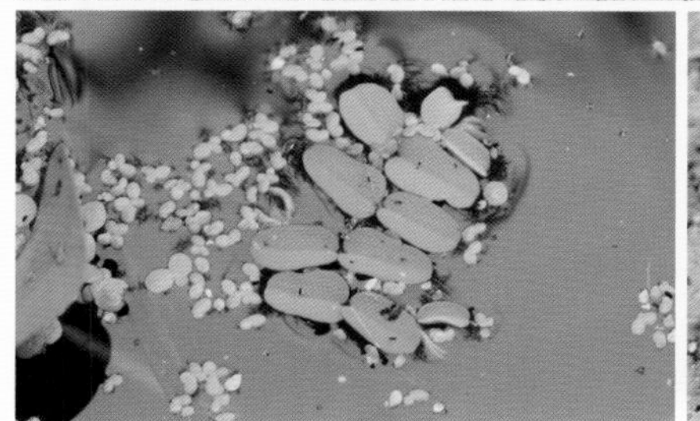

满江红 *Azolla pinnata* subsp. *asiatica* R. M. K. Saunders et K. Fowler 满江红科 满江红属

一年生漂浮植物。根状茎横走，羽状分枝，向水下生有须根。叶小，鳞片状，互生，覆瓦状排列，卵形或斜方形。叶分上下两片，上片肉质，绿色或秋后变成红褐色，具膜质边，上面密生乳头状突起，下面具空腔；下片膜质，成鳞片状，沉于水中。孢子果有大小之分，均生于分枝基部的沉水叶片上；大孢子果小，椭圆形。**见于张山营镇。**是水稻田的良好绿肥；是优良的饲料。全草入药，具有发汗、利尿、祛风湿的功效。

二、裸子植物门
（Gymnospermae）

银杏（公孙树、白果树）*Ginkgo biloba* L. 银杏科 银杏属

落叶乔木。树干高大，分枝多，有长枝和短枝。叶扇形，先端常二裂，叶脉二叉分，基部楔形，叶柄长。叶在长枝上互生，在短枝上簇生。雌雄异株，球花由短枝的鳞状叶腋内生出。雄球花具梗，柔荑花序状。雌球花具长梗，梗端两叉分。种子核果状，具长柄，下垂，胚乳丰富。授粉期3~4月，种子成熟期9~10月。**见于高塔路**。原产于我国。种子可食，又可入药，有止咳平喘等功效。

青杄 *Picea wilsonii* Mast. 松科 云杉属

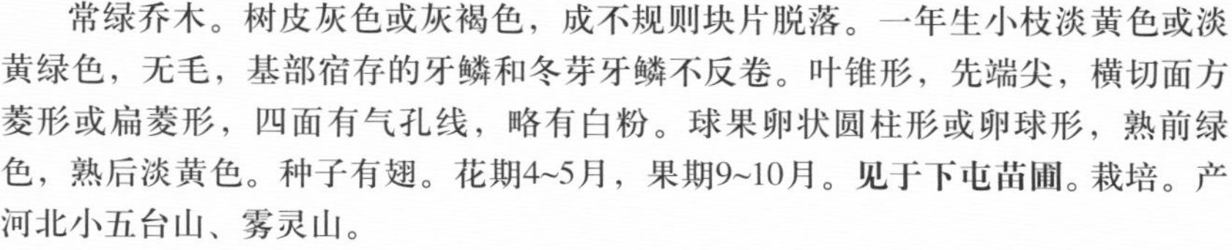

常绿乔木。树皮灰色或灰褐色，成不规则块片脱落。一年生小枝淡黄色或淡黄绿色，无毛，基部宿存的牙鳞和冬芽牙鳞不反卷。叶锥形，先端尖，横切面方菱形或扁菱形，四面有气孔线，略有白粉。球果卵状圆柱形或卵球形，熟前绿色，熟后淡黄色。种子有翅。花期4~5月，果期9~10月。**见于下屯苗圃**。栽培。产河北小五台山、雾灵山。

白杄 *Picea meyeri* Rehd. et Wils. 松科 云杉属

常绿乔木。树皮灰褐色。小枝淡黄色或黄褐色，有毛。一年生小枝基部宿存的芽鳞和冬芽芽鳞反卷。叶锥形，先端钝尖，横切面菱形，四面有气孔线。雌雄同株。雄球花单生叶腋，下垂。雌球花单生枝顶，紫红色，下垂；珠鳞腹面有2胚珠，背面有极小的苞鳞。球果长圆柱形；种鳞倒卵形，先端圆或钝三角形，露出部分有纵纹；种子有翅。授粉期4~5月，果9~10月成熟。**见于下屯苗圃**。栽培。原产我国。供观赏。

华北落叶松 *Larix gmelinii* var. *principis-rupprechtii* (Mayr) Pilg. 松科 落叶松属

落叶乔木。树冠卵状圆锥形。树皮暗灰褐色，不规则片状开裂。一年生枝，淡褐色至淡褐黄色，幼时微有毛，后渐脱落；冬芽近球形。叶条形，扁平，在长枝上螺旋状互生，在短枝上簇生。雌雄球花均单生于短枝顶端。球果卵圆形，较小，熟时淡褐色，有光泽。授粉期4~5月，球果成熟期9~10月。**见于海坨山、白河堡等地**。生于海拔800m以上阴坡。树干可取松脂，树皮可提取单宁。

裸子植物门 Gymnospermae

华北落叶松

油松 *Pinus tabuliformis* Carr. 松科 松属

常绿乔木。树皮灰褐色，鳞片状开裂。冬芽红褐色，有树脂。叶2针一束，粗硬。叶鞘初为淡褐色，后变成黑褐色。球果卵球形，熟后开裂，可在树上宿存数年不落。种子卵形或长卵形。授粉期4~5月，球果次年9~10月成熟。**见于松山。**木材可供建筑、枕木、家具等用材；松节、松针、松油入药，有祛湿、散寒的作用；花粉有止血燥湿的功能。

白皮松 *Pinus bungeana* Zucc. ex Endl. 松科 松属

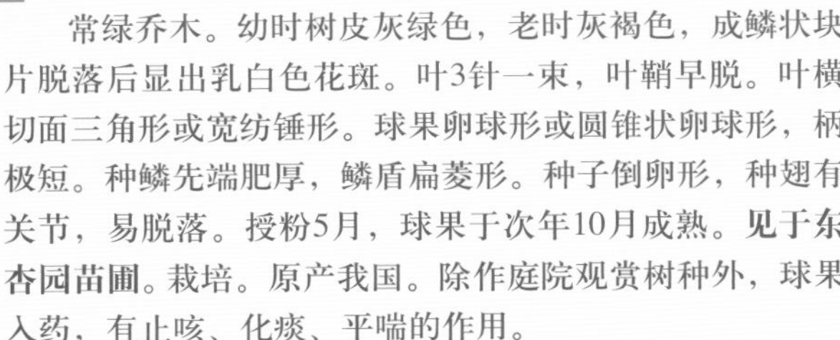

常绿乔木。幼时树皮灰绿色，老时灰褐色，成鳞状块片脱落后显出乳白色花斑。叶3针一束，叶鞘早脱。叶横切面三角形或宽纺锤形。球果卵球形或圆锥状卵球形，柄极短。种鳞先端肥厚，鳞盾扁菱形。种子倒卵形，种翅有关节，易脱落。授粉5月，球果于次年10月成熟。**见于东杏园苗圃。**栽培。原产我国。除作庭院观赏树种外，球果入药，有止咳、化痰、平喘的作用。

华山松 *Pinus armandii* Franch. 松科 松属

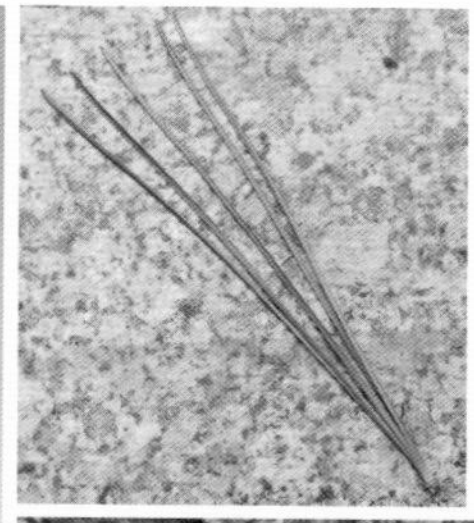

常绿乔木。树皮及枝皮灰色或灰褐色。一年生小枝绿色或灰绿色。冬芽褐色，有少量树脂。叶5针一束，横切面三角形。球果圆锥状卵球形，熟时开裂，种子脱落。种子倒卵形，无翅有棱。授粉期4~5月，球果次年9~10月成熟。**见于松山**。栽培。原产于我国。作观赏植物。树干可取树脂，树皮可提取栲胶，针叶可提炼芳香油；种子可食，又可榨油。

樟子松 *Pinus sylvestris* var. *mongolica* Litv. 松科 松属

常绿乔木。树冠卵形至广卵形。树干下部树皮灰褐色，上部树皮及枝条黄色，内侧金黄色。叶2针一束。稀有3针，粗硬。冬季叶变为黄绿色。一年生小球果下垂，绿色，翌年9~10月成熟，球果长卵形，黄绿色或灰黄色；第三年春球果开裂，有短刺，易脱落，每鳞片上生2枚种子，扁卵形，黑褐色。授粉期5~6月。**见于米家堡苗圃**。栽培。原产于我国黑龙江和内蒙古大兴安岭山区及海拉尔一带沙丘地区。树干可割树脂，提取松香，树皮含单宁，为工业原料。

侧柏（柏树、扁柏）*Platycladus orientalis* (L.) Franco 柏科 侧柏属

常绿乔木。树皮浅灰色，条裂成薄片。枝条开展，小枝扁平，排列成复叶状。叶全为鳞片状，长1~3mm，交互对生。雌雄同株，球花生于枝顶。雄球花有6对交互对生的雄蕊。雌球花有4对交互对生的株鳞。球果当年成熟，熟时开裂，卵球形，木质，近扁平。种子长卵形。授粉期4~5月，球果当年10月成熟。**见于千家店镇**。枝叶、种子入药，有止血、祛风湿、利尿、止咳、安神等功效。

圆柏（桧柏）*Juniperus chinensis* L. 柏科 圆柏属

常绿乔木，树冠深灰色或赤褐色，成窄条纵裂脱落。幼树枝条常斜上伸展，树冠尖塔形；老树大枝平展，树冠宽卵球形。叶二型，刺叶生于幼树上，老树多为鳞叶，壮龄树二者兼有。球花单性，花雌雄异株。授粉期：球果2~3年成熟，成熟时肉质，近球形，熟时暗灰色，浆果状不开裂，外被白粉。花期4月，球果第二年成熟。**见于香水苑公园**。栽培。原产于我国中部。供观赏。枝叶入药，有祛风寒、活血消肿等功效。

叉子圆柏 *Juniperus sabina* L. 柏科 圆柏属

常绿匍匐状灌木。少数为小乔木。叶二型。刺形叶常生于幼龄植株上，有时在壮龄枝上也有少量的刺形叶；常交互对生或兼有3叶轮生，排列紧密，鳞形叶常生于壮龄植株及老树上，斜方形或菱状卵形，先端钝或急尖，背部中部有明显的圆形或长卵形腺体。球果生于弯曲的小枝顶端，多为倒三角状卵形。授粉期4~5月，球果9~10月成熟。**见于西湖北岸**。栽培。分布于我国西北及内蒙古地区。供观赏。枝、干、根含芳香油，可作调制化妆品、皂用香精的原料。

草麻黄 *Ephedra sinica* Stapf 麻黄科 麻黄属

草本状矮小灌木。木质茎短或呈匍匐状。由木质根茎上生出枝条，小枝直伸或微曲，小枝绿色，对生或轮生。雄球花有多数雄花，淡黄色，每花有雄蕊7~8；雌球花单生于枝顶，绿色，有苞片4对，雌花2。雌球花成熟时苞片肉质，红色，长卵圆形或近球形；种子2粒。授粉期5~6月，球果8~9月成熟。**见于张山营镇**。生于山坡草地、干旱荒地及沟谷、河床等处。全株入药，有发汗、平喘、利尿等功效。

单子麻黄 *Ephedra monosperma* Gmél. ex Mey. 麻黄科 麻黄属

草本状矮小灌木。木质茎有节瘤状突起。小枝绿色。叶二裂，裂片三角形，先端钝或尖，与叶鞘近等长。雄球花单生枝顶或对生于节上，多成复穗状花序。雌球花单生于或对生于节上。雌球花成熟时肉质红色，卵球状或长圆球形，含1粒种子。授粉期5~6月，种子7~8月成熟。**见于张山营镇**。生于山坡石缝中。含生物碱，供药用。

木贼麻黄 *Ephedra equisetina* Bunge 麻黄科 麻黄属

直立灌木。木质茎粗壮。小枝较细。叶二裂，裂片为短三角形。雄球花单生或3~4个集生于节上。雌球花常2个对生于节上。雌球花熟时为肉质红色，长卵形或卵球形。授粉期4~5月，种子7~8月成熟。**见于张山营镇**。生于干旱地区的山脊、山顶及山地岸岩之间。全株入药，有发汗、平喘、利尿等功能。

三、被子植物门
（Angiospermae）

银线草 *Chloranthus japonicus* Sieb. 金粟兰科 金粟兰属

多年生草本。根状茎多节，横走，分枝，有香气。茎直立，不分枝；茎下部各节对生鳞片状小叶，茎顶通常具4片轮状排列的叶，具柄，倒卵形，叶缘从基部的1/3处开始具锯齿。花白色，两性花，无花被。核果倒卵形。花期5~6月，果期6~7月。**见于四海镇。**生于山坡杂木林下或沟边草丛中阴湿处。根状茎可提取芳香油；全株入药，有理气活血、散瘀解毒的功效，但有毒。

毛白杨 *Populus tomentosa* Carr. 杨柳科 杨属

落叶乔木。树皮灰白色，光滑，老时深灰色，纵裂。幼枝密生白色绒毛，老枝平滑无毛，芽稍有绒毛。叶互生，长枝上的叶片三角状卵形，先端尖，基部平截或近心形，边缘具波状不规则的裂；叶正面深绿色，疏有柔毛，叶背面有灰白色绒毛，叶柄圆；老枝上的叶片较小，边缘具波状齿，渐无毛。柔荑花序，雌雄异株，先叶开放。蒴果长卵形。花期3~4月，果期4~5月。**见于张山营镇。**栽培。是重要木材树种。根、树、花序均可入药。

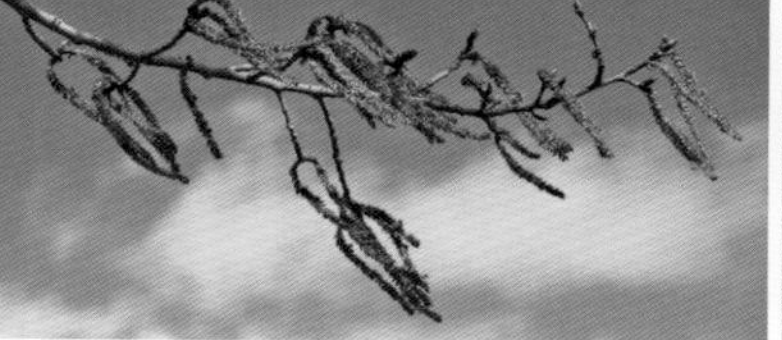

小叶杨 *Populus simonii* Carr. 杨柳科 杨属

落叶乔木。树冠长圆形或卵圆形。树皮灰绿色，老时灰黑色，深纵裂。小枝和萌发枝具棱角，无毛。冬芽细长，先端尖，稍有黏质。萌发枝上的叶倒卵形；果枝上的叶菱状倒卵形或菱状椭圆形，正面绿色，背面暗绿色，边缘具细锯齿，无毛；叶柄常显红色。雄花具8~14枚雄蕊。雌花由2个心皮组成。果序长达15cm，苞片绿色。蒴果。花期4~5月，果期5~6月。**见于大庄科乡**。是重要的木材树种。根、树皮、花序均入药。

山杨 *Populus davidiana* Dode 杨柳科 杨属

落叶乔木。树皮灰绿色或灰白色，光滑；老干下部色暗，粗糙、开裂。嫩枝和幼芽无毛。叶卵圆形，边缘具波状浅齿，幼时疏被柔毛，后变光滑。花单性，雌雄异株，柔荑花序轴有毛，雄花苞片淡褐色，深裂，被长柔毛。蒴果椭圆状纺锤形。花期4~5月，果期5~6月。**见于四海镇**。木材可用于造纸、火柴杆及民用建筑等。树皮入药，有凉血解毒、清热止咳、驱虫等效用。

北京杨 *Populus beijingensis* W. Y. Hsu 杨柳科 杨属

被子植物门 Angiospermae

落叶乔木。树干通直；树皮灰绿色，渐变绿灰色，光滑。叶广卵圆形，先端短渐尖，基部心形或圆形，边缘具波状皱曲的粗圆锯齿，有半透明边，具疏缘毛，后光滑；叶柄侧扁。苞片淡褐色，具不整齐的丝状条裂，裂片长于不裂部分。花期3月。**见于延庆镇**。栽培。木材可供建筑。根蘖力强，易繁殖。

加杨 *Populus canadensis* Moench 杨柳科 杨属

落叶乔木。干直，树皮粗厚，深沟裂，下部暗灰色，上部褐灰色，大枝微向上斜伸，树冠卵形；萌枝及苗茎棱角明显。叶三角形或三角状卵形，先端渐尖，基部截形或宽楔形，有圆锯齿，正面暗绿色，背面淡绿色。花序轴光滑；苞片淡绿褐色。蒴果卵圆形。花期4月，果期5~6月。**见于沈家营镇**。栽培。原产于美洲东部。

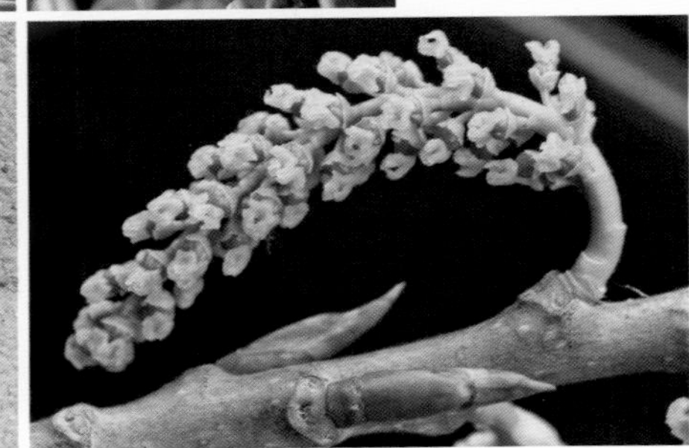

青杨 *Populus cathayana* Rehd. 杨柳科 杨属

落叶乔木。树冠宽卵形。树皮灰绿色，无毛，幼时褐黄色。短枝的叶卵形，先端渐尖，基部圆形，近似心形；叶缘细钝锯齿，叶背面浅绿色；长枝的叶常为心形，叶柄柱圆。雄花的苞片条状。雌花由2个心皮组成，子房卵圆形。蒴果。花期4~5月，果期5~6月。**见于玉渡山**。木材纹理细致，材质轻软，纤维含量高。

新疆杨 *Populus alba* var. *pyramidalis* Bunge 杨柳科 杨属

落叶乔木。树冠圆柱形。树皮灰白或青灰色，光滑。侧枝角度小，向上伸展，近贴树干。小枝鲜绿色或浅绿色。短枝上的叶近圆状椭圆形，正面绿色，背面浅绿色；长枝之叶边缘缺刻较深或呈掌状深裂，背面被白色绒毛。叶柄扁。单叶互生。雌雄异株，柔荑花序，花盘绿色，花药红色。花期4~5月。**见于张山营镇**。栽培。木材较硬。

箭杆杨 *Populus nigra* var. *thevestina* (Dode) Bean 杨柳科 杨属

乔木。树干笔直，树冠狭塔形。树皮白色，光滑；老枝基部浅裂，暗灰白色。侧枝基部弯曲向上而与主干平行生长。冬芽小而尖，具黏质。叶三角形或三角状卵形，先端渐尖，基部宽楔形，边缘具细锯齿。萌发新枝上的叶较大，基部近心形，无毛，叶柄侧扁。蒴果2瓣裂，具短柄。花期4月，果期5月。**见于菜木沟村**。栽培。原产于欧亚之间。木材淡黄白色，纹理直，易加工，可做家具、建筑用材。

河北柳 *Salix taishanensis* var. *hebeinica* C. F. Fang 杨柳科 柳属

灌木。枝深褐色，一年生幼枝密被白色柔毛，老枝毛渐稀疏。叶长圆形或椭圆形，两端圆形，正面绿色，沿中脉有短柔毛，背面带白色，具疏长柔毛，全缘；叶柄长达2.5mm，具柔毛。雌花序长1.5~2cm，有花序梗，梗上具5个正常发育的叶。子房卵状长椭圆形，具疏柔毛，无柄，花柱短，柱头2裂。蒴果卵状长圆形。花期5月，果期6月。**见于黄柏寺北山阴坡**。生于海拔1200m左右的山坡林中。

红皮柳 *Salix sinopurpurea* C. Wang et Ch. Y. Yang 杨柳科 柳属

落叶灌木或小乔木。树皮暗褐灰色。枝细长，初紫红色，后变成橄榄绿色，无毛。芽红褐色。叶倒披针形或近披针形，对生或互生，正面绿色，背面灰绿色。雄株叶全缘，雌株叶缘具齿。雄花序花密生；黑褐色。蒴果无柄，被柔毛。花期4月，果期5~6月。**见于千家店镇。**生于河边。木材轻软，不易折裂，可作家具等用材，也可成为制作火药的木炭。枝条也可编制各种器具。

蒿柳 *Salix viminalis* L. 杨柳科 柳属

落叶乔木或灌木。枝光滑，暗灰色。叶条状披针形或披针形，正面暗绿色，背面密被丝状绒毛，边缘外卷，全缘或具不明显的波状钝齿。托叶披针形，早落。花序先叶或与叶同时开放。蒴果圆形，具丝状毛。花期4~5月，果期5~6月。**见于玉渡山。**生于山沟路旁或杂木林中。枝条可供编织。花为蜜源植物。可选择作护岸树种。

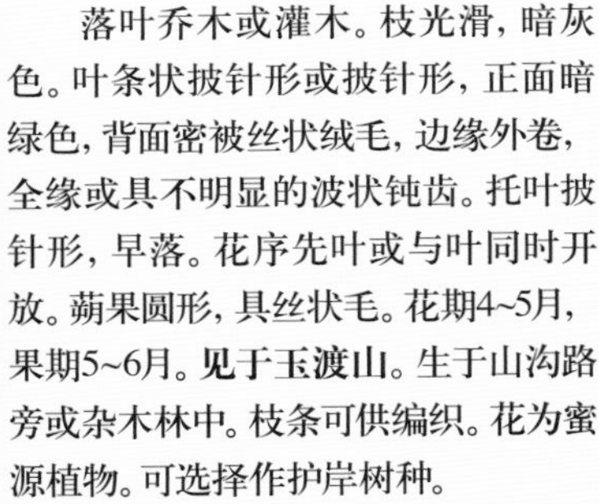

乌柳（乌柳根、小红柳）*Salix cheilophila* Schneid. 杨柳科 柳属

灌木或小乔木；小枝带紫色。叶条形或条状倒披针形，长1.5~5cm，宽3~7mm，边缘外卷，上半部有疏生具腺细齿，下半部近全缘，上面初有绢状毛，后几无毛，下面灰色，有丝毛。花序轴密生长柔毛；苞片倒卵状矩圆形，基部有疏柔毛；腹面有一腺体；雄蕊2，花丝合生；子房密生短丝毛。蒴果无梗。花、果期4~5月。**见于玉渡山。**多生于河谷溪边湿地。枝条供编织用。为护堤固沟的良好树种。

旱柳 *Salix matsudana* Koidz. 杨柳科 柳属

落叶乔木。树皮粗糙，深裂，暗灰黑色，纵裂。小枝黄色或绿色，光滑；枝直立或斜展，褐黄绿色，无毛，幼枝有毛。叶披针形，先端长渐尖，正面绿色，无毛，背面灰白色，叶缘有细锯齿；托叶披针形，缘有细腺齿。花序与叶同时开放；雄花序圆柱形，花药黄色；果序长达2.5cm。花期4月，果期4~5月。**见于延庆镇。**栽培。原产于我国。木材黄白色，韧性强，耐湿可做家具、建筑材料。是春季重要蜜源植物。

绦柳 *Salix matsudana* f. *pendula* Schneid. 杨柳科 柳属

本变型枝长而下垂，与垂柳 *S. babylonica* L. 相似，其区别为本变型的雌花有2腺体，而垂柳只有一腺体；本变型小枝黄色，叶为披针形，背面苍白色或带白色，叶柄长5~8mm，而垂柳的小枝褐色，叶为狭披针形或线状披针形，背面带绿色。**见于延庆镇**。栽培。

中国黄花柳 *Salix sinica* (Hao) C. Wang et C. F. Fang 杨柳科 柳属

落叶灌木或小乔木。树皮暗灰色，有皱纹。小枝初有灰色短毛，褐色，有光泽。叶为菱状披针形或披针形，全缘，正面深绿色，背面光滑无毛，灰白色。托叶斜肾形，具锯齿。柔荑花序密生柔毛。雄花序具黄褐色毛，花药黄色。蒴果卵状圆锥形，具灰色短柔毛。花、果期5~7月。**见于玉渡山**。生于山谷和山坡，可分布在海拔2000m处。木材色白，质轻软，可做家具、薪炭材，也是蜜源植物。

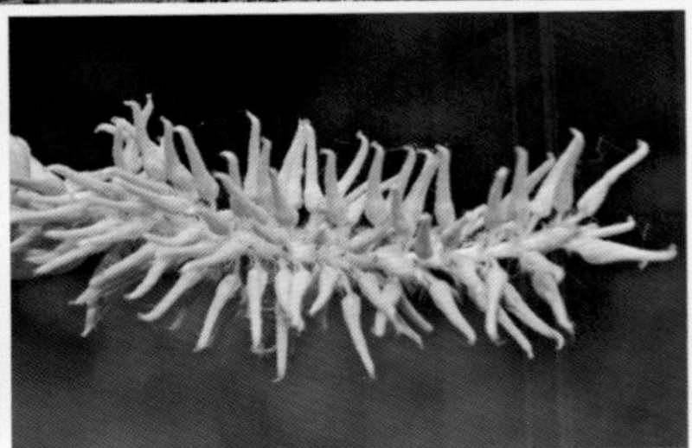

银芽柳（棉花柳）*Salix × leucopithecia* Kimura 杨柳科 柳属

落叶灌木或小乔木。小枝细软，黄绿色，光滑。叶条状披针形，先端突尖，基部楔形，边缘具细锯齿，向基部渐疏生，正面绿色，背面灰白色，光滑无毛。叶柄明显；托叶叶状，宿存。花序无柄，雄花序的苞片圆形，密被丝状柔毛。雌花序长于雄花序，子房被长柔毛。蒴果被密毛。花期4~5月，果期5月。**见于玉渡山**。多生于河边。是很好的编织材料，可编织柳条箱、筐、簸箕等。

皂柳 *Salix wallichiana* Anderss. 杨柳科 柳属

落叶灌木或小乔木。小枝紫红色或黄绿色，幼时有绢状柔毛，后无毛。叶倒卵状椭圆形，全缘，有时具不明显的小锯齿，两面密被柔毛；托叶小，线形。雄花序长2~4cm。雌花序长2~5cm，结果时长达10cm。蒴果长约9mm，被柔毛，具长尖。花期4~5月，果期5~6月。**见于珍珠泉乡**。生于海拔800~1800m的溪谷。枝条可编筐。根入药，可治风湿性关节炎。

胡桃楸 *Juglans mandshurica* Maxim. 胡桃科 胡桃属

落叶乔木。树皮灰色。叶互生，奇数羽状复叶，椭圆状披针形，侧生小叶长椭圆形，叶缘有细齿，叶脉、叶背面密被星状毛。花单性，雌雄同株。雄柔荑花序生叶腋，长而下垂；雌花序穗状，直立。花后果序下垂，常有5~7个果。果球形，顶端稍尖。核果卵形，顶长尖，外表具棱状皱纹。花期5月，果期8~9月。**见于松山**。果仁可榨油食用。是很好的硬木材料。树皮和果皮可提取单宁，内果皮可制活性炭。

胡桃 *Juglans regia* L. 胡桃科 胡桃属

落叶乔木。老时灰白色。单数羽状复叶，小叶椭圆状卵形，全缘。花单性，雌雄同株；雄柔荑花序下垂，直立；雌花花柱2，羽毛状，绿白色。果序短，下垂，有核果1~3，果实形状大小及内果皮的厚薄均因品种而异。花期4~5月，果期9~10月。**见于大庄科乡**。栽培。原产欧洲东南部及亚洲西部。核桃仁可食，亦可榨油食用。木材质重坚韧，光滑美观，不翘不裂，是很好的硬木材料。树皮和外果皮可提取单宁，内果皮可制活性炭。

麻核桃 *Juglans hopeiensis* Hu 胡桃科 核桃属

落叶乔木。树皮灰白色，具纵裂。奇数羽状复叶，小叶叶缘具不明显的疏齿或近全缘。雄性花序长24cm。雌性花序约具5朵雌花。果实近球形，近光滑。花期5月，果期9月。**见于大庄科乡。**生于河谷低洼地及山坡地。木材较核桃和核桃楸质坚而韧，淡褐色，具光泽，不翘不裂，为重要军工用材。果核刻纹雅致，形状略圆，常作为手掌中的玩物，又可作为嫁接核桃的砧木。

黑桦（棘皮桦）*Betula dahurica* Pall. 桦木科 桦木属

落叶乔木。树皮黑褐色，鳞块状裂。嫩枝赤褐色。叶片卵形，基部广楔形，边缘具不整齐尖锯齿，表面绿色，稍具光泽，沿脉及脉腋有毛。雌、雄花序均呈柱状椭圆形，雄花序下垂，雌花序直立。果穗椭圆状短筒形，具长梗；果翅的宽为坚果的一半。花期4~5月，果期9月。**见于松山，**生于中高山上，常与山杨、白桦组成混交林。木材坚硬细致，可作火车车厢、家具和建筑用材。

硕桦 *Betula costata* Trautv. 桦木科 桦木属

落叶乔木。树皮黄褐色或红褐色，大纸片状剥裂。枝条红褐色，无毛；小枝褐色，密生黄色树脂状腺体。叶卵形或长卵形，顶端渐尖或尾状渐尖，基部圆形，叶缘具不规则的尖细重锯齿。果序单生，直立或下垂，长圆形或球形。花期5月，果期6~9月。**见于松山。**生于海拔600~2400m的山坡或散生与针叶阔叶的混交林中。是很好的木板材料。

榛 *Corylus heterophylla* Fisch. ex Trautv. 桦木科 榛属

落叶灌木。树皮灰褐色。小枝黄褐色，密被柔毛。叶长圆形，顶端近截形，叶缘具3~9个三角状裂片。雄花序单生或簇生，圆柱状，花黄褐色；雌花无梗，2~6个簇生枝端。坚果1~4簇生，近球形；果苞叶状。花期4~5月，果期9~10月。**见于四海岔石口阴坡。延庆分布极普遍。**生于海拔200~1000m的地区。果实叫榛子，果皮坚硬，果仁可食，可榨油。树皮、叶和总苞可提取栲胶。

毛榛 *Corylus mandshurica* Maxim. et Rupr. 桦木科 榛属

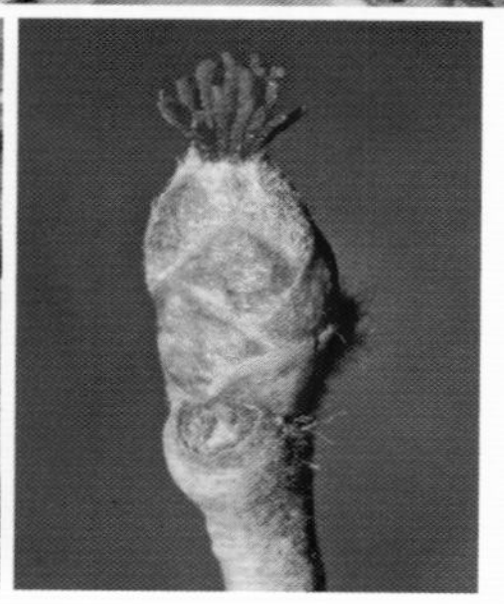

落叶灌木。树皮灰褐色，龟裂。枝条灰褐色，幼枝黄褐色，密被长柔毛。叶宽卵形，叶缘具不整齐的粗锯齿，中部以上具浅裂。雌雄同株。雄花序2~4枚生于叶腋，下垂，无花被。雌花簇生，常2~3枚发育为果实；果苞管状，在果上部收缩，外被黄色刚毛及白色短柔毛，先端有不规则的裂片。坚果近球形。花期5月，果期9月。**见于四海镇**。多分布于海拔900m以上的灌丛或林下，常与榛混生。果仁可食用、榨油。

虎榛子 *Ostryopsis davidiana* Decne. 桦木科 虎榛子属

落叶灌木。树皮浅灰色。叶卵形，密被褐色腺点。雄花序单生于小枝的叶腋，下垂，短圆柱形。雌花序生于当年生枝的顶端，4~14朵密集成簇。果4枚至多枚排成总状，下垂。果苞下半部分紧包果实，上半部分伸成管状，外部密被短柔毛；小坚果球形。花期4~5月，果期8~9月。**见于旧县云瀑沟半阴坡**。分布广泛。生于低山或林中。树皮和叶可提取栲胶；种子含油，可供食用和制肥皂。

鹅耳枥 *Carpinus turczaninowii* Hance 桦木科 鹅耳枥属

落叶乔木。树皮暗灰褐色，粗糙，浅纵裂。小枝被短柔毛。叶卵形，基部圆形，顶端锐尖或渐尖，边缘具规则或不规则的重锯齿，叶的侧脉为8~12对，疏被短柔毛。果序长3~5cm；果苞的两侧不对称。小坚果宽卵形。花期4~5月，果期8~9月。**见于大庄科乡。**分布较广泛。生于山地阴坡或山坡的杂林中。

千金榆 *Carpinus cordata* Bl. 桦木科 鹅耳枥属

落叶乔木，高约15m；树皮灰色；小枝棕色或橘黄色，具沟槽，初时疏被长柔毛，后变无毛。叶厚纸质，卵形或矩圆状卵形，顶端渐尖，具刺尖，边缘具不规则的刺毛状重锯齿，侧脉15~20对；叶柄长1.5~2cm。果序长5~12cm，直径约4cm；序梗长约3cm。花期5月，果期9月。小坚果矩圆形。**见于皇柏寺后山阴坡。**生于阴坡或山谷杂林中。

栗 *Castanea mollissima* Bl. 壳斗科 栗属

落叶乔木。树皮灰色。小枝具毛。叶长圆形，叶缘具刺芒状锯齿。花单性，雌雄同株。雄花成直的穗状柔荑花序，雌花生于雄花序的基部，常3朵花集生，外生总苞；苞片针刺状，具星状柔毛。坚果2~3个生于总苞内，成熟时总苞4裂；坚果褐色，顶端常具短柔毛。花期5~6月，果期9~10月。**见于大庄科乡、四海镇**。栽培。生于砂质土壤的山坡或沟谷。种子可食。木材坚硬，可供建筑用材。花、壳斗、树皮和根均可入药，有消肿解毒的功能。

栓皮栎 *Quercus variabilis* Bl. 壳斗科 栎属

落叶乔木，高达30m，树皮黑褐色，深纵裂，木栓层发达。叶片卵状披针形，叶缘具刺芒状锯齿，叶背密被灰白色星状绒毛；叶柄长1~3cm，无毛。雄花序长达14cm，花被4~6裂，雄蕊10枚或较多；雌花序生于新枝上端叶腋，花柱30。壳斗杯形，小苞片钻形，反曲。坚果近球形。花期3~4月，果期翌年9~10月。**见于大庄科旺泉沟村西山**。生于海拔800m以下的阳坡。树皮木栓层发达，是我国生产软木的主要原料。

槲栎 *Quercus aliena* Bl. 壳斗科 栎属

落叶乔木，高达30m；树皮暗灰色，深纵裂。叶片长椭圆状倒卵形至倒卵形，叶缘具波状钝齿，叶背被灰棕色细绒毛，侧脉每边10~15条；叶柄长1~1.3cm，无毛。雄花序长4~8cm，雌花序生于新枝叶腋，单生或2~3朵簇生。壳斗杯形，包着坚果约1/2，坚果椭圆形至卵形。花期4~5月，果期9~10月。**见于千家店镇**。生于向阳山坡，常与其他树种组成混交林或成小片纯林。

蒙古栎 *Quercus mongolica* Fisch. ex Ledeb. 壳斗科 栎属

落叶乔木。树冠卵圆形。树皮暗灰色，深纵裂。小枝粗壮，栗褐色，无毛，幼枝具棱。叶常集生枝端，倒卵形，叶脉7~11对。花单性同株，雄花序为下垂柔荑花序，轴近无毛；雌花序长约1cm，有花4~5朵，但只有1~2朵花结果。坚果单生，苞片鳞片状，有瘤状突起。花期5月，果期9~10月。**见于大庄科乡**。种子含淀粉，可酿酒。木材可作建筑用材。

辽东栎 *Quercus wutaishanica* Mayr 壳斗科 栎属

落叶乔木。高10~20m。树皮暗灰色，深纵裂。幼枝无毛，灰绿色。叶革质，倒卵形至椭圆状倒卵形，长5~15cm，宽2.5~10cm，叶脉5~8对。花单生，雌雄同株，柔荑花序下垂，花苞成熟时木质化，无瘤状突起。坚果卵形。阳性树种。花期5月，果期9~10月。**见于四海镇**。生于山坡的杂木林中或成纯林。种子含淀粉，可酿酒。木材可作建筑用材。

槲树（大叶波罗）*Quercus dentata* Thunb. 壳斗科 栎属

落叶乔木。树皮暗灰色。小枝粗壮，具灰黄色星状毛。叶近无柄，广倒卵形，边缘有4~10对波状裂片，老时仅背面有灰色柔毛和星状毛。花单性，雌雄同株。雄花序成柔荑花序下垂，生于新枝的基部；雌花数朵生于枝梢。坚果卵圆形，苞片披针形，并向外反卷。花期5月，果期9~10月。**见于大庄科乡**。生于低山的阳坡上。木材坚硬，可作建筑材料。叶可作饲料养蚕。果实含淀粉，可作为酿酒原料。

旱榆 *Ulmus glaucescens* Franch. 榆科 榆属

小乔木或灌木。树皮暗灰色；二年生以上的枝条灰白色。叶卵形至椭圆状披针形，先端渐尖或骤尖，基部圆形或宽楔形，边缘有单锯齿，两面无毛，叶较小。花与叶同时开放，簇生于当年枝基部的叶腋或苞腋；花萼钟形。翅果宽椭圆形至倒卵形，个较大，种子位于翅果的近中部。花期3月，果期4~5月。**见于千家店镇**。生于沟谷而且也生于山顶、山坡和山麓。在土层很薄或石缝中都能正常生长发育。

黑榆 *Ulmus davidiana* Planch. 榆科 榆属

落叶乔木；一年生枝淡褐色或暗紫褐色，幼时被毛，多年生枝常具木栓质翅。叶倒卵形或椭圆状倒卵形，长4~10cm，边缘具重锯齿，背面脉腋常有毛簇。花簇生于去年枝的叶腋，具短梗。翅果长9~14mm，仅中部有疏毛，种子接近凹缺。花期4~5月，果期5~6月。**见于松山**。常生于石灰岩山地或谷地，耐干燥。茎皮纤维可代麻制绳或作人造棉、造纸原料，干皮可磨制榆面；嫩果可食；木材坚实，供农具、车辆、建筑用材。

春榆 *Ulmus davidiana* var. *japonica* (Rehd.) Nakai 榆科 榆属

落叶乔木。树皮暗灰色，粗糙，不规则纵裂。幼树枝条直立，且被白色毛；老树枝条先端下垂，有时木栓质发达成为瘤状。叶片倒卵状椭圆形，叶缘具重锯齿和缘毛，叶背面脉腋具簇毛；叶柄具短毛。花早春先叶开放，老枝上为束状聚伞花序，深紫色；花两性。翅果倒卵形，无毛；种子位于翅果的上部，上端接近凹陷处。花期4~5月，果期5~6月。**见于松山、玉渡山**。生于山谷岩石缝间和向阳的山坡上。木材可用于建筑。

榆树 *Ulmus pumila* L. 榆科 榆属

落叶乔木。树皮暗灰色，粗糙，纵裂。小枝黄褐色，常被短柔毛。叶椭圆状卵形，叶缘多为单锯齿。花先叶开放，生于去年枝的叶腋。翅果近圆形，无毛；种子位于翅果的中部或近上部。花期3月，果期4~5月。**见于延庆镇、张山营镇**。多生于平原或丘陵地带、山脚、村旁。木材坚硬，可作建筑用材。树皮磨碎成粉即为带黏性的榆皮面，可食用。嫩果可炒食或与面一起蒸食。种子可榨油。果实、树皮、和叶均可入药，有安神的功能。

大果榆 *Ulmus macrocarpa* Hance 榆科 榆属

落叶小乔木或灌木。树冠扁球形，树皮灰褐色，浅裂。小枝常有两条规则的木栓翅。叶倒卵形，有重锯齿，质地粗厚，有短硬毛。花先叶开放，簇生于去年生枝的叶腋。翅果大，2.5~3.5cm，宽倒卵形，被短柔毛。种子位于翅的中央，周围均具膜质翅。花期4月，果期5~6月。**见于松山、玉渡山**。生于向阳的山坡及岩石缝中。果实可食；木材坚硬，质细密，可制车辆和各种农具。枝条可编筐。

脱皮榆 *Ulmus lamellosa* Wang et S. L. Chang ex L. K. Fu 榆科 榆属

落叶乔木。树皮灰褐色或灰白色，成不规则的鳞片脱落。幼枝光滑且呈紫褐色。叶小、质厚而硬，椭圆形，边缘有单锯齿，叶面光滑而有光泽。花同幼枝一起自混合芽抽出，散生于新枝的下部。翅果卵形，先端凹陷，较小，果核位于果翅中间。花期4月，果期5月。**见于松山、千家店**。多见。生于海拔1200m以上沟谷、山坡。

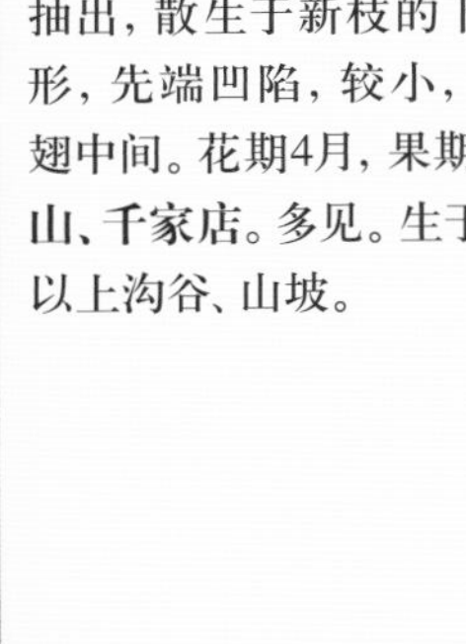

裂叶榆 *Ulmus laciniata* (Trautv.) Mayr 榆科 榆属

落叶乔木。树皮淡灰褐色或灰色，浅纵裂，裂片较短，常翘起，表面常呈薄片状剥落。一年生枝幼时被毛，二年生枝淡褐灰色；倒三角状椭圆形或倒卵状长圆形，先端3~7裂，裂片三角形，渐尖或尾状。花先叶开放，花在去年生枝上排成簇状聚伞花序。翅果椭圆形或长圆状椭圆形，花、果期4~5月。**见于四海镇**。生于阴湿的山坡和沟谷中。木材可制家具和农具。茎皮纤维可供织麻袋。

刺榆 *Hemiptelea davidii* (Hance) Planch. 榆科 刺榆属

落叶小乔木。树皮深灰色或褐灰色，不规则的条状深裂。小枝灰褐色或紫褐色，被灰白色短柔毛，具粗而硬的棘刺；刺长2~10cm。叶椭圆形或椭圆状矩圆形，先端急尖或钝圆，基部浅心形或圆形，边缘有整齐的粗锯齿，具羽状脉。花和叶同时开放。翅果，形似鸡头。花期4~5月，果期9月。**见于千家店镇、刘斌堡乡**。生于山坡路旁、村边地头。

黑弹树 *Celtis bungeana* Bl. 榆科 朴属

落叶乔木。树皮灰色或浅灰色，平滑。一年生枝条褐色，无毛，具光泽。叶厚纸质，狭卵形、长圆形、卵状椭圆形至卵形，正面光滑，两面亮绿色。果单生叶腋，果柄较细软，长于叶柄2~3倍；无毛，果成熟时蓝黑色，近球形。花期4~5月，果期10~11月。**见于松山**。多生于向阳的山坡。木材白色，纹理致密，是优良的建筑用材。树皮纤维可代麻用，或作造纸原料；也可入药，对治疗支气管炎和慢性气管炎有一定疗效。

大叶朴 *Celtis koraiensis* Nakai 榆科 朴属

落叶乔木。树皮暗灰色。小枝褐色，平滑无毛或具柔毛，散生淡褐色皮孔。叶卵圆形或倒卵形；先端截形或圆形；基部圆形或广楔形，基部偏斜，叶缘具粗的锯齿。核果球状椭圆形，暗黄色；果柄较叶柄长；果核黑褐色，凹凸不平，具网纹。花期4~5月，果期9~10月。**见于井庄镇**。生于向阳的山坡上或沟谷的石缝中。

桑（家桑）*Morus alba* L. 桑科 桑属

落叶乔木。树皮灰褐色，浅纵裂。幼枝光滑或有毛。单叶，互生，卵形或宽卵形，叶正面光滑，背面脉上具疏毛，脉腋具簇毛，叶缘锯齿先端不具刺芒尖。花单性，偶有两性花；柔荑花序；雌雄同株或异株。聚花果（桑葚），成熟时为黑色或白色。花期5月，果期6月。**见于千家店镇**。栽培。原产我国中部。叶可饲蚕。木材坚实细密，可作农具。茎皮纤维为优良的造纸和纺织原料。根、皮、叶和桑葚均可入药，有利尿镇咳的作用。成熟时的聚花果可生食。

蒙桑（山桑）*Morus mongolica* (Bur.) Schneid. 桑科 桑属

落叶小乔木或灌木。树皮灰褐色，光滑，纵裂。小枝暗红色，常有白粉。叶卵形至椭圆形，顶端渐尖或尾状渐尖，基部心形，边缘有粗牙齿，齿端有刺芒尖。雄花序长约3cm；雌花序长约1cm。桑椹果红色或近黑色。花期4~5月，果期6月。**见于井庄镇**。生于低山阳坡、半阴坡。茎皮纤维可造高级纸。根皮可入药，具有消炎、利尿的功能。成熟的聚伞花果可食，也可酿酒。

构树 *Broussonetia papyrifera* (L.) L'Hér. ex Vent. 桑科 构属

落叶乔木。树皮暗灰色；小枝密生柔毛。叶广卵形，边缘具粗锯齿，不分裂或3~5裂。花雌雄异株；雄花序为柔荑花序，粗壮，长3~8cm，花被4裂，雄蕊4，退化雌蕊小；雌花序球形头状，苞片棍棒状，顶端被毛，花被管状，顶端与花柱紧贴，子房卵圆形，柱头线形，被毛。聚花果直径1.5~3cm，成熟时橙红色，肉质；瘦果具与等长的柄。花期4~5月，果期6~7月。**见于黄柏寺村西北沟**。生于山坡、平地，各公园有栽培。聚花果及根皮入药，具有补肾、利尿、强筋骨的功能。叶和乳汁可擦治癣疮。

大麻 *Cannabis sativa* L. 桑科 大麻属

一年生草本。具特殊气味。根木质。茎直立，具纵沟，灰绿色，密被短柔毛，皮层富含纤维。掌状复叶，互生或下部的叶为对生。花单性，雌雄异株；雄花黄绿色，圆锥花序，花被片5。雌花序短，生叶腋，绿色，球形或穗状。瘦果扁卵圆形。花期6~8月，果期9~10月。**见于康庄镇**。为重要的纤维植物之一。可制绳索和麻袋，种子榨油可供工业用，但有毒不可食用，吃后则头痛，严重的可使人昏迷致死。

葎草 *Humulus scandens* (Lour.) Merr. 桑科 葎草属

一年生缠绕草本。茎枝、叶柄及叶上密生倒刺；有分枝，具纵棱。叶对生，下面有黄色小油点，叶缘有锯齿。花单性，雌雄异株，雄花成圆锥状柔荑花序，腋生或顶生，花被片5，雄蕊5；雌花为球状的穗状花序，腋生，苞片的背面有刺。聚花果绿色，近松球状。花期7~8月，果期9~10月。**见于延庆镇**。生于沟边、路旁和荒地。茎皮纤维可制作造纸原料。全株入药。具有清热解毒的功能。

华忽布 *Humulus lupulus* var. *cordifolius* (Miq.) Maxim. 桑科 葎草属

多年生缠绕藤本。长达数米，茎、叶和叶柄密生细毛，具稀疏的倒刺。叶对生，卵形。单性，雌雄异株。雄花序圆锥状，雌花序卵球形，苞片膜质卵形，结果时增大。花期7~8月，果期9~10月。**见于永宁镇、玉渡山**。生于山坡林缘等地。

麻叶荨麻 *Urtica cannabina* L. 荨麻科 荨麻属

多年生草本。茎直立，有棱；全株被刺毛和紧贴的微柔毛。托叶离生，宽线形；叶对生，叶掌状全裂。叶片轮廓五角形，3深裂或全裂，一回裂片再羽裂。花单性，雌雄同株或异株，花序长达12cm。瘦果卵形。花期7~8月，果期8~10月。**见于张山营镇**。生于田间地头、路旁、坡脚。全株入药，可治风湿和虫咬。

狭叶荨麻 *Urtica angustifolia* Fisch. ex Hornem. 荨麻科 荨麻属

多年生草本。有木质化根状茎。茎疏生刺毛和稀疏的细糙毛。单叶，对生，叶披针形至长圆状披针形，稀狭卵形，先端渐尖或锐尖。雌雄异株，花序圆锥状，有时分枝短而少，近穗状，序轴纤细；雄花近无梗。瘦果卵形或宽卵形。花期6~8月，果期8~9月。**见于张山营镇**。生于山地林边或沟边。可作纺织和造纸原料。全株入药，有催吐、泻下、解毒的功效。

宽叶荨麻 *Urtica laetevirens* Maxim. 荨麻科 荨麻属

多年生草本。单叶，对生，托叶离生，叶卵形或宽卵形，先端渐尖至尾状渐尖，基部宽楔形或近心形，叶缘具三角状锐尖锯齿，基出脉3条，疏生刺毛。雌雄同株。雄花序长，生于茎上部或短枝上部的叶腋。雌花序短，生于雄花序的下方叶腋或短枝下部叶腋。花簇断续着生。瘦果卵形。花期7~8月，果期8~9月。**见于玉渡山**。生于沟边、林缘路旁。全株入药，可治风湿和虫咬。

艾麻 *Laportea cuspidata* (Wedd.) Friis 荨麻科 艾麻属

多年生草本。根数条丛生，纺锤状，肥厚。茎直立，具刺毛和反曲柔毛。单叶互生。宽卵形或近圆形，先端长尾状，基部心形或圆形，叶缘具粗锯齿。雌雄同株。瘦果斜卵形，扁平。花期6~8月，果期8~10月。**见于刘斌堡乡**。生于山坡林下或沟边。茎的韧皮纤维可供制麻布和绳索。

蝎子草 *Girardinia diversifolia* subsp. *suborbiculata* (C. J. Chen) C. J. Chen et Friis 荨麻科 蝎子草属

一年生草本。茎直立，具棱，具粗硬毛和蜇毛；蜇毛直而开展。单叶，互生，叶缘卵形，叶缘具齿牙，叶正面深绿色，背面淡绿色，两面伏生粗硬毛和蜇毛，主脉有时带红色。花单性，雌雄同株。花序腋生，单一或分枝。簇生成穗状二歧聚伞花序或头状花序，具蜇毛。瘦果宽卵形，两面突出。花期7~8月，果期8~10月。**见于千家店镇**。生于沟边、路边、渠旁。茎的韧皮纤维可供纺织和制绳索。

山冷水花 *Pilea japonica* (Maxim.) Hand.-Mazz. 荨麻科 冷水花属

一年生草本。茎肉质细弱，无毛，不分枝或具分枝。单叶，对生，在茎顶部的叶密集成近轮生，叶缘各边具1~4齿牙。花单性，雌雄同株，常混生，聚伞花序腋生；雌花的花被片5。瘦果卵形，稍扁，熟时灰褐色，外面有疣状突起，几乎被宿存花被包裹。花期7~9月，果期8~11月。**见于井庄镇**。生于阴湿的环境。

透茎冷水花 *Pilea pumila* (L.) A. Gray 荨麻科 冷水花属

一年生草本。茎具棱，生活时肉质透明，光滑无毛；下部的节间长，基部稍膨大。单叶对生，托叶小。叶片卵形或广椭圆形，叶缘具多数齿牙。花雌雄同株，雌雄花混生于同一花序上，雌花的花被片3，聚伞花序腋生。瘦果卵形，略扁。花期7~8月，果期8~9月。**见于松山**。生于阴湿地上。

赤麻 *Boehmeria silvestrii* (Pamp.) W. T. Wang 荨麻科 苎麻属

多年生草本。茎常丛生，不分枝，红褐色，无毛。叶对生，卵形或宽卵形，先端通常3尖裂，中央裂片具长尾状尖，基部楔形，叶缘具粗锯齿，叶柄及上下两面稍具细柔毛。花单性，雌雄同株或异株，穗状花序腋生，细长。雄花黄白色，雌花淡红色。瘦果倒卵形，上端具细柔毛。花期6~8月，果期8~10月。**见于松山**。生于沟边草地和林下。茎的韧皮纤维可作纺织原料。

细穗苎麻（小赤麻）*Boehmeria gracilis* C. H. Wright 荨麻科 苎麻属

多年生草本。茎有棱，红色，常分枝，疏生短伏毛，无螫毛。叶对生，宽卵形，先端尾状渐尖；托叶狭披针形，疏被短毛。花单性，雌雄同株；雄花序位于茎下部叶腋，花序轴疏生白色短毛，雄花花被片4，广卵形，背面伏生硬毛。瘦果倒卵形或菱状倒卵形，上部疏生短毛。花期6~7月，果期8~9月。**见于张山营镇**。生于山坡草地。茎皮纤维坚韧，可做造纸、拧绳索、棉及纺织原料，并可作麻刀用。

墙草 *Parietaria micrantha* Ledeb. 荨麻科 墙草属

一年生草本。茎肉质细弱，后期红色，近直立或平卧，多分枝，散生短柔毛或无毛。叶互生，有毛，叶片广卵形或菱状卵形，全缘；无托叶。花杂性同株，聚伞花序腋生。瘦果广卵形，稍扁，黑褐色，有光泽，包于宿存花被内，长于花被。种子椭圆形，两端尖。花期7~8月，果期8~9月。**见于八达岭、四海等镇**。生于阴湿的墙缝和阴湿的沟边。全株入药，具有拔浓消肿的功效。

百蕊草 *Thesium chinense* Turcz. 檀香科 百蕊草属

多年生的半寄生草本。全株多少被白粉。茎细长，簇生，基部以上疏分枝，斜升，有纵沟。叶狭披针形，互生，具单脉。花单生于叶腋，绿白色，柄极短。坚果椭圆形或近球形，淡绿色，表面有明显隆起的网脉，先端的宿存花被近球形。花期4月，果期6月。**见于玉渡山**。生于草坡、林缘。全株入药，有补虚、益肾、解毒、利尿等功能。

急折百蕊草 *Thesium refractum* C.A.Mey. 檀香科 百蕊草属

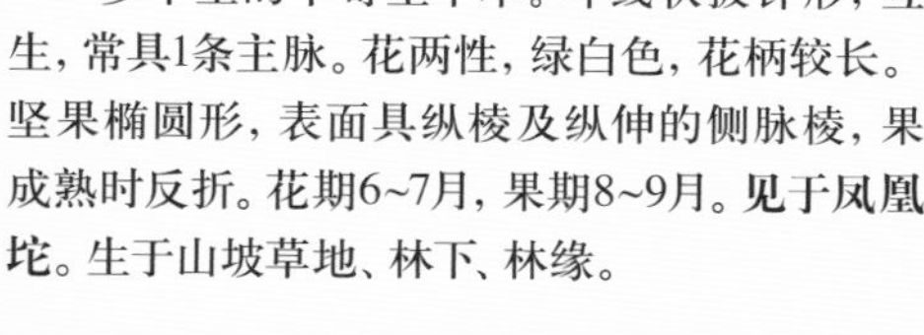

多年生的半寄生草本。叶线状披针形，互生，常具1条主脉。花两性，绿白色，花柄较长。坚果椭圆形，表面具纵棱及纵伸的侧脉棱，果成熟时反折。花期6~7月，果期8~9月。**见于凤凰坨**。生于山坡草地、林下、林缘。

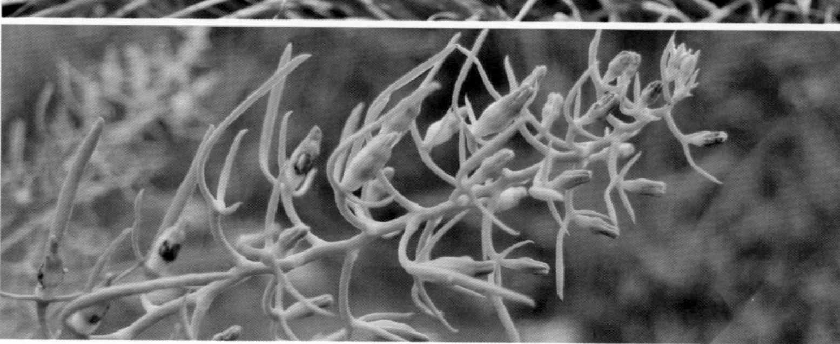

北桑寄生 *Loranthus tanakae* Franch. et Savat. 桑寄生科 桑寄生属

落叶小灌木。茎圆柱形，丛生于寄主枝上，幼时绿色至褐色，无毛，老时黑褐色至黑色，有蜡质层。叶近对生；叶片纸质，绿色，倒卵形、椭圆形。花两性或单性，雌雄同株或异株，穗状花序顶生于具1~3对叶的小枝上，花黄绿色。果实球形，半透明，橙黄色，表面平滑。花期4~5月，果期9~10月。**见于大庄科乡、四海镇**。寄生于栎树、桦树、榆树、梨树、山楂树等。茎、枝、叶入药，有强筋骨、祛风湿、降血压等功效。

槲寄生（冻青）*Viscum coloratum* (Kom.) Nakai 桑寄生科 槲寄生属

常绿半寄生灌木。茎、枝均圆柱状，二歧或三歧、稀多歧地分枝，节稍膨大。叶对生，稀3枚轮生，生于枝端，厚革质或革质，长椭圆形至椭圆状披针形。雌雄异株；花序顶生或腋生于茎叉状分枝处。果球形，成熟时淡黄色或橙红色，果皮平滑。花期4~5月，果期9~11月。**见于大庄科乡**。常寄生于杨、柳、榆、栎、山楂、杏树上。果可入药，具有治疗高血压的功效。

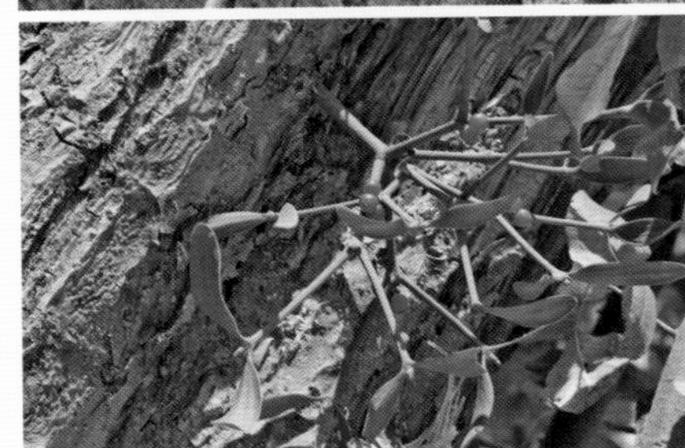

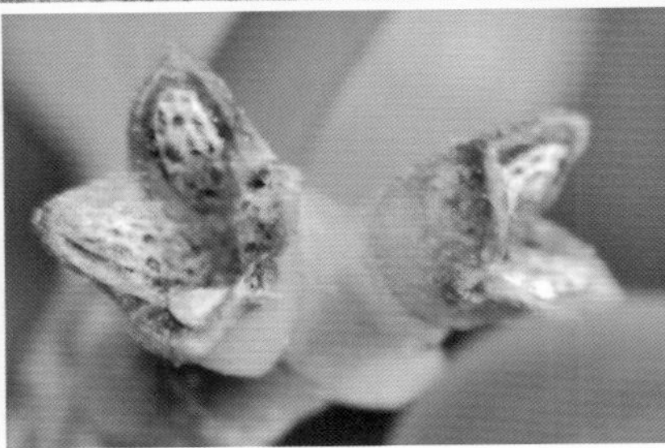

北马兜铃 *Aristolochia contorta* Bunge 马兜铃科 马兜铃属

多年生缠绕草本。茎细长，有纵槽纹。叶互生，纸质，卵状心形或三角状心形，顶端短尖或钝，全缘。总状花序有花2~8朵或有时仅一朵生于叶腋。蒴果宽倒卵形或椭圆状倒卵形，顶端圆形而微凹，6棱，平滑无毛，成熟时黄绿色，由基部向上6瓣开裂；种子三角状心形，灰褐色，浅褐色膜质翅。花期7~8月，果期9~10月。**见于四海镇、珍珠泉乡。**生于山沟灌丛间、路旁、山坡，缠绕其他树木上。根和果实可入药，有祛痰、发汗的功效。

荞麦 *Fagopyrum esculentum* Moench 蓼科 荞麦属

一年生草本植物，茎直立，淡绿色或红褐色，节间具有成列的细柔毛，质嫩，中空。单叶互生，叶心脏形或三角状，顶端渐尖，基部心形或戟形，全缘。叶正面沿叶脉处被短毛。花序总状或圆锥状，顶生或腋生。苞片卵形，中部绿色，边缘膜质透明，每苞片内生白色或粉红色花3朵。瘦果三棱形表面平展，棱角由基部直达尖端，成熟后成暗褐色。花期7~8月，果期9~10月。**见于张山营镇。**栽培。原产于亚洲。

西伯利亚蓼 *Polygonum sibiricum* Laxm. 蓼科 蓼属

多年生草本，根状茎细长。茎直立或斜生，常自基部分枝。叶片长椭圆形或披针形，基部戟形，无毛，稍带肉质。花序圆锥状，顶生，苞片浅漏斗状，花梗短、中上部具关节。瘦果椭圆状三棱形，黑色．有光泽。花期7~9月，果期8~10月。**见于蔡家河岸边**。生于盐碱地，为碱性土壤的指示植物。

长鬃蓼 *Polygonum longisetum* De Br. 蓼科 蓼属

一年生草本。茎直立或斜生。叶片披针形或宽披针形，先端渐尖，基部楔形，全缘，两面常具白色小点。托叶鞘具长缘毛。花序穗状，顶生或腋生，花稀疏，下部间断。花苞片漏斗状，斜生，有长缘毛。通常红色，花粉红色或白色。瘦果三棱形，黑色，具光泽。花期7~8月，果期8~10月。**见于松山兰角沟**。生于山沟泉水边和潮湿处。

柳叶刺蓼 *Polygonum bungeanum* Turcz. 蓼科 蓼属

一年生草本。茎直立，疏生倒向钩刺。叶片披针形或长圆状披针形。花序由数个花穗组成圆锥状花序，顶生或腋生，花序轴密生腺毛。苞片漏斗状，上部为紫红色，苞内生有3~4朵花。花排列稀疏，花被片5裂，白色或淡红色；雄蕊7~8。瘦果两面圆凸，黑色。花期8~9月，果期9~10月。**见于妫河岸边**。生于沟边、田边、路旁湿地。

杠板归 *Polygonum perfoliatum* L. 蓼科 蓼属

一年生草本，茎蔓生，常攀附于其他植物体上，无毛，具棱，棱上疏生倒钩刺。叶正三角形或长三角形，叶全缘，叶缘疏生小钩刺；叶柄盾状着生；托叶鞘近圆形，绿色，穿茎。花序短穗状，顶生或腋生；苞片卵形，内有2~4朵花；花白色或淡红色。瘦果球形，坚硬，黑色，具光泽。花期6~8月，果期7~10月。**见于大庄科乡**。生于山沟水边。全草入药，具有清热解毒、散瘀的功效。

刺蓼 *Polygonum senticosum* (Meisn.) Franch. et Savat. 蓼科 蓼属

多年生草本。茎蔓生具分枝，茎4棱，具倒钩刺。叶片三角形或三角状戟形，叶缘有细毛和钩刺；叶柄具短钩，托叶鞘短筒形，具毛。花序头状，顶生或腋生，花序梗疏生小刺，上部具短腺毛和柔毛。苞片卵形。内生3~5朵花，白色或粉红色。瘦果近球形，黑色，包在宿存的花被内。花期6~7月，果期8~10月。**见于四海镇**。生于山地水边、林缘。

戟叶蓼 *Polygonum thunbergii* Sieb. et Zucc. 蓼科 蓼属

一年生草本。茎直立或近蔓生，上部多分枝，茎具四棱形，沿棱有倒生刺。叶戟形，叶柄具狭翅。托叶鞘常为绿色，反卷。总状花序成聚伞状，花序顶生或腋生，花序梗密生腺毛和短毛。苞片卵形具缘毛，白色或粉红色。瘦果三棱形，黄褐色，无光泽。花期7~9月，果期8~10月。**见于大庄科乡**。生于山区流水边、湿草地。

尼泊尔蓼 *Polygonum nepalense* Meisn. 蓼科 蓼属

一年生草本，茎直立或斜生，具纵条纹，有分枝。叶片卵形或三角状卵形，下部密生金黄色腺点，叶柄延伸成翅。叶鞘筒状，膜质，斜截形，无腺毛，淡褐色。花序头状，顶生或腋生。花白色或淡红色。瘦果扁卵圆形，黑褐色，包于宿存花被内。花期5~8月，果期9~10月。**见于千家店**。生于山坡、水沟旁的草丛中和山沟湿地上。河边、湿地。全草入药，具有治疗痢疾和关节痛的功效。

支柱蓼 *Polygonum suffultum* Maxim. 蓼科 蓼属

多年生草本。根状茎粗壮，肉质，内部红色，外面褐色，具残存的老叶柄。茎直立，通常数茎丛生。基生叶长柄，茎生叶柄短，叶卵形，最上部的叶无柄或抱茎，基部心形，全缘；托叶鞘膜质，筒状，褐色，无缘毛。花序呈短穗状，顶生或腋生，花白色。瘦果宽椭圆形，具3锐棱，黄褐色，有光泽。花期7~8月，果期8~10月。**见于玉渡山**。生于山沟湿地、林下或林缘。根茎入药，有散瘀消肿、活血止泻的功效。

叉分蓼 *Polygonum divaricatum* L. 蓼科 蓼属

多年生草本。茎直立或斜升，由基部作多叉状分枝，疏散开展，具细棱，枝中空，节部膨大。单叶互生，具矩柄或近无柄，叶片椭圆形、披针形或矩圆状条形。花序形成疏松开展的圆锥花序；花被白或淡黄色。小坚果卵状菱形或椭圆形，具3棱，比花被片长约1倍。花期6~7月，果期8~9月。**见于海坨山**。生于山坡草地，阴坡较多。

箭叶蓼 *Polygonum sieboldii* Meissn. 蓼科 蓼属

一年生草本，茎蔓生或近直立，具分枝，具4棱，棱上具硬倒钩刺。单叶互生；叶片窄椭圆形至披针形，叶基常成箭形，叶柄具倒钩刺。花序穗状近头状，顶生或腋生；苞片长卵形，边缘白色，无毛，小花白色或淡红色。瘦果三棱形，黑色，具光泽。花期7~9月，果期8~10月。**见于海坨山**。生于山沟水边和湿地。全株入药，具有清热解毒、止痒的功效。

水蓼 *Polygonum hydropiper* L. 蓼科 蓼属

一年生草本。茎直立，多分枝，无毛，节部膨大。叶披针形，顶端渐尖，基部楔形，边缘全缘，具缘毛，两面无毛，被褐色小点，具辛辣味，托叶鞘筒状，膜质，顶端截形，具短缘毛，通常托叶鞘内藏有花簇。总状花序呈穗状，顶生或腋生，通常下垂，花稀疏，下部间断；苞片绿色，每苞内具3~5花；花被5深裂，绿色，上部白色，被黄褐色透明腺点。瘦果卵形。花期5~9月，果期6~10月。**见于张山营镇**。生于水边潮湿处。

酸模叶蓼 *Polygonum lapathifolium* L. 蓼科 蓼属

一年生草本。茎直立，通常带粉红色，节部膨大。叶片披针形或宽披针形，先端渐尖，基部楔形，全缘，具缘毛，叶脉和边缘均有斜生的粗刺毛，叶正面有黑褐色斑点。花由数花穗构成的圆锥花序，顶生或腋生。花被片4，花淡绿色或粉红色；雄蕊6。瘦果扁卵圆形，黑褐色，具光泽。花期6~7月，果期7~9月。**见于妫河岸边**。生于水沟边、潮湿地和路旁。全株入药，具有清热解毒的功能。

红蓼 *Polygonum orientale* L. 蓼科 蓼属

一年生草本。根粗壮。茎直立，粗壮，节部稍膨大，中空，上部多分枝，密被开展的长柔毛。叶近圆形、宽椭圆形或卵状披针形，先端尾状渐尖，基部楔形，全缘，有时成浅波状；两面被毛，脉上毛较密。托叶鞘筒状，顶端绿色，扩大成开展或向外反曲的绿色环状小片，具缘毛。圆锥花序顶生或腋生；花淡红色或白色，开时下垂。瘦果近圆形，稍扁，黑色，有光泽。花期7~9月，果期9~10月。**见于妫河岸边。**

习见蓼 *Polygonum plebeium* R. Br. 蓼科 蓼属

一年生草本。茎匍匐或直立，多分枝，具有细纵条纹。叶线状长圆形或倒卵状披针形，基部楔形，全缘，两面无毛。花一至数朵簇生于叶腋。花粉红色或白色，花被片5，长圆形，雄蕊5，与花被片互生；花柱3。瘦果三棱形，黑褐色。花期5~8月，果期6~10月。**见于张山营镇。**生于路边、荒地和低洼地。可作饲料。

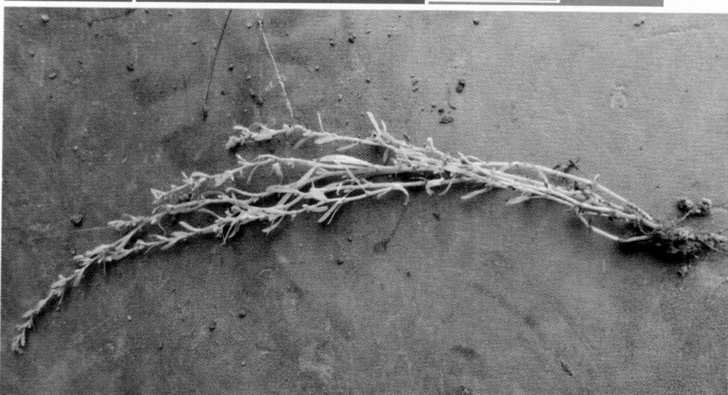

两栖蓼 *Polygonum amphibium* L. 蓼科 蓼属

多年生草本，根状茎横走。生于水中者，茎漂浮，无毛，节部生不定根。叶长圆形，浮于水面，两面无毛，全缘；叶柄自托叶鞘近中部发出；托叶鞘筒状，薄膜质，顶端截形，无缘毛；生于陆地者，茎直立，不分枝，高40~60cm，叶披针形，两面被短硬伏毛，全缘，具缘毛；托叶鞘筒状，膜质。总状花序呈穗状，顶生或腋生；花被5深裂，淡红色。瘦果近圆形。花期7~8月，果期8~9月。**见于官厅湖**。生于山沟水边、平原水边和潮湿处。全草入药，具有清热利湿的功能。

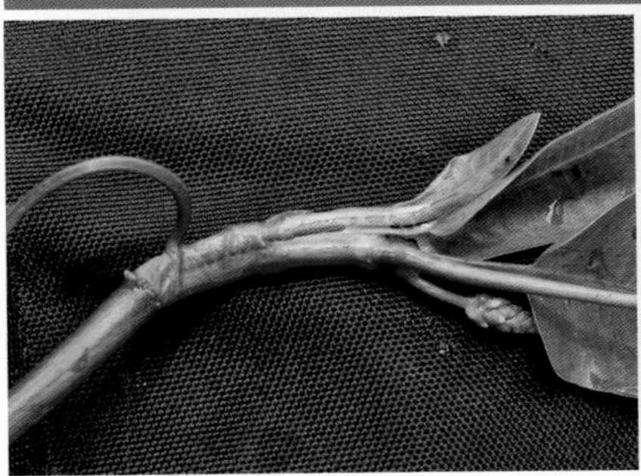

波叶大黄（华北大黄）*Rheum rhabarbarum* L. 蓼科 大黄属

多年生草本。直根粗壮，内部土黄色；茎具细沟纹，常粗糙。基生叶较大，叶片心状卵形到宽卵形，叶正面灰绿色或蓝绿色，下面暗紫红色，被稀疏短毛。叶片三角状卵形；越向上叶柄越短，到近无柄。大型圆锥花序，具2次以上分枝，轴及分枝被短毛；花黄白色。果实宽椭圆形到矩圆状椭圆形。种子卵状椭圆形。花期6月，果期6~7月。**见于海坨山**。生于林下、阴坡或沟谷石缝中。根入药，为健胃缓泻剂。

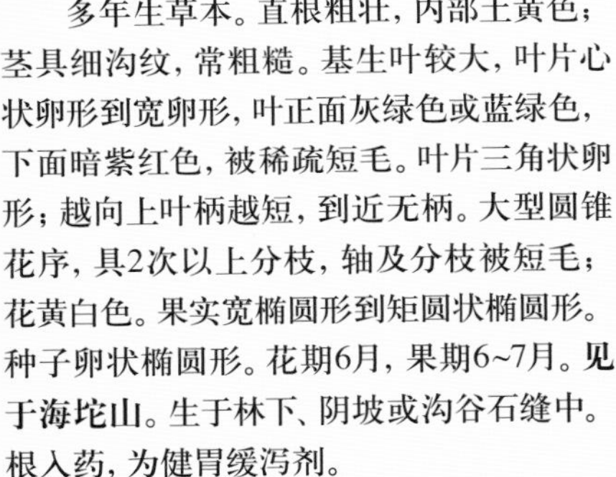

巴天酸模 *Rumex patientia* L. 蓼科 酸模属

多年生草本。根粗壮。茎直立，粗壮，不分枝或上部分枝，有槽棱。基生叶有粗柄；叶片长圆状披针形，基生叶和茎下部叶的叶基圆形，或近心形。花序为大型圆锥花序，顶生或腋生；花两性；内轮花通常有1片有瘤状突起，有时3片全部有瘤状突起。瘦果卵形，有3锐棱，褐色，具光泽。花期5~8月，果期6~9月。**见于井庄镇、永宁镇**。生于水沟边、路旁、田边、荒地。根入药，具有清热解毒、活血散瘀的功效。

皱叶酸模 *Rumex crispus* L. 蓼科 酸模属

多年生草本。直根，粗壮。茎直立，有浅沟槽，通常不分枝，基生叶和茎下部叶有长柄；叶片披针形或长圆状披针形，基生叶和茎生叶叶基楔形。圆锥状顶生；花两性，密集，多数；内轮花被片微波状或近全缘。瘦果三棱形，褐色，有光泽。花期5~7月，果期7~9月。**见于井庄镇**。生于沟边湿地。根可入药，具有清热解毒、止血和通便的功效。

长刺酸模 *Rumex trisetifer* Stokes 蓼科 酸模属

一年生草本。茎直立，具沟槽。茎下部叶披针形或披针状椭圆形。花两性，多花簇生成轮，在枝上成总状花序，全株长圆锥花序。内轮花被边缘均常具1对刺，但也有具2~3对刺。瘦果三棱形，淡褐色，有光泽，包于内轮的花被内。**见于农场大桥下湿地**。生于低洼湿地。花期4~6月，果期6~8月。全株入药，具有清热凉血的功效。

黑龙江酸模（阿穆尔酸模）*Rumex amurensis* F. *Schm.* ex Maxim. 蓼科 酸模属

一年生草本。茎直立，高10~30cm，自基部分枝。茎下部叶倒披针形，两面无毛，茎上部叶线状披针形；托叶鞘膜质，易破裂而脱落。花序总状，具叶，花两性，多花轮生于叶腋，上部较密；花被6，2轮，内花被片果时增大，三角状卵形，全部具小瘤，其中1片边缘每侧具2个针刺，另2片边缘每侧具2个小齿。瘦果椭圆形，具3锐棱。花期5~6月，果期6~7月。**见于妫河边**。生水沟湿地，河流及湖泊沿岸。

齿果酸模 *Rumex dentatus* L. 蓼科 酸模属

多年生草本，高达1m。茎直立，多分枝；具槽棱，无毛。基生叶长圆形，长4~10cm，先端钝或急尖，基部圆形或心形，边缘波状或微皱波状，具长柄，两面均无毛；叶柄长1~5(8)cm；茎生叶渐小，具短柄，基部多为圆形。托叶膜质，易破裂。花序圆锥状，顶生或腋生，具小叶；花两性，簇生于叶腋，花被片6，成2轮，黄绿色外花被片长圆形，长1~1.5mm，内花被片果期增大，卵形，具明显的网脉，边缘具有不整齐的针状刺3~5对，常为3对，刺尖先端直伸，每片都具有一卵状长圆形小疣，雄蕊6，瘦果三棱形，褐色，光滑，包于内轮花被内，花期5~6月，果期6~10月。**见于燕羽山**。生于水沟边、河边湿地或路边荒地。

酸模 *Rumex acetosa* L. 蓼科 酸模属

多年生草本。茎直立，通常单生不分枝，具棱槽。基生叶叶片质薄，长圆形至披针状形，基生叶和茎下部叶的叶基为箭形。圆锥花序顶生，花小，雌雄异株，内轮花被果时显著增大。瘦果三棱形，暗褐色，有光泽。花期6~7月，果期8~10月。**见于四海镇**。生于山坡、荒地、林缘或山沟湿地。根可以入药，有清热凉血、利尿之功效。嫩叶味酸，可作蔬菜。

钝叶酸模 *Rumex obtusifolius* L. 蓼科 酸模属

多年生草本。根粗壮，直径可达1.5cm。茎直立，高60~120cm，有分枝。具深沟槽，无毛。基生叶长圆状卵形，长15~30cm，宽6~15cm，基部心形，边缘微波状，正面无毛，背面疏生小突起；茎生叶长卵形，较小；托叶鞘膜质，易破裂。花序圆锥状具叶，分枝斜上；花两性，密集成轮；花梗细弱，丝状；外花被片狭长圆形，内花被片果时增大，边缘每侧具2~3个刺状齿，通常1片具小瘤。瘦果三棱形。花期5~6月，果期6~7月。**见于大庄科乡**。生于潮湿地上。

菠菜 *Spinacia oleracea* L. 藜科 菠菜属

一年生或二年生草本，平滑无毛，直立。根圆锥状，带红色，肉质。茎直立，中空，脆弱多汁，不分枝或有少数分枝。叶互生，基部叶和茎下部叶较大；茎上部叶渐次变小，戟形至卵形，鲜绿色，柔嫩多汁。花单性，雌雄异株；雄花集成球形团伞花序，再于枝和茎的上部排列成有间断的穗状圆锥花序；顶生或腋生，胞果卵形或近圆形，两侧扁；果皮褐色。花、果期5~6月。**见于东关菜园**。栽培。原产于伊朗。植株为蔬菜，含有丰富的维生素和鳞、铁。

西伯利亚滨藜 *Atriplex sibirica* L. 藜科 滨藜属

一年生草本。茎由基部分枝，分枝斜上，被白粉。单叶互生，叶片稍呈菱状卵形，卵状三角形或广三角形，平滑或稍有白粉，背面粉白色，密被白粉。花单性雌雄同株，簇生于叶腋，成团伞花序，于茎上部构成穗状花序；雌花多数，聚生于团伞花序内，无花被，果期木质化，包住果实，顶缘具牙齿，表面被白粉，具多数锐利针刺，线形，果皮薄，贴附于种子，种子直立，圆形，两面凸，稍呈扁球形，暗褐色。花期7~8月，果期8~9月。**见于张山营**。生于碱性草地及草甸。果实可入中药，有清肝明目、祛风消肿的功效果。

轴藜 *Axyris amaranthoides* L. 藜科 轴藜属

一年生草本。茎直立，幼时被星状毛，分枝多集中于茎的中部以上，纤细，斜升。叶互生，披针形至卵状披针形，全缘。基生叶大，披针形，叶脉明显；茎生叶较小，狭披针形或狭倒卵形，边缘常内卷。单性，雌雄同株。胞果直立，灰黑色，顶端具2个齿状或鸡冠状的附属物。花、果期8~9月。**见于刘斌堡乡**。生于山坡、草地、河边或路旁。

地肤 *Kochia scoparia* (L.) Schrad. 藜科 地肤属

一年生草本。根略成纺锤形。茎直立，多向上分枝成扫帚状，淡绿色或带紫红色，具多数纵棱。叶披针形或线状披针形，边缘具疏毛锈色绢状缘毛。花两性或雌性；花被近球形，淡绿色。花药淡黄色，柱头紫褐色。胞果扁球形。种子卵形，黑褐色，有光泽。花期6~9月，果期7~10月。**见于旧县镇**。生于田边、路旁和荒地。嫩苗可作蔬菜。果实入药，具有清湿热和利尿的功效。

扫帚菜 *Kochia scoparia* f. *trichophylla* (Hort.) Schinz et Thell. 藜科 地肤属

一年生草本，与地肤不同点在于多分枝，整个植株外形卵球形或倒卵形，晚秋变红色。**见于大榆树镇**。嫩时是蔬菜；成熟后当扫帚用。

小藜 *Chenopodium ficifolium* Sm. 藜科 藜属

一年生草本。茎直立，分枝，有角棱及条纹。叶互生；具长柄，有柄，长圆状卵形，先端钝，通常叶片3浅裂，中裂片较长，两侧近平行，叶缘有波状齿或全缘。花序穗状或圆锥状，腋生或顶生，花两性；花被片5深裂。胞果全体包于花被内，果皮与种子贴生。种子横生，黑色，具光泽，表面具六角形细洼。花期4~6月，果期5~7月。**见于大庄科乡**。生于荒地、河滩、沟谷潮湿地。嫩苗可食。全草入药，性甘苦，凉。功能去湿，解毒。

尖头叶藜 *Chenopodium acuminatum* Willd. 藜科 藜属

一年生草本。茎直立，多分枝或不分枝，有绿色条棱。叶互生，有长柄，叶片卵形、宽卵形或三角状卵形，先端钝圆，基部宽楔形，全缘，常带紫红色或黄褐色透明的边缘，两面光滑无毛，背面常带白粉。花两性，排成圆的穗状花序或大型的圆锥花序，花序轴上常具透明的管状毛。胞果圆形或卵形。种子横生，黑色，有光泽。花期6~7月，果期8~9月。**见于莲花山**。生于坡地、田边、干旱林下。

藜（灰菜）*Chenopodium album* L. 藜科 藜属

一年生草本，高30~150cm。茎直立，粗壮，多分枝。叶片菱状卵形至宽披针形，先端急尖或微钝，基部楔形至宽楔形，正面通常无粉，有时嫩叶的正面有紫红色粉，背面多少有粉，边缘具不整齐锯齿；叶柄与叶片近等长。花两性，花簇于枝上部排列成或大或小的穗状圆锥状或圆锥状花序；花被裂片5，有粉，边缘膜质、雄蕊5，柱头2。果皮与种子贴生。种子横生。花、果期5~10月。**见于康庄镇**。生于路旁、荒地和田间。幼苗可作蔬菜，茎、叶可喂牲畜。全株可入药，具有止泻、止痒的功效。

杂配藜 *Chenopodium hybridum* E.H.L.Krause 藜科 藜属

一年生草本，茎直立，粗壮，具淡黄色或紫色条棱。通常分枝少，无毛。叶互生，具长柄，叶宽卵形至卵状三角形，基部宽，具有波状小齿。花两性兼有雌性，排成圆锥状花序；顶生或腋生。胞果双凸状，果皮膜质，具白色斑点，与种子贴生。种子横生，黑色，无光泽，表面具明显的圆形深洼或呈凹凸不平。花期7~9月，果期8~10月。**见于海坨山**。生于林缘、路旁、荒地、杂草地。花果入药，具有通经活血的功效。

灰绿藜 *Chenopodium glaucum* L. 藜科 藜属

一年生草本。茎通常由基部分枝，斜上或平卧，有条棱或紫红色条纹。叶互生，具柄，卵状披针形，叶缘具缺刻状牙齿，正面光滑无粉，背面灰白色密被粉粒，中脉明显，黄绿色。花生于叶腋集成短穗状，或顶生为间断的穗状花序。胞果伸出花被片，果皮薄，黄白色；种子扁球形，横生，暗红色或红褐色。花期6~9月，果期8~10月。**见于张山营镇**。生于盐碱地、水边、田边和村边。

沙蓬 *Agriophyllum squarrosum* (L.) Moq. 藜科 沙蓬属

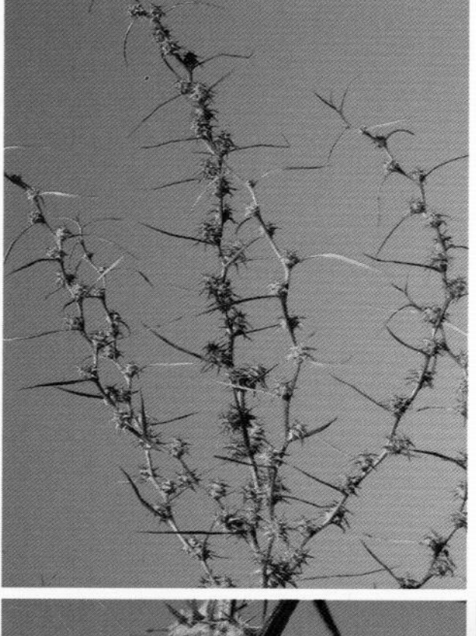

一年生草本。茎直立，坚硬，浅绿色，具不明显的条棱，幼时密被分枝毛，后脱落；由基部分枝，最下部的一层分枝通常对生或轮生，平卧，上部枝条互生，斜展。叶无柄，条形，先端向基部渐狭。穗状花序紧密，卵圆状，无梗，腋生。花被片1~3，膜质；花药卵圆形。果实卵圆形或椭圆形。种子近圆形。花、果期8~10月。**见于康庄镇**。生于河边沙滩和砂质土上。嫩时可作饲料。种子入药，具有发表解热的功效。

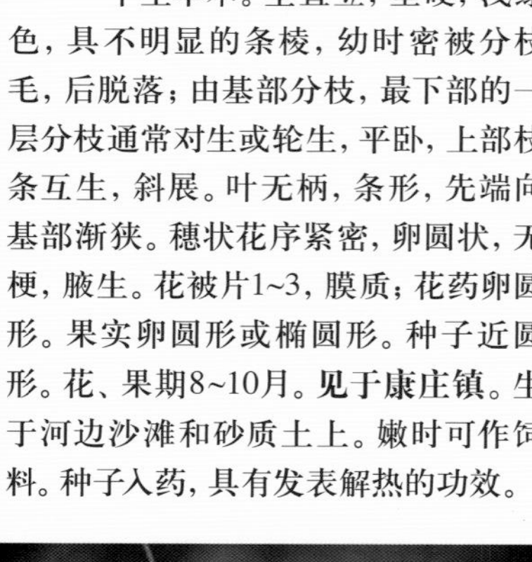

华虫实 *Corispermum stauntonii* Moq. 藜科 虫实属

植株高15~50cm。茎直立，圆柱形，被稀疏的星状毛。基部分枝。叶条形。穗状花序，棍棒状或圆柱形，顶生或侧生，紧密，下部疏离。果实宽椭圆形，苞片卵圆形，顶部渐尖或骤尖具尖头，基部圆形，具明显的白膜质边缘，整个果实被掩盖。果核椭圆形，具深褐色小斑点。花、果期7~9月。**见于大榆树镇的小张家口村**。生于盐碱地或固定沙丘。

软毛虫实 *Corispermum puberulum* Iljin 藜科 虫实属

一年生草本。茎直立，圆柱形，分枝多集中于茎基部，最下部分枝较长上升，上部分枝较短，斜展。叶条形，先端渐尖具小尖头，无毛或疏生星状毛。穗状花序顶生和侧生，圆柱形或棍棒状，紧密，苞片由披针形至卵圆形，先端渐尖或骤尖，基部圆形，具白膜质边缘，掩盖果实。果实宽椭圆形或倒卵状矩圆形，两面均被星状毛；果核椭圆形。花、果期7~9月。**见于莲花湖**。生于河边沙地。

蝇虫实 *Corispermum declinatum* Steph. ex Stev. 藜科 虫实属

一年生草本，高15~50cm，幼时有毛，后期毛部分脱落。叶条形，长达6cm，宽达3mm，先端渐尖并锐尖，基部渐狭，有1脉，叶向上逐渐过渡成苞片。穗状花序顶生和腋生，伸长，长5~15cm，有极稀疏的花；苞片较狭，条状披针形至狭卵形，下部苞片较果稍狭，其他苞片均较果宽，比果长；花被片1；雄蕊1(~3)。胞果直立，侧扁，倒卵状矩圆形，先端急尖，稀近圆形，背面凸起，其中央扁平，腹面扁平或稍凹入，无毛，翅极狭；果喙明显，喙尖2，直立养麦。**见于官厅水库淹没区**。生于沙质荒地、田边、路旁和河滩中。可作饲料。

盐地碱蓬 *Suaeda salsa* (L.) Pall. 藜科 碱蓬属

一年生草本，绿色或紫红色。茎直立，圆柱形，黄褐色，分枝多集中于茎的上部。常具红紫色条纹。叶互生，肉质，线形，半圆形稀有近平扁。花两性兼有雌性；腋生团伞花序通常3~5花，在分枝上再排列成有间断的穗状花序；果时背面稍增厚。胞果包于花被内，果实成熟后种子露出。种子横生，近圆形或卵形，黑色，有光泽。花期8~9月，果期9~10月。**见于张山营**。生于盐碱土上。幼苗可做菜，种子可榨油。

碱蓬 *Suaeda glauca* (Bunge) Bunge　藜科　碱蓬属

一年生草本。茎直立，圆柱形，上部多级分枝，枝细长，斜伸或开展。叶线形，半圆柱状，肉质，通常稍向上弯曲。花杂性，具两性花兼有雌花，单生或2~5朵簇生于叶腋的短柄上，排列成聚伞花序通常与叶具共同的柄，上部花序常不具叶；果期花被肥厚成五角星状。花期7~8月，果期9~10月。**见于官厅水库库滨带**。生于堤岸、洼地、荒野的盐碱土上。

刺沙蓬 *Salsola tragus* L.　藜科　猪毛菜属

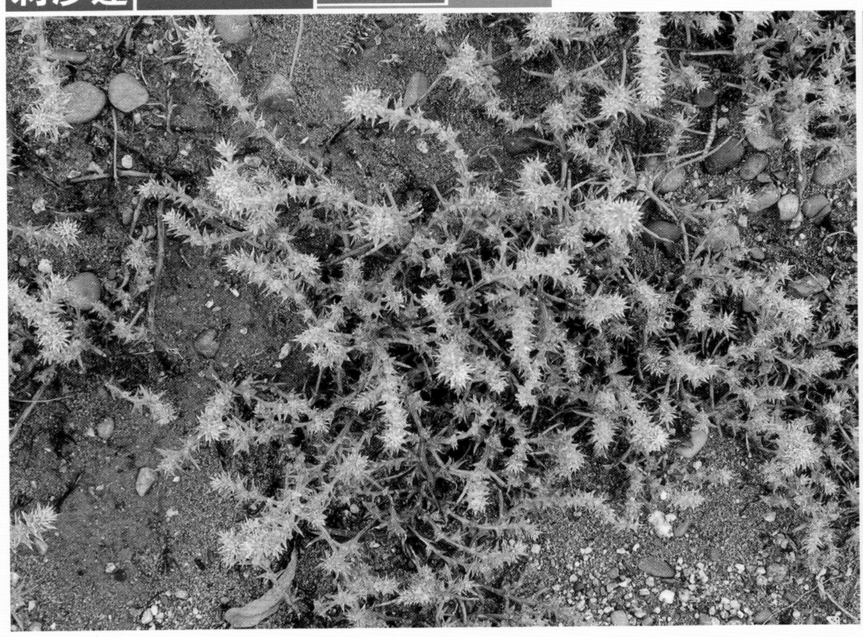

一年生草本，植株较粗壮，株高变化大，自基部分枝，茎、枝生短硬毛或近无毛，黄绿色。叶互生，半圆柱形或圆柱形，直伸。花于枝条的上部排成穗状花序；苞片长卵形，顶端有刺状尖，基部边缘膜质；小苞片卵形，顶端亦有刺状尖；翅肾形或倒卵形，膜质，无色或淡紫红色，花被片在翅以上部分近革质，顶端薄膜质，向中央聚集，包覆果实，不形成圆锥体。种子横生。花期7~9月，果期9~10月。**见于康庄镇**。生于沙丘和沙地。

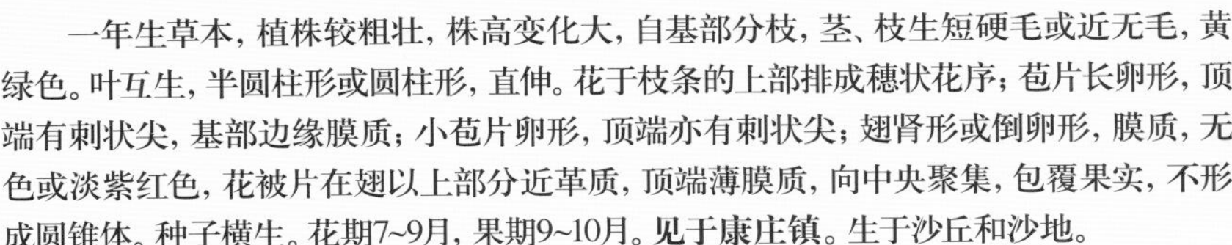

猪毛菜 *Salsola collina* Pall. 藜科 猪毛菜属

一年生草本。茎近直立，通常由基部多分枝，枝开展。茎与枝绿色，具条纹，光滑无毛。叶线状圆形，肉质，先端具小刺尖，基部稍扩展下延，深绿色或有时带红色。花两性，多数，生于顶，排列为细长穗状花序，稀为单生叶腋。胞果倒卵形，果皮膜质；种子横生或斜生，顶端截形，胚成螺旋状，无胚乳。花期7~9月，果期8~10月。**见于延庆镇**。生于村边、路旁、荒地及盐碱地砂质土壤上。全草入药，具有降血压功效。

雾冰藜 *Bassia dasyphylla* (Fisch. et Mey.) O. Kuntze 藜科 雾冰藜属

一年生草本。茎直立，密被水平伸展的长柔毛；分枝多，开展，与茎夹角通常大于45°，有的几成直角。叶互生，肉质，圆柱状或半圆柱状条形，密被长柔毛。花两性，单生或两朵簇生，通常仅一花发育。花被筒密被长柔毛，裂齿不内弯，果时花被背部具5个钻状附属物，三棱状，平直，坚硬，形成一平展的五角星状。果实卵圆状。种子近圆形，光滑。花、果期7~9月。**见于康庄镇**。生于沙丘、平坦沙地以及轻度的盐碱地。可作饲料。

刺藜 *Dysphania aristata* (L.) Mosyakin et Clemants 藜科 腺毛藜属

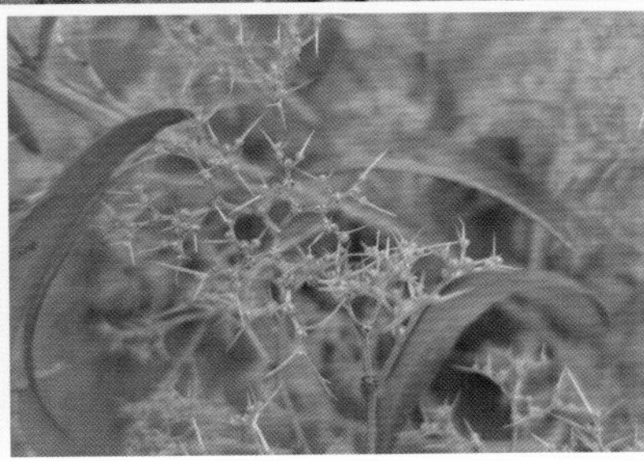

一年生草本，植物体通常成圆锥形，无粉，秋后常带紫红色。茎直立，多分枝，具纵条纹。叶具短柄，叶片披针形或条形，全缘，先端渐尖，基部渐窄，主脉明显。花两性，复二歧聚伞花序，顶生或腋生，花序最末端的分枝针刺状；胞果圆形，种子横生，圆形，黑褐色，有光泽。花期8~9月，果期10月。**见于井庄镇**。生于山坡、道旁、田间和荒地。

鸡冠花 *Celosia cristata* L. 苋科 青葙属

一年生草本。茎直立，粗壮，茎红色或青白色；叶卵状披针形至披针形，顶端渐尖，基部渐狭，叶互生，全缘。花多数，密生成扁平肉质鸡冠状、卷冠状或羽毛状的穗状花序，中部以上多花，苞片小苞片和花被片有淡黄、金黄、淡红、火红、紫红、棕红、橙红等色，干膜质，宿存，雄蕊花丝下部合生成杯状。胞果卵形，盖裂，包于花被内。种子黑色有光泽。花、果期7~10月。供观赏。**见于千家店镇**。栽培。原产于印度。

反枝苋 *Amaranthus retroflexus* L. 苋科 苋属

一年生草本。有分枝，茎粗壮，单一或分枝，淡绿色，密生短柔毛。叶互生，有长柄，叶片菱状卵形，先端锐尖或尖凹，有小凸尖，基部楔形，全缘，两面及边缘有柔毛。圆锥花序顶生及腋生，由多数穗状花序形成；苞片及小苞片钻形，白色。胞果扁卵形，环状横裂，包裹在宿存花被片内。种子近球形。花期7~8月，果期8~9月。**见于旧县镇**。生于农田内、地边、宅旁。嫩的茎、叶可作蔬菜；种子入药，具有治腹泻和痢疾的功效。

绿穗苋 *Amaranthus hybridus* L. 苋科 苋属

一年生草本，高30~50cm。茎直立，分枝。叶片卵形或菱状卵形，边缘波状或有不明显锯齿，正面近无毛，背面疏生柔毛；叶柄长1~2.5cm，有柔毛。圆锥花序顶生，细长，上升稍弯曲，有分枝，由穗状花序而成，中间花穗最长；花被片矩圆状披针形；柱头3。胞果卵形。种子近球形。花期7~8月，果期9~10月。**见于沈家营镇北老君堂**。生在田野、旷地或山坡，海拔400~1100m。

凹头苋 *Amaranthus blitum* L. 苋科 苋属

一年生草本，全株无毛；茎伏卧而上升，从基部分枝，淡绿色或紫红色。叶片卵形或菱状卵形，顶端凹缺，有一芒尖，基部宽楔形，全缘或稍呈波状。花簇腋生，直至下部叶腋，生在茎端和枝端者成圆锥花序；苞片及小苞片长圆形，顶端急尖；雄蕊比花被片稍短；果熟时脱落。胞果扁卵形，微皱缩而近平滑，不开裂。种子黑色，边缘具环状边。花期7~8月，果期8~9月。**见于张山营镇前庙村**。生于田野、人家附近的杂草地上。嫩茎、叶可作蔬菜。

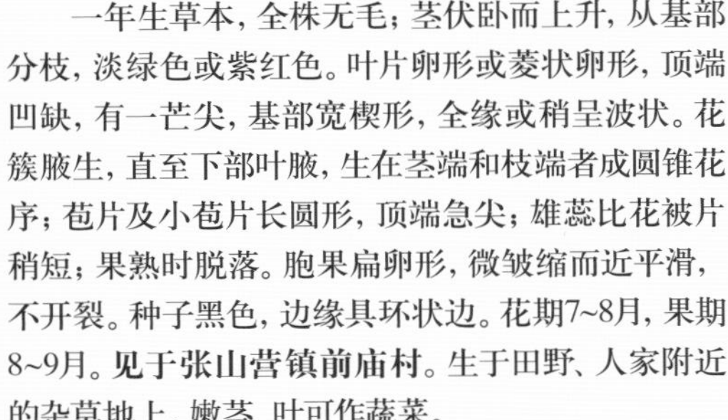

紫茉莉 *Mirabilis jalapa* L. 紫茉莉科 紫茉莉属

一年生草本，高可达1m。根肥粗。茎直立，圆柱形，多分枝，节稍膨大。叶片卵形或卵状三角形，顶端渐尖，基部截形或心形，全缘，两面均无毛，脉隆起；叶柄长1~4cm，被淡褐色毛；花被筒漏斗状，5齿裂，有5列黑色腺体；花两性；雄蕊6~10，头状，不伸出。果实棍棒状，5棱，沿棱具1列有黏液的短皮刺，棱间有毛。瘦果球形，熟时黑色，具棱。花、果期7~10月。**见于延庆镇**。栽培。原产于美洲。

马齿苋 *Portulaca oleracea* L. 马齿苋科 马齿苋属

一年生草本。植物体肉质。肥厚多汁，无毛。茎多分枝，平卧地面，淡绿色，有时成暗红色。单叶，互生。花黄色，顶生，枝端。花瓣5，倒卵形，顶端微凹，基部合生；蒴果盖裂；种子细小，多数，肾状卵圆形，黑褐色，有光泽，表面密被小疣状突起。花期5~8月，果期7~9月。**见于旧县镇。**生于田野路边及庭园废墟等向阳处。该种为药食两用植物。全草供药用，有清热利湿、解毒消肿、消炎、止渴、利尿作用；种子明目。此外还可作兽药和农药；嫩茎叶可作蔬菜等。

大花马齿苋 *Portulaca grandiflora* Hook. 马齿苋科 马齿苋属

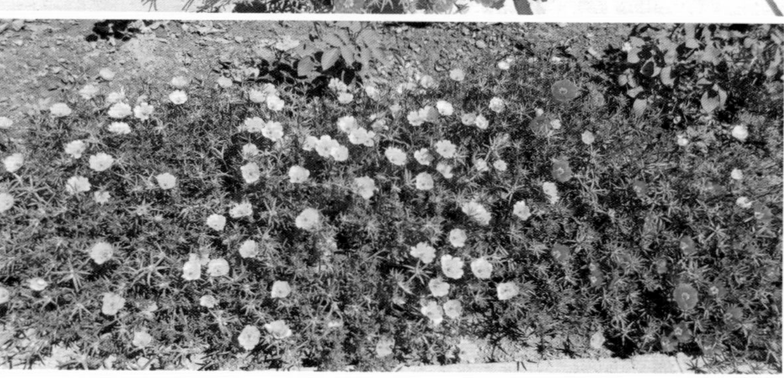

一年生草本。茎匐生或斜生，具毛。叶散生，肉质，圆柱形，先端急尖，在花下常具显著叶状的总苞，叶上具束生长毛。花两性，单生或簇生于枝的顶端。宽卵形，先端尖，基部合生，与子房紧贴。花瓣5，倒卵形，先端稍凹陷，花的颜色各种各样。雄蕊多数，着生于萼筒上。蒴果成熟时在近中部成盖状周裂。种子多数。花期6~9月。**见于延庆镇。**栽培。原产于巴西。供观赏。极易繁殖，扦插或播种繁殖。花色繁多。

拟漆姑 *Spergularia marina* (L.) Besser 石竹科 拟漆姑属

一年生或二年生小草本。茎铺散，从基部开始分枝，形成密丛状，上部上升，枝上被腺毛。叶线形，稍肉质，先端急尖或钝，中脉不明显，无毛或具疏生柔毛；花单生于茎顶叶腋，形成总状花序或总状聚伞花序；密生腺毛，果期外倾或下垂；花瓣5，淡紫色或白色。蒴果卵形，成熟时长于萼近半倍，3瓣裂。花期5~7月，果期6~9月。**见于西湖南岸**。生于盐碱地、湖边等湿润沙质轻盐碱地。

老牛筋（灯心草蚤缀）*Arenaria juncea* M. Bieb. 石竹科 蚤缀属

多年生草本。主根粗而伸长。茎直立，多数丛生，基部有许多老叶残迹，上部被腺柔毛。基生叶簇生，线形，较硬。茎生叶和基生叶同形而较短，聚伞花序顶生，密生腺毛。花瓣5，白色，长圆状倒卵形。蒴果卵形。种子多数，黑褐色，表面具疣状突起。花期7~9月。**见于松山**。生于山坡石缝间。有清热、凉血功效。

毛脉孩儿参 *Pseudostellaria japonica* (Korsh.) Pax 石竹科 孩儿参属

多年生草本，高15~20cm。块根纺锤形。茎直立，被2列柔毛。基生叶2~3对，叶片披针形；上部茎生叶约4对，叶片卵形或宽卵形，基部圆形，几无柄，边缘具缘毛，两面疏生短柔毛，背面沿脉较密。开花受精花单生或2~3朵呈聚伞花序；花梗纤细，被毛；萼片5；花瓣倒卵形，白色，花药褐紫色。闭花受精花腋生，具细长花梗。花期5~6月，果期7~8月。**见于黄柏寺后山阴坡。**生于林下阴湿地。

细叶孩儿参（林生孩儿参）*Pseudostellaria sylvatica* (Maxim.) Pax 石竹科 孩儿参属

多年生草本，高15~25cm。块根长卵形或短纺锤形，通常数个串生。茎直立。叶无柄，叶片线状或披针状线形，中脉明显。开花受精花单生茎顶或成二歧聚伞花序；花瓣白色，通常不结实。闭花受精花着生下部叶腋或短枝顶端；无花瓣，通常结实。蒴果卵圆形。花期4~5月，果期6~8月。**见于玉渡山。**

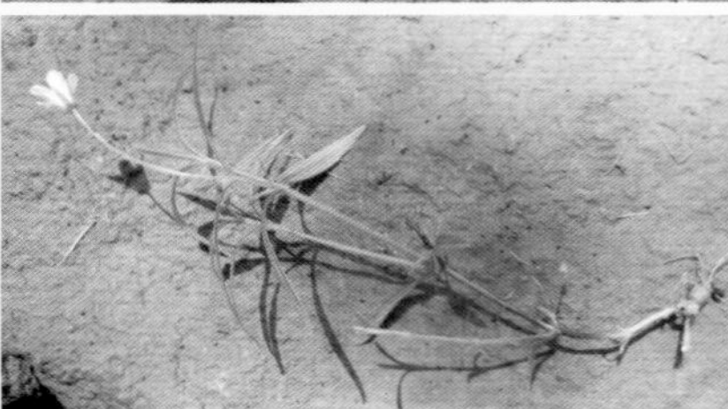

中国繁缕 *Stellaria chinensis* Regel 石竹科 繁缕属

多年生草本。茎细弱，直立或半匍匐。单叶对生；叶柄有柔毛，中上部的叶柄渐缩短；叶片卵状椭圆形至卵状披针形，叶缘波状。聚伞花序常生于叶腋，有细长总花梗；花瓣5，白色，先端2深裂；柱头3。蒴果卵形。种子卵形，稍扁，褐色，有乳头状突起。花期6~7月，果期7~8月。**见于海坨山阴坡**。生于石缝中或湿地及水边。

繁缕 *Stellaria media* (L.) Vill. 石竹科 繁缕属

一年生或二年生小草本。茎柔弱，多分枝中空。单叶对生；上部叶无柄，中部及下部叶有长柄，柄长1~2cm；叶片卵圆形或卵形。花两性；花单生枝腋或成顶生的二歧聚伞花序，花瓣5，白色，蒴果卵形，较萼片长，6瓣裂。种子黑褐色；表面密生疣状小突点。花期7~8月，果期8~9月。**见于大庄科乡**。生于山坡、林下、田边、路旁。全草入药。为有毒植物，家畜食用后能引起中毒及死亡。

鹅肠菜 *Myosoton aquaticum* (L.) Moench 石竹科 鹅肠菜属

多年生草本。茎二叉状分枝，下部无毛，上部有短腺毛。叶对生，卵形或长圆卵形。二歧聚伞花序顶生。花瓣5，每瓣二裂达基部；花柱5。具多数种子，肾圆形，暗棕色，具刺状突起。花期5~8月，**见于三堡村水溪旁**。生于低山平原水边湿地。全草可做野菜和饲料；也可药用，内服祛风、解毒，外敷治疔疮，新鲜苗捣汁服，有催乳作用。

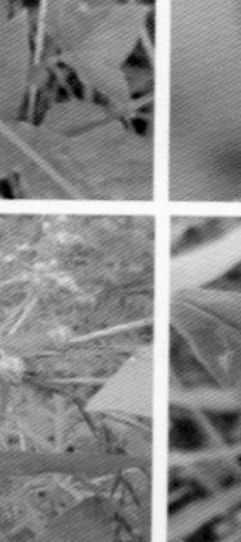

卷耳 *Cerastium arvense* L. 石竹科 卷耳属

多年生草本，根茎细长，淡黄白色。茎簇生、直立，密被细短柔毛，上部混生腺毛。叶对生，叶片线状披针形或长圆状披针形，中脉明显。二歧聚伞花序顶生，总花轴和花梗密被腺毛。苞片叶状，密被腺毛。花瓣5，倒卵形，白色，长为萼片的2倍，先端2浅裂；花柱5。蒴果圆筒状，麦秆黄色；种子圆肾形。褐色，表面被小瘤状突起。花期5~6月。**见于海坨山草甸**。生于山坡草地、山沟路边。

浅裂剪秋罗 *Lychnis cognata* Maxim. 石竹科 剪秋萝属

多年生草本，全株疏被弯曲长毛。根多数，肥厚纺锤形。茎直立，单一或分枝，被柔毛。叶无柄或具短柄；叶片长圆状披针形，叶基部楔形。聚伞花序，花大。萼筒棒状，微被疏毛。花瓣5，橙红色或淡红色，2浅裂。蒴果长卵形。种子近圆肾形，熟时黑褐色，表面被疣状突起。花期7~9月。**见于海坨山阴坡。**生于林下、林缘灌丛间。

剪秋罗 *Lychnis fulgens* Fisch. 石竹科 剪秋萝属

多年生草本。全株被较长柔毛。根多数，肥厚成纺锤形。茎直立，单一或上端稍分枝。叶对生，无柄，卵状长圆形或卵状披针形，叶基部通常圆形，无柄。聚伞花序，顶生，密生柔毛，萼筒棍棒状，被较密的蛛丝状棉毛。花瓣5，深鲜红色，先端2深裂。蒴果长卵形，先端5裂齿。种子圆肾形，黑褐色，表面具尖疣状突起。花期6~9月。**见于玉渡山。**生于林下、林缘灌丛间。

肥皂草 *Saponaria officinalis* L. 石竹科 肥皂草属

多年生草本。上部分枝，被短柔毛，节部稍膨大。叶对生，椭圆形、椭圆状披针形或长圆形。聚伞花序生茎顶或上部叶腋。萼圆筒形，长2cm，淡紫色，萼外无棱。花瓣5，淡粉红色或白色；花柱2。蒴果，长圆状卵形。种子肾形，黑色，表面被微细的疣状突起。花期6~7月，果期6~7月。**见于延庆镇**。栽培。原产于欧洲。供观赏。根可入药，能祛痰，可治支气管炎，又可作倾泻剂和利尿药。

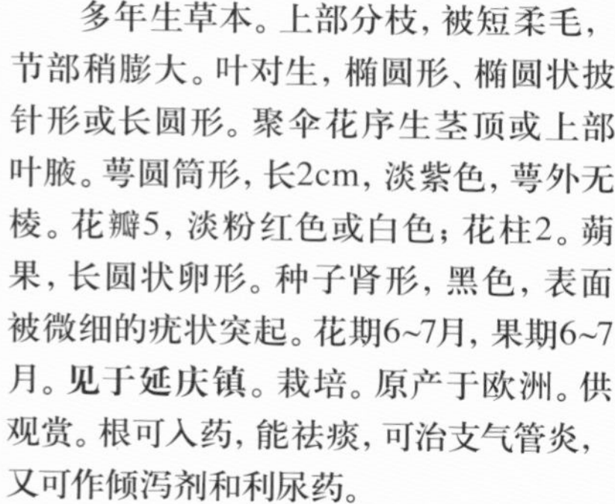

女娄菜 *Silene aprica* Turcz. ex Fisch. et Mey. 石竹科 蝇子草属

一年生或二年生草本，全株密生短柔毛。茎直立，由基部多分枝。叶条状披针形至披针形，密生短柔毛；上部叶无柄，下部叶具柄。聚伞花序伞房状，二至三回分歧，每分枝上有2~3朵花；苞片条形；花萼有10条脉，顶端5裂；花瓣5，倒卵形，顶端2浅裂，喉部有2鳞片；雄蕊10，花丝细长；花柱3。蒴果椭圆形；种子多数，细小，黑褐色。花期6~7月，果期6~8月。**见于千家店镇**。生于山坡草地或山谷湿地。

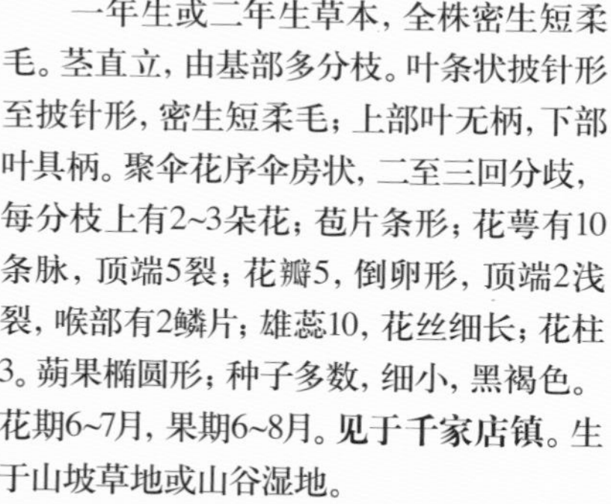

蔓茎蝇子草 *Silene repens* Patr. 石竹科 蝇子草属

多年生草本，高15~50cm，全株有细柔毛。根状茎长蔓状，匍匐地面上。茎少数，簇生上部直立，花期后自叶腋常生出无花的短枝。叶条状披针形，长2~7cm，宽2~7mm。聚伞花序顶生或近枝端腋生；萼筒长1.2~1.5cm，直径3~5mm，棍棒形，外面密生柔毛；花瓣5，白色，瓣片顶端2深裂，喉部有2小鳞片；花柱5，丝形。蒴果卵状矩圆形，有多数种子。花期6~7月，果期7~9月。**见于四海镇。**生于山坡草地、林下、山沟溪边。根具生津止渴、清热利咽之功效。

山蚂蚱草（旱麦瓶草）*Silene jenisseensis* Willd. 石竹科 蝇子草属

多年生草本，高20~50cm。根粗壮，木质。茎丛生，直立或近直立，不分枝，无毛。基生叶叶片狭倒披针形，长5~13cm，宽2~7mm，基部渐狭成长柄状，顶端急尖或渐尖，中脉明显；茎生叶少数，较小，基部微抱茎。总状花序，无毛；花萼狭钟形，后期微膨大，无毛，纵脉绿色；花瓣白色或淡绿色；副花冠长椭圆状，细小；雄蕊外露；花柱外露。蒴果卵形；种子肾形。花期7~8月，果期8~9月。**见于张山营镇西大庄科。**生于山坡草地和石质山坡上。

石生蝇子草 *Silene tatarinowii* Regel 石竹科 蝇子草属

多年生草本，全株被短柔毛。根圆柱形或纺锤形，黄白色。茎蔓生。叶片卵状披针形，基部宽楔形，顶端长渐尖，两面被稀疏短柔毛，边缘具短缘毛，具1或3条基出脉。二歧聚伞花序疏松，大型；花萼筒状棒形，长12~15mm，直径3~5mm，纵脉绿色，稀紫色，无毛或沿脉被稀疏短柔毛；花瓣白色，轮廓倒披针形，浅2裂达瓣片的1/4；雄蕊、花柱明显外露。蒴果卵形；种子肾形。花期7~8月，果期8~10月。**见于香营乡**。生于山坡草地。

坚硬女娄菜 *Silene firma* Sieb. et Zucc. 石竹科 蝇子草属

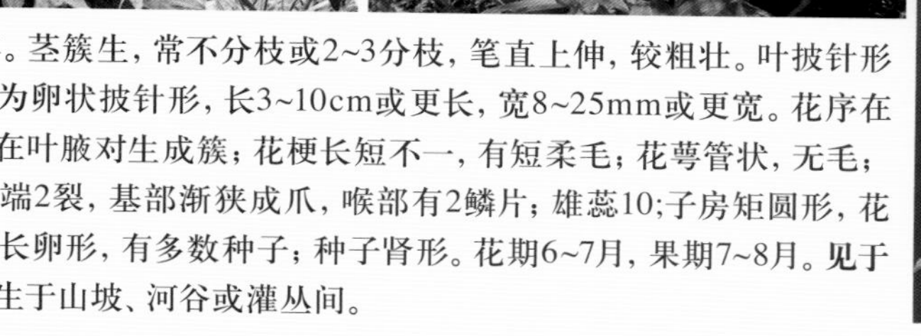

一年生草本。茎簇生，常不分枝或2~3分枝，笔直上伸，较粗壮。叶披针形至矩圆形，有时为卵状披针形，长3~10cm或更长，宽8~25mm或更宽。花序在枝上部呈总状，在叶腋对生成簇；花梗长短不一，有短柔毛；花萼管状，无毛；花瓣5，白色，顶端2裂，基部渐狭成爪，喉部有2鳞片；雄蕊10；子房矩圆形，花柱3，丝形。蒴果长卵形，有多数种子；种子肾形。花期6~7月，果期7~8月。**见于张山营镇北山**。生于山坡、河谷或灌丛间。

麦瓶草 *Silene conoidea* L. 石竹科 蝇子草属

一年生草本。茎直立。基生叶匙形，茎生叶长圆形或披针形，先端渐尖，基部渐狭，两面被腺毛，中脉明显。聚伞花序顶生，具少数花；萼筒长，基部特别膨大，上部缢缩呈圆锥状，结果时下部膨大呈圆形，先端5裂，具30条显著的脉，密生腺毛。花瓣5，倒卵形，粉红色、白色；花柱3。蒴果卵形，种子多数。花期4~5月。**见于妫河岸边**。生于低山、平原麦田中或荒地上。全株入药，有止血、调经活血功效。

长蕊石头花（霞草）*Gypsophila oldhamiana* Miq. 石竹科 丝石竹属

多年生草本。粉绿色。主根粗壮，淡褐色至灰褐色，根茎分歧，木质化。茎多数簇生，直立，上部分枝。叶对生，长圆状披针形。聚伞花序顶生，密集，花序分枝开展。花瓣5，粉红色或白色。蒴果卵球形，较萼稍长。种子近肾形。花期7~9月。**见于大榆树镇的东桑园村南山**。生于山坡干燥的沙地上或山谷沙地上。根可作银柴胡入药，有清热、凉血、活血、散瘀、消肿止痛之功效。

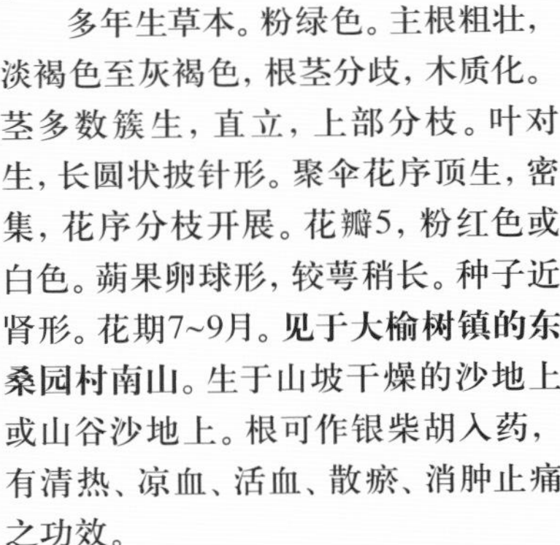

河北石头花 *Gypsophila tschiliensis* J.Krause 石竹科 丝石竹属

多年生草本，高20~30cm。根较粗。茎直立或斜升，纤细，上部分枝。叶片线状披针形，中脉明显。聚伞花序，花较少，无毛；花梗淡褐色；苞片披针形，白色，脉上端带褐色；花萼钟形，紫褐色；花瓣蔷薇色；花丝扁线形，花药长圆形；子房卵球形，花柱线形。蒴果卵球形；种子圆形。花期7~8月，果期9月。**见于海坨山**。生于海拔2000~2200m的山坡灌丛草地及林缘。

瞿麦 *Dianthus superbus* L. 石竹科 石竹属

多年生草本，高50~60cm，有时更高。茎丛生，直立，无毛，上部分枝。叶条形至条状披针形，全缘。花单生或成对生枝端；萼筒长2.5~3.5cm，粉绿色，花萼下有宽卵形苞片4~6个；花瓣5，粉紫色，顶端深裂成细线条，基部成爪，有须毛；雄蕊10；花柱2，丝形。蒴果长筒形，和宿存萼等长，顶端4齿裂；种子扁卵圆形。花期7~8月。**见于海坨山、凤凰坨等地**，生于山坡草地、林缘、疏林下或亚高山草甸上。全株入药，有清热、利尿、活血、通经效用。

石竹 *Dianthus chinensis* L. 石竹科 石竹属

多年生草本，或栽培为一年生。全株微带粉绿色，无毛。茎簇生，直立，有节，上部分枝。叶对生，条形或线状披针形，先端渐尖，基部渐窄成短鞘围抱茎节，灰绿色，两面平滑。花单生，或1~3朵成聚伞。花瓣5瓣片，菱状倒卵形，淡红色，粉红色或白色。蒴果长筒形。种子卵形，灰黑色，边缘有狭翅。长约2mm。花期5~9月。**见于八达岭镇帮水峪村**。生于向阳山坡草地、丘陵坡地、林缘灌丛间。适用于园林地被。全草入药，能清热、利尿、活血、通经。

麦蓝菜 *Vaccaria hispanica* (Mill.) Rauschert 石竹科 麦蓝菜属

一年生草本。全株无毛，淡绿色或灰绿色。茎直立，中空，节部膨大。叶对生，卵状披针形或披针形，基部近心形，微抱茎，背面主脉隆起，侧脉不明显。二歧聚伞花序成伞房状。萼筒卵状圆筒形，具5棱；花瓣5，粉红色或白色。蒴果卵形。种子暗黑色。花期5~6月。**见于四海镇大吉祥村**。生于田间或农田附近。种子入药，能活血、通经、消肿止痛、催产、下乳。

白睡莲 *Nymphaea alba* L. 睡莲科 睡莲属

多年水生草本；根状茎匍匐；叶纸质，近圆形，直径10~25cm，基部具深弯缺，裂片尖锐，近平行或开展，全缘或波状，两面无毛，有小点；叶柄长达50cm。花直径10~20cm，芳香；花梗略和叶柄等长；萼片披针形，长3~5cm，脱落或花期后腐烂；花瓣20~25，白色、粉红色或玫瑰红色。卵状矩圆形，长3~5.5cm，外轮比萼片稍长；花托圆柱形；花药先端不延长，花粉粒皱缩，具乳突；柱头具14~20辐射线，扁平。浆果扁平至半球形，长2.5~3cm；种子椭圆形，长2~3cm。花期6~8月，果期8~10月。**见于妫河**。栽培，原产于瑞典。为观赏植物。另，红睡莲 *N. alba* var. *rubra* 亦常栽培，花红色。

莲 *Nelumbo nucifera* Gaertn. 睡莲科 莲属

多年生水生草本。根茎肥厚，横走地下，外皮黄白色，节部生鳞叶及不定根，节间膨大，纺锤形或柱状，内有蜂巢状孔道。叶基生，叶柄长，圆柱形，中空，具黑色坚硬小刺。叶片盾状圆形，波状全缘，挺出水面，正面绿色，背面淡绿色，叶脉放射状。花大，粉红色或白色，芳香。坚果呈椭圆形或卵形，灰黑色。种子椭圆形，种皮红棕色。花期7~8月，果期8~9月。**见于东湖公园**。栽培。原产于中国。莲全身是宝，藕、叶、叶柄、莲蕊、莲房（花托）入药，能清热止血；莲心（种子的胚）有清心火、强心降压功效；莲子（坚果）有补脾止泻、养心益肾功效。莲藕可作蔬菜食用或提取淀粉（藕粉）。

金鱼藻 *Ceratophyllum demersum* L. 金鱼藻科 金鱼藻属

淡水生沉水性多年生草本；多分枝。叶8~10轮生，一至二回二叉状分歧，裂片丝状线形或线形，边缘散生刺状细齿。花小，单性1~3朵生于节部叶腋，花梗极短。花柱宿存，针刺状。坚果扁椭圆形，有3枚针刺。花期6~7月，果期8~9月。**见于妫河**。生于池塘、河沟中。全株可作猪、鱼及家禽饲料。

牡丹 *Paeonia suffruticosa* Andr. 芍药科 芍药属

落叶灌木。茎高达2m；分枝短而粗。叶通常为二回三出复叶；顶生小叶宽卵形，3裂至中部；侧生小叶狭卵形，不等2裂至3浅裂或不裂，近无柄。花单生枝顶，直径10~17cm；苞片5；萼片5，绿色；花瓣5，或为重瓣，玫瑰色、红紫色、粉红色至白色，通常变异很大；心皮5，密生柔毛。蓇葖果长圆形。花期5月，果期6月。**见于常里营村**。栽培。原产于我国陕西。根皮供药用，称“丹皮”；为镇痉药，能凉血散瘀，治中风、腹痛等症。

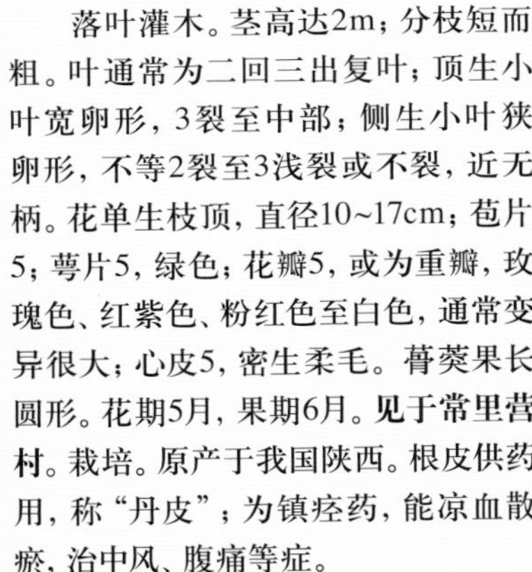

草芍药 *Paeonia obovata* Maxim. 芍药科 芍药属

多年生草本。根粗壮、长圆柱形。茎无毛，基部有鳞片。下部茎生叶为二回三出复叶，上部茎生三出复叶或单叶。花单生；萼片宽卵形，浅绿色；花瓣白色、红色、紫红色。蓇葖果卵圆形，成熟时果皮反卷成红色。花期5~6月，果期9月成熟。**见于玉渡山**。生于山坡草地、林缘或杂木林下。根药用，有养血调经、凉血止痛之效。

芍药 *Paeonia lactiflora* Pall. 芍药科 芍药属

多年生草本。根粗壮、黑褐色。茎无毛，基部有鳞片。下部茎生叶为二回三出复叶，上部茎生三出复叶，小叶狭卵形，边缘有白色骨质细齿，两面无毛。花生茎顶和叶腋；花瓣，倒卵形，白色、粉色，有时基部具深紫色斑。蓇葖果；种子圆形，黑色。花期5~6月，果9月成熟。**见于旧县镇**。栽培。原产于我国东北地区。栽培花大而美丽，可供观赏；根白色，称“白芍”，能镇痛、镇痉、祛瘀、通经。

金莲花 *Trollius chinensis* Bunge 毛茛科 金莲花属

多年生草本。基生叶1~4，具长柄；叶片五角形，掌状裂叶。花通常单生，萼片10~15，金黄色，椭圆状卵形或倒卵形；花瓣18~21，狭线形，金黄色。蓇葖果，具网脉；种子近倒卵形，黑色。花期6~7月，果期8~9月。**见于海坨山阴坡**。生于海拔800~2200m的山顶草地。花入药，能清热解毒，祛瘀消肿，常用于治疗各种炎症、痈肿疮毒等。是上等花卉，可引种驯化到平源地区，供人们观赏。

兴安升麻（苦菜）*Cimicifuga dahurica* (Turcz.) Maxim. 毛茛科 升麻属

多年生草本，具恶臭。根状茎粗壮，多弯曲，表面黑色，有许多下陷圆洞状的老茎残基。茎有棱槽。下部茎生叶为二至三回三出复叶，叶片三角形，卵形，先端急尖，羽状浅裂或在基部深裂，边缘具锯齿；茎上部叶较小，具短柄。圆锥花序；花单性，雌雄异株。萼片花瓣状。蓇葖果，被贴伏白色柔毛。种子，褐色。花期7~8月，果期8~9月。**见于玉渡山**。生于海拔300~1200m间山地林缘灌丛及山坡或草地中。根状茎入药，能发汗解热，镇静止痛、解毒；嫩时可采挖当菜用，农民称“苦菜”。

类叶升麻 *Actaea asiatica* Hara 毛茛科 类叶升麻属

多年生草本。根状茎横走，生多数须根。基生叶鳞片状；下部茎生叶为三回三出近羽状复叶，具长柄；叶片三角形，小叶卵形至宽卵形菱形，边缘具浅裂或锐锯齿。总状花序，密生短柔毛；苞片线状披针形；萼片4，白色，倒卵形。花瓣匙形，下部渐狭成爪。浆果，紫黑色，近球形。花期5~6月，果期7~9月。**见于凤凰坨生于阔叶林林下。**全株有毒，不可当升麻入药。

两色乌头 *Aconitum alboviolaceum* Kom. 毛茛科 乌头属

多年生草本。茎缠绕；基生叶1枚，与茎下部叶具长柄，茎上部叶变小，具较短柄；叶片五角状肾形，基部心形，三深裂，边缘自中部以上具粗牙齿，两面被极稀疏的短伏毛。总状花序。具3~8朵花；轴及花梗密被伸展的短柔毛；苞片线形；花瓣无毛，距细，比唇长，拳卷。蓇葖直立；种子倒圆锥状三角形。8~9月开花。**见于井庄镇西三岔村。**生海拔350~1400m间山地谷中灌丛间或林中。

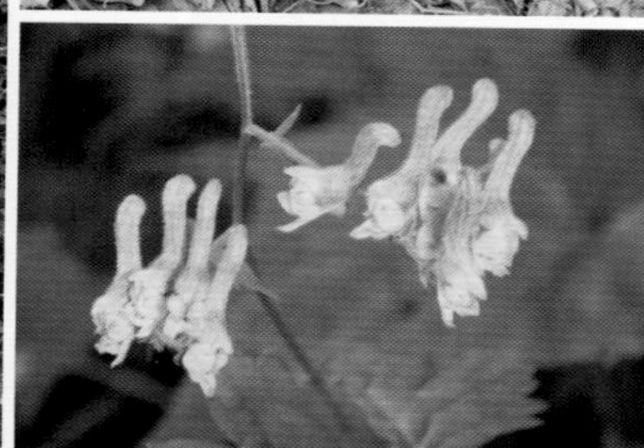

牛扁 *Aconitum barbatum* var. *puberulum* Ledeb. 毛茛科 乌头属

多年生草本。具直根。茎和叶柄均被反曲而紧贴的短柔毛。基生叶及茎下部叶具长柄，全裂；中裂片菱形，末回小裂片三角形或狭披针形。总状花序，花黄色。蓇葖果。花期6~8月。**见于玉渡山、海坨山**。生于山地疏林下或山坡草地。根供药用，具止咳化痰平喘作用，但全株有毒，慎用。

高乌头 *Aconitum sinomontanum* Nakai

多年生草本，茎高95~150cm。中部以下几无毛，上部近花序处被反曲的短柔毛，生4~6枚叶。基生叶1枚，与茎下部叶具长柄；叶片肾形或圆肾形，基部宽心形，三深裂约至其长度的6/7处，几无毛。总状花序长30~50cm，具密集的花；萼片蓝紫色或淡紫色，外面密被短曲柔毛，上萼片圆筒形，高1.6~2cm，外缘在中部之下稍缢缩；花瓣无毛，长达2cm，唇舌形。蓇葖果。6~9月开花。**见于海坨山、凤凰坨**。生于山地林中或灌丛。

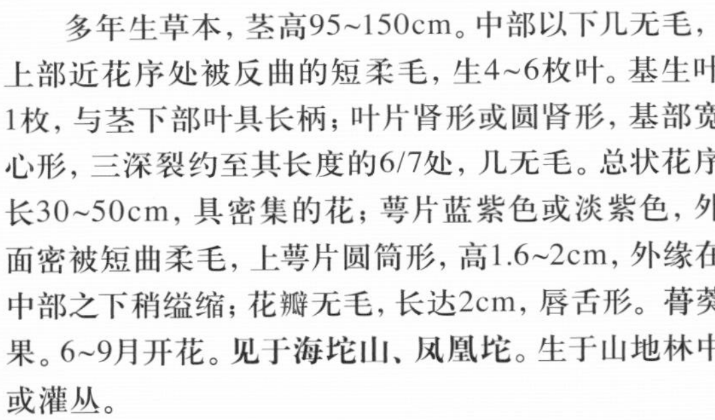

被子植物门 Angiospermae

草乌（北乌头）*Aconitum kusnezoffii* Reichb. 毛茛科 乌头属

多年生草本。块根倒圆锥形，暗黑褐色。茎无毛，茎下部叶具长柄，花时常枯萎。茎中部叶五角形，叶全裂。花序常分枝，无毛；萼片5，紫蓝色。蓇葖果，种子有膜质翅。花、果期7~9月。**见于玉渡山**。生于沟谷、坡脚或疏林中海拔400~2000m处。块根有剧毒，含乌头碱等，经处理后可入药，能祛风散寒止痛。

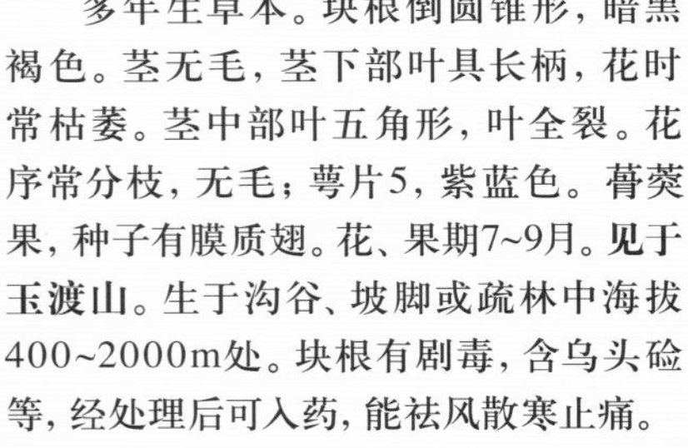

热河乌头（低矮华北乌头）*Aconitum jeholense* Nakai et Kitag. 毛茛科 乌头属

多年生草本，不分枝，株高30cm。块根2，倒圆锥形。叶小，长5cm，宽4cm，小裂片线形或披针状线形。总状花序，具2~8朵花，上萼片船形或船状盔形。花瓣2，蓝紫色。蓇葖果，无毛。花期7~9月。**见于海坨山**。生于海拔1700~1800m间山地草坡。

翠雀 *Delphinium grandiflorum* L. 毛茛科 翠雀属

多年生草本。茎被反曲而贴伏的短柔毛。基生叶和茎下部叶具长柄，叶圆五角形，3全裂，裂片细裂；末回裂片线形至线状披针形；叶柄常为叶片的4倍。总状花序，轴和花梗被反曲的微柔毛。萼片5，紫蓝色；花瓣2，蓝色，先端圆形，有距；退化雄蕊2，蓝色，瓣片宽倒卵形。蓇葖果，直立。花期5~9月。**见于大榆树镇**。生于海拔400~2200m山地草坡或丘陵沙地。花大而美，可驯化栽培种供观赏，但全株有毒，应防止人畜中毒。

冀北翠雀花 *Delphinium siwanense* var. *albopuberulum* W. T. Wang 毛茛科 翠雀属

多年生草本。全株无毛。茎下部叶开花时枯萎，中部叶有稍长柄。叶五角形，3全裂，侧裂片2深裂，裂片再3深裂；二回裂片狭楔形至披针形。伞房花序。密被反曲而贴伏的白色短柔毛。萼片5，蓝紫色。花瓣上部黑褐色。退化雄蕊的瓣片黑褐色，有时上部蓝色，腹面中央有淡黄色鬓毛。蓇葖果。花期8~9月。**见于海坨山**。生于海拔1300~2100m之间的山坡草地。

华北耧斗菜 *Aquilegia yabeana* Kitag. 毛茛科 耧斗菜属

多年生草本。疏被短柔毛和少数腺毛。基生叶具长柄，一至二回三出复叶；小叶菱状倒卵形或宽菱形，3裂，边缘有圆齿，叶正面无毛，背面疏被短柔毛；茎生叶较小。花序具少数花，下垂，密被短腺毛。苞片3裂或不裂，狭长圆形。萼片紫色，狭卵形。花瓣和萼片同色。蓇葖果。种子黑色，光滑。花期5~7月。**见于凤凰坨、松山、玉渡山**。生于高海拔林下。花大而美，可驯化种植供观赏。根含糖类，可制糖、酿酒。

耧斗菜 *Aquilegia viridiflora* Pall. 毛茛科 耧斗菜属

多年生草本。根圆柱形。茎被短柔毛和腺毛。基生叶数枚，二回三出复叶；小叶楔形和倒卵形，3裂，裂片常具2~3圆齿；正面绿色，背面浅绿色至淡绿色，被短柔毛或近无毛。茎生叶少数，一至二回三出复叶，渐变小。花序具3~7朵花。萼片5，黄绿色，卵形，外面被柔毛。花瓣5，黄绿色，瓣片顶片顶端近截形，距直伸或微弯。蓇葖果。种子黑色，光滑。花期5~7月。**见于玉渡山**。生于沟谷、坡脚。可驯化做绿化用。紫花耧斗菜*A.viridiflora* var. *atropurpurea* (Willd.) Trevir.花为紫蓝色，比原种更常见。

瓣蕊唐松草 *Thalictrum petaloideum* L. 毛茛科 唐松草属

多年生草本。叶为三至四回三出复叶；小叶狭长圆形至近圆形，小叶小型，密集。伞房状聚伞花序。萼片4，白色，早落。雄蕊多数，花丝中上部棍棒状，倒披针形，白色，比花药宽。瘦果，卵状椭圆形，有8条纵肋，先端尖，呈嘴状，花柱宿存。花期6~7月。**见于张山营镇**。生于海拔300~2500m间山地草坡向阳处。根可作马尾连入药，能清热燥湿、泻火解毒。

丝叶唐松草 *Thalictrum foeniculaceum* Bunge 毛茛科 唐松草属

多年生草本。三至四回三出复叶，小叶丝形或线形，边缘常反卷，先端尖，中脉隆起。复单歧聚伞花序伞房状，生疏花；花较大；萼片5，粉红色或白色，椭圆形或狭倒卵形。瘦果，纺锤形。花、果期6~7月。**见于八达岭镇**。生于干燥山坡、沙地或多石砾处。

贝加尔唐松草 *Thalictrum baicalense* Turcz. 毛茛科 唐松草属

多年生草本。根棕色，微黄。叶为二至三回三出复叶，具长柄；小叶先端3浅裂，脉在背面稍隆起，明显；具托叶，膜质。聚伞状圆锥花序。萼片4，白色，长圆形，早落。花丝白色，上部扩大，成狭倒披针形。瘦果，卵球形，下垂，黑褐色。花期5~6月，果期6~7月。**见于松山**。生于1200~1800m的林下或草坡。根含小檗碱，可作马尾黄连入药，能清热燥湿、解毒。

长柄唐松草 *Thalictrum przewalskii* Maxim. 毛茛科 唐松草属

多年生草本。叶为二至四回三出羽状复叶，小叶卵形、菱状椭圆形或倒卵形或近圆形，灰绿色，基部具翅。圆锥花序，较紧密。萼片4，白色或黄绿色，狭倒卵形。雄蕊多数，花丝上部狭倒披针形，白色，花药长圆形，比花丝宽。瘦果扁，有4条纵肋，斜倒卵形，基部楔形，先端具直立的嘴。花期6~7月，果期8~9月。**见于松山**。生于山地草坡或灌丛中、水溪旁。

箭头唐松草 *Thalictrum simplex* L. 毛茛科 唐松草属

多年生草本。茎直立，上部有向上直展的分枝。茎生叶向上直展，具短柄或无柄，二至三回三出复叶。叶柄基部两侧加宽呈膜质鞘。圆锥花序，长圆形或狭塔形。花多数。萼片4，浅绿色，卵形。柱头具翅，箭头状。瘦果，狭卵形，果梗短。花期7~8月，果期9月成熟。**见于靳家堡**。生于平原或低山草地或沟边。

东亚唐松草 *Thalictrum minus* var. *hypoleucum* (Sieb. et Zucc.) Miq. 毛茛科 唐松草属

多年生草本。三至四回三出羽状复叶，叶片长35cm，有柄。小叶倒卵形或近圆形或卵形。圆锥花序，塔形。花多数；雄蕊花丝较长，下垂。萼片4，浅绿白色，狭卵形。瘦果，无梗，卵形或卵状椭圆形，纵肋明显；宿存柱头。花期6~7月。**见于珍珠泉乡**。生于山坡草地、林缘。

展枝唐松草 *Thalictrum squarrosum* Steph. ex Willd. 毛茛科 唐松草属

多年生草本。通常自中部近二歧状分枝。三至四回羽状复叶；小叶卵形或广倒卵形，基部圆楔形或楔形，顶端急尖，背面有白粉，脉平或稍隆起。圆锥花序成二叉状分枝，分枝开展。花梗细。萼片4，黄绿色。瘦果，新月形。花期7~8月，果期8~9月。**见于松山**。生于山坡草地。种子含油，供工业用。

唐松草 *Thalictrum aquilegifolium* var. *sibiricum* Regel et Tiling 毛茛科 唐松草属

多年生草本。植株全部无毛。茎粗壮，高60~150cm，粗达1cm。基生叶在开花时枯萎。茎生叶为三至四回三出复叶；叶片长10~30cm；小叶草质，3浅裂，裂片全缘，有鞘，托叶膜质，不裂。圆锥花序伞房状，有多数密集的花。瘦果倒卵形，长4~7mm，有3条宽纵翅，基部突变狭，心皮柄长3~5mm，宿存柱头长0.3~0.5mm。7月开花。**见于海坨山阴坡林下**。生海拔500~1800m间草原、山地林边草坡或林中。根可治痈肿疮疖、黄疸型肝炎、腹泻等症。

银莲花 *Anemone cathayensis* Kitag. 毛茛科 银莲花属

多年生草本。基生叶4~8，疏生长柔毛。叶片圆肾形；三全裂，中央裂片宽菱形或菱状倒卵形，三裂近中部，二回裂片浅裂，末回裂片卵形或狭卵形；侧全裂片斜扇形，不等三深裂；两面疏生柔毛或变无毛。总苞片通常5，无柄，不等大，菱形或倒卵形。花序聚伞状，2~5朵。萼片5~6，白色，倒卵形。瘦果扁，无毛。花期5~6月，果期7~9月。**见于珍珠泉乡**。生于海拔1000~2000m的山地草坡。

长毛银莲花 *Anemone narcissiflora* subsp. *crinita* (Juz.) Kitag. 毛茛科 银莲花属

多年生草本。基生叶多枚，密被开展的白色长柔毛。叶片近圆形或圆五角形，掌状三全裂，裂片再二至三回羽状细裂，叶两面疏被长柔毛。花莛被长柔毛。总苞苞片掌状深裂，无柄，裂片二至三深裂或中裂，小裂片线状披针形，两面被长柔毛。萼片5，白色。瘦果，宽倒椭圆形或近圆形。花期5~6月，果期7~9月。**见于海坨山**。生于草甸、山地林下及林缘。

小花草玉梅 *Anemone rivularis* var. *flore-minore* Maxim. 毛茛科 银莲花属

多年生草本，无毛。基生叶3~5，叶片肾状五角形，基部心形，中央裂片菱形，基部楔形，上部3浅裂，具少数小裂和牙齿。聚伞花序，一至三回分枝，被白色长毛。总苞片3片，近等大，具鞘状柄，3深裂几达基部，裂片披针形至披针状线形，边缘疏生细锯齿，两面被长绢毛。萼片5，白色。瘦果，狭卵形，宿存花柱钩状弯曲。花期6~8月。**见于玉渡山**。生于山坡湿地、林边草坡。

白头翁（兔兔花） *Pulsatilla chinensis* (Bunge) Regel 毛茛科 白头翁属

多年生草本。根茎粗直，颈部常分枝。全株密被白色柔毛。基生叶4~5，密被长柔毛。叶片宽卵形，三出复叶；小叶3深裂，裂片顶端具2~3圆齿。花单生。萼片6，蓝紫色，花瓣状，长圆状卵形，背面有密柔毛。聚合果；瘦果；宿存花柱羽毛状。花期4~5月。**见于大庄科乡**。生于平原或山坡草地。根入药，能清热解毒、凉血止痢。

细叶白头翁 *Pulsatilla turczaninovii* Kryl. et Serg. 毛茛科 白头翁属

多年生草本。基生叶，开花时长出地面.叶二至三回羽状复叶；疏被白色柔毛。叶片轮廓狭椭圆形或卵形，羽片3~4对，下部的有柄，上部的无柄，羽片又作羽状细裂，裂片线状披针形或线形，有时卵形，无端常锐尖，边缘稍反卷，成长叶两面无毛，或沿叶脉稍被长柔毛。花莛有柔毛；花两性，单朵，直立。花蓝紫色。瘦果。花期5月，果期6月。**见于松山、海坨山阳坡**。生于海拔800~2000m阳坡或沟滩处。

兴安白头翁 *Pulsatilla dahurica* (Fisch.) Spreng. 毛茛科 白头翁属

多年生草本，植株高25~40cm。根状茎。基生叶7~9，有长柄；叶片卵形，基部近截形，三全裂或近似羽状分裂。花莛2~4，直立，有柔毛；总苞钟形，裂片似基生叶的裂片，背面有密柔毛；萼片紫色，外面密被短柔毛。聚合果直径约10cm；瘦果狭倒卵形，密被柔毛，宿存花柱长5~6cm。5~6月开花。**见于海坨山**。生山地草坡。根状茎药用，治疗阿米巴痢疾功效显著。

长瓣铁线莲 *Clematis macropetala* Ledeb. 毛茛科 铁线莲属

木质藤本。二回三出复叶，小叶9，纸质，卵状披针形或菱状椭圆形，中央小叶片有时3深裂至3全裂，边缘有整齐的锯齿，两面近无毛。花单生，具长柄。花大。花萼钟状，蓝色或淡紫色；退化雄蕊多片成花瓣状。瘦果，倒卵形，宿存花柱被灰白色羽毛。花期6~7月。**见于松山**。生于海拔1200~1500m山地草坡或林下。

半钟铁线莲 *Clematis sibirica* var. *ochotensis* (Pall.) S. H. Li et Y. Hui Huang 毛茛科 铁线莲属

木质藤本。二回三出复叶，小叶片9，卵状椭圆形至狭卵状披针形，先端急尖或短渐尖，基部圆形，边缘有粗锯齿。花单生，花萼钟状，淡蓝色，狭卵形至披针形，两面被短柔毛。退化雄蕊多数，匙状线形，长为萼片之半或更短。瘦果，倒卵形，棕红色。花期5~6月。**见于玉渡山**。生于海拔800~2000m山地林下。

棉团铁线莲 *Clematis hexapetala* Pall. 毛茛科 铁线莲属

直立草本。叶对生，一至二回羽状全裂；疏被长柔毛；裂片基部再2~3裂，线状披针形、长椭圆状披针形至椭圆形，全缘，网脉突出。聚伞花序腋生或顶生，通常3花；花白色。萼片6，白色，展开，外面密生棉毛。瘦果，倒卵形。花期6~8月。**见于张山营镇**。生于山地林边或草坡。根可当作威灵仙入药，有解热、镇痛、利尿、通经作用。

芹叶铁线莲（断肠草）*Clematis aethusifolia* Turcz. 毛茛科 铁线莲属

草质藤本。二至三回羽状复叶或羽状细裂，末回裂片线形，先端渐尖或钝圆，背面幼时微被柔毛，后渐无毛；叶柄微被绒毛或无毛。聚伞花序腋生。苞片羽状细裂。花萼钟状，下垂。萼片4，淡黄色；花丝被毛。花期7~8月。瘦果，棕红色。**见于张山营镇**。生于路边及低山山坡。全草可做透骨草入药，能散风祛湿、活血止痛，但本种有毒，慎用。

大叶铁线莲 *Clematis heracleifolia* DC. 毛茛科 铁线莲属

直立草本。三出复叶；叶宽卵形或近圆形，顶端短尖，基部圆形或楔形，边缘有不整齐的粗锯齿。花序腋生或顶生，排列成2~3轮。花梗上部下垂或直立，密生灰白色毛。花杂色，雄花和两性花异株。花梗长1.5~2cm。花萼管状，蓝色，味清香。上部向外弯曲，外面生白色短柔毛。花期7~8月。瘦果，卵圆形。**见于凤凰坨**。生于低山沟谷边潮湿处。

管花铁线莲（卷萼铁线莲）*Clematis tubulosa* Turcz. 毛茛科 铁线莲属

与大叶铁线莲相似，主要区别为本种花梗极短或无，花萼密生灰白色绒毛。**见于松山、玉渡山、龙庆峡、千家店镇**。生于低山沟谷边潮湿处。

短尾铁线莲 *Clematis brevicaudata* DC. 毛茛科 铁线莲属

草质藤本。分枝褐紫色，疏生短柔毛或近无毛。一至二回羽状复叶或二回三出复叶，小叶长卵形或披针形，边缘疏生锯齿，偶3裂，无毛。圆锥花序腋生或顶生，较叶短；萼片4，开展，白色，狭倒卵形。瘦果卵形，密生柔毛，宿存羽毛状花柱。花期7~8月。**见于刘斌堡乡**。生于山地灌丛或平原路旁。嫩时采茎尖可作野菜。

黄花铁线莲 *Clematis intricata* Bunge 毛茛科 铁线莲属

草质藤本。叶灰绿色，二回羽状复叶，羽片通常2对，具细长柄，小叶披针形或狭卵形，不分裂，边缘疏生牙齿或全缘。花单一或3朵成聚伞花序。花萼钟状，淡黄色；萼片4，狭卵形或长圆形，两面无毛。瘦果，卵形。花期6~7月，果期8~9月。**见于张山营**。生于山坡、路旁或灌丛中。全草做透骨草入药，可治慢性风湿性关节炎、关节痛。

羽叶铁线莲 *Clematis pinnata* Maxim. 毛茛科 铁线莲属

草质藤本。一回羽状复叶，小叶片5，基部1对2~3裂小叶。小叶片卵形，先端渐尖，边缘有疏锯齿。圆锥状聚伞花序具多花，比叶短。花梗密生短柔毛。萼片4，直立，花白色。花期7~8月。**见于四海镇西沟里**。生于山坡或沟谷中。

灌木铁线莲 *Clematis fruticosa* Turcz. 毛茛科 铁线莲属

直立小灌木。单叶，对生，具短柄。叶片薄革质，狭三角形或披针形，边缘疏生牙齿，下部常羽状深裂或全裂，正面无毛，背面被微柔毛。花单生或腋生成聚伞形。萼片4，斜上展呈钟状，黄绿色，狭卵形，顶端尖，边缘密生绒毛。雄蕊多数，无毛。瘦果扁，近卵形，密生柔毛。花期7~8月，果期10月。**见于海坨山**。生于山坡灌丛或干旱坡地路边。

毛茛 *Ranunculus japonicus* Thunb. 毛茛科 毛茛属

多年生草本。全株密被伸展或贴伏的柔毛。基生叶及茎下部叶具长柄。叶片圆卵形至五角形，基部心形，3深裂；边缘有粗锯齿或缺刻。单歧聚伞花序；萼片5，淡绿色，椭圆形。花瓣5，亮黄色，倒卵形。聚合果，近球形，瘦果扁平，倒卵形。花期5~8月。**见于玉渡山溪边**。**各地常见**。生于水边湿地或山坡草丛中。可作外用发泡剂和杀菌剂。有毒，应慎用，不可内服。

茴茴蒜 *Ranunculus chinensis* Bunge 毛茛科 毛茛属

多年生草本。茎和叶柄密被伸展的淡黄色的长硬毛。三出复叶，基生叶及茎下部叶柄长12cm。叶宽卵形至三角形。单歧聚伞花序具少数花，花梗贴生糙毛。萼片5，淡绿色，船形，外面疏被柔毛。花瓣5，黄色。聚合果，椭圆形；瘦果扁平。花期5~8月。**见于妫河**。生于湿草地。可作外用药，具消肿止痛作用。本植物有毒。

石龙芮 *Ranunculus sceleratus* L. 毛茛科 毛茛属

一年生草本。微肉质，疏生绒毛或变无毛。基生叶和下部叶具长柄；叶片宽卵形，基部心形，3深裂，裂片倒卵状楔形，先端钝圆，有粗圆齿。聚伞花序，具较多花，花梗微被毛或无毛。萼片5，淡绿色，椭圆形，外面被柔毛。花瓣5，倒卵形，黄色，蜜槽无鳞片。聚合果长圆形；瘦果宽卵形。花期6~8月。**见于妫河边**。生于水边湿地。全株有毒。

水葫芦苗 *Halerpestes cymbalaria* (Pursh) Green 毛茛科 碱毛茛属

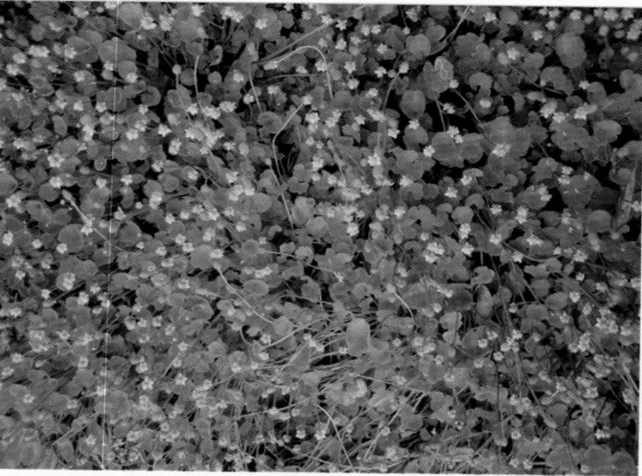

多年生草本。匍匐茎细长，横走，无毛。叶基生，具长柄；叶宽卵形、圆形、肾形，基部微心形、楔形或宽楔形。聚伞状。萼片5，绿色。花瓣5，黄色。聚合果，球形；瘦果小而多，扁平。花期5~8月。**见于张山营镇丁家堡村**。生于碱土或盐碱土的湿地上。可作外用药，具消肿止痛作用。有毒植物。

长叶碱毛茛 *Halerpestes ruthenica* (Jacq.) Ovcz. 毛茛科 碱毛茛属

多年生草本。匍匐茎。叶基生。叶卵形或卵状梯形，基部近截形或宽楔形，不分裂或3浅裂或具圆齿，两面无毛。具1~4花成聚伞状。萼片5，淡绿色，狭卵形；花瓣，黄色。聚合果，球形；瘦果，扁平，斜倒卵形。花期5~7月。**见于妫河岸边**。生于盐碱性湿地上，是盐碱土的指示植物。全株有毒。

水毛茛 *Batrachium bungei* (Steud.) L. Liu 毛茛科 水毛茛属

多年生沉水草本。叶柄长约1cm，基部成鞘。叶轮廓近半圆形或扇状半圆形，三至五回2~3裂，小裂片丝形毛发状，无毛或近无毛。花直径1~1.5cm；无毛。萼片5，反折，卵状椭圆形，边缘膜质，无毛。花瓣5，白色。聚合果卵球形；瘦果狭倒卵形，具横皱纹，稍被粗毛。花期5~8月。**见于玉渡山、白河**。生于山谷溪流、河滩积水或水塘中。

北京水毛茛 *Batrachium pekinense* L. Liu 毛茛科 水毛茛属

多年生沉水草本。茎长约30cm，分枝。叶楔形或宽楔形，叶二型，沉水叶裂片丝形，上部浮水叶二至三回3~5中裂至深裂；裂片较宽，无毛。萼片5，近椭圆形，有白色膜质边缘，脱落。花瓣5，白色，宽倒卵形。花期5~8月。**见于玉渡山小溪中**。生于山谷或丘陵溪水中。

侧金盏花 *Adonis amurensis* Regel et Radde 毛茛科 侧金盏花属

多年生草本。根状茎，无毛或顶部有稀疏短柔毛，下部或上部分枝。基部和下部叶鳞片状，卵形或披针形；叶片宽菱形，二至三回羽状全裂，末回裂片披针形或线状披针形，顶端锐尖。花单生茎或枝的顶端，萼片，灰紫色，宽卵形、菱状宽卵形或宽菱形，花瓣约13，黄色，长圆状倒披针形。花期3~4月。**见于四海镇**。生于山脊蒙古栎林下。

西伯利亚小檗（刺叶小檗）*Berberis sibirica* Pall. 小檗科 小檗属

灌木。树皮暗黄黑色。枝灰褐色，有细槽。短枝基部有5~8个分叉的刺，部分为叶状；枝条下部刺分叉更多，刺细而尖，暗灰色。叶簇生于短枝上，倒卵形、倒披针形或倒卵状长圆形，先端钝圆，基部楔形，边缘有细针状疏齿。花单生于短枝顶端叶丛中，花瓣淡黄绿色。浆果，倒卵形，熟时暗红色。花期6月。**见于凤凰坨**。生于山坡灌丛。

黄芦木（大叶小檗）*Berberis amurensis* Rupr. 小檗科 小檗属

落叶灌木。树皮暗灰色。幼枝灰黄色，老枝灰色，表面具纵条裂。叶刺3分叉，叶纸质，叶倒卵状椭圆形，边缘密生细锯齿。总状花序开展或下垂，小花淡黄色。浆果椭圆形，鲜红色，有白粉。花期5~6月，果期8~9月。**见于四海镇**。生于山坡灌丛或林缘。根皮和茎皮含小檗碱，药根碱等生物碱，供药用，可提取黄连素，能清热燥湿、泻火解毒，治痢疾、肠炎。

细叶小檗 *Berberis poiretii* Schneid. 小檗科 小檗属

落叶灌木。老枝灰黄色，幼枝紫褐色，生黑色疣点，具条棱；茎刺缺或单一，有时三分叉。叶簇生于刺腋，叶纸质，倒披针形至狭倒披针形，偶披针状匙形，叶全缘。穗状总状花序，花黄色。浆果长圆形，红色，顶端无宿存花柱，不被白粉。花期5~6月，果期8~9月。**见于井庄镇**。生于山地及丘陵坡地、沟边、地埂上。根皮及茎皮供药用，能清热燥湿、泻火解毒，为提制黄连素原料。

紫叶小檗 *Berberis thunbergii* 'Atropurpurea' 小檗科 小檗属

落叶灌木，高达2~3m。幼枝紫红色，老枝灰棕色或紫褐色，有槽；刺细小，单一，很少3分叉，与枝条同色。叶菱形、倒卵形或矩圆形，顶端钝尖或圆形，全缘，两面紫色，为原变种颜色，两面脉纹不显著。花序伞形或近簇生，有花2~5朵，少有单花，黄白色；总花梗长2~5mm，花梗长5~9mm.浆果长椭圆形，熟时红色，有宿存花柱。花期4~6月，果期7~9月。**见于风沙源苗圃**。栽培。原产于日本。栽培作绿篱，观赏。根和茎供药用，枝叶煎汁可洗眼疾。

类叶牡丹（红毛七）*Caulophyllum robustum* Maxim. 小檗科 红毛七属

多年生草本。茎生2叶，互生，二至三回三出复叶，下部叶具长柄；小叶卵形，长圆形或阔披针形，全缘，正面绿色，背面淡绿色或带灰白色，两面无毛；顶生小叶具柄，侧生小叶近无柄。圆锥花序顶生；花淡黄色。种子浆果状，微被白粉，熟后蓝黑色。花期5~6月，果期7~9月。**见于千家店镇**。生于林下及山沟阴湿处。根和根茎及叶供药用，有活血散瘀、祛风止痛、清热解毒、降压止血功效。

蝙蝠葛 *Menispermum dauricum* DC. 防己科 蝙蝠葛属

缠绕藤本。根状茎细长，圆柱形，外皮黄色或黑褐色，断面黄白色。茎缠绕，圆柱形，有细纵棱纹。单叶互生，基部外形至近截平，边缘有3~9角或3~9裂。花单性，雌雄异株；花小，黄绿色或白色。核果肾圆形，熟时黑紫色。花期5~6月，果期7~8月。**见于井庄镇口子里沟**。生于山坡路旁、沟边。根茎、藤入药，能清热解毒、消肿止痛、消胀顺气。

二乔玉兰 *Yulania × soulangeana* (Soul.-Bod.) D. L. Fu 木兰科 木兰属

落叶乔木。小枝淡灰褐色或灰黄色，嫩枝有柔毛；冬芽密被淡灰绿色长毛。叶互生。花先叶开放，直立，钟状，芳香，碧白色，有时基部带红晕。聚合果，种子心脏形，黑色。花期4月初，果期5月。**见于张山营镇**。栽培。原产于我国。花除供观赏还可提制浸膏，花蕾供药用，供观赏。花瓣可食，种子可榨油。

五味子 *Schisandra chinensis* (Turcz.) Baill. 五味子科 五味子属

落叶木质藤本。小枝褐色，有棱角，全株近无毛。单叶，叶互生，叶片倒卵形或卵状椭圆形。花单性，雌雄异株，花单生或丛生叶腋，乳白色或粉红色，雄花有雄蕊5枚，雌花有椭圆形雌蕊群。果成熟时成穗状聚合果，小浆果球形，红色。种子肾形，淡褐色有光泽。花期5~6月，果期8~9月。**见于四海镇**。生于山地灌丛中。茎、叶及果食可提取芳香油；种子油可作润滑油；果实可药用，有止汗、生津止渴等功效。

白屈菜 *Chelidonium majus* L. 罂粟科 白屈菜属

多年生草本。主根圆锥状，土黄色。茎直立，多分枝，有白粉，疏生白色细长柔毛，断之有黄色乳汁。叶互生，一至二回单数羽状全裂；基生叶，边缘具不规则缺刻，顶端裂片广倒卵形，背面疏生短柔毛，有白粉。花数朵，近伞状排列；花瓣4，黄色，卵圆形。蒴果条状圆柱形。花期4~7月，花开的早而且持续时间长。**见于松山、千家店镇**。生于山野沟边阴湿地。全株和根含小檗碱、白屈菜碱等多种生物碱，可供药用。有镇痛、止咳、消肿作用。

野罂粟 *Papaver nudicaule* L. 罂粟科 罂粟属

多年生草本。具乳汁，全体被粗毛。叶全基生，具长柄；叶片轮廓卵形或长卵形、狭卵形或披针形，先端钝圆，两面疏生微硬毛。花单独顶生。被棕灰色硬毛，花开后脱落。花瓣4，枯黄色，倒卵形至宽卵形。蒴果，狭倒卵形，密被粗而长的硬毛，顶孔开裂。花期6~7月，果期8月。**见于海坨山**。生于山坡、溪边草地或亚高山草甸。果实入药，能止痢、止咳、镇痛。

虞美人 *Papaver rhoeas* L. 罂粟科 罂粟属

一年生草本，全株被开展的粗毛，有乳汁。叶羽状深裂或全裂，裂片披针形，边缘有不规则的锯齿，很少全缘。花单生，具长梗，蕾时下垂。花瓣4，近圆形，全缘或有时有钝齿或缺刻，红色、紫红色、粉红色至白色或为白色红缘，有时具暗斑。蒴果，近球形，光滑，成熟孔裂。花期5~8月。栽培供观赏。**见于东湖公园**。栽培。原产于欧洲。

角茴香 *Hypecoum erectum* L. 罂粟科 角茴香属

一年生草本。茎圆柱形，二歧式分枝。基生叶多数，丛生；叶柄细长，基部扩大成鞘；叶片二至三回羽状全裂，有白粉。1~3朵花生茎顶，花大；花瓣4，淡黄色，无毛。蒴果长角果状，先端渐尖，两侧压扁，成熟时分裂成2果瓣，种子多数，近四棱形。花期4~6月，果期5~7月。**见于康庄镇**。生于干燥荒地、田野、沙地上。根及全株入药，能清火、解热、镇咳。

荷包牡丹 *Lamprocapnos spectabilis* (L.) Fukuhara 罂粟科 荷包牡丹属

多年生草本，带粉白色。具根状茎。二回三出羽状复叶，顶生小叶有长柄。总状花序顶生呈拱状。花下垂向一边，花两侧扁，下垂，心形。花瓣4，粉红色，有白花变种。蒴果细而长。种子细小有冠毛。花期4~6月。有毒植物。**见于风沙源苗圃**。栽培。原产于欧洲。为观赏草花；全株可入药，有镇痛、解痉、利尿作用。

珠果黄堇 *Corydalis speciosa* Maxim. 罂粟科 紫堇属

多年生草本。全部灰绿色，表面稍带白粉，具主根。直立，当年生和第二年生的茎常不分枝，3年以上的茎多分枝。下部的较疏离，上部的较密集，叶正面绿色，背面苍白色，二回羽状深裂，裂片线形至披针形，具短尖。总状花序生茎和腋生枝的顶端，密具多花，花黄色。蒴果线形，种子间收缩成串珠状，直伸或微弯。花期4~7月。**见于松山、四海镇**。生于山地林下或沟边湿地。可以作驯化栽培。

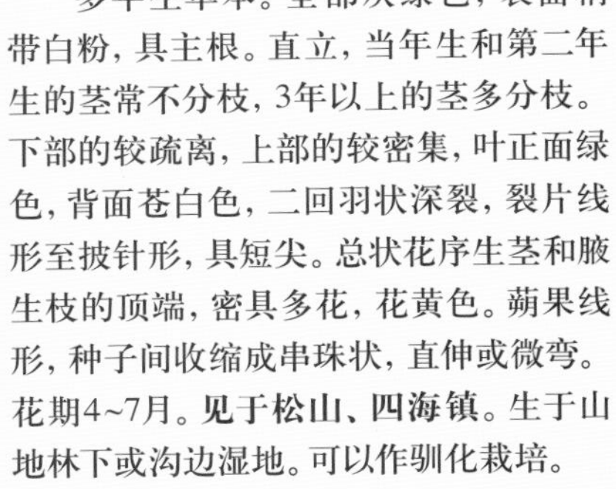

地丁草 *Corydalis bungeana* Turcz. 罂粟科 紫堇属

多年生或栽培为二年生草本。无毛，微白粉。地下具细长主根。基生叶和茎下部叶，具长柄，叶片轮廓卵形，二回羽状全裂。总状花序，上有花数朵，苞片叶状，羽状深裂；花瓣4枚，淡紫色。蒴果扁椭圆形，灰绿色，成熟时裂成2瓣，花柱宿存，内含种子7~12粒。种子扁球形，黑色，有光泽。花期4~5月，果期5~6月。**见于沈家营镇**。生于荒地、山麓、平原上。全株入药，能清热解毒。全草含多种生物碱，主要有苦地丁素等。

紫堇 *Corydalis edulis* Maxim. 罂粟科 紫堇属

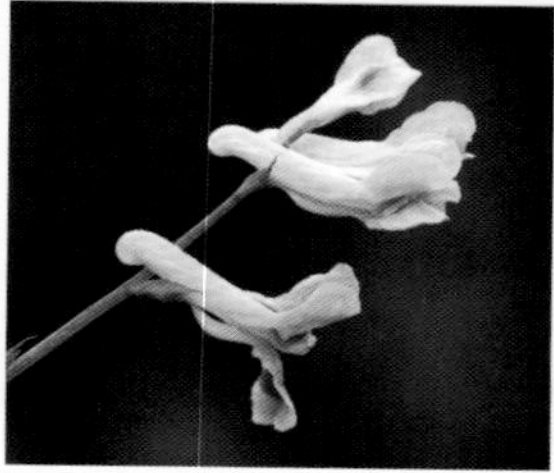

一年生柔弱草本。全株光滑，下部分枝多。根细长，绳索状。叶一至二回羽状全裂，第一回的裂片5~7，有柄，第二回的裂片近无柄，最后裂片顶端有2~3齿裂，叶两面均光滑，正面绿色，背面灰绿色。总状花序；花瓣粉红色。蒴果线形，下垂；种子黑色，扁球形，有光泽，表面密布小凹点。花期4~5月，果期5~7月。**见于四海镇**。生于山坡、林下、村边及荒地上。全株入药，能清热解毒、止痒、收敛、固精、润肺、止咳。有毒，不可生服。

小黄紫堇 *Corydalis raddeana* Regel 罂粟科 紫堇属

一年生草本。主根粗壮。茎直立，具棱，通常自下部分枝。具长柄，叶片轮廓三角形或宽卵形，二至三回羽状分裂，2~3深裂或浅裂，小裂片倒卵形、菱状倒卵形或卵形，先端圆或钝，具尖头，背面具白粉；茎生叶多数，下部者具长柄，上部者具短柄，其他与基生叶相同。总状花序顶生和腋生，长达15cm，排列稀疏；花瓣黄色。蒴果圆柱形。种子近圆形黑色，具光泽。花、果期6~10月。**见于张山营镇。**生于山地林缘或沟边。

小药八旦子 *Corydalis caudata* (Lam.) Pers. 罂粟科 紫堇属

瘦弱多年生草本。块茎圆球形或长圆形。茎基以上具1~2鳞片，鳞片上部具叶。枝条多发自叶腋，少数发自鳞片腋内。叶二至三回三出，具细长的叶柄和小叶柄。总状花序具3~8花，疏离。花蓝色或紫蓝色。蒴果卵圆形至椭圆形。花、果期4~5月。**见于玉渡山。**生于海拔100~1200m的山坡或林缘。

北京延胡索 *Corydalis gamosepala* Maxim. 罂粟科 紫堇属

多年生草本，通常近直立。块茎圆球形或近长圆形，直径1~1.5cm。茎基部以上具1~2鳞片，常具3茎生叶；下部叶具叶鞘并常具腋生的分枝。叶二回三出，小叶的变异极大，通常具圆齿或圆齿状深裂。总状花序具7~13花。下部苞片具篦齿或粗齿，上部的全缘或具1~2齿。花桃红色或紫色，稀蓝色。蒴果线形，长1~2cm，具1列种子。具带状种阜。花期4~5月。**见于珍珠泉乡**。生于林下或林缘灌丛中。

花椰菜 *Brassica oleracea* var. *botrytis* L. 十字花科 芸苔属

二年生草本。全株无毛，有白粉霜。基生叶及茎下部叶有长柄，柄上常有小裂片；叶片灰蓝绿色，长圆形至椭圆形，先端钝，边缘有不整齐的小牙齿；茎中上部叶无柄，渐小而狭，基部抱茎。第二年在花序下部有多数不育花；上部为正常花，淡黄色，后渐变成白色。长角果。种子广椭圆形；子叶对折。花期5~6月，果期5~6月。**见于北关菜园**。原产于欧洲。栽培头状体作蔬菜食用。

芝麻菜 *Eruca vesicaria* subsp. *sativa* (Mill.) Thell. 十字花科 芝麻菜属

一年生草本。茎直立，上部分枝，疏生刚毛。基生叶及茎下部叶大头羽状分裂或羽状裂，疏生长毛，微肉质；茎生叶羽状深裂。总状花序，顶生；花黄色，花瓣倒卵形，有紫褐色条纹。长角果，圆柱形，直立，紧贴果轴，喙剑形，压扁。花、果期5~8月。**见于西湖岸边**。生于路边荒地上。种子含油量22%，可榨油食用；嫩株可作蔬菜用。

萝卜 *Raphanus sativus* L. 十字花科 萝卜属

一年生或二年生草本。根肉质，长圆形、球形或圆锥形。茎直立，粗壮，圆柱形，中空，被白粉，自基部分枝。基生叶和茎下部叶有长柄，大头羽状分裂，边缘有锯齿或缺刻；茎中及上部叶长圆披针形。总状花序，顶生及腋生。花淡粉红色或白色。长角果，不开裂，近圆锥形，种子间缢缩成串珠状。花、果期4~6月。**见于北关菜园**。栽培。原产于欧洲。栽培根供食用；种子称莱菔子，能下气定喘、消食化痰；枯根称地骷髅，能通二便、消肿散虚气；鲜根有清凉止渴、利尿及助消化作用。

诸葛菜（二月蓝） *Orychophragmus violaceus* (L.) O. E. Schulz 十字花科 诸葛菜属

一年生或二年生草本。直立且仅有单一茎。叶形变化大，基生叶和下部茎生叶羽状深裂，叶基心形，叶缘有钝齿；上部茎生叶长圆形或窄卵形，叶基抱茎呈耳状，叶缘有不整齐的锯齿状结构。总状花序顶生，花瓣中有幼细的脉纹，花多为蓝紫色或淡红色，随着花期的延续，花色逐渐转淡，最终变为白色。长角果，线形，具四棱。花、果期4~6月。**见于大庄科乡**。早春开花植物。

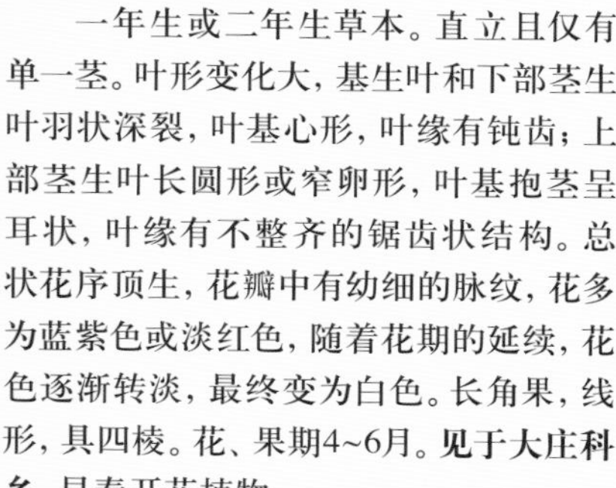

独行菜 *Lepidium apetalum* Willd. 十字花科 独行菜属

一年生或二年生草本。茎直立或斜升。基生叶莲座状，平铺地面，长圆形，浅裂或深裂；茎生叶披针形，叶缘有锯齿。总状花序顶生；花小，不明显；花梗丝状，被棒状毛；无花瓣。短角果扁平，近圆形。种子近椭圆形。花、果期4~6月。**见于香水苑公园**。生于山坡、山沟、庭院、路旁及村舍附近。种子入药，有利尿、止咳、化痰功效。

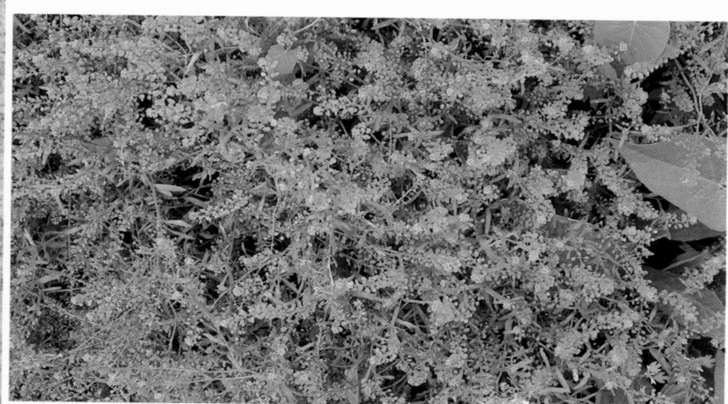

宽叶独行菜 *Lepidium latifolium* L. 十字花科 独行菜属

多年生草本。茎直立，中上部有分枝。基生叶长圆状披针形，边缘有锯齿；茎生叶卵形无柄，先端短尖，基部楔形，疏生短柔毛或无毛。总状花序排成圆锥状；花小，花瓣4，白色。果实扁椭圆形。短角果，宽卵形或近圆形，先端全缘，无翅。种子宽椭圆形，扁平，光滑。花期5~8月。**见于江水泉公园**。生在田边、路旁或沙滩，有时侵入农田中。

密花独行菜 *Lepidium densiflorum* Schrad. 十字花科 独行菜属

一年生或二年生草本。茎直立，单一，被柱状短柔毛。基生叶，有长柄，长圆形或椭圆形；下部叶和中部叶披针形，向基部渐狭成柄，叶缘有锯齿；上部叶披针形，叶缘具疏锯齿。总状花序，顶生，花多数，极小。短角果，倒卵形或广倒卵形，先端有缺刻，果具翅。种子卵形。花、果期4~6月。**见于松山**。生于耕地边、草地、庭院、路边等地，与独行菜混生。

菘蓝（板蓝根）*Isatis tinctoria* L. 十字花科 菘蓝属

二年生草本。主根圆柱形，灰黄色。茎直立，上部多分枝，稍有粉霜。基生叶莲座丛状，倒卵形至长圆状倒披针形；茎生叶长圆披针形，抱茎，全缘。总状花序呈圆锥状，疏松。花黄色。花瓣倒披针形，具细长爪。短角果，长圆形，压扁，边缘有翅，无毛。花、果期4~6月。**见于张山营镇**。栽培。原产于欧洲。栽培根称板蓝根，有清热解毒、利咽、凉血、止血作用；叶称大青叶，有清热解毒、凉血功效。

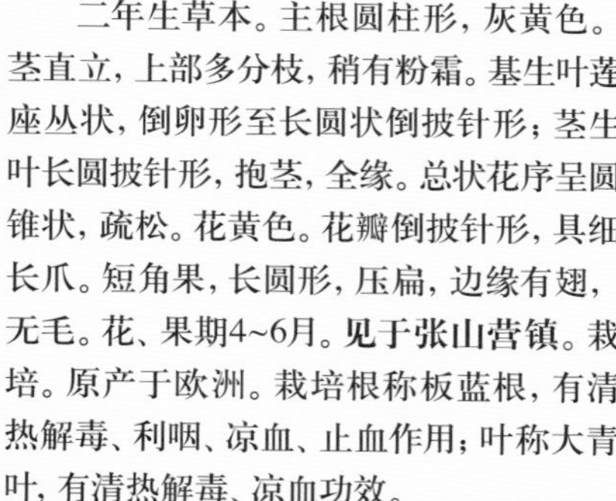

荠（荠菜）*Capsella bursa-pastoris* (L.) Medic. 十字花科 荠属

一年生或二年生草本。茎直立，单一或下部分枝，被单毛、分枝毛及星状毛。基生叶莲座状，大头羽状分裂或羽状分裂，偶有全缘，顶生裂片较大，卵形至长圆形。总状花序，顶生及腋生。花白色。短角果，倒三角形。种子两行，长椭圆形，浅棕色。花期4~6月。**见于延庆镇**。生于草地、田边、耕地。嫩茎叶可作蔬菜食用；全草入药，有止血、清热明目、凉血作用。

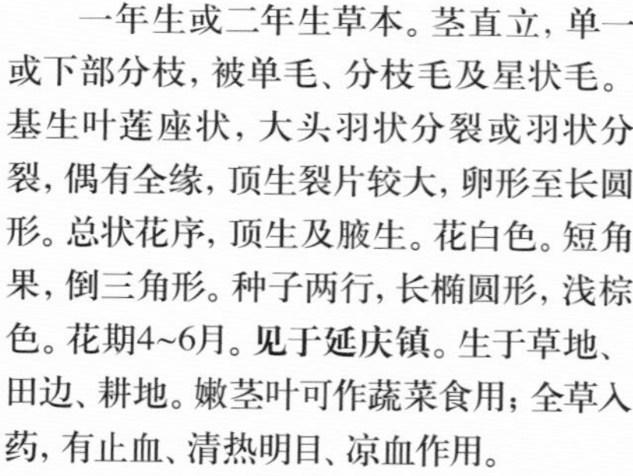

葶苈 *Draba nemorosa* L. 十字花科 葶苈属

一年生草本。具单毛及星状毛。茎直立，单一或分枝。基生叶有柄，基生叶莲座状；叶片狭匙形或倒披针形，钝头，边缘有疏齿或全缘，两面密生灰白色柔毛及星状毛。总状花序顶生，花小，黄色。短角果卵圆形或椭圆形，扁平，顶端微凹。种子椭圆状卵形，表面平滑，棕红色或黄褐色。花期4~6月，果期6~7月。**见于张山营镇**。生于山野、田间。

白花碎米荠 *Cardamine leucantha* (Tausch) O. E. Schulz 十字花科 碎米荠属

多年生草本。根状茎粗线状、长短不一的匍匐茎，其上生有须根。基生叶有长叶柄，奇数羽状复叶，叶两面具粗毛。总状花序顶生，花瓣白色，长圆状楔形。长角果线形。种子长圆形，栗褐色。花期4~7月，果期6~8月。**见于松山、玉渡山**。生于海拔1000~2000m的山坡、山谷及林下潮湿地。

裸茎碎米荠 *Cardamine scaposa* Franch. 十字花科 碎米荠属

多年生小草本。根状茎细长，横走，由节上发出互生叶。茎上升，单一，无茎生叶，不分枝。单叶，肾形，边缘波状。总状花序，顶生；花白色。花、果期5~7月。**见于海坨山阴坡**。生于山坡灌丛及林下阴湿处，分布海拔1000~2000m。

硬毛南芥 *Arabis hirsuta* (L.) Scop. 十字花科 南芥属

一年生草本。全株被单毛及分枝毛。茎单一，下部有时呈紫红色。基生叶具短柄，长圆形或匙形，先端钝圆，全缘。总状花序顶生；顶端有时具睫毛；花瓣白色。长角果线形，直立，贴紧于果轴，扁平。种子，淡褐色，圆形，扁平，具狭翅。花期6~7月，果期7~8月。**见于玉渡山**。生于山坡草地、山谷、路旁及荒地上。

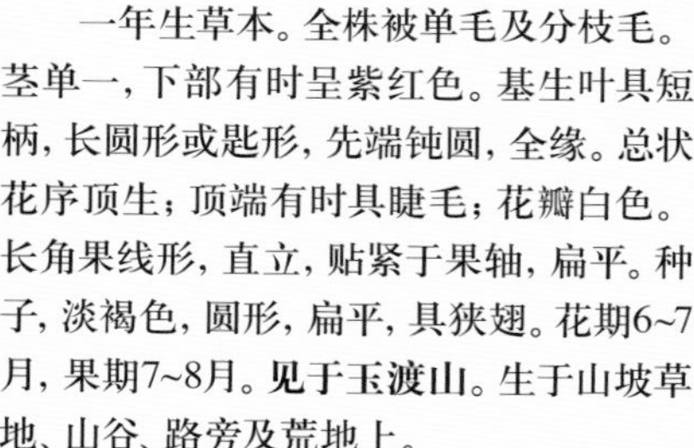

垂果南芥 *Arabis pendula* L. 十字花科 南芥属

多年生草本。茎直立，被疏生单硬毛，上部分枝。叶互生，长椭圆形、倒卵形或披针形，半抱茎，边缘具齿，叶两面被星状毛并混生单毛。总状花序顶生；萼片4，有星状毛；花瓣4，十字形，较小，白色。长角果扁平，线形，下垂。种子多数，边缘有狭翅。花期6~7月。**见于大榆树镇**。生于山坡、草地、路旁、林下。

豆瓣菜 *Nasturtium officinale* R. Br. 十字花科 豆瓣菜属

多年生挺水草本。多分枝，茎中空。具根状茎，部分或全部浸没水中，下部匍匐，节处生不定根。奇数羽状复叶，顶端裂片大，小叶卵形或宽卵形，互生；深绿色。总状花序顶生，萼片长圆形；花瓣白色。长角果柱形，扁平。种子多数，成两行，卵形，褐红色。花、果期5~6月。**见于玉渡山**。生于小溪、水塘畔湿地或流动的浅水中。全株入药，有清热、解毒、镇痛功效。

沼生蔊菜 *Rorippa islandica* (Oed.) Borb. 十字花科 蔊菜属

二年生或多年生草本。茎斜上，有分枝，无毛或下稍有单毛。基生叶和下部茎生叶羽状分裂，长12cm；顶裂片较大，卵形，具弯缺齿。茎上部叶披针形。总状花序，顶生或腋生，花黄色。长角果，长圆形，微弯，无毛。种子卵形，淡褐色，有网纹。花、果期5~7月。**见于妫河岸边**。生于湿地、路旁、田边。嫩植株可作饲料。

蔊菜 *Rorippa indica* (L.) Hiern 十字花科 蔊菜属

一年生草本。植株较粗壮，无毛或具疏毛。茎单一或分枝，直立。叶形多变化，基生叶和茎下部叶具长柄；叶片通常大头羽状分裂，顶裂片大，边缘具不规则牙齿。上部叶长圆形，无毛。总状花序顶生，花瓣4，鲜黄色，宽匙形或长倒卵形，全缘。长角果线状圆柱形，较短而粗壮，直立或稍弯曲。种子，宽椭圆形。花、果期6~7月。**见于官厅大桥边**。生于湿地、路旁、荒地。全株入药，能清热解毒、活血通经。

风花菜（球果蔊菜）*Rorippa globosa* (Turcz. ex Fisch. & C.A. Mey.) Vassilcz. 十字花科 蔊菜属

一年生草本。茎直立，有分枝，基部木质化，无毛。叶长圆形或倒卵状披针形，先端渐尖或圆钝，基部苞茎，两侧尖耳状，边缘呈不整齐的齿裂。总状花序顶生，花黄色；萼片卵形；花瓣倒卵形。短角果，球形。种子多数，卵形，红棕色。花、果期6~8月。**见于大庄科乡**。生于水边湿地、路旁、沟旁，较干旱的地方也能生长。

小花花旗杆 *Dontostemon micranthus* C. A. Mey. 十字花科 花旗杆属

一、二年生草本。全株具弯曲短毛和开展的长硬毛。茎单一或分枝，少数具莲座状基生叶；茎生叶较密集着生，线形，全缘，两面略具毛，边缘具糙毛。总状花序顶生；花瓣淡紫色或白色，线状长椭圆形。长角果线形。种子褐色，细小。花、果期5~7月。**见于千家店镇**。生于山坡道旁、草地上。

花旗杆 *Dontostemon dentatus* (Bunge) Ledeb. 十字花科 花旗杆属

二年生草本植物。茎单一或分枝，基部常带紫色，植株散生白色弯曲柔毛。叶椭圆状披针形，边缘有锯齿，两面稍具毛。总状花序生枝顶；花瓣淡紫色，倒卵形，顶端钝，基部具爪。长角果线形，光滑无毛。花期5~7月，果期7~8月。**见于张山营镇。**多生于石砾质山地、岩石隙间、山坡、林边及路旁。分布海拔870~1900m。

毛萼香芥（香花芥）*Clausia trichosepala* (Turcz.) Dvorák 十字花科 香花芥属

二年生草本。茎直立，多为单一，有时数个，不分枝或上部分枝，具疏生单硬毛。基生叶在花期枯萎，茎生叶长圆状椭圆形或窄卵形，边缘有不等尖锯齿。总状花序顶生；花紫色。长角果窄线形。花、果期5~7月。**见于张山营镇。**生于山坡或阴坡岩石地。

糖芥 *Erysimum amurense* Kitag. 十字花科 糖芥属

多年生草本。密生伏贴二叉状毛。茎直立，不分枝或上部分枝，具棱角。基生叶和茎下部叶披针形或长圆状线形，全缘；上部叶先端渐尖，边缘疏生波状小牙齿，稀为全缘。花橙黄色，萼片长圆形。长角果，略呈四棱形；种子一行排列，椭圆形，深红褐色。花期4~6月。**见于玉渡山**。生于山坡、田边。全株入药，能强心利尿、健脾和胃消食。

黄花糖芥 *Erysimum bungei* f. *flavum* (Kitag.) K. C. Kuan 十字花科 糖芥属

多年生草本。密生伏贴二叉状毛。茎直立，不分枝或上部分枝，具棱角。基生叶和茎下部叶披针形或长圆状线形，全缘；上部叶先端渐尖，边缘疏生波状小牙齿，稀为全缘。花黄色，萼片长圆形。长角果，略呈四棱形；种子一行排列，椭圆形，深红褐色。花期4~6月。**见于大庄科乡**。生于砂质地或荒地上。

小花糖芥 *Erysimum cheiranthoides* L. 十字花科 糖芥属

一年生草本。茎直立，有棱角，具伏贴二叉状毛。基生叶莲座状，无柄，平铺地面；茎生叶披针形或线形，通常全缘，两面具三叉毛。总状花序顶生；花瓣浅黄色，长圆形。长角果线形；种子卵形，淡褐色。花期4~5月，果期6月。**见于莲花山**。生于道旁草地、山坡、林缘。全草药用，有强心作用。

垂果大蒜芥 *Sisymbrium heteromallum* C. A. Mey. 十字花科 大蒜芥属

一年生或二年生草本。茎直立。基生叶和茎下部叶大头羽裂或羽状分裂；上部叶较小，羽状浅裂或线形有牙齿裂。总状花序顶生；花瓣淡黄色。长角果线形，稍呈弓形弯曲，下垂，稍扁，无毛。种子，多数，椭圆形，棕色。花、果期6~7月。**见于妫河岸边**。生于沟边、草地或石质山坡。

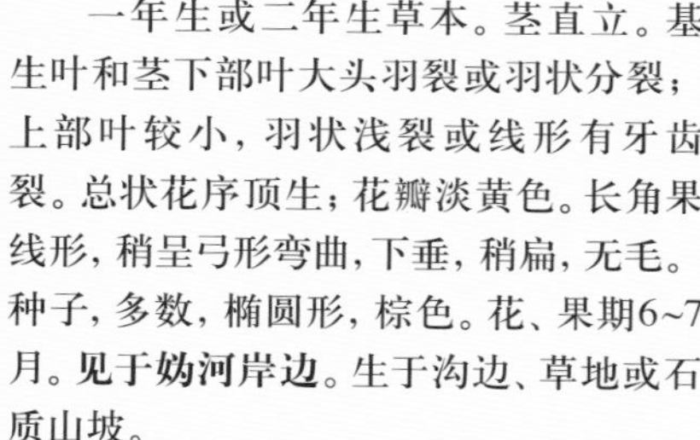

全叶大蒜芥（黄花大蒜芥）*Sisymbrium luteum* (Maxim.) O. E. Schulz 十字花科 大蒜芥属

多年生草本。茎直立，单一或分枝，有多数叶，全株被伸展硬毛。茎下部叶有长柄，叶片广卵形或广椭圆形；茎中部叶有短柄，叶片狭卵形，茎上部叶近无柄，较小，披针形，两面有开展硬毛。总状花序顶生，花黄色。长角果稍压扁，线状长圆形，弯曲或下垂。种子长圆形。花期5~8月。**见于莲花山**。生于山坡或灌丛间。

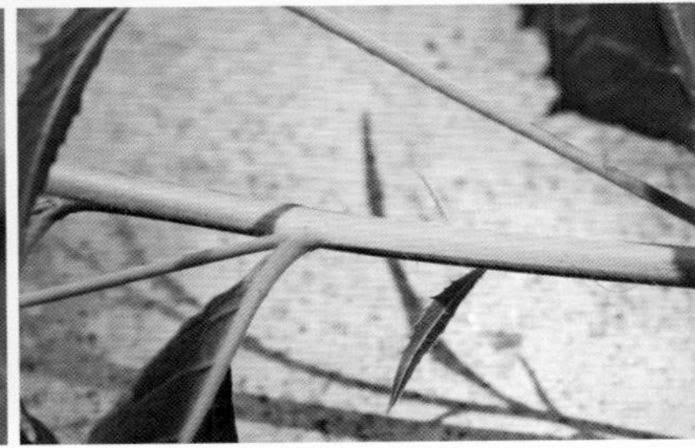

锥果芥 *Berteroella maximowiczii* (Palib.) O. E. Schulz ex. Loes. 十字花科 星毛芥属

一年生或二年生草本。密被灰色星状毛。茎直立，上部分枝。基生叶花时枯萎；下部茎生叶长圆状倒卵形或匙形；上部叶稍小，圆形，全缘，被星状毛。总状花序，被星状毛。花小，淡粉紫色。长角果，紧贴主轴着生，密被星状毛。花期7~8月，果期7~8月。**见于大庄科乡**。生于山坡或山谷溪流旁。

蚓果芥（串珠芥、念珠芥）*Neotorularia humilis* (C. A. Mey.) Hedge et J. Leonard 十字花科 串珠芥属

一年生或二年生草本。茎铺散和上升，多分枝。基生叶莲花座状，狭倒卵形，有齿或全缘；茎生叶长圆状倒卵形。总状花序顶生；花瓣4，白色或淡紫红色，倒卵形。长角果条形，直立或弯曲成串珠状，有分枝毛或无毛。花期4~5月。**见于千家店镇。**生于山坡、山谷、路旁。全草治消化不良。

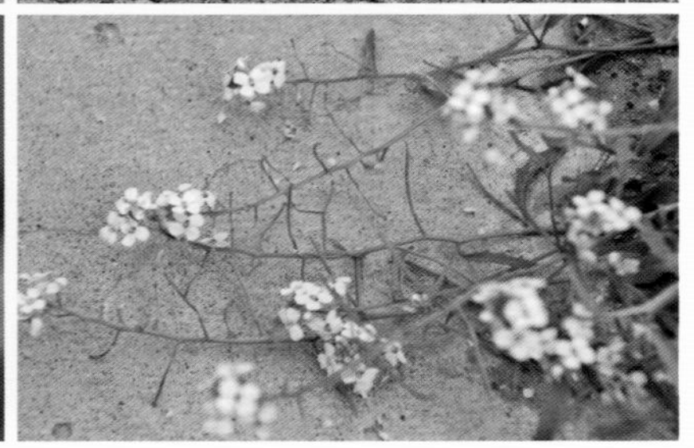

播娘蒿 *Descurainia sophia* (L.) Webb ex Prantl 十字花科 播娘蒿属

一年生草本，高20~80cm。以下部茎生叶为多，向上渐少。茎直立，分枝多，常于下部成淡紫色。叶为三回羽状深裂，下部叶具柄，上部叶无柄。花序伞房状，果期伸长；花瓣黄色；雄蕊6枚，比花瓣长1/3。长角果圆筒状，长2.5~3cm，无毛，果瓣中脉明显；果梗长1~2cm。花期4~5月。**见于张山营镇下芦凤营村。**生于山坡、田野及农田。种子亦可药用，有利尿消肿、祛痰定喘的效用。

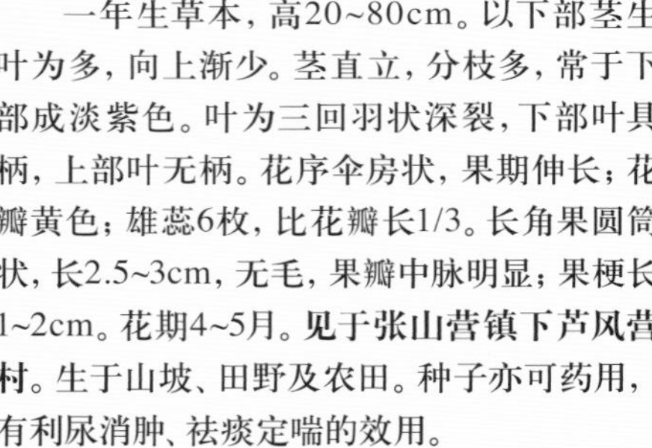

瓦松 *Orostachys fimbriata* (Turcz.) A. Berger 景天科 瓦松属

二年生或多年生肉质草本。茎略斜伸，全体粉绿色。基生叶莲座状，线形至倒披针形，绿色带紫，或具白粉。茎上叶线形至倒卵形，长尖。花成顶生肥大穗状的圆锥花序；花瓣淡粉红色，具红色斑点，长卵状披针形。蓇葖果，长圆形，种子多数，卵形。花期8~9月，果期8~10月。**见于张山营镇**。生于屋顶、墙头、石质山坡及岩石上。全株入药，有止血、活血、敛疮之效。本品有毒，慎用。

钝叶瓦松 *Orostachys malacophylla* (Pall.) Fisch. 景天科 瓦松属

二年生肉质草本。第一年仅生出莲座状叶，叶片矩圆形至卵形，先端钝，第二年抽出花茎。茎叶互生，接近，无柄，匙状倒卵形、矩圆状披针形或椭圆形，较莲座状叶大，两面有紫红色斑点。花序总状或穗状，圆柱形，花瓣5，白色或淡绿色，干后淡黄色。蓇葖果。花期7~9月。**见于太安山**。生于山坡岩石缝中和多石山坡。

狭叶红景天 *Rhodiola kirilowii* (Regel) Maxim. 景天科 红景天属

多年生草本。根茎肥厚，褐色，块茎而多分枝，顶端有鳞片。花茎少数，叶密生。叶互生，线形至线状披针形，先端急尖，边缘有疏锯齿，或有时全缘，无柄。花序伞房状，有多花；雌雄异株；花瓣绿黄色，倒披针形。蓇葖果，披针形；种子长圆状披针形。花期6~8月，果期7~8月。**见于海坨山**。生于山地多石草地上。根茎及根可入药，能止血化瘀。

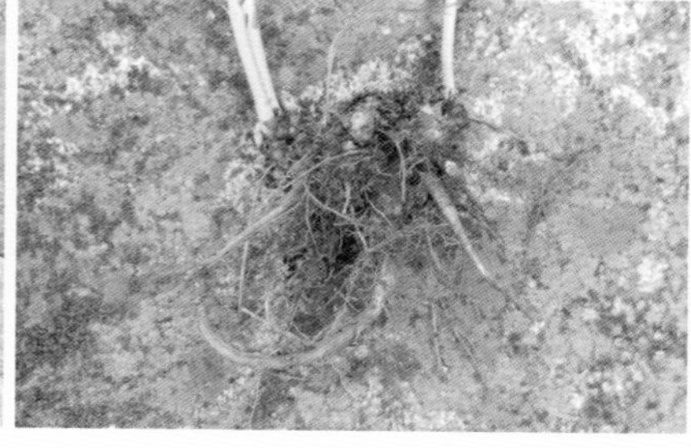

小丛红景天 *Rhodiola dumulosa* (Franch.) S. H. Fu 景天科 红景天属

多年生草本。常成亚灌木状。主干木质，基部被残枝。枝簇生。叶互生，密集线形，先端尖或稍钝，绿色，全缘。花序顶生，聚伞状。花瓣5，淡红或白色，披针状长圆形。蓇葖果。种子长圆形，具狭翅。花期6~8月，果期6~8月。**见于海坨山**。生于海拔1600~2000m高山山坡及高山梁的石隙中。茎状根可入药，有补肾、养心、安神、调经活血、明目之效用。

费菜（景天三七）*Phedimus aizoon* (L.) 't Hart 景天科 费菜属

多年生草本。茎直立，数茎丛生，不分枝。单叶互生，叶片质厚，椭圆状披针形至卵状披针形。聚伞花序呈伞房状，顶生；萼片5，绿色，线状披针形，不等长；花瓣，黄色，椭圆状披针形。蓇葖果5，成熟时向外平展。花期6~7月，果期7~9月。**见于玉渡山**。生于山地阴湿处或石质山坡、灌丛中。全株入药，有止血、散瘀、消肿、止痛之效。根含鞣质，可提取栲胶。

华北八宝（华北景天）*Hylotelephium tatarinowii* (Maxim.) H. Ohba 景天科 八宝属

多年生草本。根块状，常有胡萝卜状小块根。茎多条丛生，稍倾斜，不分枝。叶互生，肉质，叶片倒披针形，先端急尖，基部渐狭，边缘有疏牙齿或浅裂，几无柄。聚伞花序伞房状，花密集，花梗较花长。花瓣5，粉红色，卵状披针形。花期7~8月。**见于海坨山**。生于海拔1000~2000m山坡或山地石缝中。

长药八宝 *Hylotelephium spectabile* (Bor.) H. Ohba 景天科 八宝属

多年生草本。茎直立，高30~70cm。叶对生，或3叶轮生，卵形至宽卵形，长4~10cm，宽2~5cm，全缘或多少有波状牙齿。花序大形，伞房状，顶生；花密生，直径约1cm，萼片5；花瓣5，淡紫红色至紫红色，雄蕊10，花药紫色；鳞片5；心皮5，狭椭圆形，花柱长1.2mm。蓇葖果直立。花期8~9月，果期9~10月。见于八达岭镇。**生于低山多石山坡上**。栽培作观赏用。

八宝 *Hylotelephium erythrostictum* (Miq.) H. Ohba 景天科 八宝属

多年生草本。地下茎肥厚，地上茎簇生，粗壮而直立，呈灰绿色。叶轮生或对生，倒卵形，肉质，具波状齿。伞房花序密集如平头状，花淡粉红色。蓇葖果，直立。花期8~9月。**见于下屯苗圃**。栽培。原产于我国。全株入药，能祛风清热、活血化瘀。

繁缕景天（火焰草） *Sedum stellariifolium* Franch. 景天科 景天属

一年生或二年生小草本。植株被腺毛。茎直立，有多数斜上的分枝，基部呈木质，褐色，被腺毛。叶互生，倒卵状菱形。总状聚伞花序，顶生，花瓣5，黄色。蓇葖果，下部合生，上部略叉开。种子长圆状卵形，有纵纹，褐色。花期7~8月，果期8~9月。**见于野山峡**。生于阴湿地或山坡石缝中。全草治疗黄疸肝炎；外治跌打损伤、烧烫伤。

扯根菜 *Penthorum chinense* Pursh 虎耳草科 扯根菜属

多年生草本。茎直立，红紫色，无毛，上部稍分枝。单叶互生，柄极短；叶片披针形，边缘有细锯齿，两面无毛。聚伞花序顶生，顶生3~10分枝，花生分枝上侧，花轴有腺毛；花萼宽钟形5裂；无花瓣；开花时浅黄色，花后变为绿色。花期7~8月，果期9月。蒴果红褐色。种子多数，细小，黄白色。**见于妫河**。生于水边湿地。全草入药，具利水除湿，行疹止痛功能；主治黄疸，水肿，跌打损伤等。有毒，慎用。

太平花 *Philadelphus pekinensis* Rupr. 虎耳草科 山梅花属

丛生灌木。树皮栗褐色，薄片状剥落；小枝光滑无毛，长带紫褐色。叶对生，卵形至狭卵形。总状花序，花瓣4，白色，微具香味。蒴果，倒圆锥形，4瓣裂。花期5~6月，果期8~9月。**见于千家店镇。**生于山坡或溪流灌丛。可驯化为公园、庭院栽培。

钩齿溲疏 *Deutzia baroniana* Diels 虎耳草科 溲疏属

灌木。老枝灰褐色，无毛，皮不剥落。叶纸质，卵状菱形或卵状椭圆形，叶正面绿色，散生具5~6辐射枝星状毛；具中央射线，叶基楔形。聚伞花序；花瓣5，白色，倒卵状长圆形。蒴果半球形，密被星状毛。花期4~5月，果期9~10月。**见于千家店镇。**生于海拔500~1200m山坡灌丛中。

大花溲疏（密密祥子）*Deutzia grandiflora* Bunge　虎儿草科　溲疏属

灌木。老枝紫褐色或灰褐色，无毛，表皮片状脱落。叶对生，有短柄；叶片卵形，基部圆形，先端急尖或短渐尖，边缘具小牙齿，正面散生4~5辐射枝星状毛，背面密被白色6~9辐射枝的星状毛。聚伞花序1~3花；花瓣5，白色。蒴果半球形。花期4~6月。**见于张山营镇**。生于低山山坡。可驯化为绿化观赏灌木。

小花溲疏 *Deutzia parviflora* Bunge　虎耳草科　溲疏属

灌木。小枝黄褐色，初披星毛，后渐脱落。老枝灰褐色，皮剥落。叶对生，具短柄。叶片卵形、狭卵形至菱状卵形，叶背除星状毛外，沿中肋附近具长单毛。花序伞房状，具多花，花梗具星状毛，花白色。蒴果，近球形，被星状毛。花期5~6月。**见于四海镇**。生于沟谷、林缘及岩石缝中。花多而美，可在庭院栽植，绿化环境，供观赏。

东陵八仙花（东陵绣球） *Hydrangea bretschneideri* Dipp. 虎耳草科 绣球属

落叶灌木。树皮通常片状剥落，老枝红褐色。叶对生，卵形或椭圆状卵形。伞房状聚伞花序、顶生，边缘着不育花、初白色、后变淡紫色，中间有浅黄色可孕花。蒴果近圆形，种子两端有翅。花期6~7月。**见于玉渡山、松山**。生于海拔1200~2000m的山坡或山谷林下或林缘。花美丽，可驯化作为绿化观赏树种。

东北茶藨子 *Ribes mandshuricum* (Maxim.) Kom. 虎耳草科 茶藨子属

落叶灌木。小枝灰色或褐灰色，皮纵向或长条状剥落，具短柔毛或近无毛，无刺。叶宽大，叶片掌状3裂，正面绿色，背面淡绿色，密生白色绒毛。总状花序，初直立后下垂，花萼浅绿色或带黄色，萼片5，反卷；花瓣5，绿黄色。雄蕊5，明显伸出。果实球形，红色，味酸可食；种子多数，较大，圆形。花期4~6月，果期7~8月。**见于四海镇**。生于山地杂林中或山谷林下。果肉味酸可食，并可制作果酱或造酒。种子可榨油。

美丽茶藨子（小叶茶藨子）*Ribes pulchellum* Turcz. 虎耳草科 茶藨子属

落叶灌木。小枝红褐色，皮稍纵向条裂，嫩枝褐色或红褐色，有光泽，被短柔毛，老时毛脱落，在叶下部的节上常具1对小刺，节间无刺或小枝上散生少数细刺。叶宽卵圆形。花单性，雌雄异株，总状花序；花萼浅绿黄色至浅红褐色，花瓣很小，鳞片状，花药白色。浆果，红色，果实球形。花期5~6月，果期8~9月。**见于千家店镇六道河村**。生于山地灌丛、山坡或沟谷。观赏灌木；果可食；木材坚硬，可制手杖等。

刺果茶藨子 *Ribes burejense* Fr. Schmidt 虎耳草科 茶藨子属

灌木。老枝灰褐色，剥裂；小枝黄灰色，密生不等的细刺；节刺3~7个，细瘦。叶轮廓圆形或宽卵形，掌状3~5深裂。花两性，常单生或2朵生叶腋，蔷薇色，大形。浆果，黄绿色，具黄褐色长刺。花期5~6月，果期7~8月。**见于海坨山**。生于山地溪流边或林中。果实内含有丰富的维生素C，可食用。

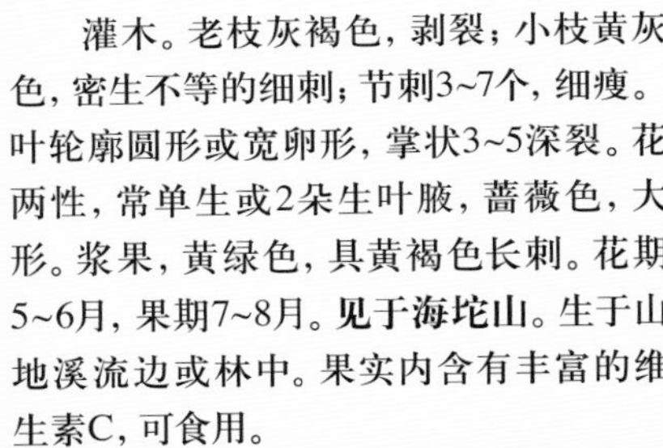

瘤糖茶藨子 *Ribes himalense* var. *verruculosum* (Rehd.) L. T. Lu 虎耳草科 茶藨子属

灌木。株高1~2m。树皮剥落。叶掌状5裂，边缘具不整齐的重锯齿，叶柄细；叶背脉上及叶柄上具疣状物。总状花序，花两性，绿色带紫色。萼管钟形，裂片5。花瓣小，细长，先端截形。雄蕊5；花柱2裂。浆果，球形，红色。花期4~5月，果期7月。**见于海坨山阴坡**。生于山地灌丛、林边及沟谷。

香茶藨子 *Ribes odoratum* Wendl. 虎耳草科 茶藨子属

落叶灌木，高1~2m；嫩枝灰褐色或灰棕色，具短柔毛，老时毛脱落，无刺。叶掌状3~5深裂。花两性，芳香；总状花序长2~5cm，常下垂，具花5~10朵；花萼黄色，外面无毛，萼筒管形；花瓣近匙形或近宽倒卵形，无毛。果实球形或宽椭圆形，熟时黑色，无毛。花期5月，果期7~8月。**见于张山营镇**。栽培。原产于美国。

落新妇 *Astilbe chinensis* (Maxim.) Franch. et Savat. 虎耳草科 落新妇属

多年生草本。根茎肥厚。茎与叶柄散生棕褐色长毛。基生叶二至三回三出羽状复叶；茎生叶2~3，较小。圆锥花序，狭长，直立，总花梗密被棕色卷曲长柔毛。花小形，密集，几无梗。花瓣5，紫色。蓇葖果。花期6~7月。**见于井庄镇**。生于山谷湿地或水沟边。根茎入药，能强筋健骨、活血止痛，并有强心作用。根茎、茎及叶含鞣质，可提制栲胶。

球茎虎耳草 *Saxifraga sibirica* L. 虎耳草科 虎耳草属

多年生草本，具鳞茎。茎密被腺柔毛。基生叶具长柄，叶片肾形，7~9浅裂，两面和边缘均具腺柔毛，叶柄长1.2~4.5cm，基部扩大，被腺柔毛；茎生叶肾形、阔卵形至扁圆形，基部肾形、截形至楔形，5~9浅裂，两面和边缘均具腺毛。聚伞花序伞房状，长2.3~17cm；花梗纤细，长1.5~4cm，被腺柔毛；花瓣白色。花、果期5~11月。**见于水泉南沟村**。生于灌丛、高山草甸或石隙。

独根草 *Oresitrophe rupifraga* Bunge 虎耳草科 独根草属

多年生草本。根状茎粗壮，具芽，芽鳞棕褐色。基生叶2~3枚；叶片心形至卵形，先端短渐尖，边缘具不规则齿牙，基部心形，腹面近无毛，背面和边缘具腺毛。花葶不分枝，密被腺毛。多歧聚伞花序；多花；无花瓣；萼管钟状，裂片5，粉红色，呈花瓣状。蒴果。花期4~7月。**见于珍珠泉乡。**生于石灰岩崖壁、悬崖之阴湿石隙。可供观赏。

五台金腰（互叶金腰）*Chrysosplenium serreanum* Hand.-Mazz. 虎耳草科 金腰属

多年生草本。基生叶具长柄，叶片肾形至圆状肾形，边缘具8~11圆齿，两面和边缘均疏生柔毛；茎生叶通常1枚，肾形，边缘具5~9圆齿。聚伞花序；苞叶卵形、近阔卵形至扁圆形，具2~7圆齿，稀全缘，无毛；花亮黄色；萼片近圆形至阔卵形，先端钝圆，无毛。蒴果先端微凹，卵球形，光滑无毛，有光泽。花、果期5~7月。**见于玉渡山。**生于海拔1000m以上溪边或林下湿地。

毛金腰 *Chrysosplenium pilosum* Maxim. 虎耳草科 金腰属

多年生小草本，株高14~16cm。不育枝出自茎基部叶腋，基生叶2对。茎生叶对生，具褐色斑点，近扇形，边缘具不明显之5~9波状圆齿，边缘具褐色睫毛。花茎疏生褐色柔毛。聚伞花序长约2cm；花序分枝无毛；苞叶近扇形，边缘具3~5波状圆齿（不明显），两面无毛；花梗无毛；萼片具褐色斑点，无花瓣。蒴果。花期4~6月。**见于海坨山阴坡**。生于海拔1000m以上林下阴湿处。

梅花草 *Parnassia palustris* L. 虎耳草科 梅花草属

多年生草本。根茎短，近球形。基生叶丛生，具长柄，叶片卵形至心形，全缘；茎生叶1片，无柄，基部抱茎。花单生枝端，白色；假雄蕊5。蒴果，近球形；种子多数。花、果期7~9月。**见于玉渡山**。生于林缘湿地或高山草坡上。治妇人血崩血块；散气；通经利水；胃中冷痛、内疝症瘕即消；食积成痞，坚硬疼痛。

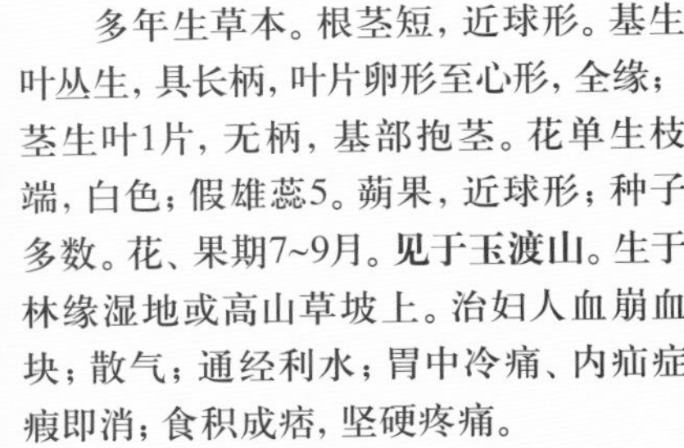

细叉梅花草 *Parnassia oreophila* Hance 虎儿草科 梅花草属

多年生草本。根茎球形，肥厚，被褐色膜质鳞片。基生叶丛生，具长柄。叶片卵形或卵状椭圆形，先端钝，基部圆形或微心形，全缘。茎生叶与基生叶同形。花单生枝顶，花瓣5，白色，倒卵状长圆形；假雄蕊3裂，裂片近平行。蒴果，倒卵形。种子棕色，边缘有窄翅。花、果期7~9月。**见于海坨山**。生于高山草地。

杜仲 *Eucommia ulmoides* Oliv. 杜仲科 杜仲属

落叶乔木。树冠圆球形。树皮深灰色，枝具片状髓，树体各部折断均具银白色胶丝。小枝光滑，无顶芽。单叶互生，椭圆形，先端尖锐，基部宽楔形或圆形，有锯齿，无毛，羽状脉，背面脉上有长柔毛。花单性，雌雄异株，无花被，花生于小枝基部。果为具翅小坚果，扁平，翅革质。种子1粒。花期4~5月，果期9~10月。**见于张山营镇**。栽培。原产于我国长江流域各省份。树皮供药用，能补肝肾，强筋骨、安胎、降血压。

土庄绣线菊 *Spiraea pubescens* Turcz. 蔷薇科 绣线菊属

灌木。小枝褐黄色，幼时有短柔毛，后脱落。叶片菱状卵形至椭圆形，被短柔毛。伞形花序，具总柄，无毛；花瓣白色，卵圆形。蓇葖果，开张，腹缝微被短柔毛。花期5~6月，果期7~8月。**见于刘斌堡乡**。生于干燥岩石坡或杂木林中。可驯化为公园观赏花灌木。

三裂绣线菊 *Spiraea trilobata* L. 蔷薇科 绣线菊属

灌木。小枝细，开展，幼时褐黄色，老时暗灰褐色或暗褐色。叶片近圆形、扁圆形或长圆形，先端3裂，基部圆形至亚心形，有明显3~5出脉。伞形花序具总梗，花白色。蓇葖果开展，沿腹缝微被短柔毛或无毛，花柱顶生稍倾斜。花期5~6月，果期7~8月。**见于张山营镇**。生于向阳坡地或灌丛中。可驯化栽培，作为园林景观绿化。

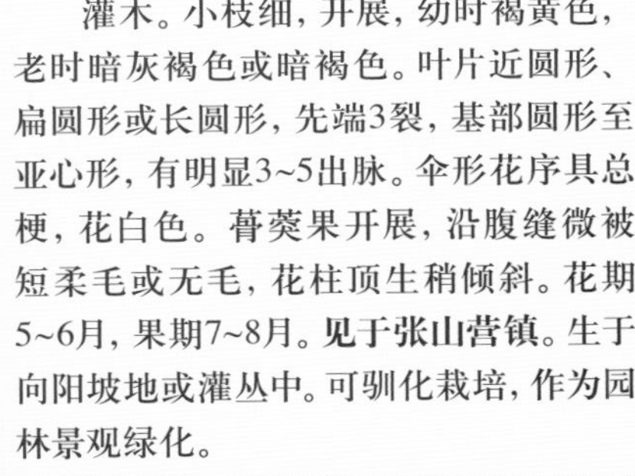

毛花绣线菊 *Spiraea dasyantha* Bunge 蔷薇科 绣线菊属

灌木。小枝细弱，呈明显的之字形弯曲，幼时密被绒毛，老时毛脱落，灰褐色。叶片菱状卵形；叶背面密被绒毛。伞形花序具总梗，密被白色绒毛，花萼外面密被白色绒毛，萼筒钟状；花瓣广倒卵形至近圆形，白色。蓇葖果张开，外被绒毛，萼片直立。花期5~6月，果期7~8月。**见于张山营镇**。生于低山干燥阳坡。可驯化为园林景观树种。

绣球绣线菊 *Spiraea blumei* G. Don 蔷薇科 绣线菊属

灌木。小枝细，开张，稍弯曲，深红褐色或暗灰褐色，无毛。叶片菱状卵形至倒卵形，基部楔形，具羽状叶脉，叶片先端圆钝，两面无毛。伞形花序有总梗，花瓣宽倒卵形，先端微凹，白色。蓇葖果较直立。花期4~6月，果期8~10月。**见于千家店镇**。生于阳坡。可驯化为观赏植物。

华北珍珠梅 *Sorbaria kirilowii* (Regel) Maxim. 蔷薇科 珍珠梅属

落叶灌木。枝开展；小枝弯曲，无毛或微被短柔毛，幼时嫩绿色，老时暗黄褐色或暗红褐色。奇数羽状复叶，小叶13~17对，无柄，边缘具重锯齿，叶两面无毛。顶生大型圆锥花序，白色。蓇葖果长圆形，具顶生弯曲的花柱。花期5~7月，果期8~9月。**见于海坨山。**

齿叶白鹃梅 *Exochorda serratifolia* S. Moore 蔷薇科 白鹃梅属

落叶灌木。小枝圆柱形，无毛，幼时红紫色，老时暗褐色。叶片椭圆形或长圆倒卵形，中部以上有锐锯齿，下面全缘。总状花序，花瓣长圆形至倒卵形，先端微凹，基部有长爪，花白色。蒴果倒圆锥形，具5脊棱，无毛。花期5~6月，果期7~8月。**见于千家店镇、珍珠泉乡。**生于山地、河边、灌丛中。本种适应性强，花洁白如玉，可作为园林绿化树种。

灰栒子 *Cotoneaster acutifolius* Turcz. 蔷薇科 栒子属

落叶灌木。小枝红褐色，幼时有长柔毛，老时脱落。叶卵形至长卵形，全缘。花2~5朵成聚伞花序，花白色，萼筒外具毛。果实倒卵形或椭圆形，成熟时黑色。花期5~6月，果期9~10月。**见于旧县镇。**生于山谷或草坡丛林中。枝、叶及果实入中药。

西北栒子 *Cotoneaster zabelii* Schneid. 蔷薇科 栒子属

落叶灌木；枝条细瘦开张，小枝圆柱形，深红褐色，幼时密被黄色柔毛，老时无毛。叶片椭圆形至卵形，叶老时具绒毛或柔毛。花3~13朵成下垂聚伞花序，总花梗和花梗被柔毛；花瓣直立，倒卵形或近圆形，浅红色。果实倒卵形至卵球形，鲜红色，常具2小核。花期5~6月，果期8~9月。**见于玉渡山。**生于山坡或杂木林中。

水栒子 *Cotoneaster multiflorus* Bunge　蔷薇科　栒子属

落叶灌木，高达4m；枝条细瘦，常呈弓形弯曲，无毛，幼时带紫色，具短毛，不久脱落。叶片卵形或宽卵形，正面无毛，背面幼时稍有绒毛。花多数，约5~21朵，成疏松的聚伞花序；萼筒钟状，内外两面均无毛；萼片三角形；花瓣平展，近圆形，白色；雄蕊约20；花柱通常2，离生。果实近球形，红色。花期5~6月，果期8~9月。**见于玉渡山**。多生于沟谷、山坡杂木林中。

山楂 *Crataegus pinnatifida* Bunge　蔷薇科　山楂属

落叶小乔木。有刺，稀有无刺者。枝密生，有细刺，幼枝有柔毛。小枝紫褐色，老枝灰褐色。叶片三角状卵形至棱状卵形，通常有3~5对羽状深裂片，正面无毛。复伞房花序，花白色，有独特气味。果近球形，深红色，有浅色斑点。花期5~6月，果期9~10月。**见于大庄科乡**。果实味酸，可做果酱或密制。果干后入药，有消积化滞、健胃舒气和降血压、血脂的功效。幼苗可做山里红的砧木。

山里红 *Crataegus pinnatifida* var. *major* N. E. Br. 蔷薇科 山楂属

落叶小乔木，高6~8m，通常具刺，很少无刺；单叶互生，阔卵形或三角卵形，边缘羽状5~9裂，有锯齿。伞房花序或伞形花序，白色，极少数粉红色；果形较大，先端有宿存萼片。花期5月，果期8~10月。**见于大庄科乡。**栽培。山里红因味道太酸，较少生食。但它具有丰富的果胶和红色素，很适宜加工汁、露、糕、酱、蜜饯等。山里红有益于预防心血管病。

甘肃山楂 *Crataegus kansuensis* Wils. 蔷薇科 山楂属

灌木或乔木，常有刺。小枝紫褐色。叶宽卵形，叶浅裂或不裂，侧脉伸至裂片先端，裂片分裂处无侧脉。伞房花序。花瓣白色。果实近球形，红色或橘黄色，无浅色斑点。花期5月，果期7~8月。**见于松山、井庄镇。**生于杂木林中。

水榆花楸 *Sorbus alnifolia* (Sieb. et Zucc.) K. Koch 蔷薇科 花楸属

乔木。小枝圆柱形，具灰白色皮孔，二年生枝暗红褐色，老枝暗灰褐色。叶片卵形至椭圆卵形，叶缘有锯齿或浅裂片。复伞房花序较疏松，花瓣卵形或近圆形，白色。果实椭圆形或卵形，红色或黄色，不具斑点或具极少数细小斑点，果实上无宿存的萼片；花柱2，基部合生。花期5月，果期8~9月。**见于松山**。生于山地、山沟杂木林或灌丛。可作公园及庭院的风景树。

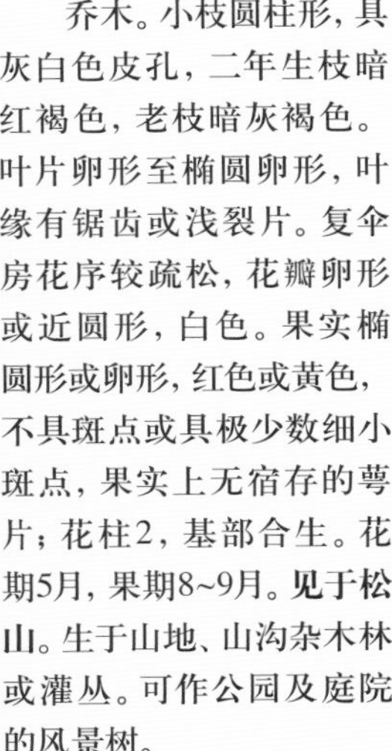

北京花楸 *Sorbus discolor* (Maxim.) Maxim. 蔷薇科 花楸属

乔木。小枝圆柱形，二年生枝紫褐色，具稀疏皮孔，嫩枝无毛。冬芽外面无毛。奇数羽状复叶，叶片背面无毛。复伞房花序较疏松，有多数花朵，总花梗和花梗均无毛；花瓣卵形或长圆卵形，白色；花柱3~4，基部离生。果实卵形，白色或黄色，果实上有宿存的萼片。花期5月，果期8~9月。**见于玉渡山、海坨山等地**。生于山坡杂木林中。可驯化为绿化树种。

花楸树 *Sorbus pohuashanensis* (Hance) HedL. 蔷薇科 花楸属

乔木。小枝灰褐色，老枝无毛。具灰白色细小皮孔，嫩枝具绒毛，逐渐脱落，老时无毛。冬芽外面密被白色绒毛。奇数羽状复叶，叶背面有稀疏的柔毛。复伞房花序具多数密集花朵。白色。果实近球形，红色或橘红色，具宿存闭合萼片。花期6月，果期9~10月。**见于海坨山**。生于山坡和山谷杂林中。树形美观，秋季红叶，红果满树，可栽培用于绿化观赏。

白梨 *Pyrus bretschneideri* Rehd. 蔷薇科 梨属

乔木。树冠开展。小枝粗壮，幼时有柔毛；二年生的枝紫褐色，具稀疏皮孔。叶片卵形或椭圆形，先端短渐尖或具长尾尖，基部圆形，边缘有尖锐锯齿，齿尖有长芒刺，微向内靠拢。伞形总状花序，花瓣卵形，白色。果实卵形或近球形，微扁，黄色，萼片脱落。花期4月，果期8~9月。**见于张山营镇靳家堡村**。栽培。原产于我国。白梨系列包括鸭梨、雪花梨、红霄梨、秋白梨等品种甚多。

杜梨 *Pyrus betulifolia* Bunge 蔷薇科 梨属

乔木。枝常具刺。小枝老时无毛，或具稀疏毛，紫褐色。叶菱状卵形至长圆形，有白色绒毛。伞形总状花序，总梗及花梗均被白色绒毛。萼筒外密被白色绒毛。花瓣白色。果实近球形，果小，直径小于1cm，褐色，有淡色斑点；萼片脱落。花期4月，果期8~9月。**见于莲花山**。可做梨的砧木。果实入药，消食止痢，治腹泻；枝、叶入药，治霍乱，吐泻不止，腰痛，反胃吐食；树皮入药，煎水洗治皮肤溃疡。

秋子梨 *Pyrus ussuriensis* Maxim. 蔷薇科 梨属

乔木。嫩枝无毛或微具毛，二年生枝条黄灰色至紫褐色，老枝转为黄灰色或黄褐色，具稀疏皮孔。叶片卵形至宽卵形。花序密集，5~7朵，花瓣倒卵形或广卵形，先端圆钝，基部具短爪，白色，花药红色。果实近球形，黄色，萼片宿存，基部微下陷，具短果梗。花期5月，果期8~10月。**见于千家店镇**。秋子梨系列品种有烂广梨、酸梨、京白梨、香水梨等。

褐梨 *Pyrus phaeocarpa* Rehd. 蔷薇科 梨属

落叶乔木。枝上无刺，幼枝紫褐色，无毛。叶卵圆形、椭圆形至长圆形，边缘有尖锯齿，齿尖向外，无刺芒，老时两面无毛。伞形总状花序，花瓣白色。果实球形或卵形，果直径在2cm左右，褐色，有浅色斑点。花期4月，果期8~9月。**见于大庄科乡。**分布广，常作栽培梨的砧木。

豆梨 *Pyrus calleryana* Decne 蔷薇科 梨属

乔木，高5~8m；小枝粗壮，圆柱形。叶片宽卵形至卵形，边缘有钝锯齿，两面无毛；叶柄长2~4cm，无毛；托叶叶质，线状披针形。伞形总状花序，具花6~12朵；苞片膜质，线状披针形；萼筒无毛；萼片披针形；花瓣卵形，白色；雄蕊20；花柱2。梨果球形，直径约1cm，黑褐色，有斑点，萼片脱落。花期4月，果期8~9月。**见于旧县镇太安山。**生山坡、平原或山谷杂木林中，海拔80~1800m。

楸子 *Malus prunifolia* (Willd.) Borkh. 蔷薇科 苹果属

小乔木，高达3~8m；小枝粗壮，圆柱形，嫩时密被短柔毛，老枝灰紫色或灰褐色，无毛；叶片卵形或椭圆形，边缘有细锐锯齿，在幼嫩时正反两面的中脉及侧脉有柔毛，逐渐脱落。花4~10朵，近似伞形花序，被短柔毛；花白色，花蕾粉红色。果实卵形，直径2~2.5cm，红色，果梗细长。花期4~5月，果期8~9月。**见于张山营镇**。栽培。原产于我国。可生食，也可药用，味酸、甘、性平。生津，消食。主口渴，食积。

苹果 *Malus pumila* Mill. 蔷薇科 苹果属

乔木。小枝幼时密被柔毛；老时紫褐色。叶椭圆形、卵形至宽椭圆形，叶缘有钝锯齿。伞房花序；花蕾时花瓣粉红色。花柱下部密被白色绒毛。果实扁球形，形状大小随品种不同而差异甚大，先端常有隆起，萼洼下陷，果柄短。花期5月，果期7~10月。是主流水果之一。**见于张山营镇**。栽培。原产于欧洲。

西府海棠 *Malus × micromalus* Makino 蔷薇科 苹果属

小乔木。小枝圆柱形，直立，幼时红褐色，被短柔毛，老时暗褐色。叶片椭圆形至长椭圆形，叶背面常被绒毛，老时脱落。花序近伞形，花瓣卵形，基部具短爪，初开放时粉红色至红色。果实近球形，黄色，直径小于2cm，果实酸涩。花期4~5月，果期8~9月。**见于城区**。栽培。原产于辽宁、山西、山东、陕西、甘肃、云南等地。花多密集艳丽多彩，为著名的观赏树木。

山荆子（山丁子） *Malus baccata* (L.) Borkh. 蔷薇科 苹果属

乔木。幼枝细弱，微屈曲，圆柱形，无毛，红褐色，老枝暗褐色；叶片椭圆形或卵形；伞形花序，花瓣倒卵形，先端圆钝，基部有短爪，花白色。果实近球形，红色或黄色。花期4~6月，果期9~10月。**见于燕羽山**。生于山坡杂林中及山谷灌丛中。果实不能食。是苹果和花红的砧木。

花红 *Malus asiatica* Nakai 蔷薇科 苹果属

小乔木。嫩枝密被绒毛；老枝暗紫褐色，无毛。叶卵形或椭圆形，正面有稀疏绒毛或近无毛，背面密被短柔毛，叶缘具尖锐锯齿。花瓣淡粉红色。果实卵形或球形，果较大，果柄中长。花期4~5月，果期8~9月。**见于大庄科乡沙门村**。栽培。原产于我国。果实味较酸，可供鲜食或加工制成果干或果脯，并可酿酒。

皱皮木瓜 *Chaenomeles speciosa* (Sweet) Nakai 蔷薇科 木瓜属

落叶灌木，高达2m，枝条直立开展，有刺。叶片卵形至椭圆形，边缘具有尖锐锯齿；叶柄长约1cm。花先叶开放，3~5朵簇生于二年生老枝上；萼筒钟状，外面无毛；花瓣倒卵形或近圆形，猩红色；雄蕊45~50，长约花瓣之半；花柱5。果实球形或卵球形，直径4~6cm，黄色或带黄绿色，有稀疏不明显斑点，味芳香；果梗短或近于无梗。花期3~5月，果期9~10月。**见于上郝庄**。栽培。原产于陕西、甘肃、四川、贵州、广东、云南。为名贵的观赏植物，花色鲜艳，并且大而美丽。果实可入药，有祛风、舒筋活络功效。

黄刺玫 *Rosa xanthina* Lindl. 蔷薇科 蔷薇属

落叶灌木。小枝无毛，有散生皮刺。小叶7~13；小叶片宽卵形或近圆形，稀椭圆形，边缘有圆钝锯齿。花单生于叶腋，单瓣或重瓣，花瓣黄色，宽倒卵形。果近球形或倒卵形，紫褐色或黑褐色，萼片于花后反折。花期4~6月，果期7~9月。**见于张山营镇**。观赏花木。

玫瑰 *Rosa rugosa* Thunb. 蔷薇科 蔷薇属

落叶灌木。茎丛生，有茎刺。枝干粗壮，丛生，密生短绒毛，皮刺有长毛，刺微曲或直立。单数羽状复叶互生，小叶正面有皱纹。花单生于叶腋或数朵聚生，花冠鲜艳，紫红色，芳香；花梗有绒毛和腺体。蔷薇果扁球形，熟时红色，内有多数小瘦果。花期5~7月，果期8~9月。**见于香水苑公园**。栽培。原产于我国北部。花用以提取香精，鲜花瓣含香精油约0.03%，为名贵的香料，用作香水、香皂等的原料；并作食品、薰茶、酿酒等的辅料。

现代月季 *Rosa* hybrids 蔷薇科 蔷薇属

半落叶或常绿灌木。茎为棕色偏绿，具有钩刺或无刺。叶为墨绿色，叶互生，奇数羽状复叶，叶背面无毛；托叶边缘有腺毛。花生于枝顶，花朵常簇生，稀单生，花色甚多；萼片羽状分裂。肉质蔷薇果，成熟后呈红黄色，顶部裂开，"种子"为瘦果，栗褐色。果卵球形或梨形，萼片脱落。花期4~10月。**见于城区**。栽培。原产于我国。月季可用于园林布置花坛、花境、庭院花材，可制作月季盆景，作切花、花篮、花束等。花可提取香料。根、叶、花均可入药，具有活血消肿、消炎解毒功效。

多花蔷薇 *Rosa multiflora* var. *adenophora* Franch. & Sav. 蔷薇科 蔷薇属

落叶蔓性灌木，枝细长，上升或蔓生，有钩状皮刺。奇数羽状复叶互生，叶背面具柔毛。圆锥花序，顶生，多花。有柔毛或腺毛。花瓣白色，5枚或重瓣，倒卵形；花柱伸至萼筒口外。蔷薇果，球形至卵形，红褐色，熟时萼片脱落。花期5~6月，果期8~9月。**见于下屯苗圃**。栽培。原产于日本。适用于花架、长廊、粉墙、门侧、假山石壁的垂直绿化。

山刺玫 *Rosa davurica* Pall. 蔷薇科 蔷薇属

落叶灌木。小枝和皮刺均无毛。羽状复叶，小叶片长圆形或阔披针形，叶缘近中部以上具细锐锯齿，叶背面有白霜，沿脉有柔毛和腺点。花单生于叶腋，花瓣粉红色，倒卵形。果近球形或卵球形，红色，光滑。花期6~7月，果期8~9月。**见于燕羽山、太安山**。生于山地。

美蔷薇 *Rosa bella* Rehd. et Wils. 蔷薇科 蔷薇属

落叶灌木，高1~3m；小枝圆柱形，细弱，散生直立的基部稍膨大的皮刺，老枝常密被针刺。小叶7~9，稀5；小叶片椭圆形、卵形或长圆形，先端急尖或圆钝，基部近圆形，边缘有单锯齿，两面无毛或背面沿脉有散生柔毛和腺毛；花单生或2~3朵集生；花瓣粉红色，宽倒卵形。果椭圆状卵球形，有腺毛，萼片宿存。花期5~7月，果期8~10月。**见于海坨山**。生于山坡疏林中。

木香花 *Rosa banksiae* Aiton 蔷薇科 蔷薇属

落叶或半常绿攀援小灌木。小枝圆柱形，有短小皮刺，褐色，嫩时绿色，无毛；老枝上的皮刺较大，坚硬，经栽培后有时枝条无刺。小叶3~5；小叶片椭圆状卵形或长圆披针形，深绿色，背面淡绿色，中脉突起，沿脉有柔毛。花小形，多朵成伞形花序；花瓣重瓣至半重瓣，白色，倒卵形。蔷薇果，近球形，红色，萼片脱落。花期4~5月，果期9~10月。**见于黄百寺村**。栽培。原产于我国南部。作绿篱或棚架。

龙牙草 *Agrimonia pilosa* Ledeb. 蔷薇科 龙牙草属

多年生草本，全株具白色长毛。茎常分枝。奇数羽状复叶，小叶3~5对，无柄，椭圆状卵形、宽卵形或近圆形。顶生总状花序，具花多，被长柔毛。花瓣黄色。瘦果，椭圆形。花期6~9月，果期8~10月。**见于珍珠泉乡**。生于荒地、山坡、路旁、草地。全草含仙鹤酚，可做强壮、收敛止血药；并可做农药，防治蚜牙及小麦锈病。

地榆 *Sanguisorba officinalis* L. 蔷薇科 地榆属

多年生草本。根粗壮。茎直立，无毛，有槽。奇数羽状复叶，小叶3~5对，对生，有锯齿。穗状花序，顶生，倒卵形或圆柱形，暗紫红色；无花瓣，萼花瓣状，卵圆形，开张，基部有毛。瘦果，褐色，有细毛，具纵棱，包于宿萼内，种子卵圆形。花期6~7月，果期8~9月。**见于燕羽山**。生于坡脚、路边、荒地，分布广。根含地榆皂苷，能凉血、止血、收敛止泻。全草可作农药，治蚜虫和红蜘蛛。

长叶地榆 *Sanguisorba officinalis* var. *longifolia* (Bertol.) Yü et Li 蔷薇科 地榆属

多年生草本。基生叶小叶带状长圆形至带状披针形，基部微心形，圆形至宽楔形，茎生叶较多，与基生叶相似，但更长而狭窄；花穗长圆柱形，长2~6cm，直径通常0.5~1cm，雄蕊与萼片近等长。花、果期8~11月。**见于刘斌堡乡**。生于山坡草地、溪边、灌丛中、湿草地及疏林中。分布在海拔100~3000m。

蚊子草 *Filipendula palmata* (Pall.) Maxim. 蔷薇科 蚊子草属

多年生草本。根粗壮。茎直立，有细棱，基部有棕褐色纤维状残遗叶柄。奇数羽状复叶，基生叶与茎下部叶具长柄；小叶通常5，质厚，顶生小叶大，掌状深裂。圆锥花序顶生，多花。花小，白色。瘦果，有梗，镰刀形，花柱及花萼宿存。花期6~7月，果期7~9月。**见于张山营镇西大庄科村**。生于湿润草地、沟旁及林缘。

棣棠花 *Kerria japonica* (L.) DC. 蔷薇科 棣棠属

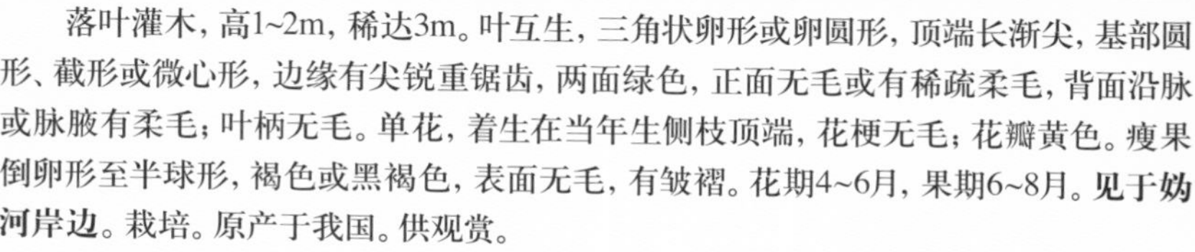

落叶灌木，高1~2m，稀达3m。叶互生，三角状卵形或卵圆形，顶端长渐尖，基部圆形、截形或微心形，边缘有尖锐重锯齿，两面绿色，正面无毛或有稀疏柔毛，背面沿脉或脉腋有柔毛；叶柄无毛。单花，着生在当年生侧枝顶端，花梗无毛；花瓣黄色。瘦果倒卵形至半球形，褐色或黑褐色，表面无毛，有皱褶。花期4~6月，果期6~8月。**见于妫河岸边**。栽培。原产于我国。供观赏。

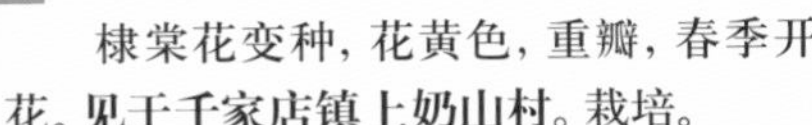

重瓣棣棠花 *Kerria japonica* f. *pleniflora* (Witte) Rehd 蔷薇科 棣棠属

棣棠花变种，花黄色，重瓣，春季开花。**见于千家店镇上奶山村**。栽培。

牛叠肚 *Rubus crataegifolius* Bunge 蔷薇科 悬钩子属

落叶灌木。茎直立，近顶部分枝。小枝红褐色，有棱，幼时有柔毛，具钩状皮刺。单叶，互生，宽卵形至近圆形，3~5掌状浅裂，边缘有不整齐的粗锯齿，背面沿脉有柔毛及小皮刺。花2~6朵聚生枝顶或成短伞房花序，有柔毛。花瓣白色，椭圆形。聚合果，近球形，红色。花期5~7月，果期7~9月。**见于大庄科乡**。生于山坡、林缘和砍伐迹地。果实味酸甜可食；入药，可补肝肾、缩小便。

石生悬钩子 *Rubus saxatilis* L. 蔷薇科 悬钩子属

多年生草本。花枝直立，被长柔毛，有皮刺状刚毛；不育枝有鞭状匐枝，其顶端常形成新植株，被疏长柔毛与皮刺状刚毛。茎有短柔毛和小的针状皮刺。奇数羽状复叶，小叶3，菱状卵圆形，叶边缘有缺刻状重锯齿。总状花序短，顶生。花瓣白色，直立，与萼片等长。聚合果，有小核果，红色；果核长圆形，表面有蜂巢状孔穴。花期5~7月，果期7~8月。**见于海坨山林中**。生于林下、草甸、灌丛中。

华北覆盆子 *Rubus ialaeus* var. *borealisinensis* Yu et Lu 蔷薇科 悬钩子属

灌木，株高1~2m。茎直立。幼枝红褐色，无刺或少刺。奇数羽状复叶，小叶3，小叶卵形，边缘有重锯齿；叶背面有白色绒毛，脉上有钩状皮刺；叶柄有小皮刺。总状花序，顶生，总花梗及花梗和萼片外面均生腺毛和刺毛。花瓣白色。果球形，红色，有绒毛。花期6~7月，果期8~9月。**见于海坨山**。生于山坡灌丛及林缘。

路边青 *Geum aleppicum* Jacq. 蔷薇科 路边青属

多年生草本。全株被长柔毛。羽状复叶，基生叶小叶3~6对；顶端小叶最大，倒卵圆形。花单生，或3朵成伞房状。花梗粗壮，与花萼皆被长或短柔毛。花瓣5，黄色。瘦果，多数，长椭圆形。稍扁，棕褐色，顶端有由花柱形成的钩状长缘。聚合果，近球形。花期5~8月，果期7~9月。**见于井庄镇**。生于洼地、水边、湿地、林缘和林内。

草莓 *Fragaria* × *ananassa* Duch. 蔷薇科 草莓属

矮生多年生草本。匍匐茎常在花后产生，背毛。茎生叶的柄有毛。掌状三出复叶，小叶较大，卵圆形或菱形，边缘具粗锯齿。聚伞花序或簇生，花瓣白色。瘦果，生于球形或长圆锥形的肉质花托凹陷内；花托多汁，暗红色。花期4~6月，果期6~8月。**见于北关大棚**。栽培。原产于南美洲、欧洲。果实味甜酸多汁，可生食，可制果酱和罐头。

蛇莓 *Duchesnea indica* (Andr.) Focke 蔷薇科 蛇莓属

多年生草本，全株有白色柔毛。茎细长，匍状，节节生根。三出羽状复叶互生，小叶片菱状卵圆形。花单生于叶腋，花瓣5，黄色，长圆形，雄蕊多数，比花瓣短。花托膨大成球形聚合果，海绵质，红色。瘦果小，多数，红色。花期4~5月，果期5~10月。**见于金牛湖湿地**。生于山沟阴湿地、河岸边和草甸中。具有药用价值，也可同时观花、果、叶，园林效果突出。

莓叶委陵菜 *Potentilla fragarioides* L. 蔷薇科 委陵菜属

多年生草本。根茎多分枝，簇生。花茎多数，丛生，上升或铺散，被开展长柔毛。基生叶羽状复叶，顶生小叶发达，与侧生小叶远离，小叶两面皆具柔毛。伞房状聚伞花序顶生，多花，松散，花瓣黄色，倒卵形。成熟瘦果近肾形，黄白色，表面有脉纹。花期5~7月，果期7~9月。**见于四海镇**。生于路旁、湿地、林缘。根可用于治疝气、月经过多、功能性子宫出血，产后出血。

多茎委陵菜 *Potentilla multicaulis* Bunge 蔷薇科 委陵菜属

一年生草本。根圆锥状，较细。茎多分枝，平卧或斜升，全株被绒毛。羽状复叶，小叶排列整齐，小裂片线形，正面暗绿色，背面密生白色绒毛。聚散花序，顶生，疏花；花瓣黄色。瘦果，近圆形，有皱纹。花期5~7月，果期6~9月。**见于48顷**。生于山坡、道旁。全株可入药，可杀虫，止血。

薄叶皱叶委陵菜（疏毛钩叶委陵菜） *Potentilla ancistrifolia* var. *dickinsii* (Franch. et Sav.) Koidz. 蔷薇科 委陵菜属

多年生草本。根粗壮，圆柱形，木质。花茎直立，被稀疏柔毛，上部有时混生有腺毛。基生叶为羽状复叶，小叶5~9枚，顶生3小叶密集，较大，与其他小叶较远，叶背面无毛；茎生3小叶。伞房状聚伞花序顶生，疏散，花瓣黄色，有副萼。成熟瘦果表面有脉纹，长圆形或肾形，褐色，脐部有长柔毛。花期5~8月，果期7~9月。**见于珍珠泉乡**。生于岩石缝中。

三叶委陵菜 *Potentilla freyniana* Bornm. 蔷薇科 委陵菜属

多年生草本。根茎粗壮，横生或斜生，呈串珠状。茎直立，细弱，无匍枝。三出复叶，小叶两面皆为绿色，背面光滑。聚伞花序，顶生，开展。花瓣黄色。瘦果，卵形，表面有瘤状突起。花期4~5月，果期6~7月。**见于千家店镇的六道河村**。生于路边、坡根。可入药，清热解毒，散瘀止血。治骨结核、口腔炎、瘰疬、跌打损伤、外伤出血。

翻白草 *Potentilla discolor* Bunge 蔷薇科 委陵菜属

多年生草本。根多分枝，下端肥厚成纺锤状。茎上升向外倾斜，多分枝，表面具白色卷绒毛。基生叶丛生，单数羽状复叶，小叶边缘有粗锯齿，正面绿色，疏生白色绒毛，背面密被白色绒毛。花黄色，聚伞状排列。瘦果卵形。花期5~7月，果期6~9月。**见于刘斌堡乡上虎叫村**。生于山坡、路旁、荒地上。

等齿委陵菜 *Potentilla simulatrix* Wolf 蔷薇科 委陵菜属

多年生草本。根茎粗壮，微木质化。茎细弱，具匐枝，被柔毛。基生叶为三出掌状复叶，叶片近光滑，边缘具有规则的钝锯齿。花单生于叶腋；花瓣黄色。瘦果，肾形，褐色，微皱。花期5~9月，果期6~10月。**见于云瀑沟。**生于沟旁、路旁。

轮叶委陵菜 *Potentilla verticillaris* Steph. ex Willd. 蔷薇科 委陵菜属

多年生草本。全株密被灰白色短绒毛。根木质、分枝。基部具残叶。奇数羽状复叶，正面绿色，背面灰白色，密生长绵毛；3~6叶轮生，线形或披针状线形，边缘反卷；茎生叶不发达。聚伞花序生于茎顶；花瓣黄色，倒心形。瘦果近肾形或长圆形。花期5~6月，果期7~9月。**见于八达岭镇大浮坨村。**生于干旱山坡、瘠地。

蕨麻（鹅绒委陵菜）*Potentilla anserina* L. 蔷薇科 委陵菜属

多年生匍匐草本，根圆柱状，肥厚。茎红色，细长匍枝，节上生根，微具长柔毛。羽状复叶，基生，多数，小叶13~17；叶丛直立状生长，背面密生白色绢毛。花单生叶腋，花鲜黄色。瘦果，椭圆形，褐色，有皱纹。花期5~8月，果期6~9月。**见于妫河岸边**。生于田边湿地、沼泽旁及河滩地。具有健脾益胃、生津止渴、收敛止血、益气补血的功效。亦可食用，营养丰富。

匍枝萎陵菜 *Potentilla flagellaris* Willd. ex Schlecht. 蔷薇科 委陵菜属

多年生草本。根茎粗壮，有少数分枝。茎细弱，具匍枝，节部生根。茎、叶、叶柄和花序幼时密生长柔毛，后渐脱落。基生掌状复叶5枚，小叶边缘具不整齐的深锯齿。花单生叶腋，花瓣黄色。瘦果，长圆状卵形，表面微皱。花期5~7月，果期7~9月。**见于旧县镇**。生于田边、道旁、湿地。嫩苗可食，也可做饲料。

雪白委陵菜 *Potentilla nivea* L. 蔷薇科 委陵菜属

多年生草本。根圆柱形。花茎直立或上升，被白色绒毛。基生叶为掌状三出复叶，背面密被白色绒毛。聚伞花序顶生，少花，稀单花，花梗长1~2cm，外被白色绒毛；花瓣黄色，倒卵形。瘦果，卵形，黄绿色，光滑。花期5~7月，果期7~8月。**见于玉渡山阴坡**。生于山地阴坡。

二裂委陵菜 *Potentilla bifurca* L. 蔷薇科 委陵菜属

多年生草本。根圆柱形，纤细，木质。花茎直立或上升，密被疏柔毛或微硬毛。羽状复叶，小叶5~13片，部分叶先端常2裂，两面无毛。近伞房状聚伞花序，顶生，疏散；花瓣黄色，倒卵形。瘦果，肾状卵形，有皱纹。花期5~9月，果期6~10月。**见于香营乡山底下村**。生于山坡、路旁。

金露梅 *Potentilla fruticosa* L. 蔷薇科 委陵菜属

落叶灌木。树冠球形，树皮纵裂、剥落，分枝多。幼枝被丝状毛。奇数羽状复叶。花单生枝顶，或数朵成伞房花序状。花瓣黄色。瘦果，褐色，卵圆形，密生长柔毛。花期6~7月，果期8~9月。**见于海坨山**。生于山顶岩石间或山坡上。叶和花可代茶作饮料。可做牧草。花可入药，治牙痛；叶治头晕、月经不调。亦可用于保水固土。

银露梅 *Potentilla glabra* Lodd. 蔷薇科 委陵菜属

落叶小灌木。树皮纵向剥落。小枝灰褐色或紫褐色，被稀疏柔毛。叶为羽状复叶，小叶3~5枚，椭圆形。顶生单花或数朵，花瓣白色。瘦果表面被毛。花期6~8月，果期9月。**见于海坨山**。生于高山岩石间或山坡上。叶与果含鞣质，可提制栲胶。嫩叶可代茶叶饮用。花、叶入药，有健脾、化湿、清暑、调经之效。

朝天委陵菜 *Potentilla supina* L. 蔷薇科 委陵菜属

一年生或二年生草本。茎自基部分枝，平铺或斜升，疏生柔毛。羽状复叶，正面无毛，背面微生柔毛或无毛。茎生叶有时为三出复叶，托叶阔卵形，3浅裂。花单生叶腋，花瓣5片，黄色。瘦果，卵形，黄褐色，有皱纹。花、果期5~9月。**见于龙湾河两岸**。生于田边、路旁、沟边或沙滩等湿润草地。3~6月摘嫩茎叶，先用开水烫过，冷水浸泡去涩味然后炒食；秋季或早春可挖块根煮稀饭，味香甜；也可酿酒、药用。

委陵菜 *Potentilla chinensis* Ser. 蔷薇科 委陵菜属

多年生草本。根肥大，圆锥状。茎直立，密生灰白色绵毛。单数羽状复叶；正面绿色，背面密生白绵毛。花多数，顶生，呈伞房状聚伞花序；花瓣5，黄色，倒卵状圆形，凹头，花萼小。瘦果卵圆形，褐色，光滑，包于宿存花萼内。花期5~9月，果期6~10月。**见于凤凰坨**。生于荒地、山坡、道旁。

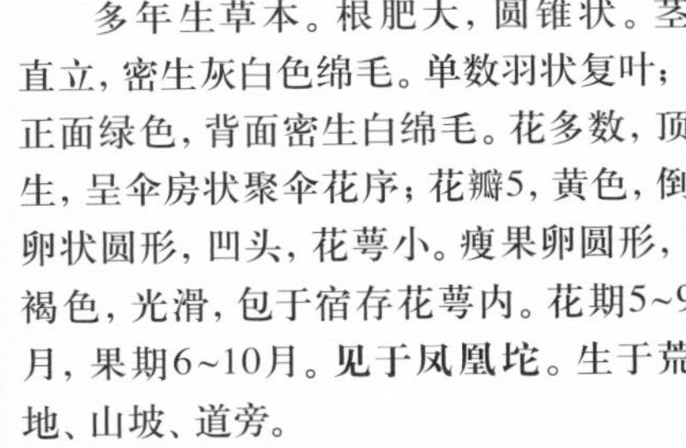

细裂委陵菜（多裂委陵菜） *Potentilla multifida* L. 蔷薇科 委陵菜属

多年生草本。粗壮，圆锥形，上留有残叶。全株被开展的白色长毛，后渐脱落；茎直立或斜升，基部分枝。基生叶有柄，羽状复叶，小叶裂片线形，先端渐尖；茎生叶有柄或无柄，托叶大。聚伞花序，花腋生；具萼和副萼，花冠黄色。瘦果，卵圆形，黄绿色，光滑。花期6~7月。**见于玉渡山**。生于山坡、荒地。

腺毛委陵菜 *Potentilla longifolia* Willd. ex Schlecht. 蔷薇科 委陵菜属

多年生草本。根粗壮，圆柱形。花茎直立或微上升，被短柔毛、长柔毛及腺体。基生叶羽状复叶，小叶长椭圆状披针形，较大，两面均为绿色，边缘具尖锯齿。伞房花序集生于花茎顶端，少花，花梗短；花瓣宽倒卵形，顶端微凹，与萼片近等长。瘦果近肾形或卵球形，光滑。花、果期7~9月。**见于帮水峪村**。生于山坡、荒地。全草入药，清热解毒、止血止痢。

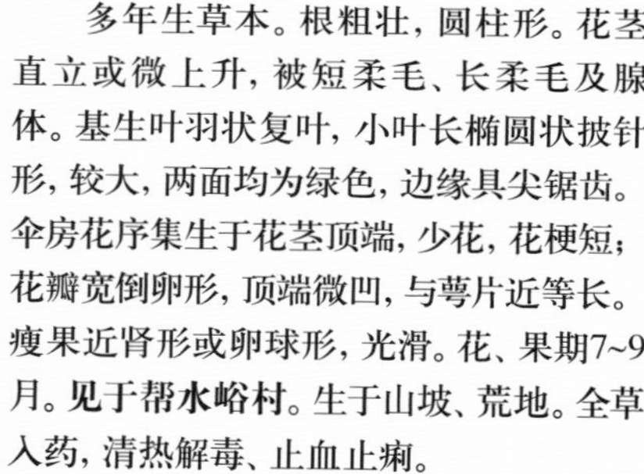

菊叶委陵菜 *Potentilla tanacetifolia* Willd. ex Schlecht. 蔷薇科 委陵菜属

多年生草本。根粗壮，圆柱形。花茎直立或上升，被长柔毛、短柔毛或卷曲柔毛，并被稀疏腺体，有时脱落。基生叶羽状复叶，两面均为绿色，小叶倒长卵形，较小，边缘具钝锯齿。伞房状聚伞花序，多花，花瓣黄色，倒卵形，顶端微凹。瘦果卵球形，具脉纹。花期5~9月，果期6~10月。**见于风动石**。生于山坡、林缘以及草丛中。全草入药，有清热解毒、消炎止血之效；根含鞣质27%。

绢毛匍匐委陵菜 *Potentilla reptans* var. *sericophylla* Franch. 蔷薇科 委陵菜属

多年生草本。根茎粗壮，包有枯叶残余。茎细弱，具匐枝，节上生不定根。基生叶为掌状三出复叶；小叶椭圆形或倒卵形，先端圆钝，基部楔形，边缘具深齿，叶片两面皆被伏生绢毛和柔毛。花单生叶腋，花梗细，有柔毛。花瓣黄色。瘦果，长圆形，表面有皱纹。花期4~8月，果期9月。**见于妫河岸边**。生于山坡和湿地。

大萼委陵菜 *Potentilla conferta* Bunge 蔷薇科 委陵菜属

多年生草本。根茎粗壮，近木质化，基部有残叶。茎斜生或近平卧，疏生开展的白色长绒毛。羽状复叶。基生叶密被灰白色绢毛，后渐疏生；长圆状披针形或长圆形，先端钝，边缘深裂，叶背面密被灰白色长绢毛。聚伞花序，花密集。副萼片披针形，与萼片等长；萼片大，长圆状披针形，外被白色绒毛；花瓣黄色。瘦果，卵形，褐色，有皱纹。花期7月，果期8~9月。**见于张山营镇48顷**。生于荒滩、荒草地。

西山委陵菜 *Potentilla sischanensis* Bunge 蔷薇科 委陵菜属

多年生草本。根茎粗壮，木质化，基部留有残叶。茎直立或倾斜，细弱，密被白色柔毛和绒毛。羽状复叶，小叶对生，小叶裂片披针形，先端圆钝，密生白绒毛。聚伞花序，顶生或腋生，花瓣黄色。瘦果小，黄褐色，卵形，有皱纹。花期5~7月，果期7~8月。**见于千家店镇花盆村**。生于山坡、草丛。

地蔷薇 *Chamaerhodos erecta* (L.) Bunge 蔷薇科 地蔷薇属

多年生草本。根茎肥厚，木质化。茎被长柔毛和短腺毛，自基部具多数分枝。基生叶丛生，叶柄被长柔毛和短腺毛。花多数，成伞房状聚伞花序。花瓣浅粉红色。瘦果，卵球形，紫褐色，光滑。花期6~8月，果期8~9月。**见于帮水峪村**。生于荒滩、地埂，分布较广。主治祛风湿。

李 *Prunus salicina* Lindl. 蔷薇科 李属

落叶小乔木，树冠广球形；树皮灰褐色，起伏不平；小枝平滑无毛，灰绿色，有光泽。叶片长圆倒卵形或长圆卵圆形，叶绿色。花通常3朵并生，花瓣白色，宽倒卵形。果球形，卵球形、心脏形或近圆锥形，黄色或红色，有时为绿色或紫色，梗洼陷入，先端微尖，缝合线明显，外被蜡质果粉；核卵形具皱纹，黏核，少数离核。花期4月，果期7~8月。**见于张山营镇**。栽培。原产于亚洲西部。果可鲜食。核仁入药，有润肠通便之效。

紫叶李 *Prunus cerasifera* f. *atropurpurea* (Jacq.) Rehd 蔷薇科 李属

落叶小乔木。小枝光滑。叶片椭圆形、卵圆形至倒卵形，叶紫色。花单生，花瓣淡粉红色。核果，近球形，暗红色。花期4~5月。**见于旧县镇**。栽培。原产于亚洲西部。观赏其紫色叶片。

杏 *Armeniaca vulgaris* Lam. 蔷薇科 杏属

落叶乔木。小枝褐色或红紫色，有光泽，通常无毛。叶片卵圆形或近圆形。花单生，先于叶开放。花瓣白色或浅粉红色。核果，球形，黄白色至黄红色，常具红晕，微被短柔毛。果梗极短；果肉多汁，成熟时不开裂。果核平滑，沿腹缝处有纵沟。种子扁球形，味苦或甜。花期4月，果期6~7月。**见于香营乡**。栽培。原产我国。既可以赏花又可以食果；果可生食又可做成果脯，杏仁供食用或药用，能润肺止咳。

山杏 *Armeniaca sibirica* (L.) Lam. 蔷薇科 杏属

灌木或小乔木，高2~5m。树皮暗灰色。叶片卵形或近圆形，叶边有细钝锯齿，两面无毛。花单生，先于叶开放；花萼紫红色；萼筒钟形，无毛；花瓣白色或粉红色。果实扁球形，黄色或橘红色，有时具红晕；果肉较薄而干燥，成熟时开裂，味酸涩不可食，成熟时沿腹缝线开裂；核扁球形，两侧扁，种仁味苦。花期3~4月，果期6~7月。**见于龙庆峡东沟**。分布广。生于低山阳坡、阴坡下部也有分布。可榨油或药用，有止咳祛痰之功效。

山桃 *Amygdalus davidiana* (Carrière) de Vos ex Henry 蔷薇科 桃属

落叶乔木。树皮暗紫色，光滑有光泽。嫩枝无毛。叶片卵圆状披针形。花单生，先于叶开放。花瓣浅粉红色。核果球形，有沟，具毛。果肉干燥，离核。果核小，球形，有凹沟。花期3~4月，果期7月。**见于铁炉村**。生于向阳坡地或林缘。幼苗做砧木，用以嫁接桃。园林栽植供观赏。

白山桃 *Amygdalus davidiana* f. alba (Carr.) Rehd 蔷薇科 桃属

落叶乔木。树皮暗紫色，光滑有光泽。嫩枝无毛。叶片卵圆状披针形。花单生，先于叶开放。花瓣白色。核果球形，有沟，具毛。果肉干燥，离核。果核小，球形，有凹沟。花期3~4月，果期7月。**见于大庄科乡铁炉村**。野生。生于向阳坡地或林缘。幼苗做砧木，用以嫁接桃。园林栽植供观赏。

榆叶梅 *Amygdalus triloba* (Lindl.) Ricker 蔷薇科 桃属

落叶灌木，稀为小乔木，直立。小枝紫褐色无毛或具微毛。叶宽卵形至倒卵圆形。花先叶开放，花瓣粉红色。核果，近球形，红色，被毛。果肉薄，成熟时开裂。花期3~4月，果期5~6月。**见于茨顶村**。生于山坡或林缘。公园普遍栽培。

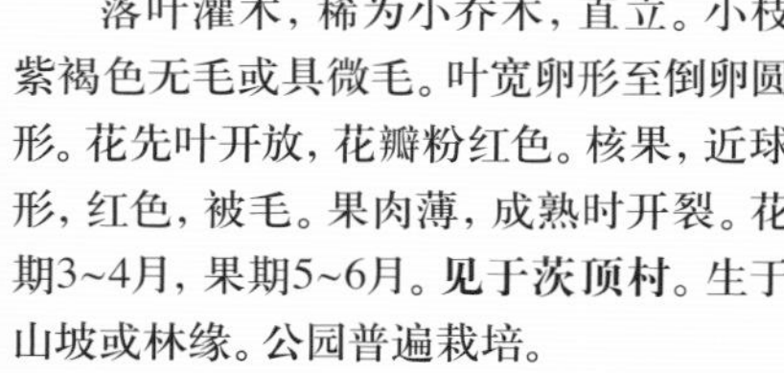

重瓣榆叶梅 *Amygdalus triloba* 'Multiplex' 蔷薇科 桃属

落叶灌木，稀为小乔木，株高2~5m。嫩枝无毛或微被毛。叶宽卵形倒卵形，先端少分裂，基部宽楔型，边缘具粗重锯齿叶正面疏被毛或无毛，背面短柔毛。叶柄有短毛。花重瓣，深粉红色，雄蕊20，子房密被短绒毛，子房下位。核果，近球形，红色，壳面有皱纹。花期3~4月，果期5~6月。**见于城区**。栽培。原产我国北部。观赏植物。

桃 *Amygdalus persica* L. 蔷薇科 桃属

落叶乔木。树冠宽广而平展；树皮暗红褐色。小枝细长，无毛，有光泽，具大量小皮孔；叶片长圆披针形、椭圆披针形或倒卵状披针形。花单生，先于叶开放，粉红色，罕为白色。果实形状和大小均有变异，卵形、宽椭圆形或扁圆形，色泽变化由淡绿白色至橙黄色；核大，椭圆形或近圆形，表面具纵、横沟纹和孔穴。花期4~5月，果期6~8月。**见于张山营镇**。栽培。原产于我国。桃供生食和加工；核仁可食，并供药用。

碧桃 *Amygdalus persica* 'Duplex' 蔷薇科 桃属

落叶小乔木，高可达8m，一般整形后控制在3~4m。小枝红褐色或褐绿色，无毛。叶椭圆状披针形，长7~15cm，先端渐尖。花单生或两朵生于叶腋，重瓣，粉红色。其他变种有白色、深红、洒金（杂色）等。核果球形，果皮有短茸毛。花期4~5月。**见于香水苑公园**。栽培。原产于我国。多用于园林绿化和景观欣赏。

欧李 *Cerasus humilis* (Bunge) Bar. & Liou 蔷薇科 樱属

落叶灌木。分枝多，嫩枝被短柔毛。叶长圆状倒卵形至长圆状披针形。花与叶同时开放，花瓣淡红色。核果，近球形，鲜红色，有光泽，味酸。花期5月，果期7~8月。**见于珍珠泉乡**。生于干燥山坡灌丛中。种仁入药，有利尿，主治大便燥结、小便不利。果味酸可食。

毛樱桃 *Cerasus tomentosa* (Thunb.) Yas. Endo 蔷薇科 樱属

落叶灌木。嫩枝密被柔毛。叶倒卵形至椭圆形。花1~3朵，先于叶或与叶同时开放，花瓣白色或浅粉红色。核果近球形，无沟，有毛或无毛，深红色、黄白色，近无梗。花期4月，果期5~6月。**见于松山**。生于林缘。果可鲜食。果仁入药。

樱桃 *Cerasus pseudocerasus* (Lindl.) G. Don 蔷薇科 樱属

落叶乔木。嫩枝无毛或微被毛。叶卵圆形至卵状椭圆形。花3~6朵成总状花序，先叶开放；花瓣白色。核果，近球形，无沟，红色。花期3~4月，果期5月。**见于井庄镇**。栽培。原产于我国的黄河流域和长江流域。果实营养价值丰富，可生食，味道甜美。

日本晚樱 *Cerasus serrulata* var. *lannesiana* (Carr.) Makino 蔷薇科 樱属

落叶乔木。树皮暗栗褐色，旱樱树皮白色，光滑而有光泽，具横纹。小枝无毛。叶卵圆形、倒卵圆形或椭圆形，总状花序。花瓣白色或粉红色；花瓣有单瓣、半重瓣至重瓣之别。核果，球形，黑色，无沟。花期4~5月。**见于张山营镇**。栽培。原产于日本。樱花色鲜艳亮丽，枝叶繁茂旺盛，是早春重要的观花树种，被广泛用于园林观赏。樱花的树皮和新鲜嫩叶可药用。

毛叶山樱花 *Cerasus serrulata* var. *pubescens* (Makino) Yü et Li 蔷薇科 樱属

乔木。树皮灰褐色或灰黑色。小枝灰白色或淡褐色，无毛。叶片卵状椭圆形或倒卵椭圆形，边有渐尖单锯齿及重锯齿，齿尖有小腺体，正面深绿色，无毛，背面淡绿色，短柔毛。花序伞房总状或近伞形；被长柔毛；花瓣白色，稀粉红色；花柱无毛。核果球形或卵球形，红色。花期4~5月，果期6~7月。**见于张山营镇**。生于阴坡集中连片。可引种栽培，用于绿化。

稠李 *Padus avium* Mill. 蔷薇科 稠李属

落叶乔木。嫩枝无毛或被稀疏短柔毛。叶卵状长椭圆形至倒卵形，边缘有尖锯齿。总状花序，疏松下垂。花后于叶开放，花小，花瓣白色，芳香。核果，球形或卵球形，黑色，有光泽，果核具明显皱纹。花期5~6月，果期7~9月。**见于凤凰坨**。生于杂林。花序长而下垂，花白如雪，极为壮观。入秋叶色黄带微红，衬以紫黑果穗，十分美丽，是良好的观花、观叶、观果的树种，也是一种蜜源植物；种仁含油，叶片可入药。

合欢 *Albizia julibrissin* Durazz. 豆科 合欢属

落叶乔木。树冠伞形。树皮灰褐色，不裂或浅裂。小枝棕绿色，皮孔明显。二回偶数羽状复叶。花序头状，多数，伞房状排列，腋生或顶生；花淡红色。荚果线形，扁平，带状。幼时有毛。花期6~7月，果期8~10月。**见于丁家堡村**。栽培。原产中国、日本、韩国、朝鲜。木材可制家具、农具。树皮和花蕾入药，有活血、安神、消肿、止痛等功效。树形优美，可作绿化观赏树种。

紫荆 *Cercis chinensis* Bunge 豆科 紫荆属

乔木，高达15m。经栽培后，通常为灌木。叶互生，近圆形，两面无毛。花先于叶开放，4~10朵簇生于老枝上；小苞片2个，阔卵形；花玫瑰红色；花梗细。荚果条形，扁平，长5~14cm，宽约1.3~1.5cm，沿腹缝线有狭翅；种子2~8粒，扁，近圆形，长约4mm。**见于常家营**。栽培。原产于我国。树皮、木材、根入药，有活血行气、消肿止痛、祛瘀解毒之效；树皮、花梗为外科疮疡要药。

绣球小冠花 *Coronilla varia* L. 豆科 小冠花属

多年生草本。茎直立，粗壮，多分枝。髓心白色，幼时稀被白色短柔毛，后变无毛。奇数羽状复叶。伞形花序球形，腋生，花冠紫色、淡红色或白色，有明显紫色条纹。荚果细长圆柱形，稍扁，具4棱，种子长圆状倒卵形，黄褐色。花期6~7月，果期8~9月。**见于张山营镇**。栽培。原产欧洲地中海地区。除作观赏外，还可做药用。

山皂荚 *Gleditsia japonica* Miq. 豆科 皂荚属

乔木，高达14m。刺黑棕色，粗壮，扁形，有分枝。羽状复叶簇生；小叶6~20，卵状矩圆形或卵状披针形，边缘有细圆锯齿，无毛。雌雄异株；雄花排成长约16cm的总状花序；雄蕊8，与萼裂片相对的较短，与花瓣相对的较长；雌花亦成总状。荚果条形，果荚纸质，长20~30cm，宽约3cm，棕黑色，扭转，腹缝线有时于种子间缢缩。花期5月，果期7月。**见于三铺村**。生山坡阳处或路旁。

野皂荚 *Gleditsia microphylla* D.A. Gordon 豆科 皂荚属

灌木或小乔木。枝灰白色至浅棕色；幼枝被短柔毛，老时脱落；刺不粗壮，长针形，有2~3个短的刺分枝。一回或二回偶数羽状复叶同生于一个枝上，小叶全缘。花杂性，绿白色。荚果扁薄，红棕色至深褐色。花期5~6月，果期7~9月。**见于千家店镇的菜木沟村**。生于黄土丘边，多石山坡。

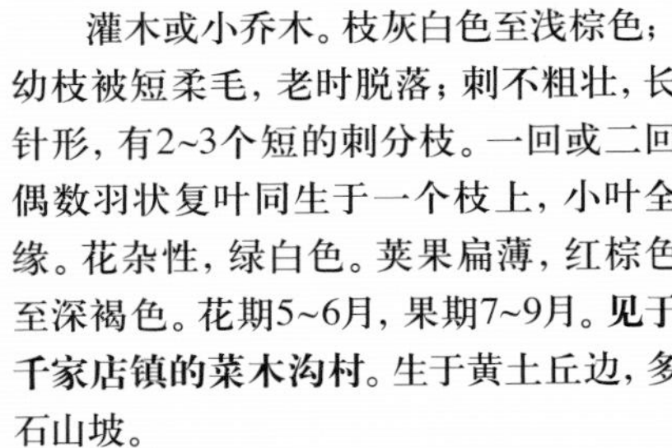

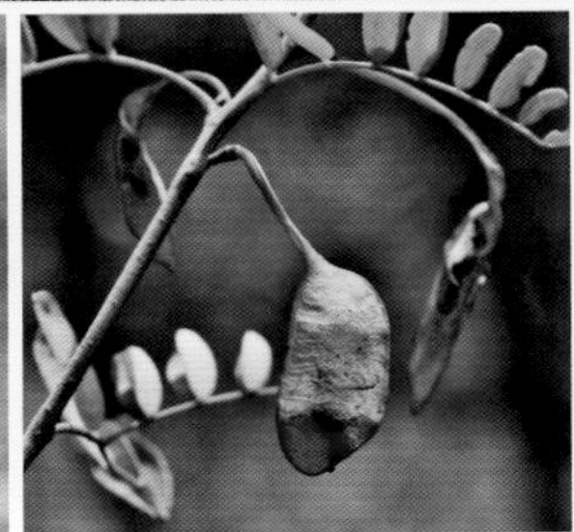

豆茶决明 *Senna nomame* (Makino) T.C. Chen 豆科 决明属

一年生草本，有柔毛。偶数羽状复叶，互生，叶柄上有1腺体。小叶线形或线状长椭圆形，叶缘具短毛。花常1~2朵生于叶腋，小苞片窄披针形。花瓣5，倒卵形，黄色。荚果，扁平，线状长圆形。花期7~8月，果期8~9月。**见于大庄科乡**。枝、叶可做茶的代用品。

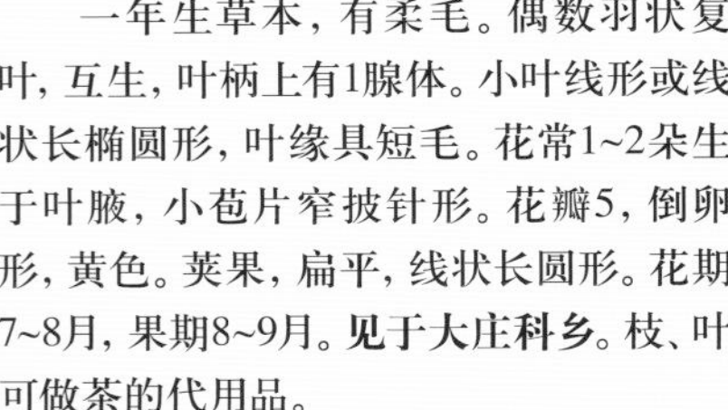

槐 *Sophora japonica* L. 豆科 槐属

落叶乔木。树皮暗灰色或黑褐色，成块状裂。小枝绿色，有明显的黄褐色皮孔。奇数羽状复叶，小叶卵状长圆形或卵状披针形，先端急尖，基部圆形或宽楔形，背面有伏毛及白粉；托叶镰刀状，早落。圆锥花序，顶生，有柔毛。花黄白色，有短梗。荚果，念珠状，果皮肉质不裂。花期7~8月，果期10月。**见于白洋峪村**。栽培。原产中国。木材可供建筑及家具用材。槐角、花蕾及花入药，有凉血止血、清肝明目等功效。

龙爪槐 *Sophora japonica* f. *pendula* Hort. 豆科 槐属

落叶乔木。龙爪槐系国槐的芽变品种，树冠如伞，状态优美。枝条构成盘状，上部蟠曲如龙，老树奇特苍古。**见于张山营镇**。栽培。原产于我国。栽培供观赏。

苦参 *Sophora flavescens* Ait. 豆科 槐属

亚灌木或多年生草本。根圆柱状，外皮黄白色。茎直立，多分枝，具纵沟。奇数羽状复叶，互生，小叶线状披针形。总状花序顶生，花冠蝶形，淡黄白色。荚果线形，先端具长喙，成熟时不开裂。种子，近球形，黑色。花期6~7月，果期7~9月。**见于刘斌堡乡**。生于山坡、山谷、路旁或沙地草丛中。根入药，能清热去温、祛风杀虫；茎、叶煎汁可作农药。

披针叶野决明（披针叶黄华） *Thermopsis lanceolata* R. Br. 豆科 野决明属

多年生草本。全株疏生伸展的柔毛。茎直立，分枝。掌状三出复叶，互生。总状花序顶生；花冠黄色。荚果扁平，长椭圆形。种子，卵状肾形，稍扁，褐色。花期5~6月，果期7~9月。**见于康庄镇。**生于山坡、山谷、草地或林下。

花苜蓿（扁蓿豆） *Medicago ruthenica* (L.) Trautv. 豆科 苜蓿属

多年生草本。茎直立或上升，茎斜升、近平卧，多分枝。三出复叶，小叶倒卵形或倒卵状楔形，先端圆形或截形，微缺，基部楔形，边缘有锯齿。总状花序，腋生；花小，花萼钟状，花冠蝶形，花冠片里面为黄色，外面为紫色。荚果扁平，长圆形。花期7~8月，果期8~9月。**见于张山营镇田宋营村。**生于沙质地草甸、山坡、荒地及路边沟旁。茎、叶可作家畜饲料。

紫苜蓿 *Medicago sativa* L. 豆科 苜蓿属

多年生草本。茎直立、丛生至平卧。三出复叶，倒卵形。花序总状或头状，花冠蓝色或紫色。荚果螺旋状紧卷2~4圈，中央无孔或近无孔。种子卵形，平滑。花期5~7月，果期6~8月。**见于玉渡山**。生于田边、路旁、河岸或空荒地中。茎、叶为优质饲料，也可作绿肥。

天蓝苜蓿 *Medicago lupulina* L. 豆科 苜蓿属

一年生或二年生草本。茎细弱，上升、伏卧或斜上，稀近直立，通常多分枝，被细柔毛或腺毛。小叶3枚，宽倒卵形。总状花序腋生，超出叶，花很小，花冠黄色。荚果肾形，成熟时近黑色，表面具纵纹，有柔毛。花期7~8月，果期8~10月。**见于夏都公园**。生于河岸、田边、路旁较湿润的草地中。中优质的牧草。

草木犀 *Melilotus officinalis* (L.) Lam. 豆科 草木犀属

一年生或二年生草本。根系发达。茎直立，圆柱形中空。三出羽状复叶，中间小叶具短柄，小叶椭圆形或矩圆形，边缘有细齿。总状花序腋生，具长梗，花冠黄色。蜜腺发达。荚果卵球形，无毛，有网脉。花期6~8月，果期8~10月。**见于张山营镇**。生于山坡、田边、路旁、河岸及荒地草丛中。除作牧草和绿肥外，全株入药，有清热解毒、健胃化湿等功效。

白香草木犀 *Melilotus albus* Desr. 豆科 草木犀属

一年生或二年生草本。茎直立，茎多分枝，有香气。羽状复叶，小叶3枚，椭圆形。总状花序，腋生。花小白色，多数。荚果，卵球形或椭圆状球形，有网状脉纹。种子，肾形，褐黄色。花期6~8月，果期7~9月。**见于张山营镇**。生于田边、路旁及山坡草丛中。叶可作家畜饲料，也可作绿肥；水土保持的优良草种。

白车轴草 *Trifolium repens* L. 豆科 车轴草属

多年生匍匐草本；茎匍匐，无毛。掌状复叶有3小叶，小叶倒卵形或倒心形，花序头状，有长总花梗，高出于叶；萼筒状，萼齿三角形，较萼筒短；花冠白色或淡红色。荚果倒卵状椭圆形；种子细小，近圆形，黄褐色。花期5~6月，果期8~9月。**见于康庄镇**。栽培。原产欧洲和非洲北部。可以在草地、农作物田中生长，做草坪及地被；家畜的饲料或绿肥。

百脉根 *Lotus corniculatus* L. 豆科 百脉根属

一年生或多年生草本。奇数羽状复叶，互生，小叶5枚，其中3枚生于叶轴顶端，2枚生于叶柄基部，卵形或倒卵形，先端锐尖或钝，基部楔形或圆形，全缘，两边无毛或有柔毛。伞形花序，位于长花梗顶端，花冠色淡黄至深黄。荚果，线形。花期5~7月，果期8~9月。**见于王泉营村**。栽培。原产欧亚大陆温带地区。根为牧草、绿肥作物。

河北木蓝 *Indigofera bungeana* Walp. 豆科 木蓝属

直立灌木。嫩枝上有白色丁字毛。奇数羽状复叶，小叶长圆形，两面有丁字毛。总状花序，腋生，比复叶长。花冠紫色或紫红色。荚果，圆柱形，有丁字毛。花期5~7月，果期8~9月。**见于刘斌堡乡柏木井。**生于山坡草地、林缘灌丛或河滩乱石缝中。全株入药，有清热止血、消肿生肌的功效。

花木蓝 *Indigofera kirilowii* Maxim. ex Palibin 豆科 木蓝属

落叶小灌木。嫩枝条有棱，有丁字毛和柔毛。幼枝灰绿色，老枝灰褐色无毛，略有棱角。奇数羽状复叶，互生；小叶宽卵形，全缘，两面有丁字毛和柔毛。总状花序，腋生，与复叶等长。花粉红色，花冠长1.5cm以上。荚果圆筒形，具尖，熟时棕褐色。花期6~7月，果熟8~9月。**见于大吉祥。**生于阳坡的灌丛中、疏林内或岩石缝中。可作水土保持和荒山绿化树种。花可食，种子含油和淀粉，可用于酿酒或饲料。

多花木蓝 *Indigofera amblyantha* Craib 豆科 木蓝属

落叶灌木。茎褐色或淡褐色，圆柱形，幼枝禾秆色，嫩枝上密生丁字毛，具棱，密被白色平贴"丁"字毛。奇数羽状复叶，小叶倒卵状长圆形，全缘，叶两面有"丁"字毛。总状花序腋生，花序短于复叶，花冠淡红色。荚果棕褐色，线状圆柱形；种子褐色，长圆形。花期5~7月，果期9~11月。**见于熊洞沟**。生于山坡灌丛中。

紫穗槐 *Amorpha fruticosa* L. 豆科 紫穗槐属

落叶灌木。丛生、枝叶繁密，直伸，皮暗灰色，平滑，小枝灰褐色，有凸起锈色皮孔，幼时密被柔毛。叶互生，奇数羽状复叶。总状花序密集顶生或枝端腋生。荚果下垂，微弯曲，顶端具小尖，棕褐色，表面有凸起的疣状腺点。花期5~6月，果期7~9月。**见于张山营镇**。可作为保持水土、固沙造林和防护林底层树种。枝条可编筐。嫩枝和叶可作家畜饲料和绿肥。荚果和叶的粉末或煎汁可作农药杀虫。

毛洋槐 *Robinia hispida* L. 豆科 洋槐属

落叶乔木，高达2~4m。枝及花梗密被红色刺毛。奇数羽状复叶，近圆形或长圆形。总状花序，具花3~7朵，花冠玫瑰红或淡紫色。茎、小枝、花梗和叶柄均有红色刺毛，叶片与刺槐相似，奇数羽状复叶互生，广椭圆形，先端钝而有小尖头。荚果线形，扁平，密被腺刚毛，先端急尖，果颈短，花期5~6月，果期7~10月。**见于小营村**。栽培。原产于美洲。栽培观赏。

刺槐 *Robinia pseudoacacia* L. 豆科 洋槐属

落叶乔木。树皮灰褐色或黑褐色，浅至深纵裂。奇数羽状复叶，互生，小叶7~25片，椭圆形、长圆形或卵形；托叶刺状。总状花序，花蝶形，花冠白色，具香气。荚果扁平带状。花期4~5月，果期7~9月。**见于张山营镇**。栽培。原产于美国东部。木材坚硬可作枕木，农具。叶可作家畜饲料。又是较好的蜜源植物。

苦马豆 *Sphaerophysa salsula* (Pall.) DC. 豆科 苦马豆属

多年生草本。茎直立，具开展的分枝，全株被灰白色短伏毛。为奇数羽状复叶，倒卵形。总状花序腋生，花冠红色。荚果宽卵形或矩圆形，膜质，膀胱状。种子小，多数，肾形，褐色。花期5~6月，果期7~8月。**见于张山营、康庄等地**。生于河滩草丛、盐碱地草丛、田间、渠边或山谷。全株和果实入药，有补肾、利尿、消肿、固精的功效。

少花米口袋 *Gueldenstaedtia verna* (Georgi) Boriss. 豆科 米口袋属

多年生草本。地上茎极短，全株密生白色柔毛。奇数羽状复叶，丛生于茎的顶端，全缘，两面密生柔毛。伞形花序具2~3朵花，有时4朵；总花梗纤细，被白色疏柔毛，在花期较叶为长；花冠粉红色。荚果，圆柱形，种子肾形，具凹点。花期4月，果期5~6月。**见于小张家口村**。生于河滩沙地、阳坡草地。全株供药用，具有清热解毒、消肿的功能。

红花锦鸡儿 *Caragana rosea* Turcz. ex Maxim. 豆科 锦鸡儿属

落叶灌木。树皮灰褐色或灰黄色。小枝细长，具条棱，灰褐色，无毛。长枝上的托叶宿存，并硬化成针刺；短枝上的托叶脱落；叶轴脱落或宿存变成针刺状。小叶4枚，掌状排列，椭圆状倒卵形，先端有刺尖。花单生，花冠黄色或淡红色。凋时变为紫红色。荚果圆柱形，无毛，花期4~5月，果期6~8月。**见于小鲁庄村**。生于山坡、沟边、路旁或灌丛中。

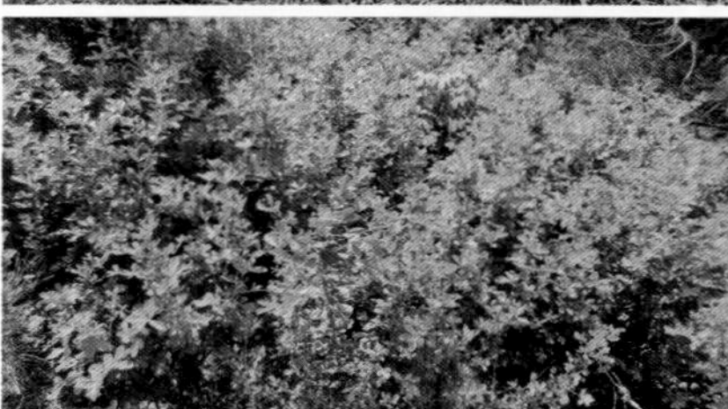

小叶锦鸡儿 *Caragana microphylla* Lam. 豆科 锦鸡儿属

落叶灌木。树皮黄灰或灰绿色。枝斜生，幼枝有丝毛。偶数羽状复叶。花单生或2~3朵集生，花梗的长为萼的2~3倍，花黄色。荚果坚硬，线状柱形，扁，无毛。花期5~6月，果期8~9月。**见于刘斌堡**。生于山坡、沟边、路旁及灌丛中。

北京锦鸡儿 *Caragana pekinensis* Kom. 豆科 锦鸡儿属

灌木。树皮灰黄色。老枝皮褐色或黑褐色，幼枝密被短绒毛，后渐脱落。羽状复叶有6~8对小叶；硬化成针刺，灰褐色，基部扁；小叶椭圆形或倒卵状椭圆形，先端钝或圆，具刺尖，两面密被灰白色伏贴短柔毛。花梗2个并生或单生，有时3~4个簇生，密被绒毛，花冠黄色。荚果扁，后期密被柔毛。花期5~6月，果期6~7月。**见于张山营镇**。生于山坡、路旁、灌丛中。

南口锦鸡儿 *Caragana zahlbruckneri* C. K. Schneid. 豆科 锦鸡儿属

灌木，高0.8~1.5m，多分枝；老枝褐黑色或绿褐色，光滑，一年生枝红褐色，嫩时有短柔毛。羽状复叶有5~9对小叶；托叶硬化成针刺；叶轴细瘦，被柔毛；小叶倒卵状长圆形，先端钝或圆形，基部楔形，近无毛或两面被伏贴柔毛。花梗单生或并生，花梗与萼筒等长；被短柔毛；花冠黄色；子房无毛，荚果扁。花期5月，果期7月。**见于小川桃条沟**。生于山坡灌丛。

树锦鸡儿 *Caragana arborescens* Lam. 豆科 锦鸡儿属

小乔木或大灌木，高2~6m；老枝深灰色，平滑，稍有光泽，小枝有棱，幼时被柔毛，绿色或黄褐色。羽状复叶有4~8对小叶；托叶针刺状，叶轴细瘦；小叶长圆状倒卵形，幼时被柔毛。花梗2~5簇生，每梗1花，长2~5cm，关节在上部；花萼钟状；花冠黄色；子房无毛或被短柔毛。荚果圆筒形，长3.5~6cm。花期5~6月，果期8~9月。**见于囤上后山山脊**。生于林间、林缘。

糙叶黄耆 *Astragalus scaberrimus* Bunge 豆科 黄耆属

多年生矮小草本，密被白色丁字毛和伏贴毛。根状茎短缩，多分枝，木质化；地上茎不明显或极短，有时伸长而匍匐。羽状复叶；两面密被伏贴毛。总状花序，排列紧密或稍稀疏，腋生；花冠淡黄色或白色。荚果披针状长圆形，密被白色伏贴毛。花期4~5月，果期5~9月。**见于张山营村**。生于山坡、路旁、河滩沙地及平原干旱的荒地上。可作牧草和水土保持的草种。

达乌里黄耆 *Astragalus dahuricus* (Pall.) DC. 豆科 黄耆属

一年生或二年生草本，白色柔毛。茎直立，分枝，有细棱。奇数羽状复叶。穗状花序较密，花冠紫色。荚果线状圆柱形，变成镰刀状。种子淡褐色或褐色，肾形，有斑点。花期7~9月，果期8~10月。**见于四海镇**。生于向阳山坡、沟边、路旁及沙地。是优质牧草。

草木犀状黄耆 *Astragalus melilotoides* Pall. 豆科 黄耆属

多年生草本。多分枝，有疏柔毛。奇数羽状复叶，最上部通常为3枚；托叶三角形至披针形。总状花序，生于上部叶腋，花序梗比复叶长。花白色或带粉红色，疏生，花瓣有爪。荚果椭圆状球形，表面有网纹，顶端稍凹。花期6~8月，果期8~9月。**见于康庄镇**。生于山坡草地、沟边、路旁及田埂、荒地上。可作牧草，又是钙土的指示植物。

草珠黄耆 *Astragalus capillipes* Bunge 豆科 黄耆属

多年生草本。茎直立。奇数羽状复叶。总状花序，腋生；比复叶长。花小，白色或带粉紫色。荚果，近球形或卵球形，无毛。花期6~7月，果期8~9月。**见于刘斌堡乡。**生于山坡、荒地、沟边、路旁及灌丛、草地中。

小果黄耆 *Astragalus tataricus* Franch. 豆科 黄耆属

多年生草本。茎细弱，有白色柔毛。奇数羽状复叶。托叶三角形或披针形。总状花序，腋生，花冠淡蓝紫色或天蓝色。荚果，卵形、椭圆形或长圆柱形，稍膨胀，先端有尖，密生短柔毛。花期6~7月，果期7~8月。**见于田宋营村。**生于河滩草地。

斜茎黄耆 *Astragalus laxmannii* Jacq. 豆科 黄耆属

多年生草本。根粗壮。茎多数丛生，斜升，疏被平伏的白色丁字毛。奇数羽状复叶。总状花序叶腋生，花冠蓝紫色。荚果圆筒形，背缝线凹陷，被黑色丁字毛。花期6~8月，果期7~9月。**见于康庄镇**。生于山坡草地、沟边、林缘及灌丛中。是优质家畜饲草，也是一种良好的固沙和绿肥植物。

背扁膨果豆 *Phyllolobium chinense* Fisch. ex DC. 豆科 膨果豆属

多年生草本。茎丛生，稍扁，常平卧，有白色柔毛。奇数羽状复叶。托叶披针形，与叶柄离生。总状花序，腋生。花冠白色或带淡紫。荚果纺锤形，或长圆状，膨胀，背腹扁，先端有尖喙。花期7~8月，果期8~9月。**见于康张大桥南**。种子可入药。

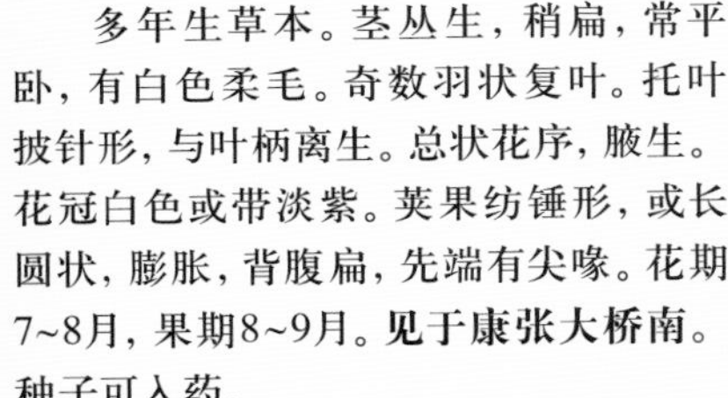

地角儿苗 *Oxytropis bicolor* Bunge 豆科 棘豆属

多年生草本。茎极短，似无茎状，全株密生白色长柔毛。奇数羽状复叶，小叶通常4叶轮生，披针形、长圆形或线形。花多数，排列成或疏或密的总状花序；花冠蓝色。荚果矩圆形，密生长柔毛。花期4~6月，果期7~9月。**见于丁家堡村**。生于干燥坡地、沙地、堤坝或路旁。

砂珍棘豆 *Oxytropis racemosa* Turcz. 豆科 棘豆属

多年生草本。根圆柱形。茎短。奇数羽状复叶，叶轴具长柔毛，小叶轮生或2枚对生，条形或条状披针形。总状花序，生于总花梗上端；花小，粉红色或紫红色。荚果卵状近球形，膨胀。种子暗褐色。花期5~7月，果期7~9月。**见于张山营北**。生于河岸草地、田边、路旁。

硬毛棘豆 *Oxytropis hirta* Bunge 豆科 棘豆属

多年生草本。全株被长硬毛。奇数羽状复叶，基生，小叶对生，卵状披针形，正面无毛，背面和边缘有长硬毛。总状花序呈长穗状，花多而密集；花淡紫色或淡黄色；花冠蝶形。荚果藏于萼内，长卵形，密被长毛。花期5~7月，果期6~9月。**见于大榆树镇**。生于干旱山坡、草地、林缘或山坡荒地中。

蓝花棘豆 *Oxytropis coerulea* (Pall.) DC. 豆科 棘豆属

多年生草本。主根粗壮，外皮暗褐色。奇数羽状复叶，丛生，小叶长圆披针形，两面有柔毛。花梗细，有长柔毛；总状花序，由叶丛中抽出；花多数，疏生；蝶形花紫红色或蓝紫色。荚果长圆状卵形，肿胀，先端具喙，外有白色平伏的短柔毛。花期6~7月，果期7~8月。**见于松山、玉渡山**。生于山坡草地、沟谷、林缘等处。茎、叶可作家畜饲料。

刺果甘草 *Glycyrrhiza pallidiflora* Maxim. 豆科 甘草属

多年生草本。茎直立，有条棱，具鳞片状腺体。奇数羽状复叶。花总状花序腋生，花紧密；花萼钟状，花冠淡紫色。荚果，卵形，褐色，果表面密生尖刺。多数荚果排列成疏松的椭圆形果序。种子，黑褐色。花期6~7月，果期7~8月。**见于官厅水库库滨带**。生于较潮湿的河谷、草地、田边路旁。茎皮纤维可作织麻袋或编织品原料。

甘草 *Glycyrrhiza uralensis* Fisch. ex DC. 豆科 甘草属

多年生草本。有粗壮的根和根茎，有甜味。茎直立，基部木质化。全株有白色短毛和鳞片状、点状及刺毛状的腺体。奇数羽状复叶。密集的总状花序腋生。花冠蓝紫色或紫红色。荚果，条状长圆形，弯曲成镰刀状或环形，密生短毛和腺体。种子，肾形，或扁圆形。花期7~8月，果期8~9月。**见于康庄镇南山**。生于向阳干燥的山坡草地、田边、路旁。根入药，能清热解毒、润肺止咳、调和诸药，又可作香烟及蜜饯食品的配料。

兴安胡枝子 *Lespedeza davurica* (Laxm.) Schindl. 豆科 胡枝子属

草本状灌木，茎通常稍斜升或平卧，有短柔毛。三出羽状复叶，小叶披针状长圆形，正面无毛，背面密生短柔毛。总状花序，腋生，比叶短。萼齿5，披针形，先端刺毛状，与花冠等长或是花冠的1/2长。花冠白色或黄白色。荚果小，倒卵状长圆形。花期7~8月，果期9~10月。**见于白河水库周围**。生于干山坡、草地、路旁及沙土地上。为优良的牧草，亦可做绿肥。

长叶胡枝子 *Lespedeza caraganae* Bunge 豆科 胡枝子属

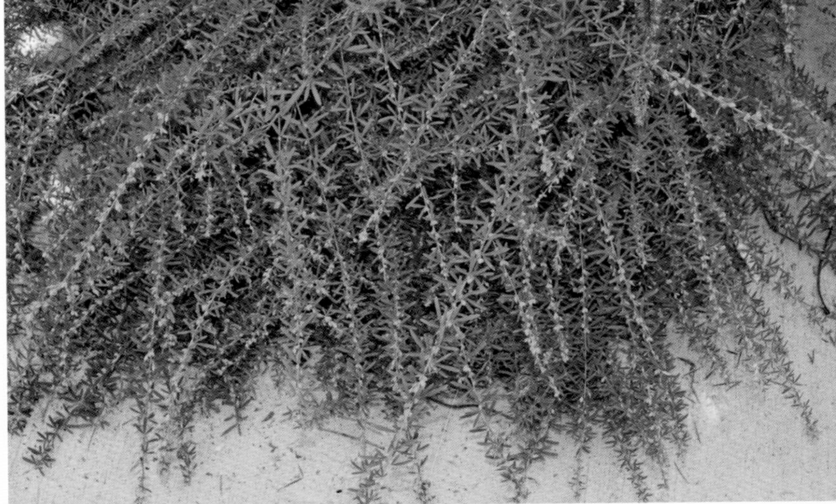

草本状灌木。茎直立，有分枝，有短毛。三出羽状复叶，小叶线状长圆形，长是宽的10倍。总状花序，腋生，花序梗短或无，有花3~4朵，呈伞形花序状。花冠黄白色。荚果，卵球形，有短毛。花期6~8月，果期9~10月。**见于香营乡**。生于山坡草地、灌丛中。

胡枝子 *Lespedeza bicolor* Turcz. 豆科 胡枝子属

落叶灌木。株高1~2m。枝有棱，具柔毛。三出羽状复叶，互生。顶生小叶较侧生小叶大，椭圆形或倒卵状长圆形。总状花序，腋生，苞片宿存。花紫色。荚果，斜卵形，先端有短喙，表面有网纹。花期7~8月，果期9~10月。**见于凤凰坨**。生于山坡、山谷灌丛中或林缘。是保持水土的良好树种；嫩枝和叶可作家畜饲料和绿肥；根入药，有润肺解热、利尿止血等功效。

尖叶铁扫帚（尖叶胡枝子）*Lespedeza juncea* (L. f.) Pers. 豆科 胡枝子属

草本状亚灌木。茎直立，全株被伏毛，分枝或上部分枝呈扫帚状。三出羽状复叶，小叶条状长圆形，先端锐尖或钝，叶长超出宽的3倍。总状花序，腋生，花冠白色或淡黄色，旗瓣不反卷。荚果宽卵形，有毛。花期7~9月，果期9~10月。**见于刘斌堡乡**。生于山坡草地、林缘、路旁。嫩茎叶可作牲畜饲料；是很好的水土保持植物。

阴山胡枝子（白指甲花）*Lespedeza inschanica* (Maxim.) Schindl. 豆科 胡枝子属

落叶灌木。茎直立，分枝多，较疏散，被平伏柔毛。三出羽状复叶，顶生叶比侧生小叶大，长圆形，先端钝圆或稍凹，叶长不超过叶宽的3倍。总状花序，腋生；小苞片披针形，比萼筒短；花冠白色，旗瓣基部有紫斑，反卷。荚果扁，倒卵状椭圆形，包于宿存花萼内，有白毛。花期8~9月，果期9~10月。**见于刘斌堡乡。**生于山坡草地、山谷路旁灌丛、林下。

绒毛胡枝子（山豆花、毛胡枝子）*Lespedeza tomentosa* (Thunb.) Sieb. ex Maxim. 豆科 胡枝子属

草本状亚灌木。全株密生褐色或白色柔毛。三出羽状复叶。顶生小叶长圆形或卵状长圆形，先端钝圆，有短尖，基部圆形。侧生小叶比顶生小叶小。托叶条形，有毛。总状花序，生于上部叶腋，花密集。花冠淡黄白色，无瓣花成头状花序，腋生。荚果，倒卵状椭圆形，有短柔毛，先端具短喙。花期7~9月，果期8~10月。**见于香营乡。**生于山坡荒草地、沙地、沟边、路旁及灌丛中。可作牧草。根入药，有健脾补虚的功效。

细梗胡枝子 *Lespedeza virgata* (Thunb.) DC. 豆科 胡枝子属

草本状亚灌木，株高50~80cm。分枝具棱，干后黑紫色，疏生柔毛或无毛。三出羽状复叶，长圆形或卵状长圆形，边缘稍反卷。总状花序，梗细长，比叶长3~4倍；花冠白色。荚果，斜卵形，具网纹，有短毛或近无毛。花期7~9月，果期9~10月。**见于大石窑**。生于山坡草地、林缘、灌丛中。

多花胡枝子 *Lespedeza floribunda* Bunge 豆科 胡枝子属

亚灌木。枝条细弱，常斜升，枝有条棱，被灰白色绒毛。三出羽状复叶，小叶倒卵形。总状花序，腋生；萼裂披针形，比花冠短；花冠紫色、紫红色或蓝紫色。荚果，菱卵形，超出宿存萼，密被柔毛，有网状脉。花期6~9月，果期9~10月。**见于大榆树镇**。生于山坡草地、山谷、林下、沟边、路旁。可作家畜饲草和绿肥。

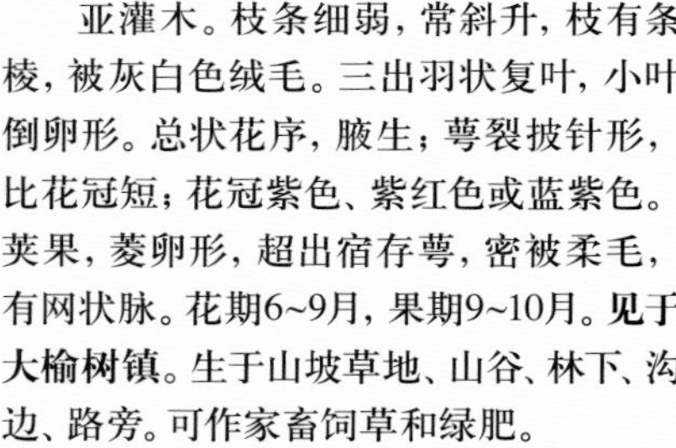

牛枝子 *Lespedeza potaninii* Vass. 豆科 胡枝子属

半灌木。茎斜升或平卧，基部多分枝，被粗硬毛。托叶刺毛状；羽状复叶具3小叶，小叶狭长圆形，具小刺尖，无毛，背面被灰白色粗硬毛。总状花序腋生；总花梗长，明显超出叶；小苞片锥形；花萼密被长柔毛，5深裂；花冠黄白色，稍超出萼裂片，旗瓣中央及龙骨瓣先端带紫色，翼瓣较短；闭锁花腋生。荚果倒卵形，双凸镜状，密被粗硬毛。花期7~9月，果期9~10月。**见于康庄镇**。生于荒滩、砾石地。

荒子梢 *Campylotropis macrocarpa* (Bunge) Rehd. 豆科 杭子稍属

落叶灌木，幼枝上密生白色短柔毛。三出羽状复叶，托叶线状披针形。顶生叶比侧生叶大，椭圆形，背面有柔毛。总状花序，腋生，或数枝总状花序组成顶生圆锥花序。花为三角状镰刀形或半月形。花冠紫色或淡紫色。荚果斜椭圆形，仅背腹缝边缘具短毛。花期8~9月，果期9~10月。**见于刘斌堡乡**。生于山坡、沟谷、灌丛或林缘。

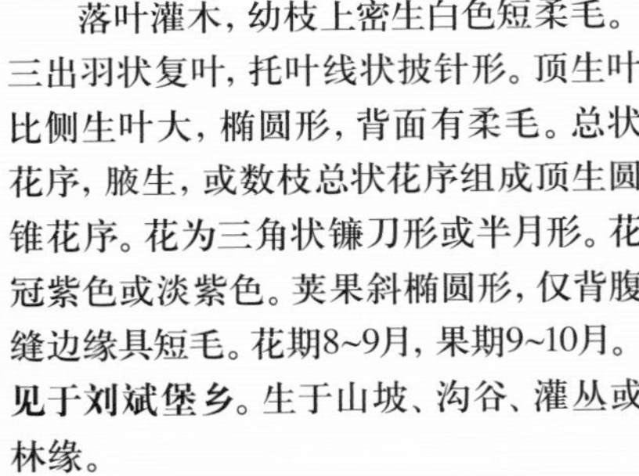

长萼鸡眼草 *Kummerowia stipulacea* (Maxim.) Makino 豆科 鸡眼草属

一年生草本。茎匍匐，上升或直立，分枝多而密，茎和枝上被疏生向上的白毛，有时仅节处有毛。叶为三出掌状复叶，托叶大，膜质，通常比叶柄长或等长。花常1~3朵腋生；花冠上部暗紫色。荚果椭圆形或卵形，稍侧偏，含1粒种子。花期7~8月，果期8~10月。**见于张山营镇**。生于山坡、路旁、田边和荒地中。全草入药，有清热解毒、健脾利尿等功效。

鸡眼草 *Kummerowia striata* (Thunb.) Schindl. 豆科 鸡眼草属

一年生草本，披散或平卧，多分枝，高10~45cm。叶为三出羽状复叶；叶柄极短；小叶纸质，倒卵形，较小，全缘；两面沿中脉及边缘有白色粗毛，侧脉多而密。花小，单生；花梗下端具2枚大小不等的苞片，萼基部具4枚小苞片；花萼钟状，带紫色，5裂；花冠粉红色或紫色。荚果圆形或倒卵形。花期7~9月，果期8~10月。**见于千家店镇黑河边**。生于路旁、田边、溪旁、沙地或山坡草地，海拔500m以下。

山野豌豆 *Vicia amoena* Fisch. 豆科 野豌豆属

多年生草本。根状茎横走。茎攀缘直立，具4棱，多分枝。偶数羽状复叶，卷须分枝；托叶半戟头状，有锯齿，具毛；小叶长圆形，全缘，叶背面有白粉。总状花序腋生，花萼钟状；花冠蝶形，紫色或蓝紫色；子房有柄，与花柱成锐角。荚果长圆形，两端尖，棕褐色，无毛；种子球形，黑褐色。花期6~8月，果期8~9月。**见于旧县镇**。生于山坡草地、林缘、灌丛。为优良饲草；全草入药，有清热解毒的作用。

歪头菜 *Vicia unijuga* A. Braun 豆科 野豌豆属

多年生草本。茎直立成斜升，多丛生，有细棱，具柔毛。偶数羽状复叶，仅有小叶一对；叶轴末端的卷须不发达。总状花序，腋生，花序梗比叶片长，花冠蓝色或蓝紫色。荚果线状长圆形。花期6~8月，果期8~9月。**见于玉渡山**。分布广，生于林缘、草地、山谷、岸边。可作牲畜饲料。叶型奇特，花色夺目，可供观赏，嫩叶可食。

北野豌豆 *Vicia ramuliflora* (Maxim.) Ohwi 豆科 野豌豆属

多年生草本，高40~100cm。根膨大呈块状，近木质化，直径可达1~2cm，表皮黑褐色或黄褐。茎具棱，通常数茎丛生。偶数羽状复叶，小叶长卵圆形，背面沿中脉被毛，全缘。总状花序腋生，通常短于叶；花萼斜钟状，花4~9朵，较稀疏，花冠蓝色。荚果长圆菱形，两端渐尖。种子1~4，椭圆形。花期6~8月，果期7~9月。**见于大榆树镇小张家口**。生于海拔700~1500m亚高山草甸、混交林下、林缘草地及山坡。

大野豌豆 *Vicia sinogigantea* B.J. Bao & Turland 豆科 野豌豆属

多年生草本。茎直立，基部木质，全株有白色柔毛。偶数羽状复叶，顶端卷须不分枝，托叶披针形或长圆状椭圆形，全缘；小叶卵形。总状花序长于叶；花生于花序轴一侧；花粉红色或淡紫色。荚果长圆形或菱形，两面急尖，表皮棕色。种子肾形，红褐色。花期6~7月，果期8~10月。**见于莲花山**。生于山坡草地、山谷、林缘及灌丛中。

广布野豌豆 *Vicia cracca* Benth. 豆科 野豌豆属

多年生草本，有微毛。茎攀援，具棱，稍有细毛。偶数羽状复叶；小叶长圆形、披针形、线状长圆形或线形，叶两面无毛，背面无白粉；卷须分枝。总状花序腋生，花冠蓝紫色或紫色；花柱顶端周围有黄色腺毛。荚果长圆形，褐色，肿胀，两端急尖，有柄；种子黑色。花期6~8月，果期8~9月。**见于刘斌堡乡**。生于山坡草地、林缘、灌丛。为优良饲草。

大花野豌豆 *Vicia bungei* Ohwi 豆科 野豌豆属

一年生或二年生草本。茎有棱，多分枝。偶数羽状复叶，小叶长圆形、线状长圆形或倒卵形，先端截形或稍凹。总状花序腋生，花序比叶长；花红紫色。荚果长圆形。花期5~7月，果期6~8月。**见于妫河岸边**。生于田边、路旁、山谷、草地、河边等。可作牧草和绿肥。

蚕豆 *Vicia faba* L. 豆科 野豌豆属

一年生草本。茎直立。偶数羽状复叶，叶轴末端的卷须成刺状或丝状。托叶大，半箭头状或三角状卵形。叶片椭圆形或广椭圆形至长形。总状花序腋生或单生。花白色，带暗紫色斑点。荚果，近圆柱形，种子间有横隔膜。种子椭圆形，略扁平。花期5~6月，果期6~7月。**见于北关菜园**。栽培。原产于欧洲南部至非洲北部。栽培种子为粮食、蔬菜和饲料。是绿肥和蜜源植物。荚果、种子、花、叶子可入药，有止血、利尿、解毒、消肿的功效。

大叶野豌豆（假香野豌豆）*Vicia pseudo-orobus* Fisch. Et C. A. Mey. 豆科 野豌豆属

多年生草本。茎攀援或斜升。偶数羽状复叶，卷须分枝。托叶半箭头状，有牙齿。小叶卵形、卵状长圆形或卵状披针形。总状花序，腋生。花冠紫红色或蓝紫色，荚果，长圆形，稍扁。种子球形。花期6~8月，果期8~9月。**见于香营乡**。可作牧草。

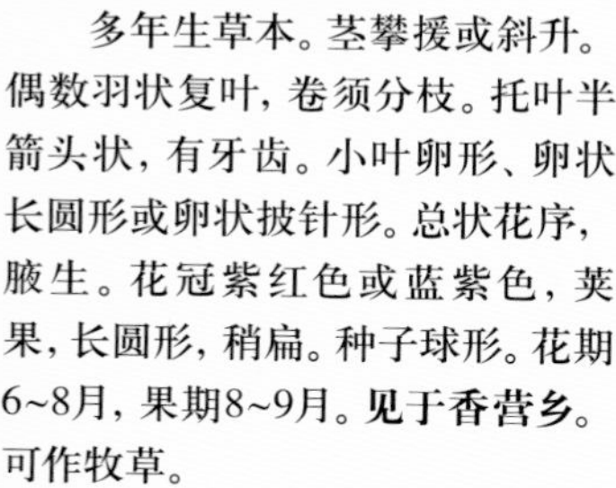

矮山黧豆（矮香豌豆）*Lathyrus humilis* Fischer ex Ser. 豆科 山黧豆属

多年生草本。株高20~50cm，有分枝。偶数羽状复叶，卷须分枝或不分枝，托叶半箭头形或斜卵状披针形；小叶卵形或卵状椭圆形。总状花序，腋生，与复叶稍短或等长；花2~4朵，紫红色或淡红色。荚果，线状长圆形。花期5~7月，果期7~8月。**见于海坨山阴坡林缘**。生于山坡草地、林缘、灌丛中。茎、叶是优质饲料。

大山黧豆 *Lathyrus davidii* Hance 豆科 山黧豆属

多年生高大草本。茎直立或斜生，多分枝。偶数羽状复叶，叶轴末端形成卷须。托叶半箭头状，较大，长2~7cm，宽1~3cm；小叶卵形或椭圆形，长3~10cm，宽2~6cm，全缘，两面无毛，背面苍白色。总状花序，腋生。花黄色。荚果，线状长圆形。花期5~7月，果期7~9月。**见于凤凰坨**。生于林缘、草坡、疏林及灌丛中。茎叶可作家畜饲料或绿肥。

两型豆 *Amphicarpaea edgeworthii* Benth. 豆科 两型豆属

一年生缠绕草本。三出羽状复叶。小叶3，顶生小叶菱状卵形或卵形。花二型：生在茎上部的为正常花，排成腋生的短总状花序，有花2~7朵；花冠淡紫色或白色。另生于下部为闭锁花，无花瓣，柱头弯至与花药接触，子房伸入地下结实。荚果二型；生于茎上部的完全花结的荚果为倒卵状长圆形，扁平，微弯；由闭锁花伸入地下结的荚果呈椭圆形或近球形，不开裂，内含一粒种子。花、果期8~11月。**见于大庄科乡**。生于山坡灌丛、湿草地和草丛中。茎、叶可作牲畜饲料。

野大豆 *Glycine soja* Sieb. et Zucc. 豆科 大豆属

一年生草本。茎缠绕、细弱，匍匐或直立。疏生黄褐色长硬毛。羽状复叶，具3小叶。总状花序腋生；花蝶形，淡紫红色。荚果狭长圆形或镰刀形，两侧稍扁，密被黄色长硬毛；种子长圆形稍扁，褐色、黑褐色、黄色、绿色或呈黄黑双色。花期6~8月，果期7~9月。**见于张山营镇**。生于潮湿的河岸、草地、灌丛及沼泽地附近。茎叶可作牲畜饲料。根、茎、叶、荚果和种子入药，有强壮利尿、平肝敛汗的功效。

葛 *Pueraria montana* (Lour.) Merr. 豆科 葛属

多年生藤本。全株有黄褐色硬毛，有肥厚的块根。三出羽状复叶，菱卵形。总状花序，腋生，有花多朵，花冠紫红色。荚果，线形，密生硬毛。花期6~8月，果期8~9月。**见于井庄镇西三岔村**。生于山坡、沟边或林缘、灌丛中。根可制葛粉，供食用和酿酒；又可入药，有解肌退热、生精止渴之效。花称葛花，入药，有解酒毒、除胃热的作用。

矮菜豆 *Phaseolus vulgaris* var. *humilis* Alef. 豆科 菜豆属

一年生草本，植株矮小，直立。全株有短毛。三出羽状复叶。托叶披针形或三角状披针形。总状花序，腋生，比叶短。花白色、淡紫色或黄色。荚果，圆柱形，膨胀或稍扁，顶端有喙。种子长圆形或肾形，白色、褐色或蓝黑色，光亮。花、果期6~8月。**见于大庄科乡**。栽培。原产美洲的墨西哥和阿根廷。嫩荚为蔬菜，种子供食用，也可入药。

菜豆 *Phaseolus vulgaris* L. 豆科 菜豆属

一年生缠绕草本。全株有短柔毛。三出羽状复叶，叶菱状披针形。总状花序，腋生，比叶短，花白色、淡紫色或黄色。荚果，圆柱形，膨胀或稍扁，顶端有喙。种子长圆形或肾形，白色、褐色或蓝黑色，光亮。花、果期6~8月。**见于北关菜园**。栽培。原产美洲的墨西哥和阿根廷。嫩荚为蔬菜，种子供食用，也可入药。

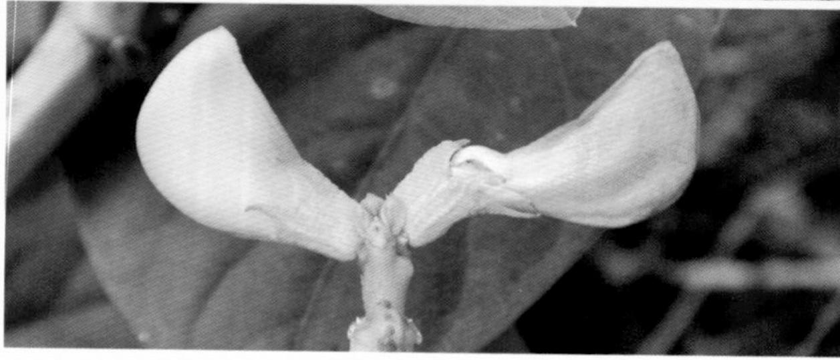

荷包豆 *Phaseolus coccineus* L. 豆科 菜豆属

缠绕草本。有分枝。三出羽状复叶。托叶披针形，基部以上着生。顶生小叶卵形或宽菱卵形。总状花序，腋生，花序轴上有节瘤状突起。花多而密，小苞片与萼近等长。萼钟状；卵形，有短柔毛。花冠红色。荚果，条状。种子3~5粒肾状长圆形，近黑红色，有红色斑纹。花期6~8月，果期7~9月。**见于北关菜园**。栽培。原产于美洲热带地区。花供观赏。荚果供食用。

赤豆（红小豆）*Vigna umbellata* (Thunb.) Ohwi et Ohashi 豆科 豇豆属

一年生草本。全株有倒生的硬毛。三出羽状复叶。托叶披针形，基部以上着生。顶生小叶菱卵形或卵形，先端急尖或渐尖，基部宽楔形或圆形，全缘或3浅裂。侧生小叶斜卵形，有硬毛。总状花序，腋生。花冠黄色。荚果，圆柱形，近无毛。种子长圆形，多为暗红色，种脐不凹陷。花期6~7月，果期7~9月。**见于吴庄村**。栽培。原产于亚洲热带地区。栽培种子供食用，入药，有行血利水、解毒消肿的功效。

豇豆 *Vigna unguiculata* (L.) Walp. 豆科 豇豆属

一年生缠绕草本。托叶椭圆形或卵状披针形，在着生处下延成短距。三出羽状复叶，顶生小叶常为菱卵形，先端渐尖，基部宽楔形，在基部以上两侧常各有浅而圆的裂片。总状花序，腋生。荚果，圆柱形，长为20~30cm，熟时稍膨胀而柔软。花期6~8月，果期7~9月。**见于吴庄村**。栽培。原产于亚洲东部。栽培为主要蔬菜。种子入药，有健胃补气、滋养消食之效。

酢浆草 *Oxalis corniculata* L. 酢浆草科 酢浆草属

多年生草本。全株疏生伏毛。根茎稍肥厚。茎细弱，多分枝，直立或匍匐，匍匐茎节上生根。三出掌状复叶，叶基生或茎上互生。花单生或伞形状花序腋生，总花梗淡红色，花瓣5，黄色，长圆状倒卵形。蒴果长圆柱形，褐色或红棕色，具横向肋状网纹。花期5~9月，果期6~10月。**见于大庄科乡**。生于山坡荒地、河边、林下、住宅近墙根处。全株入药，有利湿、清热、消肿、安神之效；又可作农业杀虫剂。

毛蕊老鹳草 *Geranium platyanthum* Duthie 牻牛儿苗科 老鹳草属

多年生草本。根状茎粗短。茎直立，向上分枝，有倒生白毛。叶互生，肾状五角形。聚伞花序顶生。花瓣5，淡蓝紫色；花柱比花柱分枝长。蒴果，有微毛。花期6~8月，果期7~9月。**见于海坨山**。生于海拔800m以上较湿润的山坡草地、山谷草丛及针阔叶林林缘或灌丛中。

鼠掌老鹳草 *Geranium sibiricum* L. 牻牛儿苗科 老鹳草属

多年生草本。根直生，分枝或不分枝。茎通常单一，伏卧或上部斜向上，多分枝。叶对生；基生叶及茎下部叶有长柄，掌状5深裂，裂片倒卵形或狭披针形，边缘羽状分裂或具齿状深缺刻；茎上部叶3深裂。花单生于叶腋；花冠淡紫红色。蒴果，有微柔毛。种子具细网状隆起。花期7~8月，果期8~9月。**见于龙湾河**。生于山谷草地、村庄住宅附近。

粗根老鹳草 *Geranium dahuricum* DC. 牻牛儿苗科 老鹳草属

多年生草本。根状茎短，有一簇肉质纺锤形粗根。茎直立，疏生伏毛。叶片肾圆形，表面被短硬毛，背面毛较长，脉上毛密，掌状7裂几乎达基部，裂片不规则羽状分裂，小裂片披针状长圆形，先端尖。花序腋生或顶生，花冠淡紫色。蒴果有毛。种子黑褐色，具微凹小点。花期7~8月，果期8~9月。**见于海坨山中下部**。生于林缘、草甸、灌丛中。

灰背老鹳草 *Geranium wlassowianum* Fisch. ex Link 牻牛儿苗科 老鹳草属

多年生草本。根状茎短，上部具淡褐色托叶。茎直立或上升，上部具棱，伏生或倒生短毛，多分枝。叶对生，托叶披针形，具缘毛。花序顶生或腋生，具2花；花瓣广倒卵形，全缘，淡紫红色或淡紫色，花柱比花柱分枝短。蒴果，具短柔毛，种子褐色，近平滑。花期7~8月，果期8~9月。**见于四海镇**。生于林缘、草甸、灌丛中。

老鹳草 *Geranium wilfordii* Maxim. 牻牛儿苗科 老鹳草属

多年生草本。根茎短而直立，具略增厚的长根。茎直立或下部稍慢生，有倒生伏毛，多分枝。叶对生。叶片3~5深裂，近五角形。聚伞花序，腋生，梗细长，具2花。花瓣5，倒卵形，白色或粉红色，具深红色纵脉。蒴果，成熟时裂开。种子长圆形，黑褐色。花期7~8月，果期8~9月。**见于大庄科乡**。生于草地、林缘、林下。

牻牛儿苗（草耙子）*Erodium stephanianum* Willd. 牻牛儿苗科 牻牛儿苗属

一年生或二年生草本。茎半卧或斜生，分枝多，具柔毛。叶对生，托叶线状披针形，有缘毛。叶卵形或椭圆状三角形，二回羽状深裂。伞形花序，腋生。花冠淡紫色或蓝紫色。蒴果，先端具长喙。花期4~5月，果期6~8月。**见于张山营镇**。生于山坡荒草地、田埂、路边及村庄住宅附近。全株入药，有强筋骨、祛风湿、清热解毒等功效。

旱金莲 *Tropaeolum majus* L. 旱金莲科 旱金莲属

一年生攀援性草本。多少肉质，无毛或近无毛。叶互生，近圆形，有主脉9条，边缘有波状钝角，盾状着生于近叶片的中心处。花单生于叶腋，有长梗。花黄色或橘红色。果实为裂成3个含单种子的肉质分果。花期2~3月，果期7~9月。**见于延庆镇**。栽培。原产于南美洲。栽培供观赏。

宿根亚麻 *Linum perenne* L. 亚麻科 亚麻属

多年生草本。由基部分枝多，丛生。叶互生，线形至披针形，先端锐尖，基部常渐狭，无叶柄。聚伞花序顶生或生于上部叶腋，花梗纤细，花瓣5枚，淡蓝色。蒴果，球形，棕褐色或黄褐色。花期5~6月，果期6~7月。**见于妫河岸边**。供观赏。

野亚麻 *Linum stelleroides* Planch. 亚麻科 亚麻属

一年生或二年生草本。茎直立，基部稍木质，上部分枝，无毛。叶互生，线形或线状披针形，无柄，基部渐窄，先端锐尖，无毛。聚伞花序，顶生或生上部叶腋。花瓣5，淡紫色或蓝紫色。蒴果，球形或扁球形，顶端突尖。种子长圆形，褐色，扁平。花期6~8月，果期7~9月。**见于滴水湖**。生于干燥山坡、草地或路旁。茎皮纤维近亚麻，可制人造棉或造纸原料。种子可榨油。

蒺藜 *Tribulus terrestris* L. 蒺藜科 蒺藜属

一年生草本，全株密被灰白色柔毛。茎由基部分枝，平卧。偶数羽状复叶，互生或对生，背面毛较密。花单生叶腋间；萼片5，卵状披针形，边缘膜质透明；花瓣5，黄色，倒广卵形。果五角形，由5个果瓣组成，成熟时分离，每果瓣呈斧形，两端有硬尖刺各1对。花期5~7月，果期7~9月。**见于妫河岸边**。喜生于钙质土地、荒野、田间、河床沙地。果实入药，有平肝散风、行血解郁的功效。

骆驼蒿 *Peganum nigellastrum* Bunge 蒺藜科 骆驼蓬属

多年生草本。茎多数，丛生，稍纤细，自基部分枝；茎、枝幼时被短绒毛，后渐脱落。叶二至三回羽状全裂，裂片条形，先端渐尖。花单生于茎端或叶腋，花瓣淡黄色，倒披针形。蒴果近球形，黄褐色。种子多数，纺锤形，黑褐色。花、果期5~9月。**见于张山营镇**。生于中、低海拔地区阳坡草地、砾质坡地、半荒漠草原、戈壁及岩石缝中。

花椒 *Zanthoxylum bungeanum* Maxim. 芸香科 花椒属

落叶灌木或小乔木，具香气。茎干通常有增大的皮刺。单数羽状复叶，互生，叶柄两侧常有1对扁平基部特宽的皮刺。聚伞状圆锥花序顶生；花单性。蓇葖果球形，红色至紫红色，密生疣状突起的腺体。花期4~6月，果期7~9月。**见于三里河村。**栽培。原产于我国。栽培果皮为调味料，并可提取芳香油；可入药，有散寒燥湿、杀虫之效。种子可榨油。

臭檀吴萸 *Tetradium daniellii* (Benn.) HemsL. 芸香科 吴茱萸属

落叶乔木。树皮暗灰色，平滑。奇数羽状复叶，对生。小叶5~11，卵形或长圆状卵形。聚伞状圆锥花序，顶生，花轴与花梗有短绒毛。花小，白色。蓇葖果，紫红色或红褐色，有褐色腺点和柔毛，卵球形，先端具尖喙。种子黑色，有光泽。花期6~7月，果期9~10月。**见于莲花山。**木材可供制农具或家具。种子可榨油并入药。

黄檗 *Phellodendron amurense* Rupr. 芸香科 黄檗属

落叶乔木。树皮厚，外皮灰褐色，木栓发达，内皮鲜黄色。小枝橙黄色或黄褐色，有小皮孔。奇数羽状复叶，互生。雌雄异株；圆锥状聚伞花序，花轴及花枝幼时被毛；花小，黄绿色。浆果状核果呈球形，密集成团，熟后紫黑色。花期5~7月，果期7~10月。**见于永宁镇**。生于海拔500~1000m的山地杂林中。树皮入药，有清热泻火、燥湿解毒之效。木栓层可作软木塞，内皮可作染料。

白鲜 *Dictamnus dasycarpus* Turcz. 芸香科 白鲜属

多年生草本，基部木质化，全株具香气。根数条丛生。茎直立。奇数羽状复叶互生，小叶9~13片，卵形至椭圆形，先端短尖，边缘具细锯齿，基部宽楔形，两面密布腺点。总状花序顶生，密被柔毛及腺点；花大，白色，粉红色或紫色，萼片5；花瓣5。种子近球形，先端短尖，黑色，有光泽。花期5~6月，果期7~8月。**见于海坨山**。生于山坡草地或疏林下。根皮入药，有祛热、解毒、利尿、杀虫之效。

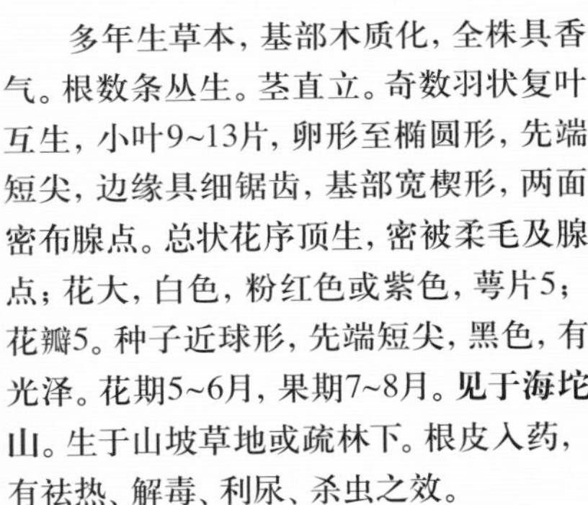

臭椿 *Ailanthus altissima* (MilL.) Swingle 苦木科 臭椿属

落叶乔木，树冠呈扁球形或伞形。树皮灰色或灰黑色，平滑，稍有浅裂纹。枝条粗壮。奇数羽状复叶，互生，齿端有一腺点，有臭味。雌雄同株或雌雄异株。圆锥花序顶生，花小，白绿色。翅果，有扁平膜质的翅，长椭圆形。种子位于中央。花期6~7月。**见于张山营镇**。生于山坡、田边、路旁、村庄住宅附近。树皮和根皮入药，有清热利湿、收敛止痢等功效。

苦木 *Picrasma quassioides* (D. Don) Benn. 苦木科 苦木属

落叶灌木或小乔木。树皮紫褐色，平滑，有灰色皮孔及斑纹，小枝绿色至红褐色。叶互生，羽状复叶，小叶卵形或卵状椭圆形，先端锐尖，边缘具不整齐钝锯齿，沿中脉有柔毛。聚伞花序，花单性异株。核果倒卵形，蓝色至红色。花期5~6月，果期9~10月。**见于刘斌堡村柏木井**。生于山坡、山谷及村边较潮湿处。木材可制器具。根皮入药，能泄湿热、杀虫；又可作农业杀虫剂。

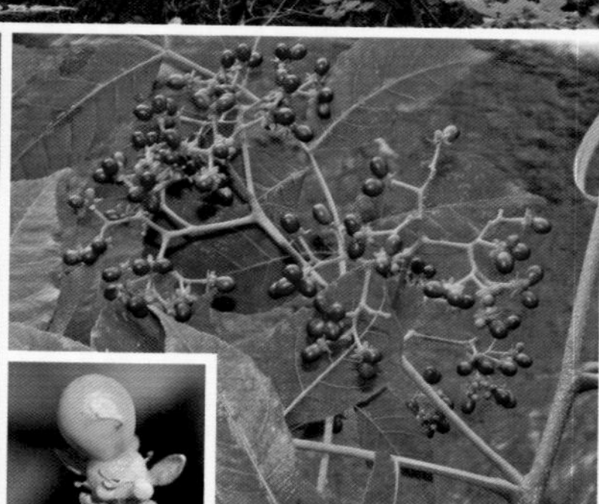

香椿 *Toona sinensis* (A. Juss.) Roem. 楝科 香椿属

落叶乔木。树皮灰褐色，成窄条状脱落。幼枝粉绿色，有毛，搓之具特殊气味。叶互生，偶数或奇数羽状复叶，叶痕大，小叶长椭圆形，叶端锐尖，幼叶紫红色，成年叶绿色，叶背红棕色，轻披蜡质，略有涩味，叶柄红色。圆锥花序，顶生，下垂，两性花，白色，有香味，花小，钟状，子房圆锥形。蒴果，狭椭圆形或近卵形，成熟后呈红褐色。花期5~6月。**见于大庄科乡**。栽培。原产我国中、南部。嫩枝叶可食。根皮及果实入药，有收敛止血、祛湿止痛之效。

远志 *Polygala tenuifolia* Willd. 远志科 远志属

多年生草本。根圆柱形，肥厚，淡黄白色，具少数侧根。茎直立或斜上，丛生，上部多分枝。叶互生，狭线形或线状披针形，全缘，无柄或近无柄。总状花序，偏侧生与小枝顶端，细弱，通常稍弯曲；花淡蓝紫色。蒴果扁平，卵圆形，边有狭翅，绿色，光滑无睫毛。种子卵形，密被白色细绒毛。花期5~7月，果期6~9月。**见于张山营镇**。生于山坡草地、田边、路旁、林缘及灌丛中。根入药，有安神化痰，消痈肿等功效。

西伯利亚远志 *Polygala sibirica* L. 远志科 远志属

多年生草本。根直立或斜生，木质。茎丛生，通常直立，被短柔毛。叶互生，叶片纸质至亚革质，下部叶小卵形，先端钝，上部者大，披针形或椭圆状披针形，先端钝。总状花序腋外生或假顶生，通常高出茎顶，被短柔毛，具少数花；花瓣3，蓝紫色，侧瓣倒卵形。蒴果近倒心形。种子长圆形，扁，黑色，密被白色柔毛。花期5~7月，果期7~9月。**见于小河屯村**。生于山坡草地、灌丛间或林缘。根入药。

雀儿舌头 *Leptopus chinensis* (Bunge) Pojark. 大戟科 雀舌木属

小灌木。多分枝。老枝褐紫色；小枝绿色或浅褐色，初时有毛，后渐脱落。叶互生，全缘，叶卵形至披针形，基部圆形；叶柄短；托叶小。花单性，雌雄同株，2~4朵簇生于叶腋；雄花有花瓣5，白色，雌花花瓣小。蒴果球形。花期4~6月，果期5~8月。**见于张山营镇**。生于山坡、田边、路旁、林缘。

地构叶 *Speranskia tuberculata* (Bunge) Baill. 大戟科 地构叶属

多年生草本。茎直立，分枝较多，被伏贴短柔毛。叶纸质，披针形或卵状披针形。总状花序，上部有雄花20~30朵，下部有雌花6~10朵，位于花序中部的雌花的两侧有时具雄花1~2朵。蒴果扁球形；种子卵形，顶端急尖，灰褐色。花期6~8月，果期7~9月。**见于张山营镇**。生于干旱的山坡草地、多石砾的干燥沙地。全草入药，有活血止痛、通经活络之效。

铁苋菜 *Acalypha australis* L. 大戟科 铁苋菜属

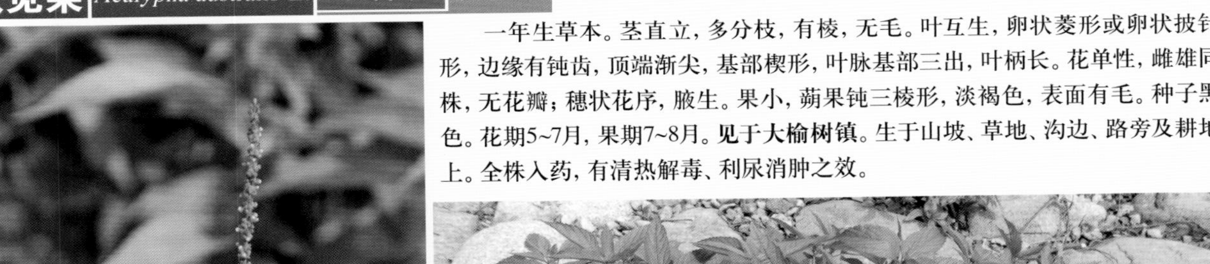

一年生草本。茎直立，多分枝，有棱，无毛。叶互生，卵状菱形或卵状披针形，边缘有钝齿，顶端渐尖，基部楔形，叶脉基部三出，叶柄长。花单性，雌雄同株，无花瓣；穗状花序，腋生。果小，蒴果钝三棱形，淡褐色，表面有毛。种子黑色。花期5~7月，果期7~8月。**见于大榆树镇**。生于山坡、草地、沟边、路旁及耕地上。全株入药，有清热解毒、利尿消肿之效。

蓖麻 *Ricinus communis* L. 大戟科 蓖麻属

一年生草本。茎直立，分枝，中空。叶盾形，叶互生较大，掌状5~11分裂。聚伞圆锥花序，单性花无花瓣，雌花着生在花序的上部，淡红色花柱，雄花在花序的下部，淡黄色。蒴果有刺或无刺；椭圆形种子，种皮硬，有光泽并有黑、白、棕色斑纹。花期7~8月，果期9~10月。**见于千家店镇**。栽培。原产于非洲。种子含油达70%以上，是重要工业用油原料。又可药用，为缓泻剂和杀虫剂。根、茎、叶入药，有祛湿通络、消肿拔毒之效。

一叶萩（马黄绍）*Flueggea suffruticosa* (Pall.) BailL. 大戟科 一叶萩属

落叶灌木。茎直立，分枝多。树皮褐黄色。小枝紫红色，一年生枝浅绿色，具棱。叶互生，椭圆形或倒卵状椭圆形，先端短尖或钝头，基部楔形，全缘或有不整齐波状齿或细钝齿。花小，单性，雌雄异株，无花瓣，雄花每3~12朵簇生于叶腋；萼片5，卵形。蒴果三棱状扁球形，红褐色。花期5~7月，果期7~9月。**见于松山**。生于山坡、沟谷灌丛中或林缘。茎皮纤维为纺织原料。花、叶入药，对神经系统有兴奋作用。

大戟 *Euphorbia pekinensis* Rupr. 大戟科 大戟属

多年生草本，全株含乳汁。茎直立，被白色短柔毛，常丛生，上部分枝。叶互生，长圆状披针形至披针形，全缘。伞形聚伞花序顶生，通常有5伞梗。蒴果三棱状球形，表面有疣状突起。花期5~6月，果期7~8月。**见于八达岭镇石峡村。**生于山坡林下或路旁。根入药，有逐水通便等功效；全株水浸液可配制农业杀虫剂。

乳浆大戟 *Euphorbia esula* L. 大戟科 大戟属

多年生草本。具乳汁，茎直立，常丛生，上部分枝。叶互生，线状披针形或长圆状披针形。多歧聚伞花序，顶生。蒴果，卵球形。花期5~6月，果期6~7月。**见于小张家口村。**生于干燥的沙地、山坡草地、沟谷。

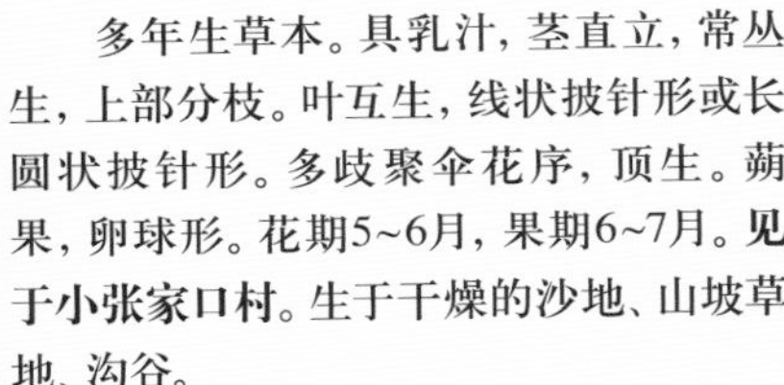

地锦草 *Euphorbia humifusa* Willd. ex Schlecht. 大戟科 大戟属

一年生匍匐草本。茎纤细，近基部二歧分枝，紫红色，具柔毛。叶对生，长圆形，先端钝圆，基部偏狭，边缘有细齿，绿色或淡红色。杯状聚伞花序单生于叶腋；总苞倒圆锥形，浅红色。蒴果三棱状球形，光滑无毛；种子卵形，黑褐色，外被白色蜡粉。花期6~9月，果期7~10月。**见于康庄镇**。生于田间、地边、山坡荒地、河滩、岸边、路旁。全株入药，有清热利湿、止血之效。

斑地锦 *Euphorbia maculata* L. 大戟科 大戟属

一年生草本。茎纤细，常呈匍匐状，自基部极多分枝，长可达10~20cm，被稀疏柔毛。叶对生，椭圆形，边缘有细锯齿，两面常被稀疏柔毛，常带紫色斑点。花序单生或数个簇生于叶腋，具短柄；腺体4，被白色附属物。雄花少数；雌花1枚，子房柄极短；花柱3，分离；柱头2裂。蒴果卵状三棱形。种子长卵状四棱形，暗红色。花、果期6~11月。**见于永宁镇永新堡**。生于路旁、屋旁、草丛、稀疏灌丛等，多见于沙质土，常见。

齿裂大戟 *Euphorbia dentata* Michx. 大戟科 大戟属

茎单一，上部多分枝。叶对生，线形至卵形，先端尖或钝，基部渐狭；边缘全缘、浅裂至波状齿裂。花序数枚，聚伞状生于分枝顶部，总苞钟状，边缘5裂，裂片三角形，边缘撕裂状；淡黄褐色。蒴果扁球状，褐色，表面粗糙，具不规则瘤状突起。花、果期7月。**见于张山营、康庄等地。**生于荒草地。

通奶草 *Euphorbia hypericifolia* L. 大戟科 大戟属

一年生草本。无毛或稍有柔毛。茎直立，自基部分枝。叶对生，叶柄短；托叶三角形，边缘撕裂。叶片倒卵形至长圆形，先端圆钝，基部圆形，常偏斜，两面疏生柔毛或无毛。杯状聚伞花序，数枚簇生叶腋或侧枝顶端。蒴果，卵球形，有短柔毛。花期6~8月，果期8~9月。**见于八达岭镇。**生于荒地、路旁。

黄杨 *Buxus sinica* (Rehd. et Wils.) M. Cheng 黄杨科 黄杨属

常绿灌木。树皮灰白色。小枝绿褐色，具短柔毛。枝圆柱形，有纵棱，灰白色；小枝四棱形。叶对生，革质，阔椭圆形或长圆形。花序腋生，头状，花密集，花簇生叶腋或枝端，无花瓣。雄萼片4，卵状椭圆形或近圆形；雌萼片6，子房比花柱长。苞片阔卵形，背部多少有毛。蒴果近球形。花期4月，果期6~7月。**见于城区。**栽培。原产于我国。观赏植物。

火炬树 *Rhus typhina* L. 漆树科 盐肤木属

灌木或小乔木。萌生力强，树皮灰褐色。小枝茂密，密生柔毛。奇数羽状复叶，小枝、叶柄、叶轴和花序密生灰绿色柔毛。圆锥花序，顶生，秋天花序红色，形状像火炬，故称之为火炬树。花小，黄色，带绿色密生短柔毛。核果，球形，深红色，有毛。花期7~8月，果期9~10月。**见于张山营镇。**栽培。原产于北美洲。栽培观赏。

裂叶火炬树 *Rhus typhina* var. *laciniata* Alph. Wood 漆树科 盐肤木属

灌木或小乔木。树皮灰褐色。小枝茂密，密生柔毛。三回奇数羽状复叶。小枝、叶柄、叶轴和花序密生灰绿色柔毛。圆锥花序，顶生，花小，带绿色，密生短柔毛。核果，球形，深红色，有毛。花期7~8月，果期9~10月。**见于延庆东湖东岸边。**栽培。原产欧美。可供观赏；为保持水土的优良树种之一。

红叶（黄栌）*Cotinus coggygria* var. *cinerea* Engl 漆树科 黄栌属

灌木或小乔木。树皮暗灰色。小枝紫褐色，树冠圆形。单叶，互生，倒卵形或卵圆形，全缘，秋天叶子红色。圆锥花序被柔毛；花杂性花瓣卵形或卵状披针形；花盘5裂，紫褐色。核果肾形。花期4~5月，果期6~7月。**见于张山营。**可供观赏。枝、叶入药，有消炎、清湿热之效。

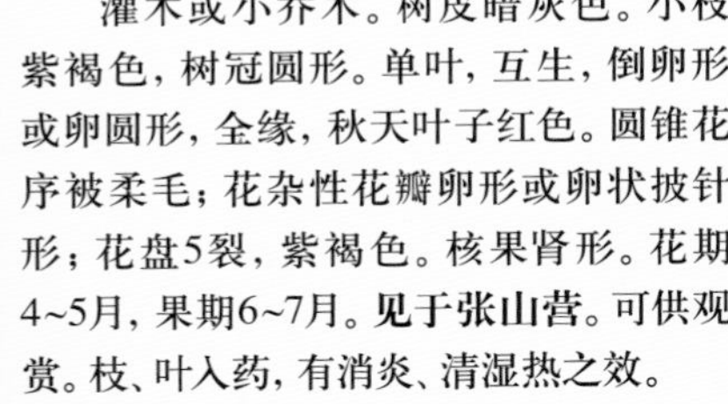

黄栌

南蛇藤 *Celastrus orbiculatus* Thunb. 卫矛科 南蛇藤属

攀缘状灌木。枝红褐色，具皮孔。小枝光滑无毛，灰棕色或棕褐色。叶通常阔倒卵形，边缘具锯齿。聚伞花序腋生，间有顶生；花瓣倒卵椭圆形或长方形，花盘浅杯状，裂片浅，顶端圆钝。蒴果近球状。花期5月，果期7~9月。**见于旺泉沟村**。生于山谷、山坡的灌丛及疏林中。根、茎、叶和果入药，有安神解郁、止血止痛等功效。种子油为工业原料。

卫矛 *Euonymus alatus* (Thunb.) Sieb. 卫矛科 卫矛属

落叶灌木。枝斜生，具2~4纵裂的木栓质翅；小枝绿色，有时无翅，小枝四棱形。叶对生，叶片倒卵形至椭圆形，两头尖，很少钝圆，边缘有细尖锯齿；早春初发时及初秋霜后变紫红色。花黄绿色，常3朵集成聚伞花序。花盘肥大，方形。蒴果棕紫色，深裂成4裂片；种子褐色，有橘红色的假种皮。花期5~6月，果期9~10月。**见于瓦庙村**。生于山谷、山坡林缘、灌丛中。树皮、根、叶可提取硬橡胶。

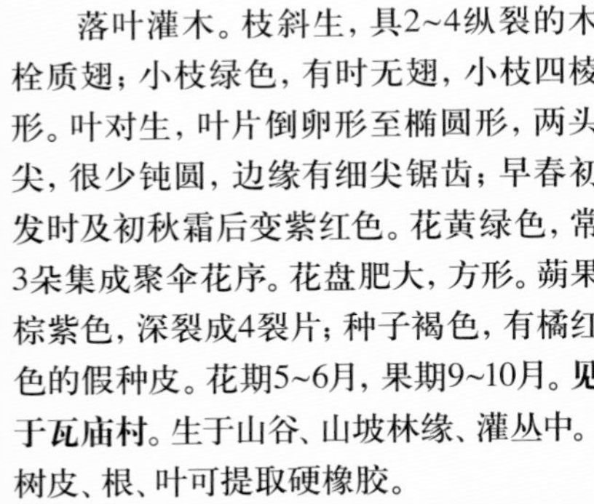

白杜（明开夜合）*Euonymus maackii* Rupr. 卫矛科 卫矛属

落叶灌木或小乔木，株高8m。树皮灰褐色，圆柱形。叶对生，叶卵状椭圆形，边缘具细锯齿。聚伞花序，腋生，花淡白绿色或黄绿色。蒴果倒圆心状，成熟后果皮粉红色；种子长椭圆状，种皮棕黄色，假种皮橙红色。花期5月，果期8~10月。**见于八达岭镇。**生于林缘、路旁。

扶芳藤 *Euonymus fortunei* (Turcz.) Hand.-Mazz. 卫矛科 卫矛属

常绿藤本灌木，藤长一米至数米。小枝绿色，有细密瘤状皮孔。叶薄革质，椭圆形、长方椭圆形或长倒卵形，宽窄变异较大，可窄至近披针形，边缘齿浅不明显；叶柄长3~6mm。聚伞花序3~4次分枝；小聚伞花密集，有花4~7朵，分枝中央有单花；花4瓣白绿色。蒴果粉红色，近球状。花期6月，果期10月。**见于红旗甸路边。**栽培。原产于我国。公园、庭院栽培，供观赏。

省沽油 *Staphylea bumalda* DC. 省沽油科 省沽油属

落叶灌木，高约2m，树皮紫红色或灰褐色，有纵棱；枝条开展，复叶对生，有长柄，具3小叶；小叶椭圆形，先端锐尖，具尖尾，尖尾长约1cm，基部楔形或圆形，边缘有细锯齿，齿尖具尖头，正面无毛。圆锥花序顶生，萼片长椭圆形，花瓣5，白色，雄蕊5。蒴果膀胱状，扁平，2室，先端2裂；种子黄色，有光泽。花期4~5月，果期8~9月。**见于井庄镇**。生于路旁、山地或丛林中。

元宝槭（平基槭）*Acer truncatum* Bunge 槭树科 槭属

落叶乔木。树皮灰褐色或深褐色，深纵裂。一年生小枝绿色。叶对生，掌状5深裂，全缘。花黄绿色，杂性，伞房花序。坚果，果翅与坚果等长。花期4~5月，果期9~10月。**见于松山**。生于山坡、山谷、平地杂木林中。可做观赏树种。木材供建筑用。

青榨槭 *Acer davidii* subsp. *grosseri* (pax) P. C. de Jong 槭树科 槭属

落叶乔木。树皮黑褐色或灰褐色，常纵裂成蛇皮状。一年生小枝绿色或绿褐色。叶卵状长圆形或长圆形，叶不裂或近基部两侧具裂片。黄绿色，成下垂的总状花序。翅果，张开成钝角或近与水平状。花期4~5月，果期9~10月。**见于张山营镇**。生于山坡、山谷丛林中。可驯化为绿化树种。

茶条槭 *Acer tataricum* subsp. *ginnala* (Maxim.) Wesmael 槭树科 槭属

落叶灌木或小乔木。树皮灰褐色，粗糙，纵裂。枝细，无毛。一年生枝绿色或紫绿色。叶长圆状卵形或长圆状椭圆形，基部圆形或微心形，或截形，缘有不规则的重锯齿。花杂性，雄花与两性花同株；排列成伞房状圆锥花序。花瓣5，白色。翅果，两翅直立或成锐角。小坚果嫩时有长柔毛，后渐脱落。花期4~5月，果期7~8月。**见于妫河南岸**。栽培。原产于我国。栽培供观赏。

栾树（树头菜、木兰芽） *Koelreuteria paniculata* Laxm. 无患子科 栾树属

落叶乔木。树皮灰褐色，细纵裂；小枝稍有棱，皮孔明显。羽状复叶或二回羽状复叶，互生，卵形或长卵形，边缘具锯齿或裂片，背面沿脉有短柔毛。春季嫩叶褐红色，秋季变为黄褐色。花小，花瓣黄色，基部有红色斑，在枝顶组成圆锥花序。蒴果，囊状。花期6月，果期8月。**见于千家店镇**。春季嫩芽可食，也称木兰芽。可作观赏树种。

文冠果 *Xanthoceras sorbifolium* Bunge 无患子科 文冠果属

落叶小乔木或灌木。树皮灰褐色，扭曲状纵裂。枝粗壮直立，嫩枝呈红褐色，平滑无毛。叶互生，奇数羽状复叶，长椭圆形至披针形，无柄，多对生，边缘具锐锯齿。总状花序，多为两性花，生于枝顶花序的中上部为孕花，多能结实；腋生花序和顶生花序的下部花多为不孕花，不能结实。花5瓣，白色，美丽而具香气；花盘5裂。蒴果，黄白色，表面粗糙，3瓣开裂，种子球形，黑褐色。花期4~5月，果期7~8月。**见于康庄、张山营等地**。可作观赏植物。

水金凤 *Impatiens noli-tangere* L. 凤仙花科 凤仙花属

一年生草本。茎较粗壮，肉质，直立，上部多分枝，无毛，下部节常膨大. 有多数纤维状根。叶互生；叶片卵形或卵状椭圆形，先端钝，稀急尖，基部圆钝或宽楔形，边缘有粗圆齿状齿，齿端具小尖，两面无毛，正面深绿色，背面灰绿色；花黄色；侧生2萼片卵形或宽卵形。蒴果线状圆柱形。种子多数，长圆球形，褐色，光滑。花期6月，果期7~8月。**见于玉渡山**。生于山地阴湿处及溪流旁。

凤仙花 *Impatiens balsamina* L. 凤仙花科 凤仙花属

一年生草本。肉质，茎粗壮，直立。上部分枝，有柔毛或近于光滑。叶互生，狭披针形或阔披针形，端尖，顶端渐尖，边缘有锐齿，基部楔形；叶柄附近有几对腺体。单生或数朵簇生，下垂。其花形似蝴蝶，花色有粉红、大红、紫、白黄、洒金等，善变异。蒴果，尖卵形，具绒毛，熟时弹裂。种子多数，椭圆形，深褐色，有毛。花期7~9月，果期8~10月。**见于大庄科乡**。栽培。原产于亚洲热带。观赏植物。

枣 *Ziziphus jujuba* Mill. 鼠李科 枣属

灌木或小乔木。树皮黑褐色。幼枝光滑，红褐色，枝平滑无毛，成"之"字形曲折。具成对的针刺。单叶，互生；长圆状卵形至卵状披针形，少有卵形。花小形，成短聚伞花序，丛生于叶腋，黄绿色；萼5裂，上部呈花瓣状，下部连成筒状，绿色。核果卵形至长圆形，熟时深红色，果肉味甜，核两端锐尖。花期5~6月，果期9月。**见于张山营镇**。果味甜，为食用果品，果富含维生素C，入药能补脾胃、润心肺、益气养荣。木材坚硬致密，为制器具和雕刻用材。

酸枣 *Ziziphus jujuba* var. *spinosa* (Bunge) Hu ex H. F. Chow 鼠李科 枣属

落叶灌木或小乔木。小枝称之字形弯曲，紫褐色。酸枣树上的托叶刺有两种，一种直伸，长达3cm，另一种常弯曲。叶互生，叶片椭圆形至卵状披针形，边缘有细锯齿，基部三出脉。花黄绿色，2~3朵簇生于叶腋。核果小，熟时红褐色，近球形或长圆形，味酸，核两端钝。花期4~5月，果期8~9月。**见于千家店镇**。延庆平原、山区均有分布。蜜源植物。果皮入药，可健脾。种仁，能镇静安神，种子可榨油。

卵叶鼠李 *Rhamnus bungeana* J. Vass. 鼠李科 鼠李属

小灌木。小枝对生或近对生，稀兼互生，灰褐色，无光泽，被微柔毛，枝端具紫红色针刺；顶芽未见，腋芽极小。叶对生或近对生，稀兼互生，或在短枝上簇生，纸质，卵形、卵状披针形或卵状椭圆形。花小，黄绿色，单性，雌雄异株，通常2~3个在短枝上簇生或单生于叶腋，4基数。核果倒卵状球形或圆球形，成熟时紫色或黑紫色；种子卵圆形。花期4~5月，果期6~9月。**见于千家店镇**。生于低山阳坡。

圆叶鼠李 *Rhamnus globosa* Bunge 鼠李科 鼠李属

落叶灌木。多分枝，枝端具针刺。小枝细，灰褐色，被短柔毛或近无毛。叶近对生或簇生于短枝上，倒卵形或近圆形。聚伞花序，腋生。花小，黄绿色，具短柔毛。核果，熟时黑色。花期5~6月，果期8~9月。**见于滴水湖**。生于低山阳坡。果实入药，能消肿。

锐齿鼠李 *Rhamnus arguta* Maxim. 鼠李科 鼠李属

落叶灌木或小乔木。树皮灰紫褐色，枝对生或近对生，稀互生，具短枝。叶对生或近对生，稀互生，短枝上叶簇生。花单性，异株，4数，腋生，在短枝上呈簇生状。核果近球形，熟时紫黑色。种子倒广卵形，淡黄褐色。花期6月，果期8~9月。**见于六道河村**。生于山坡杂木林中。种子榨油，可作润滑油。茎叶及种子可作杀虫剂。

鼠李 *Rhamnus davurica* Pall. 鼠李科 鼠李属

灌木或小乔木。树皮暗灰褐色。小枝褐色粗壮而稍有光泽，顶端有大形芽。单叶，对生于长枝上，或丛生于短枝上；有长柄；长圆状卵形或阔倒披针形。花2~5束生于叶腋，黄绿色，雌雄异株，萼片狭卵形，锐头；花冠漏斗状钟形。核果近球形，成熟后紫黑色。花期5~6月，果期8~9月。**见于旧县镇云瀑沟**。生于山地杂木林中。树皮和果实可作黄色染料，亦可入药。木材坚实，供雕刻和制作家具。嫩叶及芽供食及代茶。

东北鼠李 *Rhamnus schneideri* var. *manshurica* Nakai 鼠李科 鼠李属

落叶灌木。枝端具刺，小枝幼时有细毛，红褐色。老枝黄褐色，有光泽。叶互生或短枝上簇生，倒卵状椭圆形或广椭圆形，花2至数朵生于叶腋成聚伞花序状；花梗细长，无毛。萼片4，反卷。花瓣4，漏斗状钟形或退化。核果，球形，熟时紫黑色，倒卵形，暗褐色，背沟狭窄。花期5~6月，果期9月。**见于玉渡山**。生于杂林中。

小叶鼠李 *Rhamnus parvifolia* Bunge 鼠李科 鼠李属

灌木，高1.5~2m；枝端及分叉处有针刺。叶纸质，对生或在短枝上簇生，菱状倒卵形，边缘具圆齿状细锯齿，正面深绿色，背面浅绿色；叶柄长4~15mm。花单性，雌雄异株，黄绿色，4基数，有花瓣，通常数个簇生于短枝上；雌花花柱2半裂。核果，成熟时黑色。花期4~5月，果期6~9月。**见于玉渡山**。生于林下。

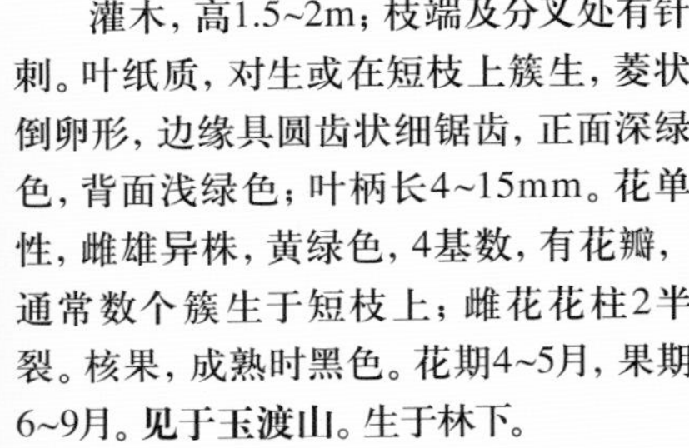

山葡萄 *Vitis amurensis* Rupr. 葡萄科 葡萄属

木质藤本。树皮暗褐色或红褐色，藤匍匐或援于其他树木上。卷须顶端与叶对生。单叶互生、深绿色、宽卵形，秋季叶常变红。圆锥花序与叶对生，花小而多、黄绿色。雌雄异株。果为圆球形浆果，黑紫色带蓝白色果霜。花期5~6月，果期8~9月。**见于玉渡山**。生于山地林缘。果可食或酿酒，酒糟可制醋和染料。种子可榨油，根、藤、果可入药。

葡萄 *Vitis vinifera* L. 葡萄科 葡萄属

落叶木质藤本。叶圆形或圆卵形，基部心形，边缘具粗锯齿，两面无毛或背面有短柔毛。圆锥花序，大而长，与叶对生。花小，黄绿色，两性或杂性异株。浆果，果的形状、颜色因品种不同各异，富含液汁。花期6月，果期8~9月。**见于前庙村**。栽培。原产于亚洲西部。除生食外，还可制葡萄干或葡萄酒。果、根、藤均可入药；果能解表透疹、利尿。

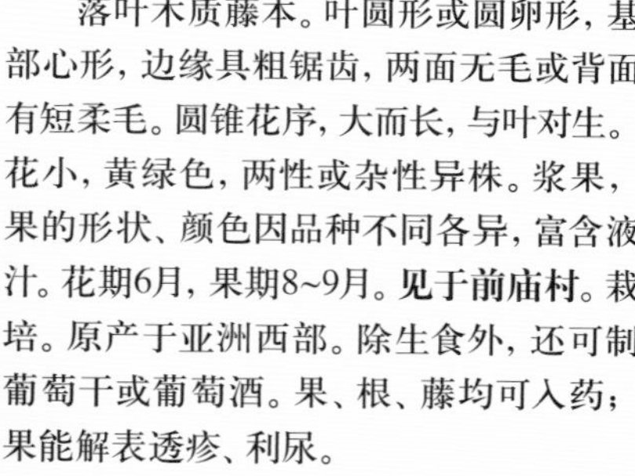

五叶地锦（五叶爬山虎）*Parthenocissus quinquefolia* (L.) Planch. 葡萄科 爬山虎属

落叶木质藤本。树皮红褐色。老枝灰褐色，幼枝带紫红色，髓白色。卷须与叶对生，顶端吸盘大。掌状复叶，具5小叶，小叶长椭圆形至倒长卵形，先端尖，基部楔形，缘具大齿牙，叶面暗绿色，叶背稍具白粉并有毛，秋季叶变鲜红色。聚伞花序集成圆锥状。浆果球形，蓝黑色，被白粉。花期6~7月，果期9月。**见于松山**。栽培。原产于北美洲。观赏植物。

地锦（爬山虎）*Parthenocissus tricuspidata* (Sieb. et Zucc.) Planch. 葡萄科 爬山虎属

木质藤本。树皮有皮孔，髓白色。茎，卷须短，多分枝。枝端具吸盘，借以吸附于岩壁或墙垣上。枝条粗壮，老枝灰褐色，幼枝紫红色。枝上有卷须，卷须短，多分枝，卷须顶端及尖端有黏性吸盘，遇到物体便吸附在上面，叶互生，小叶肥厚。花小，黄绿色或浆果紫黑色，与叶对生。雌雄同株，聚伞花序常着生于两叶间的短枝上。浆果小球形，熟时蓝黑色，被白粉。花期6~7月，果期7~8月。**见于香水苑公园**。栽培。原产于我国。赏叶植物。根、茎可入药，能破淤血、消肿毒。

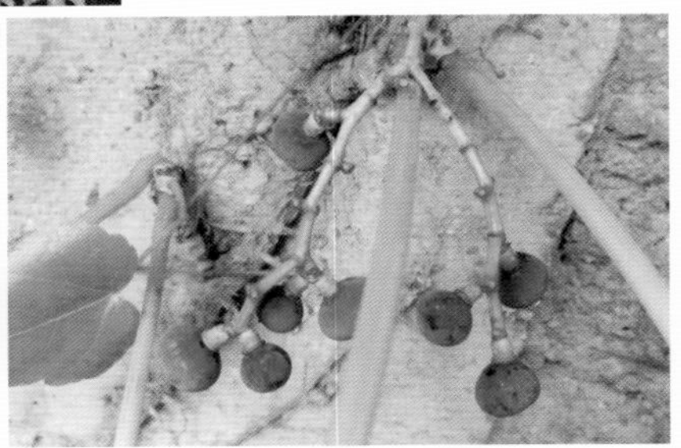

乌头叶蛇葡萄 *Ampelopsis aconitifolia* Bunge 葡萄科 蛇葡萄属

落叶木质藤本。根外皮紫褐色，内皮淡粉红色，具黏性。老枝暗灰褐色，具纵条棱，皮孔明显，髓白色。幼枝稍带红紫色。卷须与叶对生。叶掌状3~5全裂，轮廓宽卵形；全裂片披针形或菱状披针形，先端锐尖。浆果近球形，成熟时橙黄色。花期5~6月，果期8~9月。**见于刘斌堡乡**。多生于路边、沟边、山坡林下灌丛中、山坡石砾地及沙质地，耐阴。根可入药，有活血散瘀、消炎解痛功效。

葎叶蛇葡萄 *Ampelopsis humulifolia* Bunge 葡萄科 蛇葡萄属

木质藤本。枝红褐色，具棱。卷须分枝，与叶对生。叶硬纸质，具长柄，肾状五角形或心状卵形，先端渐尖；正面有光泽，鲜绿色，光滑；面苍白色，无毛或脉上微有毛。聚伞花序，与叶对生，花梗细，较叶柄稍长。浆果，球形，浅黄色或淡蓝色。花期5~6月，果期8~9月。**见于刘斌堡村**。根皮入药，能消炎解毒、活血散瘀、祛风除湿。

辽椴（糠椴）*Tilia mandshurica* Rupr. et Maxim. 椴树科 椴树属

落叶乔木。树皮灰白色。幼枝及芽均具褐色绒毛。叶互生，近圆形或阔卵形，边缘粗锯齿，齿端呈芒状，密被灰褐色星状毛。聚伞花序，下垂，花瓣黄色，退化雄蕊呈花瓣状，正面有毛，密被星状绒毛。核果球形，直径约5mm，外被黄褐色绒毛。花期6~7月。**见于四海镇**。生于杂木林中。木材可作家具等。

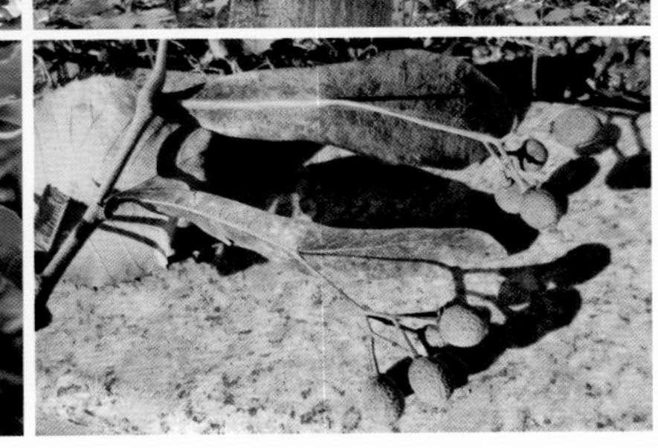

蒙椴 *Tilia mongolica* Maxim. 椴树科 椴树属

落叶乔木。树皮红褐色。小枝光滑，带红色。单叶互生，卵圆形或近圆形，顶端渐尖，叶缘常为3裂，叶柄长。聚伞花序，花萼、花瓣通常为5数，雄蕊多数，有时有花瓣状的退化雄蕊。核果或浆果，球形或椭圆形。花期7月，果期9月。**见于松山**。生于杂林中。茎皮纤维坚韧，可代麻用。木材纹理致密，是为良好建筑用材。

紫椴 *Tilia amurensis* Rupr. 椴树科 椴树属

乔木，树皮暗灰色，片状脱落。叶阔卵形或卵圆形，先端具尾尖，基部心形，有时斜截形，正面无毛，背面浅绿色，边缘有排列整齐的粗锯齿。聚伞花序长3~5cm，有花3~20朵；苞片狭带形，两面均无毛，下半部或下部1/3与花序柄合生，有短柄；花瓣5，黄白色；退化雄蕊不存在，都能育。果实卵圆形，被星状茸毛。花期7月。**见于西三岔村**。生于杂林中。

小花扁担杆（孩儿拳头）*Grewia biloba* var. *parviflora* (Bunge) Hand.-Mazz. 椴树科 扁担杆属

落叶灌木。小枝红褐色，幼时具绒毛。小枝和叶柄密生黄褐色短毛。叶长圆状卵形，略带狭方形，端锐尖，基圆形至广楔形，重锯齿，背面疏生灰色星状柔毛。伞形花序，与叶对生，花小，花淡黄色。核果，红色，无毛。花期6月，果期8月。**见于刘斌堡乡**。

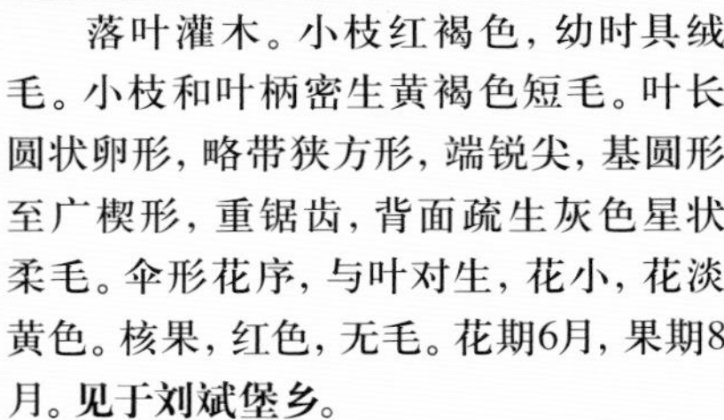

田麻 *Corchoropsis crenata* Sieb. et Zucc. 椴树科 田麻属

一年生草本。嫩枝与茎上有星芒状短柔毛。叶卵形或狭卵形，边缘有钝牙齿；两面密生星芒状短柔毛。花黄色，花瓣倒卵形。蒴果圆筒形，有星芒状柔毛；种子长卵形。花期6~8月，果期10月。**见于莲花山**。生于山坡沟边。

冬葵 *Malva verticillata* var. *crispa* L. 锦葵科 锦葵属

二年生草本，不分枝。茎被柔毛。叶具长柄，互生，叶圆形，基部心形，裂片三角状圆形，边缘具细锯齿，同时极皱缩扭曲，两面平滑无毛或疏被糙伏毛或疏被星状毛。花簇生于叶腋，浅红色至淡白色。花期7~9月。**见于千家店镇**。生于荒地和谷地。

锦葵 *Malva cathayensis* M. G. Gilbert, Y. Tang et Dorr 锦葵科 锦葵属

二年生或多年生草本。茎较高大，高40~80cm，直立多分枝。叶肾形，叶脉掌状，叶柄上稍有硬毛。花大，花簇生于叶腋，花冠紫红色，亦有白色，具深紫色纹，花瓣端浅凹。花期5~10月，果期8~11月。**见于刘斌堡乡**。栽培。原产亚洲、欧洲及美洲。

蜀葵 *Althaea rosea* (L.) Cavan. 锦葵科 蜀葵属

多年生草本。茎直立挺拔，丛生，不分枝，全体被星状毛和刚毛。叶大，粗糙而皱，叶片近圆心形或长圆形。花单生或近簇生于叶腋，有时成总状花序排列，花色艳丽，有粉红、红、紫、墨紫、白、黄、水红、乳黄、复色等，单瓣或重瓣。果实为蒴果，果实扁圆形，种子肾形。花、果期7~8月。**见于永宁镇**。栽培。原产于我国。为观赏植物。

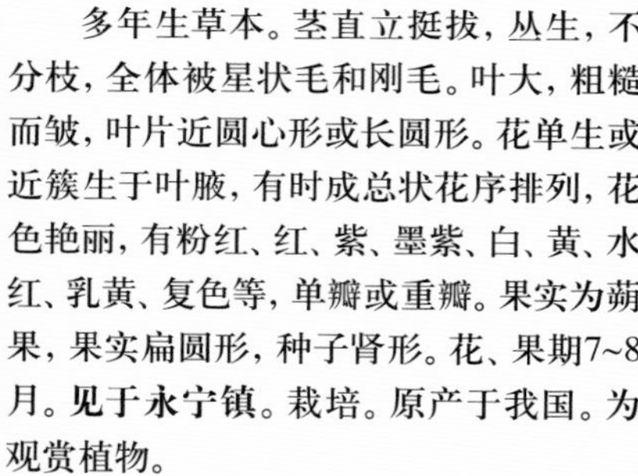

苘麻 *Abutilon theophrasti* Medicus 锦葵科 苘麻属

一年生草本。茎直立，具软毛。叶互生，圆心形，先端尖，基部心形，边缘具圆齿，两面密生柔毛。花单生于叶腋；花萼绿色，裂片圆卵形，先端尖锐；花瓣5；黄色。蒴果成熟后裂开；种子肾形、褐色，具微毛。花期6~8月，果期8~9月。**见于西羊坊村**。生于地边、道边、农田、荒地。为重要纤维植物之一，可作绳索。

野西瓜苗 *Hibiscus trionum* L. 锦葵科 木槿属

一年生草本。常横卧，具白粗毛。茎梢柔软，直立或稍卧生。叶互生，基部叶近圆形，边缘具齿裂。花单生于叶腋；花萼5裂，膜质。蒴果圆球形，有长毛。种子成熟后黑褐色，粗糙而无毛。花期6~7月。**见于西羊坊村**。以全草、种子入药。

芙蓉葵 *Hibiscus moscheutos* L. 锦葵科 木槿属

落叶灌木状。叶大、广卵形，叶柄、叶背密生灰色星状毛。花大，单生于叶腋，有白、粉、红、紫等色。花序为总状花序。根系发达。花期7~9月，果期9~10月。**见于城区**。栽培。原产于我国。可当蔬菜，食用其幼嫩果实。

木槿 *Hibiscus syriacus* L. 锦葵科 木槿属

落叶灌木或小乔木。小枝幼时密被黄色星状绒毛，后脱落。叶菱形至三角状卵形，叶缘缺刻状。花单生于枝端叶腋间，被星状短绒毛；通常有红紫各色，少有白色及重瓣。花钟形，淡紫色，花瓣倒卵形，外面疏被纤毛和星状长柔毛。蒴果长圆形，密被黄色星状绒毛；种子肾形。花、果期7~9月。**见于吴坊营村**。观赏植物。

软枣猕猴桃 *Actinidia arguta* (Sieb. et Zucc.) Planch. ex Miq. 猕猴桃科 猕猴桃属

高大藤本。嫩枝有灰白色疏柔毛，老枝光滑。叶卵圆形、椭圆状卵形或长圆形，顶端突尖或短尾尖，基部圆形，边缘有锐锯齿，背面脉腋处有柔毛；叶柄长。腋生聚伞花序。花白色，萼片仅边缘有毛。浆果，球形到长圆形，绿黄色。花期5~6月，果期9~10月。**见于玉渡山**。生于杂木林中。鲜果可生食，果性味甘酸而寒，有解热、止渴、通淋、健胃的功效。

黄海棠（红旱莲）*Hypericum ascyron* L. 藤黄科 金丝桃属

多年生草本。全株光滑无毛。茎四棱形，淡棕色，上部有分枝。单叶对生；无叶柄；叶片卵状长圆形至披针形，先端尖，基部抱茎，边缘全缘，两面密布细小透明的腺点。花黄色，大型；萼片5，卵圆形，花瓣5，镰状倒卵形，各瓣稍偏斜而旋转。蒴果圆锥形。种子多数，长椭圆形，褐色。花期7~8月，果期8~9月。**见于玉渡山、松山**。生于山坡林缘或草丛中，路旁向阳地也常见。

赶山鞭（野金丝桃） *Hypericum attenuatum* Choisy 藤黄科 金丝桃属

多年生草本。上部多分枝，光滑，常有两条纵肋且散生黑色腺点。叶卵形、长圆形或卵状长圆形，两面及边缘散生黑色腺点。花多数，成圆锥状花序或聚伞花序。花瓣5，淡黄色，也具黑色腺点。蒴果，卵圆形。花期5~7月。**见于西大庄科村**。生于草丛中。

甘蒙柽柳 *Tamarix austromongolica* Nakai 柽柳科 柽柳属

灌木或乔木。树干和老枝栗红色，枝直立；幼枝及嫩枝质硬直伸而不下垂。叶灰蓝绿色，木质化生长枝上基部的叶阔卵形。总状花序，侧生，着花较密；花瓣5，倒卵状长圆形，淡紫红色，顶端向外反折。花期5~9月，仅春季开花。**见于康张大桥西侧**。生于盐碱土上。嫩枝、叶入药，能疏风解表、透疹、解毒利尿、祛风湿等。枝条柔韧，可编筐篓；可作为庭院观赏植物。

宽苞水柏枝 *Myricaria bracteata* Royle 柽柳科 水柏枝属

灌木。多分枝；老枝灰褐色或紫褐色，多年生枝红棕色或黄绿色，有光泽和条纹。叶密生于当年生绿色小枝上，卵形、卵状披针形、线状披针形或狭长圆形，先端钝或锐尖。总状花序顶生于当年生枝条上，密集呈穗状；苞片通常宽卵形或椭圆形，有时呈菱形，粉红色、淡红色或淡紫色。蒴果狭圆锥形。花期6~7月，果期8~9月。**见于康庄镇火烧营村**。生于岸边、湿地。

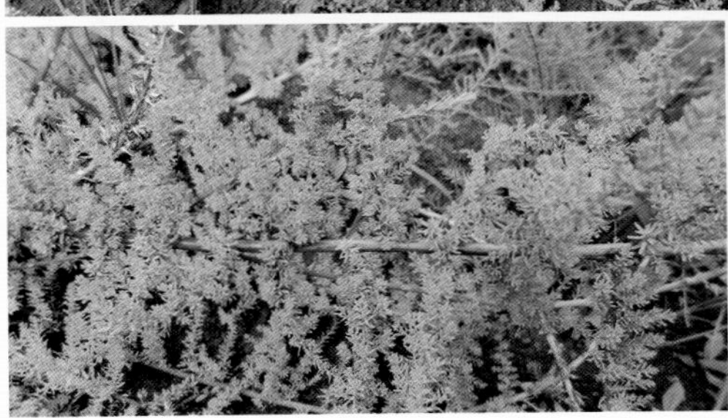

早开堇菜 *Viola prionantha* Bunge 堇菜科 堇菜属

多年生草本。根细长或稍粗，黄白色，有时近于横生。叶基生，叶片长圆状卵形或卵形；初出叶少，后出叶长；叶基部钝圆形，叶缘具钝锯齿；托叶基部和叶柄合生，叶柄上部具翅；花梗超出叶；萼片5，基部有附属物，有小齿。花瓣5；子房无毛，花柱基部微曲。蒴果，椭圆形至长圆形，无毛。花、果期4~8月。**见于滴水湖**。生于草地和山坡、道旁等处。

裂叶堇菜 *Viola dissecta* Ledeb. 堇菜科 堇菜属

多年生草本，无地上茎。根茎粗短，生数条黄白色较粗的须状根。叶基生，具长柄；叶片圆肾形，掌状3~5全裂，裂片再羽状深裂，终裂片线形。花淡紫色，具紫色条纹；萼片5，宿存；花瓣5，多不等大。蒴果成熟后裂成3瓣。花期4~6月，果期7~9月。**见于张山营镇**。生于林缘或林下、山坡和河岸附近。

北京堇菜 *Viola pekinensis* (Regel) W. Beck. 堇菜科 堇菜属

多年生草本，无地上茎。根状茎稍粗壮，短缩，绿色。叶基生，莲座状；叶片圆形或卵状心形。花淡紫色，有时近白色，距较长；通常稍高出于叶丛，近中部有2枚线形小苞片。蒴果无毛。花期4~5月，果期5~7月。**见于四海镇**。生于山坡、林缘和沟边。

总裂叶堇菜 *Viola fissifolia* Kitag. 堇菜科 堇菜属

多年生草本，无地上茎。根状茎短粗，有时粗达1.5cm，常纵裂，具多条较粗壮而肥厚的灰褐色支根。显著特征为叶片三角形，叶缘羽状中裂、浅裂或缺刻。花大，紫堇色；花瓣长圆形，里面基部有稀疏的须毛。花期4~5月。**见于张山营镇。**生于山坡、沟谷。

西山堇菜 *Viola hancockii* W. Beck. 堇菜科 堇菜属

多年生草本，无地上茎。根状茎粗壮，节密生。根粗而长，深褐色，常有分枝，生多数分枝的须根。叶多数，基生；叶片卵状心形，正面散生短柔毛，背面基部疏生短柔毛或近无毛。花近白色；花瓣长圆状倒卵形。果实长圆状。花期4~5月，果期5~6月。**见于凤凰坨。**生于阔叶林内或山坡灌丛间及草地上。

鸡腿堇菜 *Viola acuminata* Ledeb. 堇菜科 堇菜属

多年生草本，通常无基生叶。根状茎较粗，垂直或倾斜，密生多条淡褐色根。茎直立，无毛或上部被白色柔毛。叶片心形、卵状心形或卵形，先端锐尖、短渐尖至长渐尖。花淡紫色或近白色。蒴果椭圆形，长约1cm，无毛，通常有黄褐色腺点，先端渐尖。花、果期5~9月。**见于凤凰坨**。生于杂木林下或山坡草地、河谷湿地等处。全株入药，主治肺热咳嗽。嫩茎叶可作为野菜。

双花堇菜 *Viola biflora* L. 堇菜科 堇菜属

多年生草本。地上茎细，直立或斜生。根较细，斜生或匍匐，稀为直立，具结节。具2至数枚基生叶。叶通常为肾形，少为近圆形，基部心形或深心形，先端圆形，叶缘具钝齿。花1~2朵，生于地上茎的叶腋内，花瓣5，黄色；花瓣长圆状倒卵形，具褐色脉纹；侧瓣无须毛。蒴果，长圆状卵形。花、果期5~9月。**见于海坨山**。生于海拔较高的潮湿草地或针阔混交林内较阴湿的地方。

球果堇菜 *Viola collina* Bess. 堇菜科 堇菜属

多年生草本。根状茎肥厚，有结节，白色或黄褐色，淡褐色。叶基生，呈莲座状，托叶披针形，先端尖，边缘有稀疏锯齿，叶柄有狭翼，有倒生短柔毛，叶片近圆形或广卵形。花淡紫色或近白色。蒴果球形，密被白色长柔毛；果梗通常下弯，常使果实接近地面。花、果期4~7月。**见于玉渡山**。生于林下、山坡、溪谷等阴湿草丛。全草药用，能清热解毒，凉血消肿。幼苗可作野菜。

斑叶堇菜 *Viola variegata* Fisch ex Link 堇菜科 堇菜属

多年生草本。根状茎通常较短而细，节密生。叶均基生，叶片圆形或圆卵形，正面暗绿色或绿色，沿叶脉有明显的白色斑纹，背面通常稍带紫红色，两面通常密被短粗毛。花红紫色或暗紫色。蒴果椭圆形，幼果球形通常被短粗毛。种子淡褐色，附属物短。花期4~8月，果期6~9月。**见于张山营镇**。生于山坡、草地或林下和阴湿的岩石缝中。

紫花地丁 *Viola philippica* Cav. 堇菜科 堇菜属

多年生草本，高7~14cm。无地上茎，地下茎很短，主根较粗，根白色至黄褐色。叶基生，舌形，长圆形或圆状披针形，先端钝，叶基截形或楔形，叶缘具圆齿，叶柄具狭翅，托叶钻状三角形，有睫毛。萼片卵状披针形，花瓣紫堇色或紫色，侧瓣无须毛，距细管状，直或稍上弯。花、果期4~8月。**见于莲花山**。分布广，生于路旁、山坡草地和荒地等处。

细距堇菜 *Viola tenuicornis* W. Beck. 堇菜科 堇菜属

多年生草本。无地上茎。根细长。叶片卵形或卵圆形，叶基心形或近圆形，叶缘具圆齿。叶柄上端微具狭翅。花紫堇色，花瓣5，侧瓣无须毛。蒴果，椭圆形，无毛。花、果期4~8月。**见于四海镇西沟外村**。生于山坡草丛中、山坡和林下。可引种用于绿化作地被植物。

蒙古堇菜 *Viola mongolica* Franch. 堇菜科 堇菜属

多年生草本。叶数枚，基生；叶片卵状心形、心形或椭圆状心形，果期叶片较大，长2.5~6cm，宽2~5cm，边缘具钝锯齿，两面疏生短柔毛，背面有时几无毛；叶柄具狭翅，无毛。花白色；花梗细，通常高出于叶，无毛，近中部有2枚线形小苞片；侧方花瓣里面近基部稍有须毛，距管状。蒴果卵形，长6~8mm，无毛。花、果期5~8月。**见于凤凰坨**。生于山坡林下及林缘。

中华秋海棠 *Begonia grandis* subsp. *sinensis* (A. DC.) Irmsch. 秋海棠科 秋海棠属

多年生草本。有球形块茎，并有很多细长须根。茎肉质，少分枝。叶片宽卵形，薄纸质，基部心形，偏斜，边缘呈尖波状，有细尖牙齿，背面淡绿色。花单性，雌雄同株；聚伞花序腋生；花粉红色。蒴果有3翅。花期7~8月，果期9~10月。**见于黄柏寺村**。生于山谷阴湿岩石上、滴水的石灰岩边、疏林阴处、荒坡阴湿处以及山坡。块茎入药，用于痢疾、肠炎、疝气、腹痛、崩漏、痛经、赤白带、跌打损伤。

草瑞香 *Diarthron linifolium* Turcz. 瑞香科 草瑞香属

一年生草本。茎直立。叶疏生，近无柄，条形或条状披针形，全缘。花小，成顶生总状花序。花被筒状，长约4~5mm，下部绿色，上部暗红色，顶端4裂。果实卵状，黑色，有光泽，为残存的花被筒包围。花期7~8月。**见于永宁镇。**生于干燥的山地草坡上。

河蒴荛花 *Wikstroemia chamaedaphne* Meisn. 瑞香科 荛花属

落叶小灌木。有毒。分枝多而纤细，无毛，老枝棕黄色，嫩枝绿色，易折断，断面可见白色绵状纤维。单叶对生，叶柄短；叶片披针形，光滑无毛，全缘；顶生伞形花序。花被筒状，黄色。花期6~8月。**见于八达岭镇。**生于低山、沟谷。花、叶、籽和根皮都可药用，治疗水肿胀满、痰饮咳喘、急慢性肝炎、精神分裂症、癫痫、并用于人工引产。其纤维又可供造纸用。

狼毒 *Stellera chamaejasme* L. 瑞香科 狼毒属

多年生高山草本。根圆柱形。茎丛生，平滑无毛，下部几木质，褐色或淡红色。单叶互生，较密；狭卵形至线形，全缘，两面无毛；老时略带革质；叶柄极短。头状花序顶生，花多数；萼常呈花冠状，白色或黄色，带紫红色，萼筒呈细管状。果卵形，为花被管基部所包。花期5~6月。**见于海坨山。**生于高山及草原。根有毒，可入中药，有祛痰、止痛等作用。

沙枣 *Elaeagnus angustifolia* L. 胡颓子科 胡颓子属

落叶乔木，高5~10m，无刺或具刺；幼枝密被银白色鳞片，老枝鳞片脱落，红棕色，光亮。叶矩圆状披针形，全缘，背面灰白色，密被白色鳞片。花银白色，芳香，常1~3花簇生新枝。果实椭圆形，粉红色；果肉乳白色，粉质。花期5~6月，果期9月。**见于上郝庄村。**人工栽培。原产于西亚。果肉含有糖分、淀粉、蛋白质、脂肪和维生素，可以生食或熟食；叶干燥后研碎加水服，对治肺炎、气短有效。

沙棘 *Hippophae rhamnoides* L. 胡颓子科 沙棘属

落叶灌木或乔木。具刺，新枝密被银白色而带褐色鳞片或有时具白色星状毛，老枝灰黑色，粗糙。单叶通常近对生；狭披针形或长圆状披针形，正面绿色，初被白色盾形毛或星状毛，背面银白色或淡白色。花黄色，花4瓣。果实圆球形，橙黄色或橘红色。花期4~5月，果期9~10月。**见于北梁村**。沙棘果实入药具有止咳化痰、健胃消食、活血散瘀之功效。

紫薇 *Lagerstroemia indica* L. 千屈菜科 紫薇属

落叶灌木或小乔木。树皮平滑，灰色或灰褐色；枝干多扭曲，小枝纤细，具4棱，略成翅状。叶互生或有时对生，纸质，椭圆形，无柄或叶柄很短。花淡红色或紫色、白色。蒴果椭圆状球形或阔椭圆形，幼时绿色至黄色，成熟时或干燥时呈紫黑色，室背开裂；种子有翅。花期6~9月，果期9~12月。**见于延庆县城康安小区公园**。栽培。原产于我国。供观赏。

千屈菜 *Lythrum salicaria* L. 千屈菜科 千屈菜属

多年生湿地草本。根茎横卧于地下，粗壮。茎直立，多分枝。叶对生或三叶轮生，披针形或阔披针形，略抱茎。花组成小聚伞花序，簇生；苞片阔披针形，花冠红紫色或淡紫色；花柱长短不一。蒴果扁圆形。花期6~7月。**见于蔡家河**。全株可入药，可治痢疾、肠炎等症；外伤止血功效；可作水边花卉栽培观赏。

耳基水苋菜 *Ammannia auriculata* Willd. 千屈菜科 水苋菜属

一年生草本。茎四方，草本直立，有分枝。单叶，十字对生，长披针型或线形。花腋生一朵，紫红色；花瓣4或5枚，呈倒卵形，雄蕊5枚，雌蕊柱单一。紫红色圆球形的蒴果，成熟时会不规则开裂，散播出许多细小广卵圆形的种子。**见于库滨带**。生于湿地或稻田中。

欧菱（格菱）*Trapa natans* L. 菱科 菱属

一年生浮水草本。叶二型，沉水叶羽状细裂，漂浮叶聚生于茎顶，成莲座状，三角形，边缘具齿，叶柄长5~10cm，中部膨胀成宽约1cm的海绵质气囊；花两性，白色，单生于叶腋；坚果连角宽4~5cm，两侧各有一硬刺状角，紫红色。花期6~8月。**见于西湖南岸边**。果实富含淀粉，供食用或酿酒；药用有强壮、解热之功效。

谷蓼 *Circaea erubescens* Franch. et Savat. 柳叶菜科 露珠草属

多年生草本植物。植株高度40~70cm，近无毛或全无毛。茎直立，光滑，节间的基部略膨大。叶对生，狭卵形或卵状披针形，先端短尖或渐尖，基部近圆形，边缘具不明显疏锯齿，正面沿叶脉及边缘疏生短曲毛，背面常无毛；叶柄长2~4cm。总状花序顶生和腋生；花有细梗；苞片小；萼筒卵圆形，紫红色，狭卵形，疏生腺毛，裂片2，向下反折；花瓣2，粉红色，先端2深裂，较萼裂为短，倒卵形；雄蕊2，花丝细弱，外伸；子房下位，2室，花柱细弱，比花瓣长，外伸，柱头头状。果实坚果状，倒卵状球形，具4纵沟，密被钩状毛，内有2粒。果梗较果实长1.5~2倍，疏被短毛，通常下垂。花期7~8月。**见于延庆凤凰坨**。生于林下阴湿或沟旁。全草入药，功效祛风除湿、解毒。

心叶露珠草 *Circaea cordata* Royle 柳叶菜科 露珠草属

多年生草本。根茎横走，枝密生茸毛。叶心形或广卵形，先端急渐尖，基部心形，全缘或稀有的波状齿，两面有毛。总状花序顶生，花具小柄，密生短柔毛。萼片绿色。花瓣白色。果实近球形，有沟，密生淡褐色钩状毛。花期6~8月。**见于四司村**。生于草地。

高山露珠草 *Circaea alpina* L. 柳叶菜科 露珠草属

多年生草本。具地下匍匐茎。叶对生；叶片卵状三角形或阔卵形，正面疏被短柔毛，背面常带紫色。花序轴被短柔毛；花小；两性；萼筒卵形，裂片2，紫红色，卵形，花瓣2，白色，倒卵形。果实坚果状，棒状，外面密生钩状毛；果柄稍长于果实。花期7~9月。**见于海坨山、凤凰坨等地**。生于山地草甸或林下。全草入药：具有养心安神、消食、止咳、解毒、止痒作用。主治心悸、失眠、多梦、疳积、咳嗽疮疡脓肿、湿疣、癣痒等症。

月见草 *Oenothera biennis* L. 柳叶菜科 月见草属

二年生草本。直立，不分枝或分枝，被曲柔毛与伸展长毛，在茎枝上端常混生有腺毛。基生莲座叶丛紧贴地面，倒披针形，边缘疏生不整齐的浅钝齿，两面被曲柔毛与长毛。花序穗状；花瓣黄色。蒴果锥状圆柱形，向上变狭。花期7~9月。**见于官厅水库淹没区**。栽培。原产于英国。花可提制芳香油；种子可榨油食用和药用；茎皮纤维可制绳；可治疗多种疾病，调节血液中类脂物质，对高胆固醇、高血脂引起的冠状动脉梗塞、粥样硬化及脑血栓等症有显著疗效。

柳叶菜 *Epilobium hirsutum* L. 柳叶菜科 柳叶菜属

多年生湿地草本。根茎粗壮而坚硬，簇生须根。茎直立，上部分枝，密生白色长柔毛及短腺毛。茎下部叶对生，上部叶互生，无柄；叶片长圆形至椭圆状披针形，两面均被长柔毛，边缘具细锯齿。花单生于叶腋；花瓣，先端凹缺成2裂，淡紫红色。蒴果圆柱形。种子长圆状椭圆形，先端有一簇白色种缨。花期6~8月。**见于汉家川村**。生于湿地或路旁。全草入药，有收敛止血功效。

小花柳叶菜 *Epilobium parviflorum* Schreb. 柳叶菜科 柳叶菜属

多年生沼生草本。直立，在上部常分枝，周围混生长柔毛与短的腺毛，下部被伸展的灰色长柔毛。叶对生，茎上部互生，狭披针形或长圆状披针形。总状花序直立；苞片叶状。花直立，花蕾长圆状倒卵球形，密被直立短腺毛；花瓣粉红色至鲜玫瑰紫红色。蒴果。花期6~9月，果期7~10月。**见于滴水湖**。多生于山坡、水旁或路边等处。

毛脉柳叶菜 *Epilobium amurense* Hausskn. 柳叶菜科 柳叶菜属

多年生草本，高20~60cm；茎具2条细棱，棱上密生曲柔毛，其余部分近无毛。叶对生，上部的互生，长椭圆形至卵形，边缘具不规则细齿，两面脉上被短柔毛，具短柄。花两性，单朵腋生，通常粉红色；花萼裂片4，外被短毛；花瓣4，倒卵形，顶端凹缺；雄蕊8，4长4短；子房下位，被曲柔毛，柱头头状。蒴果圆柱形，散生短柔毛；种子近矩圆形。花期7~8月。**见于玉渡山**。生于湿地。

光滑柳叶菜 *Epilobium amurense* subsp. *cephalostigma* (Hausskn.) C. J. Chen 柳叶菜科 柳叶菜属

多年生沼生草本。茎常多分枝，上部被曲柔毛，无腺毛，中下部具不明显的棱线，但不贯穿节间。叶长圆状披针形至狭卵形，基部楔形。花较小；萼片均匀地被稀疏的曲柔毛。花期6~8月，果期8~9月。**见于玉渡山**。生于中低山河谷与溪沟边、林缘、草坡湿润处，海拔600~2100m。

沼生柳叶菜 *Epilobium palustre* L. 柳叶菜科 柳叶菜属

多年生沼生草本。茎上部被曲柔毛。花两性，单生于上部叶腋，粉红色；花萼裂片4，外疏被短柔毛；花瓣4，倒卵形，先端凹缺。蒴果圆柱形，被曲柔毛，种子顶端有1簇白色种缨。花期8月。**见于官厅淹没区**。生于沼泽地及山坡湿润处。全草入药，清热，疏风，镇咳，止泻。主治风热咳嗽，声嘶，咽喉肿痛，支气管炎，高热下泻。

被子植物门 Angiospermae

多枝柳叶菜 *Epilobium fastigiatoramosum* Nakai 柳叶菜科 柳叶菜属

多年生草本。叶对生，花序上的叶互生，无柄或具很短的柄，狭椭圆形至椭圆状披针形。花序直立，密被曲柔毛与腺毛。花直立，花蕾长圆状椭圆形，花瓣白色，倒心形或狭倒卵形，蒴果，被曲柔毛。种子狭倒卵状或狭倒披针状。花期7~8月，果期8~9月。**见于香营乡云盘沟**。生于阴湿地。

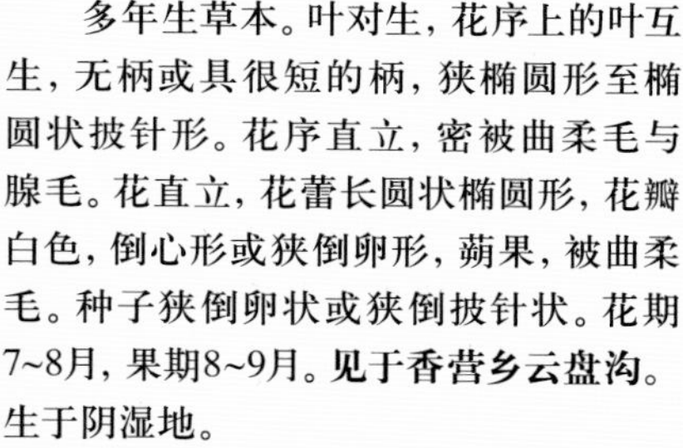

柳兰 *Chamerion angustifolium* (L.) Holub 柳叶菜科 柳兰属

多年生沼生草本。根状茎匍匐。茎直立。单叶互生，叶长披针形，全缘或有细锯齿。总状花序长穗状，花序顶生，伸长，苞片线形，两性，紫红色或淡红色；裂片4，线状倒披针形，微带紫红色；花瓣倒卵形。蒴果圆柱形。花期6~8月。**见于海坨山**。生于山坡林缘、林下及河谷湿草地。根状茎或全草入药，有小毒，能调经活血、消肿止痛，主治月经不调、骨折、关节扭伤。嫩叶可当菜吃。

轮叶狐尾藻 *Myriophyllum verticillatum* L. 小二仙草科 狐尾藻属

多年生水生草本。根状茎生于泥中。茎柔软，有分枝。叶通常4~5片轮生，线状全裂。花单生于水上叶的叶腋，雌雄同株。花期6~8月。**见于妫河**。生于水中。

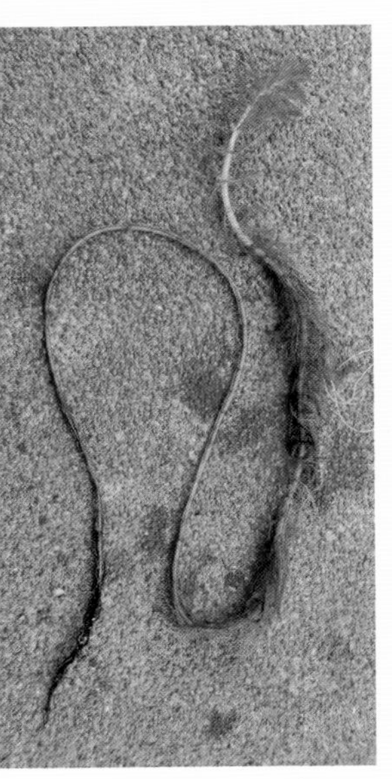

穗状狐尾藻 *Myriophyllum spicatum* L. 小二仙草科 狐尾藻属

水生草本。根状茎生于泥中，节部生长不定根。茎圆柱形，直立，常分枝。叶无柄，丝状全裂。穗状花序生于水面之上，雌雄同株顶生或腋生，雄花生于花序上部，雌花生于花序下部。果球形。花期8月。**见于千家店镇**。多生长在池塘或河流中。可作观赏植物；可作饲料。

杉叶藻 *Hippuris vulgaris* L. 杉叶藻科 杉叶藻属

多年生挺水或沉水草本。具根状茎，植株上部常露出水面。茎直立，具关节，不分枝。叶轮生，条形，全缘。花小，通常两性，较少单性，无花梗，单生于叶腋；无花被。核果椭圆形。**见于千家店镇。**清热凉血，生津养液。

辽东楤木 *Aralia elata* (Miq.) Seem. 五加科 楤木属

落叶小乔木。树皮灰色，密生坚刺，老时渐脱落。小枝淡黄色，疏生细刺。叶大，互生，二至三回单数羽状复叶，常集生于枝端；叶柄有刺；小叶多数，正面暗绿色，背面粉绿带灰蓝色。由多数小伞形花序组成圆锥花序，大而密；花瓣，淡黄白色。花期7~8月。**见于西三岔村。**生于森林中。芽用于健胃，止泻，利水。用于气虚无力，颅外伤后无力综合症，肾虚，阳痿，风湿痛，胃痛，肝炎，消渴，肾炎水肿。

东北土当归 *Aralia continentalis* Kitag. 五加科 楤木属

多年生草本。地下具有块状粗根茎。叶为二至三回羽状复叶。圆锥花序，顶生或腋生，分枝较密，花瓣5，三角状卵形。果实具5棱。花期7~8月，果期8~10月。**见于千家店镇牤牛沟村**。生于山坡草丛或林荫下。根可入药，具有祛风活血的功效。

无梗五加 *Eleutherococcus sessiliflorus* (Rupr. et Maxim.) S. Y. Hu 五加科 五加属

落叶灌木或小乔木。树皮暗灰色，有纵裂纹。枝灰色，无刺或散生粗壮平直的刺。掌状复叶；小叶3~5，倒卵形或长椭圆状倒卵形，稀椭圆形，边缘有不整齐锯齿。花序为数个球形头状花序组成的顶生圆锥花序；花多数；总花梗密生白色绒毛；花瓣5，浓紫色，外面初有毛，后毛脱落。果倒卵球形，长1~1.5cm，黑色，宿存花柱长达3mm。花期8月。**见于莲花山**。生于森林或灌丛中。根、皮有祛风湿、强筋通络之效。

刺五加（老虎聊子）*Eleutherococcus senticosus* (Rupr. et Maxim.) Maxim. 五加科 五加属

落叶灌木。茎通常被密刺并有少数笔直的分枝，有时散生，通常很细长，一般在叶柄基部刺较密。掌状复叶具5小叶，纸质，有短柄，正面有毛或无毛，边缘有锐尖重锯齿。伞形花序单个顶生或2~4个聚生，具多花；花紫黄色，花瓣5，卵形。花期7~8月。**见于玉渡山**。根皮及茎皮入药，有舒筋活血、祛风湿之效。

变豆菜 *Sanicula chinensis* Bunge 伞形科 变豆菜属

多年生草本。茎直立，上部二歧分枝。基生叶及茎下部叶具长柄；叶片掌状3全裂，偶5裂。花序二至三回叉状分枝，成二歧聚伞状。花瓣绿白色，倒卵形，先端内折，比萼齿短。双悬果，卵圆形，密生硬钩刺。花期6~9月。**见于玉渡山**。生于山坡的较湿润处。

迷果芹 *Sphallerocarpus gracilis* (Bess.) K.-Pol. 伞形科 迷果芹属

二年生草本。根块状或圆锥形。茎圆形，多分枝，有细条纹，下部密被或疏生白毛，上部无毛或近无毛。基生叶早落或凋存；茎生叶二至三回羽状分裂，二回羽片卵形或卵状披针形。复伞形花序顶生和侧生；花瓣倒卵形，顶端有内折的小舌片。果实椭圆状长圆形。花期7~9月。**见于熊洞沟村**。生长在菜园地、山坡路旁、村庄附近及荒草地上。栽培供观赏。

峨参 *Anthriscus sylvestris* (Linn.) Hoffm. 伞形科 峨参属

多年生山上湿地草本。茎较粗壮。基生叶有长柄；叶片轮廓呈卵形，二回羽状分裂，羽状全裂或深裂。复伞形花序。不等长；花白色。果实长卵形至线状长圆形，顶端渐狭成喙状，合生面明显收缩，果柄顶端常有一环白色小刚毛。花期4~5月。**见于玉渡山、松山**。生于林缘草地、山沟溪边，用于跌打损伤，腰痛，肺虚咳嗽，咳嗽咯血，脾虚腹胀，四肢无力，老人尿频，水肿；叶外用治创伤。

芫荽 *Coriandrum sativum* L. 伞形科 芫荽属

一年生草本。无毛。具香气。根细圆锥形，淡白色。茎直立，疏分枝。基生叶和下部茎生叶具长柄，羽状缺刻或牙齿状。小伞形花序；白色或粉红色。花柱果时外弯。双悬果球形，淡褐色。花、果期5~7月。**见于北关菜园**。栽培。原产于南欧地中海沿岸。为蔬菜植物。果可提芳香油。种子可入药，为芳香祛风、健胃剂。

北柴胡 *Bupleurum chinense* DC. 伞形科 柴胡属

多年生草本。主根较粗大，棕褐色，质坚硬。茎单一或数茎，表面有细纵槽纹，实心，上部多回分枝，微作之字形曲折。基生叶倒披针形，顶端渐尖，基部收缩成柄，早枯落；叶表面鲜绿色，背面淡绿色，常有白霜。复伞形花序很多；花瓣鲜黄色，上部向内折。果广椭圆形，棕色，两侧略扁。花期9月。**见于孟官屯村**。生于较干燥的山坡、林缘、林中隙地、草丛及路旁。根、茎入药，名柴胡，能解表和里、升阳、疏肝解郁。

黑柴胡 *Bupleurum smithii* Wolff 伞形科 柴胡属

多年生草本。根黑褐色，质松，多分枝。常丛生；数茎直立或斜升，粗壮，有显著的纵槽纹。叶多，质较厚，基部叶丛生，叶基带紫红色，扩大抱茎；花瓣黄色，有时背面带淡紫红色；花柱基干燥时紫褐色。果棕色，卵形。花期7~8月，果期8~9月。**见于海坨山**。生于海拔1400~3400m的山坡草地、山谷、山顶阴处。黑柴胡的根可用于感冒发热；可栽培观赏。

红柴胡 *Bupleurum scorzonerifolium* Willd. 伞形科 柴胡属

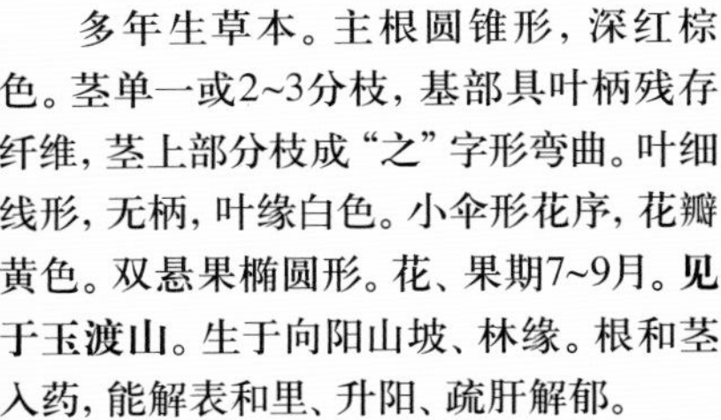

多年生草本。主根圆锥形，深红棕色。茎单一或2~3分枝，基部具叶柄残存纤维，茎上部分枝成“之”字形弯曲。叶细线形，无柄，叶缘白色。小伞形花序，花瓣黄色。双悬果椭圆形。花、果期7~9月。**见于玉渡山**。生于向阳山坡、林缘。根和茎入药，能解表和里、升阳、疏肝解郁。

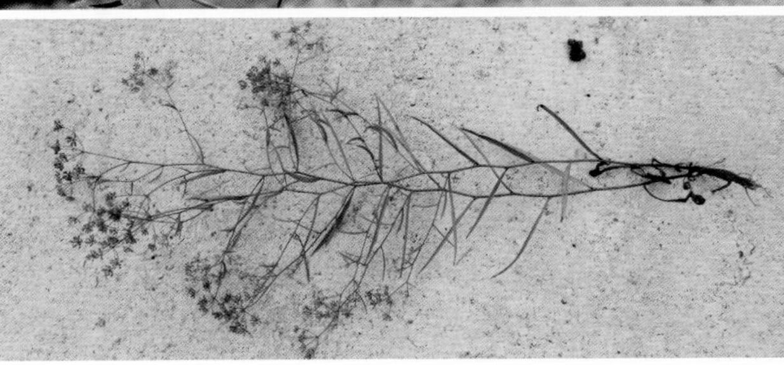

毒芹 *Cicuta virosa* L. 伞形科 毒芹属

多年生沼生草本。有毒植物。根状茎绿色，节间相接，内部有横隔。茎粗，中空，分枝。二至三回羽状复叶；小伞形花序球形，花白色。双悬果卵形。花期7~8月。**见于暖水面村**。生于沼泽地、水边或沟边。根状茎入药，外用拔毒，祛瘀。用于化脓性骨髓炎，并可用于灭臭虫。

田葛缕子 *Carum buriaticum* Turcz. 伞形科 葛缕子属

二年生草本。无毛。根纺锤形，肥厚。茎直立，基部被淡褐色基生叶残迹。茎生叶的叶鞘具狭膜质边缘，全缘，叶片轮廓长圆状卵形。小伞形花序具10~20朵花，花瓣白色。双悬果，椭圆形，两侧稍压扁，褐色，无毛，果棱丝状。花期5~6月。**见于西羊坊村**。生于平原荒地、撂荒地、丘陵或山谷草地。

防风 *Saposhnikovia divaricata* (Turcz.) Schischk. 伞形科 防风属

多年生草本。根粗壮，细长圆柱形，分歧，淡黄棕色。茎单生，自基部分枝较多，斜上升，与主茎近于等长，有细棱。复伞形花序多数，生于茎和分枝。花瓣白色。双悬果狭圆形或椭圆形，幼时有疣状突起，成熟时渐平滑。花期8~9月，果期9~10月。**见于玉渡山**。生于干旱山坡。根入药，祛风解表、胜湿止痛、解痉、止痒。

泽芹 *Sium suave* Walt. 伞形科 泽芹属

多年生沼生草本。有成束的纺锤状根和须根。茎直立，粗大，光滑，有条纹，有少数分枝，通常在近基部的节上生根。叶为一回奇数羽状复叶，具3~9对小叶，小叶无柄，远离。复伞形花序顶生和侧生，花序梗粗壮，花白色。果实卵形，分生果的果棱肥厚。花期8~9月，果期9~10月。**见于田宋营村**。生于沼泽、湿草甸子、溪边、水边较潮湿处。

绒果芹 *Eriocycla albescens* (Franch.) Wolff 伞形科 绒果芹属

多年生草本。全株被短粗毛，带淡灰绿色。茎直立，基部疏分枝。叶质硬，下部叶长圆形，羽状全裂。复伞形花序，花瓣白色，背面微被短硬毛；花柱基圆锥形，花时黄色，果时变紫色。双悬果，椭圆形。花期8~9月，果期9~10月。**见于四海镇**。生于石灰岩山地。

水芹 *Oenanthe javanica* (Bl.) DC. 伞形科 水芹属

多年生沼生草本。根茎不肥大。基生叶有柄，一至二回羽状分裂，小叶边缘有牙齿或圆齿状锯齿，茎上部叶无柄，裂片和基生叶的裂片相似。复伞形花序顶生，小伞形花序不为球形；花瓣白色，倒卵形，有一长而内折的小舌片；花柱基圆锥形，花柱直立或两侧分开。果实近于四角状椭圆形或筒状长圆形。花期6~7月。**见于田宋营村**。用于感冒发热、呕吐腹泻、尿路感染、崩漏、白带、高血压，平肝降压、镇静安神、利尿、抗癌防癌与养颜美容、促进食欲、保胃祛痰、降低血糖。嫩时作凉拌食用。

蛇床 *Cnidium monnieri* (L.) Cuss. 伞形科 蛇床属

一年生草本。茎有分枝，疏生细柔毛。基生叶轮廓长圆形或卵形，二回至三回羽状全裂；一回羽片3~4对；二回羽片具短柄或无柄，披针形；最终裂片线形或线状披针形。复伞形花序，花瓣白色。双悬果，椭圆形。花期6~7月，果期7~8月。**见于西卓家营村**。生于丘陵、低山及平原湿地，常成片。果实称蛇床子，能祛风、燥湿、杀虫、止痒。果含芳香油，供配制香水及香精用。

辽藁本 *Ligusticum jeholense* (Nakai et Kitag.) Nakai et Kitag. 伞形科 藁本属

多年生草本。根状茎呈不规则的团块，有浓香味。茎直立，中空，表面有纵直沟纹。基生叶三角形，二回羽状全裂，卵形，边缘不整齐羽状深裂。复伞形花序有乳头状粗毛；总苞片数个，狭条形，不成鞘状；伞幅，不等长；花白色，萼齿不显。双悬果宽卵形。花期7~8月。**见于玉渡山**。生于山地草丛中。根入药，治风寒头痛、腹痛泄泻，外用治疥癣等。

岩茴香（丝叶藁本）*Ligusticum tachiroei* (Franch. et Savat.) Hiroe et Constance 伞形科 藁本属

多年生草本。高15~30cm；茎直立，有分枝。基生叶及茎下部叶宽三角状卵形，羽状或三出羽状多裂，最终裂片丝状条形。复伞形花序，总花梗、伞幅及花梗内面有乳头伏毛；花白色或淡红色。双悬果卵状长椭圆形，侧扁。**见于海坨山**。生长于海拔1200~2500m的地区，常生长在河岸湿地、石砾荒原和岩石缝间。根入药，治伤风感冒、跌打损伤。

细叶藁本 *Ligusticum tenuissimum* (Nakai) Kitag. 伞形科 藁本属

多年生草本。根分叉，深褐色，有深烈香气。茎圆柱形，中空，具纵条纹，带紫色，上部分枝呈“之”字形弯曲。基生叶具长柄，早枯。花瓣白色，倒卵形，先端微凹。花期8~9月，果期9~10月。**见于海坨山**。生于多石质山坡林下。主治风寒感冒、感冒夹湿、头痛、风寒湿痹、寒疝痛。

白芷 *Angelica dahurica* (Fisch. ex Hoffm.) Benth. et Hook. f. ex Franch. et Savat. 伞形科 当归属

多年生草本。主根粗大，具香气。有分枝。茎深紫色，密生短硬毛。下部叶及中部叶三角形，二至三回羽状深裂，最终裂片卵状披针形或近条形。复伞形花序；无总苞；伞幅，密生柔毛；叶柄基部膨大成鞘状，花序下部叶鞘卵形，通常离茎张开。小总苞片钻形，有缘毛；花白色，双悬果宽椭圆形。花期7月。**见于大庄科乡。**生于山坡草丛及沟滩。根供药用，治风湿性关节炎、腰腿疼痛。

拐芹 *Angelica polymorpha* Maxim. 伞形科 当归属

多年生草本。根圆锥形。茎单一或上部稍分枝，具钝棱，上部带紫色。基生叶及茎下部叶有长柄；小叶柄通常呈弧状弯曲，二至三回羽状全裂或复叶。复伞形花序，花瓣白色。双悬果的侧翅与果体近相等宽。花期8月，果期9月。**见于莲花山。**生于山沟阴湿处、灌丛间海拔800~1300m处。

山芹 *Ostericum sieboldii* (Miq.) Nakai 伞形科 山芹属

多年生山上湿地草本。有分枝。基生叶及茎下部叶三角形，一至二回羽状全裂，最终裂片卵形至披针形，边缘有尖锐锯齿，在叶脉上及边缘有微粗毛，背面无毛；叶柄粗。复伞形花序有毛；无总苞或有数片，条形至披针形；伞幅；花白色。双悬果宽圆形。花期7~8月，果期8~9月。**见于大庄科乡**。生于林下、沟谷湿地。可以栽培食用。

大齿山芹 *Ostericum grosseserratum* (Maxim.) Kitag. 伞形科 山芹属

多年生草本。根细长，纺锤形，单一或有分枝。茎直立，上部稍分枝。基生叶及茎下部叶有长柄；叶片二至三回三出羽状全裂，最终裂片具短柄或无柄；广卵形、卵形或卵状披针形。复伞形花序，顶生及侧生，花瓣白色。双悬果，广椭圆形，背腹扁。有香气。花期7~8月。**见于井庄镇**。生于杂木林中、林缘、山坡草地上。全株可提取芳香油。根入药，治脾胃虚寒、咳嗽等症。

柳叶芹 *Czernaevia laevigata* Turcz. 伞形科 柳叶芹属

二年生草本。根圆柱形，有数个支根。茎直立。叶二回羽状全裂，轮廓为三角状卵形，或长圆卵形。复伞形花序，花白色，花瓣倒卵形，顶端内卷。果实近圆形或阔卵圆形。花期7~8月，果期9~10月。**见于玉渡山。**生长于河岸、沿河的牧场、草地、灌丛、阔叶林下及林缘。可作饲草。

硬阿魏 *Ferula bungeana* Kitag. 伞形科 阿魏属

多年生草本。无毛。根圆柱形，粗壮，根茎上残存有枯萎的棕黄色叶鞘纤维。茎细，单一，从下部向上分枝成伞房状，二至三回分枝，下部枝互生，上部枝对生或轮生，枝上的小枝互生或对生。基生叶莲座状，有短柄，柄的基部扩展成鞘；叶片二至三回羽状全裂，末回裂片长椭圆形或广椭圆形，再羽状深裂，小伞形花序；花瓣黄色。分生果广椭圆形。花期5~6月，果期7~8月。**见于康张路边。**生于干燥的沙地上。

石防风 *Peucedanum terebinthaceum* (Fisch. ex Trevir.) Ledeb. 伞形科 前胡属

多年生草本。根圆柱形或近纺锤形，灰黄色或黑褐色。茎近无毛；茎带有红色。基生叶三角状卵形，二回三出式羽状全裂，一回裂片卵形至披针形，最终裂片披针形，边缘有缺刻状牙齿，无毛或上面叶脉有粗毛。复伞形花序；花梗多数；花白色。双悬果卵状椭圆形。花期8~9月。**见于小云盘沟村**。生于干旱山地草丛中。根入药，治感冒、咳嗽。

短毛独活 *Heracleum moellendorffii* Hance 伞形科 独活属

多年生草本。根圆锥形，多分枝，淡灰棕色至黑棕色。高1~2m，有分枝，全体有柔毛。基生叶宽卵形，三出式羽状全裂，宽卵形或近圆形，不规则3~5浅裂至深裂，边缘有尖锐粗大锯齿；茎上部叶有膨大的叶鞘。复伞形花序；花白色。双悬果矩圆状倒卵形，扁平，有短刺毛。花期7月。**见于松山**。生于山坡林下。根入药，治风湿、腰膝酸痛及头痛等。嫩时可以凉拌食用。

红瑞木（红条）*Cornus alba* L. 山茱萸科 山茱萸属

落叶灌木。枝血红色，无毛，常被白粉，髓部很宽，白色。单叶，对生，卵形至椭圆形。伞房状聚伞花序顶生；花小，黄白色。核果斜卵圆形，花柱宿存，成熟时白色或稍带蓝紫色。花期5~6月。**见于松山。**常生于溪流边或山地杂木林中。种子含油约30%，供工业用。

沙梾 *Cornus bretschneideri* L. Henry 山茱萸科 山茱萸属

落叶灌木。树皮红紫色，光滑。单叶对生，卵形、椭圆状卵形或矩圆形，顶端渐尖，基部常近圆形或微心形；正面绿色，有短柔毛并杂有粗毛，背面灰白色。伞房状聚伞花序较密；花乳白色；花瓣卵状披针形。核果近球形，蓝黑色。花期6~7月。**见于上水沟村。**常生于山坡杂木林中。可以栽培观赏。

山茱萸（山萸肉）*Cornus officinalis* Sieb. et Zucc. 山茱萸科 山茱萸属

落叶灌木或乔木。树皮灰褐色。单叶，对生，叶片卵状披针形或卵状椭圆形；正面绿色，无毛；背面浅绿色，脉腋密被淡褐色丛毛。伞形花序，顶生或腋生，花序基部具4枚总苞片，花瓣4，舌状披针形，黄色，向外反卷。核果，长椭圆形，光滑，熟时红色，果皮干后成网状纹。种子长椭圆形。花期4~5月，果期9~10月。**见于井庄镇**。原产于欧洲中部及南部、亚洲东部及北美东部。果实称"山萸肉"，供药用，味酸涩，性微温，为收敛性强壮药，具有补肝肾、止汗功效。

日本鹿蹄草 *Pyrola japonica* Klenze ex Alef. 鹿蹄草科 鹿蹄草属

多年生常绿草本。基生叶，椭圆形或卵状椭圆形，先端钝圆，基部圆形或宽楔形，边缘有不明显的疏腺齿。总状花序生于花莛的上部；花莛上仅有1鳞片叶或无，披针形；花瓣5，白色。蒴果，扁球形。花期6~7月，果期8~9月。**见于海坨山**。生于海拔1400m以上的林下。全草入药，有祛风湿、强筋骨、解毒、止血的功效。

松下兰 *Monotropa hypopitys* L. 鹿蹄草科 松下兰属

多年生腐生草本。肉质，白色或淡黄色，干后变黑色。根分枝多而密，外包一层菌根。茎直立，无毛或中部以上有毛。叶鳞片状，直立，上部较稀疏，下部稍密集，卵状长圆形，上部有不整齐的缘锯齿，无叶柄。总状花序生于顶部，花筒状钟形初下垂，后逐渐直立，淡黄色。蒴果，椭圆状球形。花期6~7月，果期8~9月。**见于张山营镇西大庄科村**。生于林中湿地。

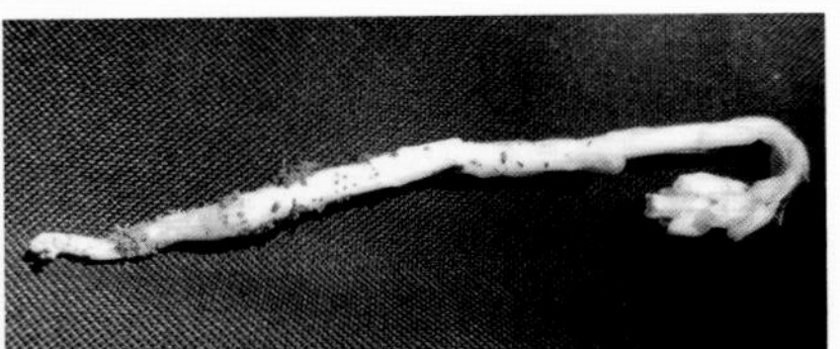

迎红杜鹃 *Rhododendron mucronulatum* Turcz. 杜鹃花科 杜鹃属

落叶灌木。分枝多，小枝细长。叶散生，质薄，椭圆形至长圆形，两端尖，边缘稍有齿，背面有鳞片。侧生花芽2~5个，簇生枝顶，每芽生花1朵；花淡紫色，先叶开放；花梗极短，具鳞片；萼小，三角形；花冠漏斗状，裂片达中部。蒴果，圆柱形，有鳞片。花期5~6月。**见于张山营镇**。生于林下及灌丛中。可作栽培观赏；叶入药，有祛痰、止咳等功效。

照山白 *Rhododendron micranthum* Turcz. 杜鹃花科 杜鹃属

半常绿灌木。多分枝，幼枝有褐色垢鳞。叶集生枝顶，革质，椭圆状长圆形或倒披针形，先端钝尖，基部楔形，背面密生垢鳞，干时呈铁锈色。总状花序顶生，多花密集；花小，乳白色；花冠钟状。蒴果，柱状。花期5~7月。**见于燕羽山**。生于林下，灌木丛中。有剧毒，幼叶毒更烈，牲畜误食易中毒死亡。枝叶入药有祛风、通络、调经止痛、化痰止咳功效。

假报春（河北假报春、北京假报春）*Cortusa matthioli* L. 报春花科 假报春属

多年生草本。基生叶，密被淡棕色绵毛；叶片薄，心状圆形，基部深心形，边缘有明显的浅裂。花莛细长，被疏长柔毛和腺毛，伞形花序，侧偏排列；花梗柔弱不等长，被短腺毛；花萼钟状，裂片披尖形，与萼筒等长；花冠紫红色，钟状。蒴果。花期6月，果期7~8月。**见于海坨山**。生于亚高山草甸及山地林下草地。可栽培观赏。

岩生报春 *Primula saxatilis* Kom. 报春花科 报春花属

多年生草本。具短而纤细的根状茎，叶片阔卵形至矩圆状卵形，先端钝，基部心形，边缘具缺刻状或羽状浅裂，正面深绿色，被短柔毛，背面淡绿色，被柔毛。伞形花序，苞片线形至矩圆状披针形，疏被短柔毛，有时先端具齿；花梗稍纤细，直立或稍下弯，被柔毛或短柔毛；花冠淡紫红色，花期5~6月。**见于珍珠泉乡**。生于阴坡沟谷、灌丛中。

粉报春 *Primula farinosa* L. 报春花科 报春花属

多年生湿地草本。具极短的根状茎和多数须根。叶多数，形成较密的莲座丛，叶片矩圆状倒卵形、窄椭圆形或矩圆状披针形，先端近圆形或钝，基部渐狭窄，边缘具稀疏小牙齿或近全缘，背面被青白色或黄色粉。花葶稍纤细，近顶端通常被青白色粉；伞形花序顶生，通常多花；苞片多数，狭披针形；花萼钟状，花冠淡紫红色，冠筒口周围黄色。蒴果筒状。花期5~6月。**见于滴水壶**。生于湿润的岩石缝中。可栽培观赏。

箭报春 *Primula fistulosa* Turkev. 报春花科 报春花属

多年生草本。根状茎极短，具多数须根。叶丛稍紧密。叶片矩圆形至矩圆状倒披针形，先端渐尖或稍钝，基部渐狭窄，边缘具不整齐的浅齿。花葶粗壮，中空，呈管状；伞形花序通常多花，密集呈球状；花冠玫瑰红色或红紫色。蒴果球形，与花萼近等长。花期5~6月。**见于玉渡山**。生于溪旁。

胭脂花 *Primula maximowiczii* Regel 报春花科 报春花属

多年生草本。全株无毛。叶基生，长圆状倒披针形或倒卵状披针形，边缘有细三角形牙齿。花莛粗壮，有1~3轮伞形花序；苞片披针形，先端渐尖，基部相互连合；花萼钟状；花冠暗红色。蒴果，圆柱形，伸出萼外。花期6月，果期7~8月。**见于海坨山**。生于亚高山草甸、山地林下。

点地梅 *Androsace umbellata* (Lour.) Merr. 报春花科 点地梅属

一年生小草本。全株被长柔毛。叶基生，圆形，边缘有多数三角状钝牙齿。花莛通常数条自基部抽出，直立；伞形花序；花萼杯状；花冠白色。蒴果，扁卵球形。花期4~5月。**见于大庄科**。生于荒地，沟边。全草入药，有清凉解毒、消肿止痛的功效，治咽喉痛。

海乳草 *Glaux maritima* L. 报春花科 海乳草属

多年生湿地小草本。根成束，粗壮，根状茎横走，节上有对生膜质鳞片。茎单一或下部分枝。叶交互对生，密集，肉质；叶片披针形，全缘。花小，腋生，花萼钟形，花瓣状，粉白色至蔷薇色。蒴果。花期6月。**见于江水泉公园**。生于湿地内，可栽培观赏。

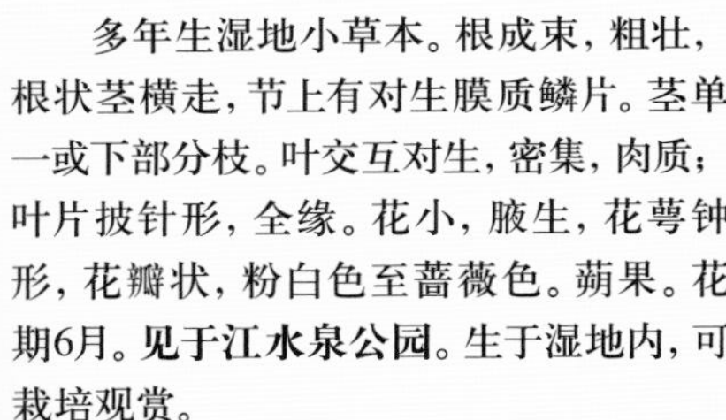

狭叶珍珠菜 *Lysimachia pentapetala* Bunge 报春花科 珍珠菜属

一年生草本。茎单一或有短分枝。叶互生，叶腋常生出具叶的短枝，叶线形至披针状线形，边缘具白色透明的微齿，背面具锈褐色斑点。总状花序顶生，嫩时密集成头状，苞片线形；花冠白色或粉红色。蒴果球形，瓣裂。花期7~8月，果期9月。**见于野山峡**。生于山坡、路旁荒地上。

狼尾花 *Lysimachia barystachys* Bunge 报春花科 珍珠菜属

多年生草本。全株密被细柔毛。根状茎细长，棕红色。茎直立，单生。叶互生，长圆状披针形或倒披针形，全缘，两面及边缘被柔毛，表面通常无腺点或正面有暗红色斑点。总状花序顶生，花时常弯曲呈狼尾状，果期伸直；苞片钻状线形；花萼钟形；花冠白色。蒴果，球形。花期6~7月。**见于下板泉村**。生于山坡、灌丛或山道边。全草入药，能活血调经、散瘀消肿、利尿。

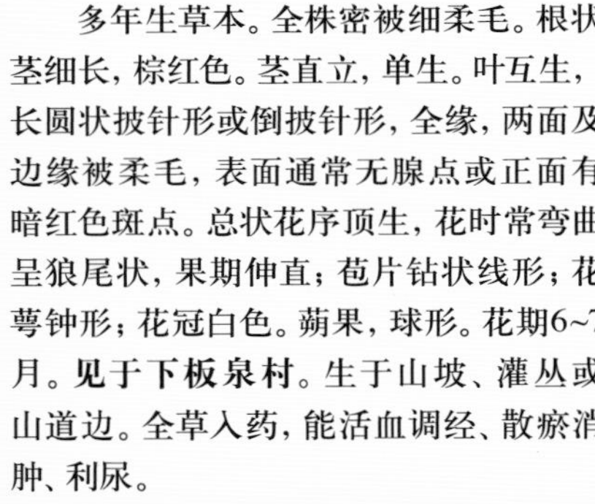

黄连花 *Lysimachia davurica* Ledeb. 报春花科 珍珠菜属

多年生草本。茎直立，茎端花序及叶背面均被锈褐色腺毛。叶对生或3~4片轮生，披针形至圆状披针形，先端锐尖，基部渐狭，两面均有黑色腺点。圆锥花序顶生，花序轴、花梗密被短腺毛；花萼深5裂，边缘有黑色腺带及短腺毛；花冠黄色。蒴果，球形。花期7~8月，果期9~10月。**见于官厅水库淹没区**。生于草甸、灌丛、林缘及路边。可栽培观赏。

七瓣莲 *Trientalis europaea* L. 报春花科 七瓣莲属

多年生小草本。根茎纤细，横走，末端常膨大成块状，具多数纤维状须根。茎直立，高5~25cm。叶5~10枚聚生茎端呈轮生状，叶片披针形至倒卵状椭圆形，近无柄，边缘全缘；茎下部叶极稀疏，通常仅1~3枚，甚小或呈鳞片状。花1~3朵，单生于茎端叶腋；花梗纤细，长2~4cm；花萼分裂近达基部，裂片线状披针形；花冠白色。蒴果近球形，比花萼短。花期5~6月，果期7月。**见于海坨山阴坡**。生于针叶林或混交林下。

二色补血草 *Limonium bicolor* (Bunge) O. Kuntze 蓝雪科 补血草属

多年生盐碱地草本。直立，分枝，除花萼外全株无毛。基生叶窄倒卵形或倒卵披针形，先端钝但有短尖头，基部渐狭成柄。由密集聚伞花序组成圆锥花序。花莛单一或数条，中上部多分枝，开展，有不育枝；苞片卵圆形，边缘宽膜质；花萼白色或稍带黄色或粉色，漏斗状。胞果。花、果期5~10月。**见于康庄镇**。多生于盐碱地，是盐碱地的指示植物。可栽培观赏；全草入药，有活血、止血、温中、健脾、滋补强壮功效。

君迁子（黑枣）*Diospyros lotus* L. 柿树科 柿树属

落叶乔木。树皮暗灰色，老时成小方块状裂。小枝灰绿色，有灰色柔毛或无。叶椭圆形至长圆形，先端渐尖或稍突尖，基部圆形或宽楔形，背面灰绿色有毛。花单生或簇生于叶腋；萼4裂，密生柔毛；花冠淡黄色或淡红色。浆果，近球形，熟后变黑色。花期4~5月，果期9~10月。**见于水峪村**。木材耐磨损，可作家具；果中含糖和维生素C，可提取药用；是柿树的砧木。

柿树 *Diospyros kaki* Thunb. 柿树科 柿树属

落叶乔木。树皮黑灰色，为方块状裂。枝粗壮，具褐色或黄褐色毛，后脱落。叶卵状椭圆形至长圆形，正面绿色，背面淡绿色，沿叶脉有毛。雄花序多由1~3朵组成，雌花及两性花单生；花萼4裂，果熟时增大；花冠黄白色，4裂，有毛；雌花有8枚，雄蕊退化，子房上位。浆果，球形或扁圆形。**见于水峪村**。果可鲜食或作柿饼；柿霜、柿蒂入药，有祛痰镇咳、降气止呃等功效。

白蜡树（花曲树、大叶白蜡）*Fraxinus chinensis* Roxb. 木犀科 梣属

落叶乔木。小枝光滑。叶为羽状复叶，小叶常为7片，具短柄或无柄，椭圆形或卵状椭圆形，基部一对比其他叶小，边缘有锯齿或具波状齿，正面无毛，背面中脉上有短毛。圆锥花序顶生或侧生于当年枝上，与叶同时开放，大而疏松，无毛；萼钟状，4深裂，无花冠。翅果。花期4月。**见于松山**。生于中山杂林中。木材坚硬，可制家具、农具及铁器把。

小叶梣（小叶白蜡、麻苦枥、秦皮）*Fraxinus bungeana* A. DC. 木犀科 梣属

落叶小乔木或灌木。树皮黑灰色，光滑，幼枝暗灰色，有微细短柔毛。奇数羽状复叶，对生，小叶常为5，有柄，卵形或圆卵形，缘具锯齿，光滑。圆锥花序长5~7cm，顶生，微有短柔毛；花冠完全分离。翅果。花期5月。生于阳坡杂木林或灌丛中，**见于三道河村**。树皮入药，称秦皮，为健胃收敛剂，治肠炎、下痢症；可作家具把儿；编织盖房用荆巴的材料。

美国白梣（美国白蜡树、洋白蜡）*Fraxinus americana* L. 木犀科 梣属

落叶乔木。幼枝暗绿色，光滑。奇数羽状复叶；小叶5~9片，具柄，小叶长圆形至卵形，全缘或上部有锯齿，暗绿色，光滑，背面沿脉有毛。雌雄异株，圆锥花序由无叶的侧芽生出，无毛；萼宿存，无花冠。翅果，翅不下延。花期4~5月。**见于水峪村**。栽培。原产于北美洲。可作行道树。

雪柳（五谷树） *Fontanesia phillyreoides* subsp. *fortunei* (Carrière) Yalt 木犀科 雪柳属

落叶灌木。枝直立，光滑，幼枝四棱。叶披针形至卵状披针形，全缘，有光泽。花白绿色，有香味，成腋生总状或顶生圆锥花序。小坚果，具翅，卵圆形，扁平。花期5~6月。**香水苑公园有栽培**。原产于我国。为观赏和绿篱植物。

连翘 *Forsythia suspensa* (Thunb.) Vahl 木犀科 连翘属

稍蔓生落叶灌木。直立或下垂，稍开展，小枝褐色，稍四棱。叶单生或3小叶，顶端小叶大，卵形至长圆状卵形，叶缘有锐锯齿。花先叶发出，花冠黄色，内有橘红色条纹。蒴果。花期3~5月。**见于太安山、莲花滩**。果皮药用，有清热消肿之效。观赏植物。

金钟花 *Forsythia viridissima* Lindl. 木犀科 连翘属

落叶灌木。枝条直立，节间具片状髓；小枝黄绿色，稍四棱。叶椭圆状长圆形至披针形，不裂，基楔形，近先端有锯齿。花先叶开放，花冠黄色，裂片狭长圆形，萼裂片比花冠管短。蒴果，卵圆形。花期3~4月，果期6~7月。**见于西沟外村。**栽培。原产于我国及朝鲜。为早春观赏植物。果皮入药。

红丁香 *Syringa villosa* Vahl 木犀科 丁香属

落叶灌木。小枝粗壮，圆筒形，有瘤状突起及星状毛，幼时平滑无毛或疏生短柔毛。叶阔椭圆形或长椭圆形，全缘，正面暗绿色，背面灰被白粉，中脉处有短柔毛。圆锥花序顶生，密集，有短柔毛；花紫色至白色，有短梗；萼疏生短柔毛，裂片开展。蒴果。花期5~6月。**见于海坨山。**生于中山沟谷或山顶。花香而美丽。可栽培观赏。

巧玲花（毛叶丁香）*Syringa pubescens* Turcz. 木犀科 丁香属

落叶灌木。小枝细长，稍四棱，无毛。叶卵圆形至菱状卵圆形，边缘有微细毛，表面深绿色，无毛，背面叶脉上有短柔毛。圆锥花序，紧密而无细毛，花淡紫色，有香气；萼具柔毛或近光滑；花冠管细长，具向外开展的狭裂片。蒴果，有瘤。花期6月，果期8月。**见于玉渡山**。生于杂木林中。花美而香。可栽培观赏。

紫丁香 *Syringa oblata* Lindl. 木犀科 丁香属

落叶灌木。幼枝粗壮无毛。叶阔卵形或肾形，先端渐尖，基部心形，无毛，宽大于长。疏散圆锥花序；萼钟状，4齿；花冠紫色，具外展的裂片。蒴果，2裂，先端尖，光滑。花期4月。**见于八达岭、玉渡山等地**。栽培。原产于我国。花美而香。栽培观赏。

暴马丁香（青杠子） *Syringa reticulata* subsp. *amurensis* (Rupr.) P. S. Green et M. C. Chang 木犀科 丁香属

落叶乔木。叶卵形至阔卵形，先端渐尖，基部圆形或近心形，光滑，背面脉纹明显。圆锥花序，常一对侧生，光滑；花白色香气，花冠管短；雄蕊伸出，长为花冠管的2倍。蒴果，长圆形，渐尖或钝。花期5~6月，果期8~9月。**见于四司村**。生于阳坡杂林中。供观赏；木材；树干可入药，能消炎、镇咳、利水。

辽东水蜡树 *Ligustrum obtusifolium* subsp. *suave* (Kitag.) Kitag. 木犀科 女贞属

落叶灌木。当年生枝有灰褐色短柔毛。叶片纸质，长圆形或广倒披针形，基部楔形至广楔形，先端尖至钝圆，全缘，表面暗绿色，背面淡绿色，两面无毛或稀在背面沿中脉微有毛。圆锥花序生于当年生枝顶端，密被短柔毛；花萼杯状；花冠白色。核果长圆状球形。花期6月，果期9月。**见于千家店镇菜木沟村**。栽培。原产于我国中南地区。观赏植物。

流苏树（茶叶树）*Chionanthus retusus* Lindl. et Paxt. 木犀科 流苏树属

落叶灌木。褐紫色，有纵裂纹，翘皮。叶椭圆形或卵形至椭圆形，先端尖或钝，有时微凹，基部阔楔形至圆形，全缘，叶背面具柔毛，后变光滑。阔圆锥花序，生于有叶侧枝的先端；萼片披针形，花冠白色。核果，椭圆形，暗蓝色。花期5~6月，果期9~10月。**见于珍珠泉乡。**嫩叶和芽可作茶；种子油可食用。

大叶醉鱼草 *Buddleja davidii* Franch. 马钱科 醉鱼草属

灌木。小枝外展而下弯，略呈四棱形。叶对生，叶片膜质至薄纸质，狭卵形、狭椭圆形至卵状披针形，边缘具细锯齿。总状或圆锥状聚伞花序，顶生；花萼钟状，外面被星状短绒毛，花萼裂片披针形；花冠淡紫色，后变黄白色至白色，喉部橙黄色，芳香。蒴果狭椭圆形或狭卵形。花期5~10月，果期9~11月。**见于妫河南岸。**栽培。原产于我国。观赏植物。

互叶醉鱼草 *Buddleja alternifolia* Maxim. 马钱科 醉鱼草属

落叶灌木。枝开展，细弱，多呈弧形弯曲。叶互生，窄披针形，先端短尖或钝圆，基部楔形，全缘，正面深绿色，背面密生灰白色绒毛。花簇生于二年生枝条的叶腋，成簇生状圆锥花序；萼具4棱，密生灰白色绒毛；花冠紫蓝色或紫红色。蒴果；种子多数，有翅。花期5~6月，果期6~7月。**见于千家店镇。栽培。**原产于我国西北及山西。供观赏；花含芳香油，可试提浸膏。

百金花 *Centaurium pulchellum* var. *altaicum* (Griseb.) Kitag. et Hara 龙胆科 百金花属

一年生湿地小草本。茎四棱。叶对生，无柄，基生叶倒卵形或倒卵披针形；茎生叶披针形至卵状披针形。顶生二歧聚伞花序，花有梗；萼5裂，裂片披针形；花冠白色或淡红色，花冠筒伸至萼外。蒴果。花期6~7月。**见于箭杆岭村。**生于湿地、沟旁。可以栽培观赏。

笔龙胆 *Gentiana zollingeri* Fawcett 龙胆科 龙胆属

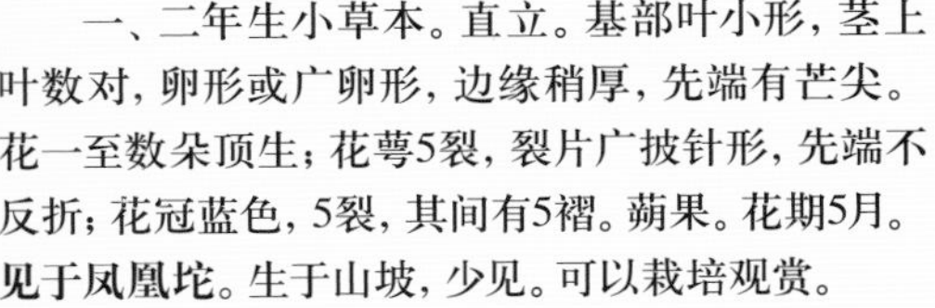

一、二年生小草本。直立。基部叶小形，茎上叶数对，卵形或广卵形，边缘稍厚，先端有芒尖。花一至数朵顶生；花萼5裂，裂片广披针形，先端不反折；花冠蓝色，5裂，其间有5褶。蒴果。花期5月。**见于凤凰坨**。生于山坡，少见。可以栽培观赏。

小龙胆 *Gentiana squarrosa* Ledeb. 龙胆科 龙胆属

一年生湿地小草本。植株有毛，茎细弱，常多分枝。叶对生，无柄，边缘粗糙，软骨质，有细毛，顶端反卷；背面叶较大，圆形；上部叶匙形，基部连合成短管。花单生于枝端，几无柄。萼长为花冠的一半，具5裂；花冠淡紫色，钟形。蒴果。花期4~7月，果期7~8月。**见于六道河村**。生于草地或湿地。可以作花卉栽培观赏。

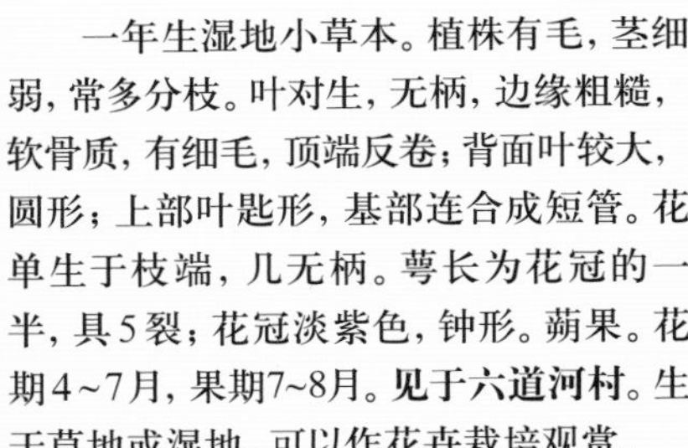

达乌里秦艽 *Gentiana dahurica* Fisch. 龙胆科 龙胆属

多年生草本。基部具多数残叶纤维。茎斜生。叶披针形，三出脉，基部叶密集成束状。聚伞花序，顶生或腋生；花萼筒状，膜质，裂片大小不等，条形；花冠筒状钟形，蓝色，裂片卵形，褶三角形；子房长圆形，花柱短。蒴果，长圆形，无柄。花期7~8月，果期9~10月。**见于龙庆峡源头的三支河。**生于山坡草地。根及根茎入药，作苦味健胃剂，并有驱风湿之效。

秦艽 *Gentiana macrophylla* Pall. 龙胆科 龙胆属

多年生湿地草本。基生残叶堆积，直立。叶对生，披针形或长圆披针形；基生叶较大，聚集成丛，上部叶较小。花多朵，顶生成头状；花萼膜质，侧生破裂；花冠蓝紫色，管形。蒴果。花期7~8月。**见于茨顶村。**生于草坡或湿地。根入药，有散风除湿、清热利尿、舒筋止痛功效。

假水生龙胆 *Gentiana pseudoaquatica* Kusnez. 龙胆科 龙胆属

一年生草本。茎细弱，近无毛。叶对生，边缘粗糙，顶端反卷；基部叶较大。卵圆形或圆形；上部叶远离，匙形，有芒刺。花单生于枝端，初无梗。花冠蓝色，钟形。蒴果外露，有长柄，有翅状翼。花期5~7月，果期7月。**见于玉渡山**。生于山坡湿地。

扁蕾 *Gentianopsis barbata* (Froel.) Ma 龙胆科 扁蕾属

二年生或多年生草本。茎直立或倾斜，有分枝。叶无柄，基生叶数对，匙形或线状倒披针形，早枯；茎生叶线状披针形，顶端尖，边缘稍反卷。花单生于枝端；萼宿存，具4棱，花冠淡蓝紫色。蒴果。花期5~9月。**见于青水顶**。生于山间草地。可以引种栽培观赏。

花锚 *Halenia corniculata* (L.) Cornaz 龙胆科 花锚属

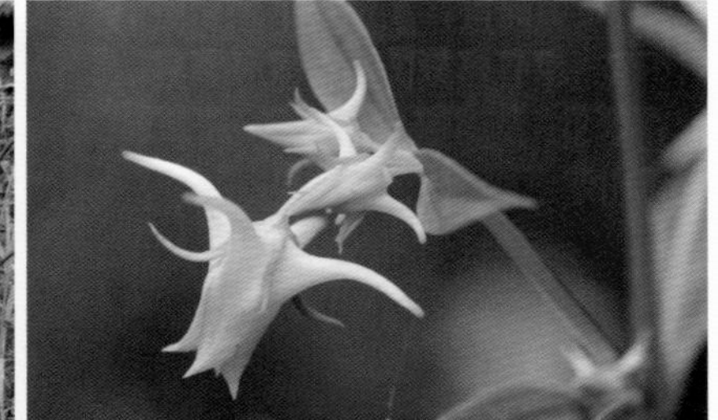

一年生湿地草本。直立，自基部分枝，节间较叶为长。叶对生，下部叶匙形，具长叶柄；上部叶椭圆披针形，具较短叶柄。花序为顶生伞形或为腋生轮伞花序；花萼4裂，较花冠短；花冠黄色或绿色。蒴果，长圆形。花期7~8月。**见于玉渡山**。生于草地。可以引种栽培观赏。

瘤毛獐牙菜 *Swertia pseudochinensis* Hara 龙胆科 獐牙菜属

一年生草本。茎直立，细瘦，单一或分枝，枝四棱形，带紫色。叶对生；无柄；叶片线状披针形，先端渐尖，茎部渐狭；下面中脉明显突起。圆锥状复聚伞花序，顶生或腋生组成圆锥状，开展；花梗直立，四棱形；花冠蓝紫色，花瓣具深色条纹，边缘具白色的、长柔毛状具小瘤状凸起的流苏。蒴果卵状矩形；种子多数，近球形。花、果期8~10月。**见于箭杆岭湿地**。生于草地，山地。全草入药，能清热、健胃。

红直獐牙菜 *Swertia erythrosticta* Maxim. 龙胆科 獐牙菜属

多年生草本。茎光滑，无分枝。叶对生，卵状椭圆形至卵形，下部叶抱茎，上部叶分离。花序顶生或腋生，成复总状聚伞花序，裂片长披针形；花冠绿色，密生黑褐色小点，5裂片分离至基部，近基部各具一个褐色圆形腺窝，边缘具流苏状裂齿；雄蕊5，生于花冠基部，花丝扁。蒴果卵状椭圆形，二瓣开裂。花期7~8月。**见于海坨山**。生于山坡草地。全草入药，用作苦味健胃药；又可作兽药，治消化不良、腹痛、下痢等。

北方獐牙菜 *Swertia diluta* (Turcz.) Benth. et Hook. f. 龙胆科 獐牙菜属

多年生直立草本。根黄色。茎直立，四棱形，棱上具窄翅，多分枝，枝细瘦，斜升。叶线状披针形至线形，两端渐狭，下面中脉明显突起。圆锥状复聚伞花序具多数花；花梗直立，四棱形，花冠浅蓝色，裂片椭圆状披针形。蒴果卵形；种子深褐色，矩圆形。花、果期8~10月。**见于箭杆岭村**。全草治黄疸型肝炎，肝胆疾病。

荇菜 *Nymphoides peltata* (Gmel.) Kuntze 睡菜科 荇菜属

多年生水生草本。茎圆柱形，多分枝，沉水中，具不定根。叶漂浮，圆形，深心脏形，上部叶对生，其他叶互生，叶柄基部膨大，抱茎。花成束腋生；近分离，卵状披针形；花冠黄色，辐形，喉部有长毛，边缘具齿形，有毛。蒴果。花期5~7月。**见于官厅水库库滨带**。生于水中。全草入药，有解热、利尿的功效。

睡菜 *Menyanthes trifoliata* L. 睡菜科 睡菜属

多年生沼生草本，全株光滑无毛。匍匐状根状茎粗大，绿色或黄褐色。叶子全部基生，挺出水面，三出复叶，小叶椭圆形，叶缘波状全缘。花冠白色，筒形，花冠五深裂，有纤毛，蒴果球形。花、果期为5~7月。**见于田宋营村**。生于水中。园林水景绿化，可盆栽；叶入药，主治食欲不振，烦躁失眠等症。

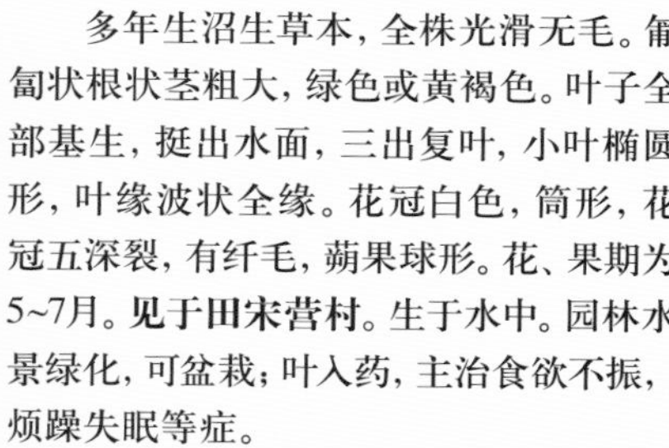

夹竹桃 *Nerium oleander* L. 夹竹桃科 夹竹桃属

常绿直立灌木，无毛。叶3~4枚轮生，在枝条下部为对生，窄披针形，全缘，革质。聚伞花序顶生，有花数朵；紫红色，直立；花冠深红色，有芳香，常重瓣，裂片成三轮，基部结合成漏斗状。蓇葖果长柱形，种子顶端有黄褐色种毛。花期6~8月，果期7~10月。**见于米家堡**。栽培。原产于阿富汗、伊朗、印度、尼泊尔。供观赏。茎皮纤维为优良混纺原料；种子可以榨润滑油；叶、茎可提制强心剂，但有毒，慎用。

罗布麻 *Apocynum venetum* L. 夹竹桃科 罗布麻属

多年生草本或半灌木。具乳汁。多分枝，紫红色或淡红色。叶对生，长椭圆状披针形至卵圆状长圆形，叶缘具细牙齿，两面无毛；叶柄间有腺体。圆锥状聚伞花序1至多歧，通常顶生，有时腋生；花冠圆筒状钟形，紫红色或粉红色，两面密被颗粒状突起。蓇葖果。花期4~9月。**见于张山营镇**。生于河滩、沙质地及盐碱地。韧皮纤维优良，可作纺织和造纸原料；嫩枝、叶入药，有清凉泻火、降压强心、利尿安神的作用。

杠柳 *Periploca sepium* Bunge 萝藦科 杠柳属

落叶木质藤本。具白色乳汁。树皮灰褐色。小枝黄褐色。叶披针形或长圆披针形，全缘。聚伞花序腋生，有花数朵；花冠紫红色，辐射状，裂片反曲，里面有毛；雄蕊5。蓇葖果，叉生。花期5~6月。**见于八达岭镇。生于低山丘陵的沟谷、林缘、河边、荒坡灌丛中。**根皮和茎皮入药称香加皮，有祛风湿、壮筋骨等作用。

萝藦 *Metaplexis japonica* (Thunb.) Makino 萝藦科 萝藦属

多年生草质藤本。具乳汁。茎圆柱形，能缠绕，下部木质化，上部较韧，幼时密生细柔毛，老时脱落。叶对生，宽卵形至长卵形，全缘，正面绿色，背面粉绿色。总状聚伞花序，腋生或腋外生；花冠钟状，白色带淡紫红色斑纹，裂片里面有毛，先端外卷。蓇葖果，双生，纺锤形。花期6~8月。**见于司家营村。**生于低山荒地、山坡、河岸、路边、沟旁、林缘及灌丛中。全草及果实入药，有补益精气、通乳、解毒的作用。

地梢瓜（梢瓜）*Cynanchum thesioides* (Freyn) K. Schum. 萝藦科 鹅绒藤属

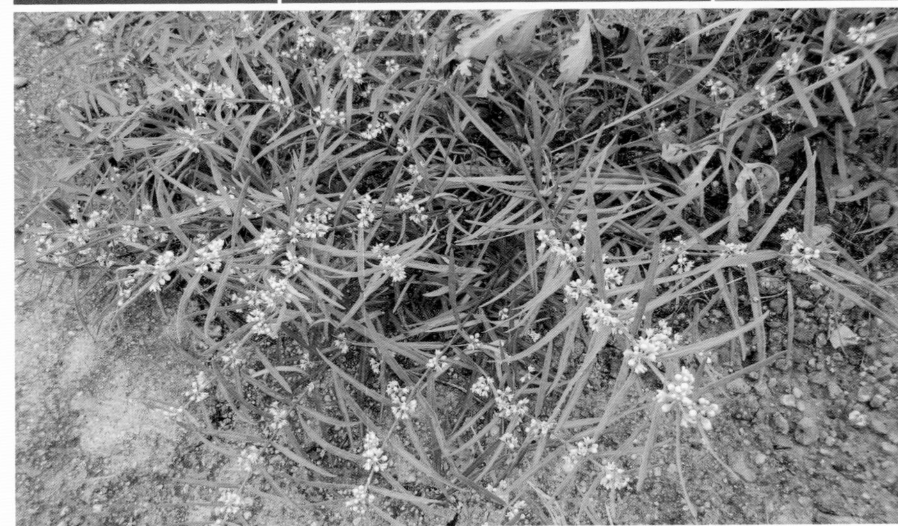

多年生草本。株高15~30cm，茎细弱，自基部多分枝，具柔毛。叶对生，线形。伞形聚伞花序腋生，有花3~8朵；花冠绿白色；副花冠杯状，比合蕊冠高。蓇葖果。花期6~8月。**见于云瀑沟**。生于田边、路旁、河岸、山坡荒地等地。全草及果入药，能清热降火、生津止渴、消炎止痛。

雀瓢 *Cynanchum thesioides* var. *australe* (maxim.) Tsiang et P. T. L. 萝藦科 鹅绒藤属

多年生缠绕草本。茎细弱，缠绕，自基部多分枝，具柔毛。叶对生，线形或线状长圆形。伞形聚伞花序腋生；花冠绿白色；副花冠杯状，比合蕊冠高。蓇葖果。花期6~8月。**见于康庄镇**。生于田边、路旁、河岸、山坡荒地等地。全草及果入药，能清热降火、生津止渴、消炎止痛。

华北白前 *Cynanchum mongolicum* (Maxim.) Hemsl. 萝藦科 鹅绒藤属

多年生草本。须根。茎常从基部分枝或不分枝。叶对生，卵状披针形。伞形聚伞花序腋生，有花数朵；萼5深裂，里面有腺体；花冠紫红色；副花冠裂片龙骨状。蓇葖果，双生，长角状。花期6~8月。**见于玉渡山。**生于山坡、荒地中。可作花卉栽培观赏。

鹅绒藤 *Cynanchum chinense* R. Br. 萝藦科 鹅绒藤属

多年生缠绕草本。茎缠绕，全株具短柔毛。叶对生，宽三角状心形，先端锐尖，基部心形，正面深绿色，背面灰绿色。伞形二歧聚伞花序腋生，有花多朵；花萼外面有毛；花冠白色，裂片长圆状披针形，内有舌状片。蓇葖果，双生或一个。花期6~8月。**见于下屯村。**生于山坡、河岸、田边、路旁灌木丛中。全株入药，可作祛风剂。

竹灵消 *Cynanchum inamoenum* (Maxim.) Loes. 萝藦科 鹅绒藤属

多年生草本。基部多分枝，有柔毛。叶对生，宽卵形或椭圆形，基部稍心形，边缘有毛。伞形聚伞花序生于上部叶腋；花冠黄绿色，有副花冠。蓇葖果，细羊角状。花期6~7月。**见于玉渡山**。生于山地灌丛中、疏林内及山坡草地上。根入药，有除烦、清热、散毒、通疝气等功效。

白首乌 *Cynanchum bungei* Decne. 萝藦科 鹅绒藤属

多年生缠绕草本。块根，粗细不均，褐色。茎细而韧，表面灰紫色，无毛或疏生柔毛。叶对生，戟形，先端渐尖，基部心形，有短腺毛。伞形聚伞状，腋生；花萼5深裂，裂片披针形；花冠白色，裂片长圆状披针形，反卷；副花冠5深裂，裂片披针形，里面中央有舌状片。蓇葖果，长角状。花期6~7月。**见于刘斌堡村**。生于山谷、山坡、路边、河岸、灌丛中。根入药，有补肝益肾、养血敛精等作用。

徐长卿 *Cynanchum paniculatum* (Bunge) Kitag. 萝藦科 鹅绒藤属

多年生草本。根须状有气味。不分枝或从根部发出分枝。叶对生，线形至线状披针形，边缘外卷具毛，下面中脉隆起。伞房状聚伞花序顶生或腋生；花萼片披针形，绿色；花冠黄绿色，长圆形；副花冠裂片卵形，与合蕊冠等长，药隔顶端的膜片卵形，比花药短。蓇葖果，长角状。花期6~8月。**见于小张家口村**。生于山坡、路旁、田边草丛中。根茎及全草入药，有祛风止痛、解毒消肿等作用。

牛皮消 *Cynanchum auriculatum* Royle ex Wight 萝藦科 鹅绒藤属

多年生草质藤本。具乳汁。块根肥大。叶对生，卵心形或心形。伞房状聚伞花序腋生。花冠裂片稍反卷，白色。蓇葖果。花期7~8月，果期8~10月。**见于玉渡山**。生于山坡路旁、河岸、林缘灌丛。根可入药，有养血益肝、固肾益精、强筋健骨、乌须黑发之功效。

白薇 *Cynanchum atratum* Bunge 萝藦科 鹅绒藤属

多年生草本。根须状，有香气。茎直立，密生细柔毛。叶对生，宽卵形或卵状椭圆形，先端渐尖或急尖，基部圆形，两面有毛。伞形聚伞花序簇生于上部叶腋；花萼裂片披针形，绿色，外面有毛，里面基部有腺体，花冠黑紫色。蓇葖果，单生，角状，顶端渐尖，中部膨大。种子卵形，顶端有白色绢毛。花期5~7月，果期6~8月。**见于大浮坨东山**。生于山坡草地、山谷林下、荒地草丛中。根可入药，有清热散肿，生肌止痛等作用。

茑萝 *Ipomoea quamoclit* L. 旋花科 番薯属

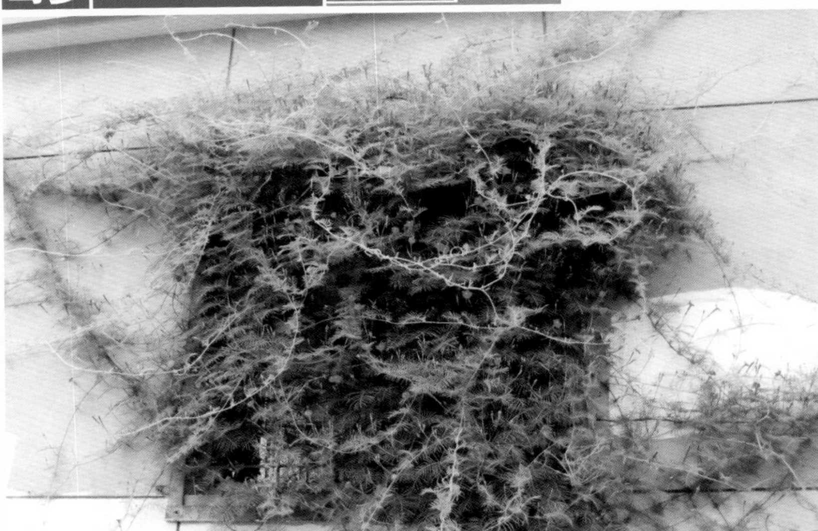

一年生草本。茎缠绕，无毛。叶互生，羽状深裂，裂片条形；基部常具假托叶。由少数花组成腋生的聚伞花序；总花柄大多超过叶；萼片5，长约5mm，椭圆形；花冠高脚碟状，深红色，无毛，冠檐为5浅裂。蒴果，卵圆形。种子卵状长圆形，黑褐色。花期7~9月，果期8~10月。**见于小营小区栽培**。原产于墨西哥。为观赏植物。

圆叶牵牛（黑丑） *Ipomoea purpurea* (L.) Roth 旋花科 番薯属

一年生缠绕草本。植株有倒向短柔毛和稍开展的硬毛。叶为圆心形，全缘，叶表面有倒向柔毛。花腋生，单生或数朵组成伞形聚伞花序；萼片5，长椭圆形；花冠漏斗状，紫色、粉红色、白色；雄蕊5，不等长。蒴果，近球形，无毛。花期6~9月。**见于张山营镇**。生于田间、路旁、山谷、林内。栽培观赏。种子入药，有祛痰、杀虫、泻下、利尿功效。

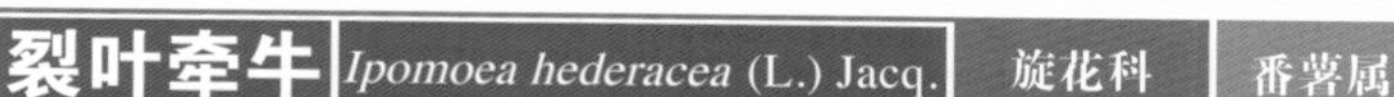

裂叶牵牛 *Ipomoea hederacea* (L.) Jacq. 旋花科 番薯属

一年生缠绕草本。植株具刺毛。叶心状卵形，3裂，中裂片基部向内凹陷深至中脉，被硬毛。花腋生，生有长柔毛；花萼5，披针形，先端向外反曲，基部密被金黄色或白色毛；花冠天蓝色或淡紫色，漏斗状。蒴果，无毛，球形。花期6~9月。**见于西羊坊村**。生于路边、荒坡、荒地上。种子入药，有泻下、利尿、消肿、驱虫功效。

牵牛 *Ipomoea nil* (L.) Roth 旋花科 番薯属

一年生缠绕草本。与裂叶牵牛的区别在于：本种叶子心状卵形，3裂，中裂片基部不向内凹陷深至中脉，其他特征基本相同。栽培或逸生。**见于黄柏寺村**。栽培。原产美洲。

番薯（白薯）*Ipomoea batatas* (L.) Poir.D 旋花科 番薯属

一年生草本。地下部分具圆形、椭圆形或纺锤形的块根，块根的形状、皮色和肉色因品种或土壤不同而异。茎匍匐或梢上升，稀有缠绕，植株被疏柔毛。叶片形状、颜色因品种不同而异，有时在同一植株上具有不同的叶形，通常为宽卵形，叶基常心形。聚伞花序腋生，花冠钟状，白色、粉红色、淡紫色。蒴果。花期7~8月，果期9~10月。**见于张山营村**。栽培。原产于南美洲。块根可食用，也可加工成淀粉和酒精；根、茎、叶是优质饲料。

北鱼黄草 *Merremia sibirica* (L.) Hall. f. 旋花科 鱼黄草属

一年生缠绕草本。植株近无毛。茎圆柱形，具细棱，多分枝。单叶，互生，卵状心形，先端长渐尖，叶基心形，全缘或稍波状。聚伞花序腋生；苞片2，线形，萼片5；花冠浅粉白色，5浅裂；雄蕊5，子房2室。蒴果，近球形，4瓣裂；花期8~9月。**见于香营乡**。生于田边、草坡、山坡灌丛中。全草入药，有泻下、逐水功效；可治疗下肢痛和疔疮。

银灰旋花 *Convolvulus ammannii* Desr. 旋花科 旋花属

多年生旱生盐生草本。全株密被银灰色长毛。根状茎短，木质化。地上茎基部分枝，平卧或直立。叶无柄，互生，线形。花腋生，单生于花梗顶端，花白色，漏斗状。花期6~8月，果期7~9月。**见于康庄南荒滩**。生于旱山坡草地、路旁。全草可入药，能解表、止咳，主治感冒、咳嗽。

田旋花 *Convolvulus arvensis* L. 旋花科 旋花属

多年生平卧或缠绕草本。具有条纹和棱角。叶卵状长圆形或披针形，先端钝或具小尖头，叶为戟形，也有心形和箭形的，全缘或3裂，叶柄较叶片短。花常单生于腋；线形；花冠漏斗状，粉红色或白色，5浅裂。蒴果，卵状球形或圆锥形。花期6~8月。**见于康庄镇**。生于耕地及荒草坡或路旁。全草入药，有祛风、止痒、止痛功效。

旋花 *Calystegia sepium* (L.) R. Br. 旋花科 打碗花属

多年生平卧或缠绕草本。根状茎细圆柱形，白色。全体无毛。茎缠绕，有细棱。叶互生，三角状卵形或宽卵形，基部戟形或心形；花冠白色或淡红或紫色，漏斗状，冠檐微5裂。蒴果卵形。花期6~7月。**见于四司村**。生于路旁、农田或山坡林缘。根可入药，能清热利湿、理气健脾。

藤长苗 *Calystegia pellita* (Ledeb.) G. Don 旋花科 打碗花属

多年生缠绕草本植物。嫩时有毛，后变无毛；茎缠绕或爬行，少有分枝。叶披针形或长圆形，顶端有小尖头，基部截形或微呈戟形，两面都有细毛；全缘。花单生叶腋，花梗短于叶，密被柔毛；苞片卵形；花冠淡红色，漏斗状。蒴果近球形，径约6mm。花期6~8月。**见于上德龙湾村**。生于路边，田间或山坡草丛中。

打碗花 *Calystegia hederacea* Wall. ex Roxb. 旋花科 打碗花属

一年生平卧草本植物。植株通常矮小。具细长白色的根。茎细，平卧，有细棱。基部叶片长圆形，顶端圆，基部戟形，上部叶片3裂、全缘，叶片基部心形或戟形。花腋生，有细棱；苞片宽卵形，花萼被苞片所包；萼片长圆形，顶端钝，具小短尖头，内萼片稍短；花冠淡紫色或淡红色，漏斗状。蒴果卵球形。花期7~9月。**见于佛峪口村**。生于荒地、田野、路边。根可入药，能健胃、消食、通便。

菟丝子 *Cuscuta chinensis* Lam. 旋花科 菟丝子属

一年生寄生缠绕草本植物。茎缠绕，黄色，纤细。花多数簇生，花柄粗壮；花萼杯状，5裂；花冠白色，壶形，雄蕊着生于花冠裂片弯缺之下。蒴果近球形，全为宿存的花冠所包围；成熟时整齐地周裂。花期7~9月，果期8~10月。**见于三里河村**。生于山坡阳处、路边或灌丛、海边沙丘。寄生于豆科、菊科等多种植物上。种子入药，补肾益精，养肝明目，止泻，安胎。

南方菟丝子 *Cuscuta australis* R. Br. 旋花科 菟丝子属

一年生寄生缠绕草本植物。茎缠绕，金黄色，纤细，无叶。花序侧生，少花或多花簇生成小伞形或小团伞花序；花冠乳白色或淡黄色，杯状；雄蕊着生于花冠裂片弯缺处。蒴果扁球形，下半部为宿存花冠所包，成熟时不规则开裂，不为周裂。花期7~8月。**见于田宋营村**。寄生于田边、路旁的豆科、菊科蒿子、马鞭草科牡荆属等草本或小灌木上。种子入药，具有补肝肾、益精壮阳和止泻的功效。

啤酒菟丝子 *Cuscuta lupuliformis* Krocker 旋花科 菟丝子属

一年生寄生缠绕草本。茎粗壮，细绳状，直径达3mm，红褐色，具瘤，多分枝，无毛。聚集成断续的穗状总状花序；花萼半球形，带绿色，干后褐色，裂片宽卵形或卵形，钝；花冠圆筒状，淡红色；柱头广椭圆形，微2裂，蒴果卵形。花期7月，果期8月。**见于四海镇**。寄生于乔木、灌木和多年生草本植物上。种子入药，具有补肝肾、益精壮阳和止泻的功效。

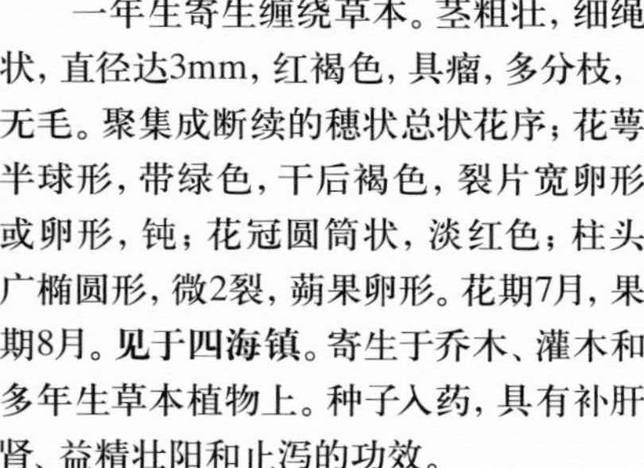

金灯藤 *Cuscuta japonica* Choisy 旋花科 菟丝子属

一年生寄生缠绕草本。茎较粗壮，黄色，肉质，常带深红色小疣点，缠绕，无叶，无毛。小花多数，密集成短穗状花序；花萼肉质，碗状，卵圆形，顶端尖；花冠钟状，质稍厚，橘红色或黄白色，柱头单一，二裂。蒴果椭圆状卵形。花期7~8月。**见于永宁风动石沟**。寄生于草本植物或灌木上。种子入药，具有补肝肾、益精壮阳和止泻的功效。

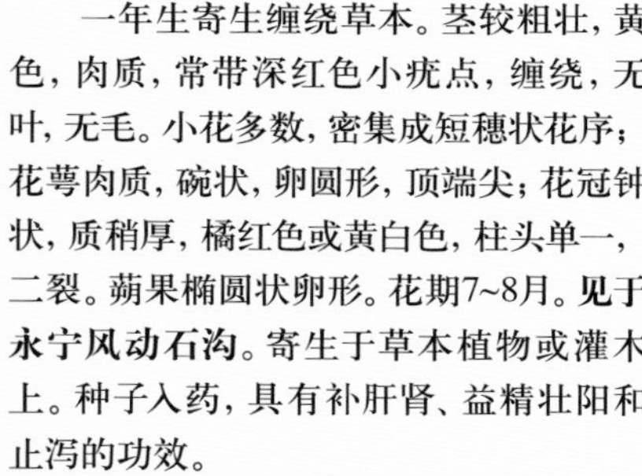

花荵 *Polemonium caeruleum* L. 花荵科 花荵属

多年生草本。直立。奇数羽状复叶，互生；小叶披针形至卵状披针形，花序下边的叶有时为羽状全裂。聚伞状圆锥花序，顶生或上部腋生，多花；花梗密生腺毛；花萼钟状5裂，果期扩大包在果外；花冠钟状，蓝紫色或蓝色、淡蓝色，花冠裂片长度为花冠筒的2倍。蒴果，球形。花期6~7月。**见于海坨山**。海拔1800m草坡，生于亚高山草甸中。花美可以栽培观赏。

小天蓝绣球（福禄考）*Phlox drummondii* Hook. 花荵科 天蓝绣球属

一年生草本。直立，多分枝，有腺毛。基部的叶对生，上部的叶互生；宽卵形至披针形，全缘，有缘毛；无叶柄。聚伞花序顶生，花序梗有柔毛；花萼5裂，裂片条形，密生柔毛；花冠高脚碟状，紫色、红色、粉红色、黄色或白色；雄蕊5，不伸出花冠。蒴果。花期6~8月。**见于大庄科乡**。栽培。原产于北美洲。供观赏。

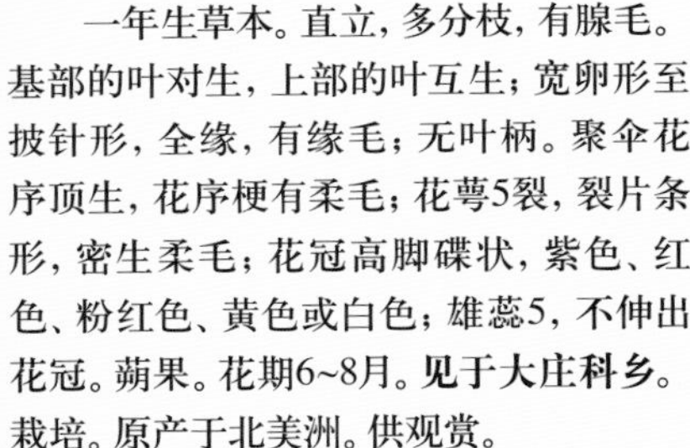

砂引草 *Tournefortia sibirica* L. 紫草科 砂引草属

多年生草本。具细长的根状茎。植株密被柔毛，常从基部分枝。单叶，互生，叶片披针形，两面有密伏生的长柔毛。花成伞房状聚伞花序，顶生，花密集；花冠白色，漏斗状，5裂，裂片卵圆形，外被柔毛。果为长圆状球形，被密生的短柔毛。花期5~6月。**见于延庆镇**。生于沙地或盐碱地。花有特殊香味，可提取香料；植株为良好的固沙植物。

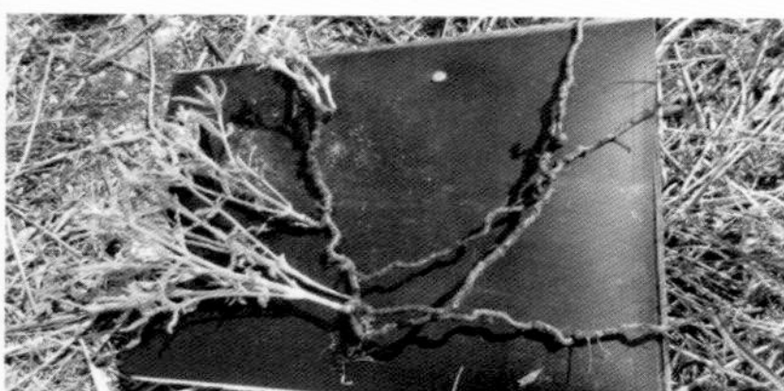

紫筒草 *Stenosolenium saxatile* (Pall.) Turcz. 紫草科 紫筒草属

多年生草本。植株密被粗硬毛。根细长，紫红色。茎高7~20cm，多分枝，较展开。茎生叶和下部叶为倒披针形，两面密生糙毛和混生短柔毛。花成顶生的总状花序，密生糙毛；苞片叶状；花萼5深裂；花冠筒细，黄色，裂片紫色。小坚果。花期5~6月。**见于大榆树镇奚官营村**。生于山坡、草地和原野。全草入药，具有祛风湿的功效。

紫草 *Lithospermum erythrorhizon* Sieb. et Zucc. 紫草科 紫草属

多年生草本，根含有紫红色素显紫红色。植株被斜生粗毛。单叶互生，叶片为长圆披针形，叶两面有粗糙的短伏毛。总状花序，具叶状苞片；花白色，喉部具浅黄色的突起。小坚果。花期6~7月。**见于珍珠泉乡上水沟村**。生于山地路边或灌丛中。根入药，有清热、凉血、解毒的功效。

鹤虱 *Lappula anisacantha* (Turcz. ex Bunge) Gürke 紫草科 鹤虱属

一年生草本，株高20~40cm，被毛，常多分枝。单叶，互生，叶片倒披针形，叶紧贴细糙毛。总状花序，顶生，花冠淡紫色，比萼稍长，喉部具5个附属物；雄蕊5，内藏。小坚果4，卵形，具小瘤状突起，沿棱有2~3行锚状刺，刺的先端具钩。花期4~6月。**见于延庆镇**。生于路边、草坡。果实能驱虫；种子可榨油。

北齿缘草 *Eritrichium borealisinense* Kitag. 紫草科 齿缘草属

多年生草本，植株密生细刚毛，成灰白色。茎数条，常密集成簇。基生叶丛生，倒披针形；茎生叶狭倒披针形，无柄。花序在花后渐延伸；花萼5裂；花冠辐状蓝色，5裂，裂片倒卵形，具5个半月形至矮梯形的附属物。小坚果，具带钩状刺。花、果期7~9月。**见于张山营镇**。生于山坡、林缘、路旁。可栽培观赏。

多苞斑种草 *Bothriospermum secundum* Maxim. 紫草科 斑种草属

二年生草本。植株具硬刺毛。茎直立，上部多分枝。叶片椭圆状披针形，两面具长刺毛；上部叶无柄，下部叶具柄。花成顶生的总状花序，具多数苞片，与苞片依次排列而略偏向于一边，苞片卵形，苞片与花柄近等长；花冠淡蓝色。小坚果内面具纵的凹陷。花期5~7月，果期6~8月。**见于晏家堡村**。生于路旁草地。

狭苞斑种草 *Bothriospermum kusnezowii* Bunge 紫草科 斑种草属

一年生草本，植株具硬毛。茎单生或丛生，自下部分枝。叶披针形或匙形，叶片具波状小齿，两面生有糙毛。花生于顶端叶腋，较密集，总状花序较短，具少数苞片，苞片线形；花冠蓝紫色。小坚果内面具纵的凹陷。花期4~6月，果期6~8月。**见于四海镇**。生于路旁或山坡草地。

斑种草 *Bothriospermum chinense* Bunge 紫草科 斑种草属

一年生草本，植株密生刚毛。分枝于基部，斜向上升。叶长圆形或倒披针形，基生叶和下部叶具柄，叶缘波状，两面有糙毛。花序具苞片，边缘皱波状；花冠淡蓝色，喉部具5个附属物。小坚果内面具横的凹陷。花期4~6月，果期6~8月。**见于妫河岸边**。生于山坡、草地。

附地菜 *Trigonotis peduncularis* (Trev.) Benth. ex Baker et Moore 紫草科 附地菜属

一年生草本，茎通常从基部分枝，有贴伏细毛。基生叶倒卵状椭圆形，两面布满细硬毛，茎上部叶椭圆状披针形，均有细硬毛。花冠蓝色；花萼片先端尖。小坚果。花期5~7月，果期7~8月。**见于千家店镇。**生于田边、路边、荒地。全草入药，具有清热、消炎和止痛的功效。

钝萼附地菜 *Trigonotis peduncularis* var. *amblyosepala* (Nakai et Kitag.) W. T. Wang 紫草科 附地菜属

一年生草本，茎直立，数条，从基部分枝，高10~30cm，满身细硬毛。茎下部叶匙形或长圆形，叶两面有硬毛。花萼片先端椭圆，花冠蓝色，无毛。小坚果。花期6~7月，果期6~9月。**见于玉渡山。**生于石质山坡或溪边草地上。全草入药，有清热、消炎和止痛的功效。

聚合草 *Symphytum officinale* L. 紫草科 聚合草属

多年生草本，植株被硬毛。单叶，互生，长圆状卵形，基部在茎上明显下延成翅状，无柄。花排成螺状聚伞花序；花白色、黄色、紫色或玫瑰色。小坚果。花期6~7月，果期7~8月。**见于妫河岸边**。为重要的饲草。

柳叶马鞭草 *Verbena bonariensis* L. 马鞭草科 马鞭草属

多年生草本，茎为正方形，全株有纤毛。叶为柳叶形，十字对生，初期叶为椭圆形，边缘略有缺刻；花茎抽高后的叶转为细长型如柳叶状，边缘仍有尖缺刻。聚伞花序，小筒状花着生于花茎顶部，紫红色或淡紫色。花期5~9月。原产地为南美洲的巴西、阿根廷等地。**千家店镇、四海镇等大面积栽培**。

紫珠 *Callicarpa dichotoma* (Lour.) K. Koch 马鞭草科 紫珠属

落叶多分枝的小灌木。幼枝部分具星状毛。叶倒卵形或披针形，顶端急尖或尾状尖，基部楔形，叶缘仅上半部具数个粗锯齿，表面稍粗糙，背面无毛，密生细小黄色腺点；侧脉5~6对。聚伞花序，在叶腋上方着生；苞片线形；花萼杯状，无毛。花冠紫色，无毛；果实球形，紫色。花期5~7月，果期7~11月。**见于张山营镇**。栽培。原产于我国。观赏植物。

荆条 *Vitex negundo* var. *heterophylla* (Franch.) Rehd. 马鞭草科 牡荆属

落叶灌木，小枝四棱形。叶具长柄，掌状复叶对生，小叶椭圆状卵形，羽状裂，背面灰白色，有柔毛。圆锥花序，花冠蓝紫色，二唇形；雄蕊4，二强；雄蕊和花柱稍外伸。核果。花期6~8月。**见于旧县镇**。生于山地阳坡上，形成灌丛。叶和果实可入药；是优良的蜜源植物；枝条为编筐的良好材料；可栽培观赏。

金叶莸 *Caryopteris clandonensis* 'Worcester Gold' 马鞭草科 莸属

小灌木。枝条圆柱形。单叶对生，叶楔形，叶面光滑，鹅黄色，叶先端尖，基部钝圆形，边缘有粗齿；聚伞花序，花冠蓝紫色，高脚碟状腋生于枝条上部，自下而上开放；花萼钟状，二唇形5裂，下裂片大而有细条状裂，雄蕊4；花冠、雄蕊、雌蕊均为淡蓝色，花、果期7~9月。**见于西湖南岸**。栽培。原产于亚洲中部和东部。供观赏。

水棘针 *Amethystea caerulea* L. 唇形科 水棘针属

一年生草本，茎成圆锥状分枝，被疏柔毛或微柔毛。叶具柄，具狭翅；叶片3深裂，裂片披针形，两面无毛。小聚伞花序排列成疏松的圆锥花序；花萼钟状。花冠紫色或紫蓝色，二唇形。小坚果，倒卵状三棱形。花期8~9月，果期9~10月。**见于小张家口村**。生于田边、河岸沙地、路旁和水溪旁。

欧地笋 *Lycopus europaeus* L. 唇形科 地笋属

多年生湿地草本。根状茎横走，节上密生须根，先端逐渐肥大，节上具鳞叶。茎四棱形，具槽，被白色柔毛。叶长圆状椭圆形，叶缘齿刻多变，两面被短柔毛和腺点。轮伞花序，多花密集；小苞片线形，具刺尖；花萼先端具硬刺尖；花冠白色。小坚果。花期6~8月，果期8~9月。**见于官厅水库淹没区**。生于田边、沟边、潮湿的草地。全草入药，对治疗风湿性关节炎有疗效。

地笋 *Lycopus lucidus* Turcz. ex Benth. 唇形科 地笋属

多年生湿地草本。根茎横走，具节，节上密生须根，先端肥大成圆柱形。茎直立，一般不分枝。叶为长圆披针形，叶缘具锐粗牙齿状锯齿，两面均无毛。轮伞花序，多花密集；花萼齿5，具刺尖头；花冠白色，不明显的二唇形，上唇近圆形，下唇3裂，中裂片大。小坚果，倒卵圆状四边形，褐色，具腺点。花期6~9月。**见于张山营镇**。生于沼泽地、水边、沟边等潮湿处。全草入药，对治疗风湿性关节炎痛有效。

丹参 *Salvia miltiorrhiza* Bunge 唇形科 鼠尾草属

多年生草本，全株密被淡黄色柔毛及腺毛。根肥厚，肉质，外表朱红色，内面白色。茎四棱形，具槽，上部分枝。叶对生，奇数羽状复叶；小叶通常5，顶端小叶最大，边具圆锯齿，两面密被白色柔毛。轮伞花序组成顶生或腋生的总状花序，每轮有花3~10朵，密被腺毛和长柔毛；花萼紫色，被腺毛；花冠蓝紫色，筒内有毛环。小坚果。花期4~7月，果期7~8月。**见于张山营镇小河屯村**。生于山坡、林下、草坡、沟旁。根可入药，具有通经活血的功效，治疗冠心病具有良好的效果。

荔枝草（雪见草）*Salvia plebeia* R. Br. 唇形科 鼠尾草属

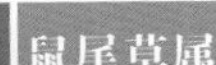

二年生草本植物。主根肥厚，向下直伸，具多数须根。被有灰白色疏柔毛。叶片椭圆状卵形，叶缘具圆齿。轮伞花序6花，密集成总状或圆锥花序；花冠淡红色、淡紫色、紫色、蓝紫色，二唇形，上唇圆形，下唇3裂，中裂片大，并有紫色斑点。具小坚果。花期4~5月，果期6~7月。**见于张山营镇**。生于山坡、路旁、沟边、田野和庭院中。全草入药，民间广泛用于治疗跌打损伤。

一串红 *Salvia splendens* Sellow ex Wied-Neuw. 唇形科 鼠尾草属

一年生草本，茎直立，无毛，四棱形，具浅槽。叶卵圆形或三角状卵圆形，叶缘具锯齿。轮伞花序，2~6花，组成顶生总状花序；苞片、花萼、腺毛、花冠、花轴等部位都是红色；花冠二唇形。小坚果。花期7~9月。栽培。原产于巴西。为非常美丽的观赏植物。

蓝花鼠尾草 *Salvia farinacea* Benth. 唇形科 鼠尾草属

一年生草本，须根密集。茎直立，钝四棱形。茎下部叶为二回羽状复叶，具长柄；茎上部的叶为一回羽状复叶，具短柄；顶部叶为菱形或披针形。轮伞花序2~6朵，组成顶生的总状花序或总状圆锥花序；花冠淡蓝、淡紫、紫红、白色等多种，二唇形。小坚果，花期7~8月。栽培。原产北美南部。有防腐、抗菌、止泻的效果。

荫生鼠尾草 *Salvia umbratica* Hance 唇形科 鼠尾草属

多年生草本，根粗大，锥形，木质，褐色。茎直立，被长柔毛，间有腺毛。叶片三角形。轮伞花序2花，疏离，组成顶生及腋生总状花序；下部苞片叶状，具齿，较上部的披针形，基部楔形，全缘，两面被短柔毛。花冠蓝紫或紫色，二唇形，上唇长圆状倒心形，先端微缺，下唇较上唇短而宽。小坚果椭圆形。花期8~9月，果期9~10月。**见于海坨山。**生于山坡、谷地和路旁。全草可入药，可治疗咽炎。

狭叶黄芩 *Scutellaria regeliana* Nakai 唇形科 黄芩属

多年生草本，细弱，四棱形。叶对生，长圆状披针形，全缘，边缘有柔毛。花对生于叶腋处，花冠紫色，被有柔毛。小坚果。花期5~6月，果期7~9月。**见于康庄镇。**生于沟谷、山坡、路边。可栽培观赏。

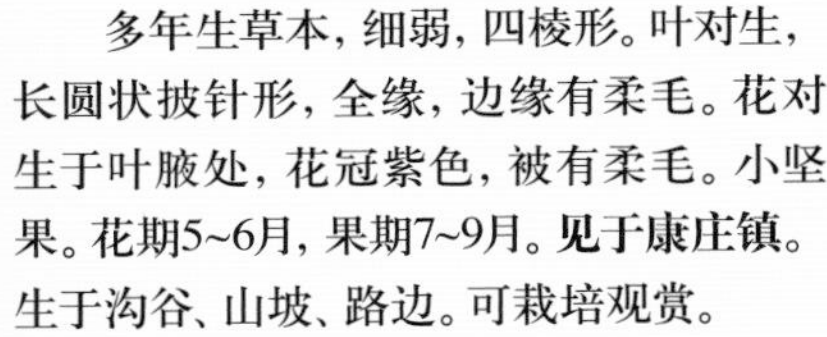

并头黄芩 *Scutellaria scordifolia* Fisch. ex Schrank 唇形科 黄芩属

多年生草本，茎单一，四棱形。叶片三角状卵形，叶缘具浅齿。花单生于茎上部的叶腋内，偏向一侧；花冠蓝紫色，二唇形，上唇盔状，下唇3裂。小坚果。花期6~8月，果期8~9月。**见于海坨山**。生于草坡上或潮湿草甸上。根入药；叶可代茶饮。

京黄芩 *Scutellaria pekinensis* Maxim. 唇形科 黄芩属

一年生草本，根茎细长，黄色。四棱形，基部通常紫色。叶片卵圆形，两面疏被贴伏的小柔毛，叶缘具浅而钝的牙齿，具叶柄。花对生，排列成总状花序；花冠蓝紫色，二唇形，上唇盔状，下唇中裂片宽卵圆形；雄蕊4，二强。小坚果。花期6~8月。**见于海坨山**。生于石坡、湿谷或林下。可栽培观赏。

大齿黄芩 *Scutellaria macrodonta* Hand.-Mazz. 唇形科 黄芩属

多年生草本；根茎木质，匍匐，具脱落的皮层。茎自根茎顶端生出，常多数，直立，常自下部分枝。叶坚纸质，长圆状卵圆形，先端急尖，边缘具远离而整齐约5对的牙齿状锯齿，两面多少密被短柔毛。花对生，排列成顶生长4~8cm的总状花序。花冠紫红色，长2.7cm，外密被具腺微柔毛，内面无毛；未成熟小坚果具瘤。花期6月；果期7~8月。**见于珍珠泉乡**。生于沟谷地。

黄芩 *Scutellaria baicalensis* Georgi 唇形科 黄芩属

多年生草本，根茎肥厚，肉质，黄色。茎直立，多分枝，无毛。叶披针形或条状披针形，全缘，两面无毛，背面密被下陷的腺点。花序顶生，总状；花冠紫色、紫红色或蓝色，二唇形；上唇盔状，下唇3裂，中裂片圆形，两侧裂片向上唇靠拢。小坚果。花期7~8月，果期8~9月。**见于永宁镇**。生于向阳山坡，荒地上；也有大面积人工栽培的。根入药，治疗上呼吸道感染、急性胃炎等症有效；叶可制茶用，能清火解毒；可栽培观赏。

黑龙江香科科 *Teucrium ussuriense* Komarov 唇形科 香科科属

多年生草本，具根茎。不分枝或具极短的分枝，被白色柔毛。叶片卵状长圆形，叶缘具不规则的细锯齿；正面绿色，具短柔毛；背面密被白色绵毛。轮伞花序，在分枝叶腋内腋生，或在叶腋内组成短的穗状花序；花冠紫红色，单唇形。小坚果。花期7~8月。**见于箭杆岭村**。生于向阳山坡、河边等地。可栽培观赏。

白苞筋骨草 *Ajuga lupulina* Maxim. 唇形科 筋骨草属

多年生草本，四棱形，被白色柔毛。叶对生，基部抱茎；叶片披针状长圆形，叶全缘。轮伞花序，6到多朵，密集成穗状花序；苞片大，白色、黄白色、绿紫色；花冠黄白色，二唇形，上唇2裂，下唇3裂，从里到外有紫色条纹。小坚果。花期7~9月，果期8~10月。**见于海坨山**。生于高山草地或石缝中。全草入药，治疗外感风热。可栽培观赏。

多花筋骨草 *Ajuga multiflora* Bunge 唇形科 筋骨草属

多年生草本，茎4棱，具匍匐茎和直立茎，茎节有气生根。叶对生，边缘具粗锯齿，先端钝圆，基部楔形，叶片纸质，长椭圆形，叶面有皱褶裙，生长季节绿中带紫，入秋后叶片紫红色。轮伞花序自茎中部向上渐靠近，至顶端呈现密集的穗状聚伞花序；花片叶状，向上小，呈披针形或卵形；花萼宽钟形，外被绵毛状长柔毛；花冠蓝紫色或蓝色。小坚果倒卵状三棱形。花期4~5月，果期5~6月。**见于江水泉公园**。生于山坡或河边潮湿处。具有观赏及药用价值。可人工驯化用于绿化用。

蓝萼香茶菜 *Isodon japonicus* var. *glaucocalyx* (Maxim.) H. W. Li 唇形科 香茶菜属

多年生草本，根茎木质。上部多分枝，被疏毛。叶卵形至阔卵形，两面被疏毛和腺点。聚伞花序2~3朵，组成顶端的圆锥花序；花萼筒蓝色；花冠白色或蓝紫色，二唇形，上唇反折，下唇船形。小坚果。花期6~9月，果期8~10月。**见于四海镇**。生于山谷、林下、草坡上。全草入药，可治疗急性肝炎，也可作健胃药。

内折香茶菜 *Rabdosia inflexa* (Thunb.) Hara 唇形科 香茶菜属

多年生草本，根茎木质，向下密生纤维状须根。上部分枝，被倒向短柔毛。叶片三角状卵形，叶缘具圆齿状锯齿，两面疏被毛。聚伞花序3~5朵，组成顶生和腋生的圆锥花序；花冠淡红或青紫色，外被短柔毛和腺点，二唇形。小坚果。花期8~10月。**见于大庄科乡**。生于山坡、山谷、沟边、林下。全草入药，可治急性胆囊炎。

碎米桠 *Isodon rubescens* (Hemsl.) H. Hara 唇形科 香茶菜属

落叶小灌木；根茎木质。茎直立，基部圆柱形，灰褐色，上部多分枝，茎上部及分枝均四棱形，幼枝密被绒毛。茎叶对生，卵圆形或菱状卵圆形。聚伞花序，下部有时多至7花；组成分枝顶生的狭圆锥花序；苞叶菱形或菱状卵圆形至披针形；花冠紫色，下唇船形。小坚果倒卵状三棱形，淡褐色。花期7~10月，果期8~11月。**见于海坨山**。生于地边、田埂。全草入药，对急、慢性咽炎、扁桃腺炎均有治疗作用。

夏至草 *Lagopsis supina* (Steph. ex Willd.) Ikonn.-Gal. 唇形科 夏至草属

多年生草本，密被微柔毛，分枝。叶轮廓半圆形，掌状3浅裂或深裂，两面密生微柔毛。轮伞花序，小苞片刺状，密被微柔毛。花萼先端具黄色刺尖。花冠白色，二唇形，上唇长圆形，中间有紫色条带；下唇3裂。小坚果。花期3~5月，果期5~6月。**见于延庆镇**。生于路边、田野、荒地上。全草入药，具有养血调经的功效。

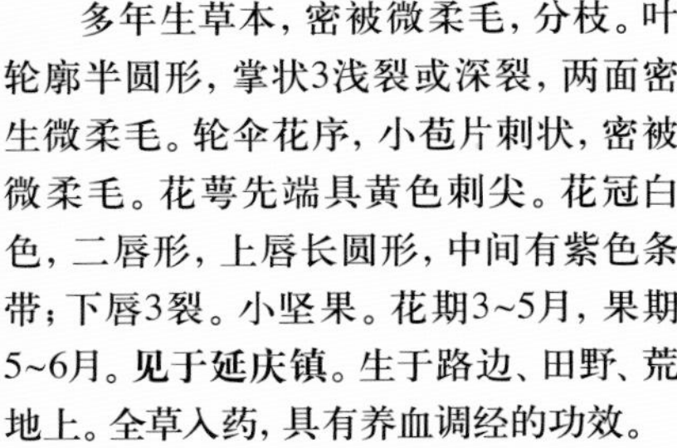

木香薷（臭荆芥）*Elsholtzia stauntonii* Benth. 唇形科 香薷属

落叶亚灌木。上部多分枝，常带紫红色，被微柔毛。叶片披针形至椭圆披针形，叶缘具粗锯齿，两面脉上具微柔毛。5~10朵轮伞花序组成穗状花序，近偏向一侧；花冠淡红紫色，二唇形，上唇直立，下唇开展，3裂。小坚果。花、果期7~10月。**见于海坨山**。生于石质山坡、沟谷、河川沿岸。植物体可以提取香精；花好、味香，可以栽培供人们观赏。

香薷 *Elsholtzia ciliata* (Thunb.) Hyland. 唇形科 香薷属

一年生草本，密集须根。株高达50~90cm，茎四棱，被疏柔毛。叶为卵形或椭圆状披针形，叶缘具锯齿，背面满布橙色腺点。轮伞花序多花，组成偏向一侧的顶生穗状花序；苞片紫色，无缘毛或缘毛甚短，花冠淡紫色，二唇形。小尖果。花期7~9月。**见于井庄镇**。生于路边、山坡、荒地、沟旁。全草入药，具有发汗、利尿和治疗急性肠炎等作用。

密花香薷 *Elsholtzia densa* Benth. 唇形科 香薷属

一年生草本，密生须根。茎直立，自基部多分枝，分枝细长，茎及枝均四棱形，具槽，被短柔毛。叶长圆状披针形至椭圆形，边缘在基部以上具锯齿，正面绿色背面较淡，两面被短柔毛。穗状花序长圆形或近圆形，密被紫串珠状长柔毛，由密集的轮伞花序组成；花冠小，淡紫色，外面及边缘密被紫色串珠状长柔毛。小坚果卵珠形，暗褐色。花、果期7~10月。**见于松山**。植株可入药。

藿香 *Agastache rugosa* (Fisch. et Mey.) O. Kuntze 唇形科 藿香属

多年生草本，四棱形，上部分枝。叶为卵形或披针状卵形，叶缘具粗齿，正面被微毛，背面被微毛和腺点。轮伞花序具多花，在主茎和分枝上组成顶生的穗状花序；花冠淡紫蓝色，二唇形；雄蕊4，伸出花冠。小坚果。花期6~9月。**见于松山**。生于山坡、沟旁、山坡草丛、林下。全草入药，具有止呕吐和清暑的效能；果可作香料；叶及茎均富含挥发性芳香油，为芳香油原料。

多裂叶荆芥 *Nepeta multifida* L. 唇形科 荆芥属

多年生草本；根茎木质。茎高可达40cm，上部四棱形。叶羽状深裂或分裂，裂片线状披针形至卵形，全缘或具疏齿，正面橄榄绿色，背面白黄色；花序为由多数轮伞花序组成的顶生穗状花序；苞片叶状，深裂或全缘。花萼紫色，花冠蓝紫色，上唇2裂，下唇3裂，中裂片最大。雄蕊4；花药浅紫色。小坚果扁长圆形。花期7~9月，果期在9月以后。**见于海坨山**。生于山坡草丛中或湿润的草原上。

裂叶荆芥 *Nepeta tenuifolia* Benth. 唇形科 荆芥属

一年生草本，茎多分枝，密被白色短柔毛。叶常为指状3全裂，小裂片为披针状条形，中间片较大，全缘，两面被柔毛，背面还具黄色腺点。由多数的轮伞花序组成顶生的穗状花序；花冠青紫色，外被柔毛。小坚果。花期7~9月。**见于海坨山、大庄科乡等地**。生于山坡路边、沟边、山谷、林缘。全草和花穗为常用的中药，多用于发表，可治风寒感冒；全草可提取芳香油。

岩青兰（毛建草）*Dracocephalum rupestre* Hance 唇形科 青兰属

多年生草本，茎多自根茎生出，被短柔毛。基生叶具长柄，叶为三角状卵形，两面被柔毛；茎中部叶具明显柄，茎上部叶具鞘状短柄或无柄。轮伞花序密集，成头状；苞片具刺，花冠紫蓝色，二唇形。小尖果。花期8~9月。**见于玉渡山**。生于高山草甸、草坡及林下。全草具香气，可代茶用；可栽培观赏。

香青兰（臭兰香）*Dracocephalum moldavica* L. 唇形科 青兰属

一年生草本，被倒向的小毛。基生叶卵圆状三角形，叶缘具圆齿，具长柄；茎生叶为披针形，叶缘疏锯齿。轮伞花序4花，生于茎或分枝的上部；花冠淡紫色，二唇形；上唇短船形，下唇3裂，中裂扁二裂，具深紫色斑点。小坚果。花期7~8月，果期8~9月。**见于康庄镇**。生于干燥山坡、山谷、河滩和路旁。可以提取芳香油；嫩时是上等山菜。

糙苏 *Phlomis umbrosa* Turcz. 唇形科 糙苏属

多年生草本，多分枝，疏被短硬毛或星状柔毛。叶近圆形或圆卵形，叶缘具圆齿，两面疏被伏毛或星状柔毛。轮伞花序4~8朵花，具明显的总柄；花冠粉红色，二唇形，上唇外面被绢状柔毛，下唇色较深，具红色斑点。小坚果。花期7~8月，果期8~9月。**见于玉渡山**。生于林下、草坡。根可入药，具有消肿、生肌、续筋、接骨之功效。

口外糙苏 *Phlomis jeholensis* Nakai et Kitag. 唇形科 糙苏属

多年生草本，被平展具节刚毛，上部多分枝。叶卵形，叶缘具齿。轮伞花序6~16朵花，多生于主茎和分枝上；花冠白色，二唇形，上唇外面密被绢毛状绒毛，边缘小齿状；下唇3圆裂。小坚果。花期8~9月，果期9~10月。**见于海坨山**。海拔1800m的沟滩上。生于山坡、林缘、沟边。根入药，具有清热的作用。

大叶糙苏 *Phlomis maximowiczii* Regel 唇形科 糙苏属

多年生草本，上部具分枝，被短柔毛。基生叶阔卵形，叶缘具齿；上部茎生叶小，正面被短硬毛，背面有较长的星状柔毛。轮伞花序多花，苞片狭披针形，边缘具节缘毛，花萼外面脉上被具刚毛；花冠粉红色，二唇形，上唇边缘具有不整齐的小齿；下唇3裂，中裂片较大，宽卵形。小坚果。花期7~8月，果期8~10月。**见于海坨山林下**。生于林缘、草坡、沟边。根入药，具清热消肿的作用。

细叶益母草 *Leonurus sibiricus* L. 唇形科 益母草属

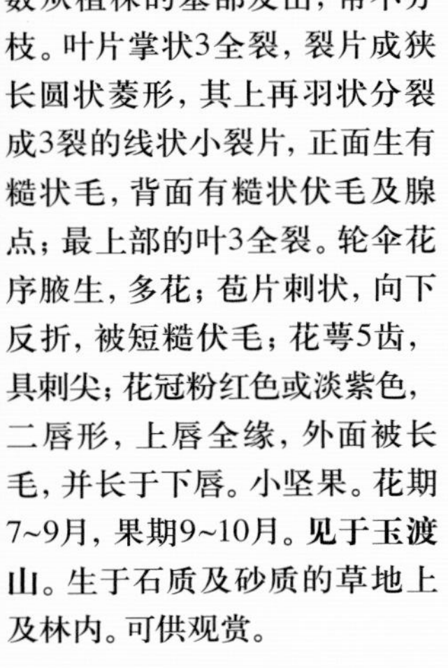

二年生草本。茎单一，多数从植株的基部发出，常不分枝。叶片掌状3全裂，裂片成狭长圆状菱形，其上再羽状分裂成3裂的线状小裂片，正面生有糙状毛，背面有糙状伏毛及腺点；最上部的叶3全裂。轮伞花序腋生，多花；苞片刺状，向下反折，被短糙伏毛；花萼5齿，具刺尖；花冠粉红色或淡紫色，二唇形，上唇全缘，外面被长毛，并长于下唇。小坚果。花期7~9月，果期9~10月。**见于玉渡山**。生于石质及砂质的草地上及林内。可供观赏。

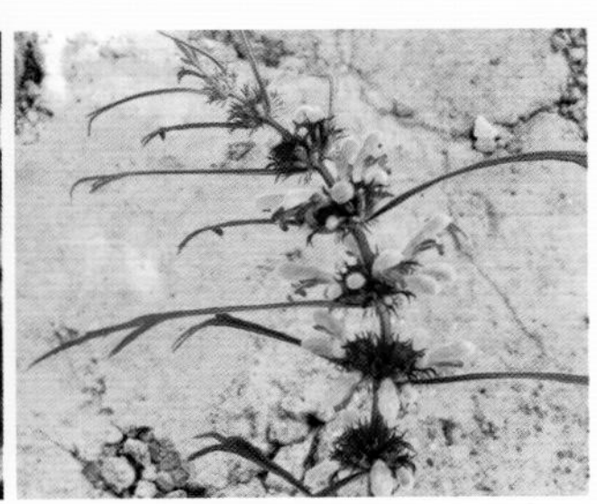

錾菜 *Leonurus pseudomacranthus* Kitag. 唇形科 益母草属

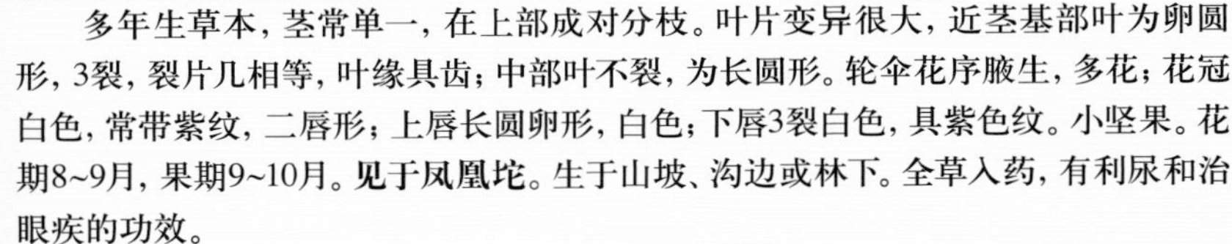

多年生草本，茎常单一，在上部成对分枝。叶片变异很大，近茎基部叶为卵圆形，3裂，裂片几相等，叶缘具齿；中部叶不裂，为长圆形。轮伞花序腋生，多花；花冠白色，常带紫纹，二唇形；上唇长圆卵形，白色；下唇3裂白色，具紫色纹。小坚果。花期8~9月，果期9~10月。**见于凤凰坨**。生于山坡、沟边或林下。全草入药，有利尿和治眼疾的功效。

益母草 *Leonurus japonicus* Houtt. 唇形科 益母草属

二年生草本。茎四棱，分枝，被倒向短柔毛。茎中部叶3全裂，叶裂片长圆状菱形，又羽状分裂，裂片宽线形，叶裂片全缘；最上部叶不裂。轮伞花序腋生，具8~15朵花，苞片针刺状，密被伏毛；花冠红色或淡紫红色，二唇形，上唇长圆形，直伸，外被白色长柔毛，里面无毛；下唇3裂；上唇与下唇近等长。小坚果。花期7~9月，果期9~10月。**见于八达岭镇**。生于山坡、路边，荒地、沟旁。全草入药，具有调经活血、清热利尿的功效。

大花益母草 *Leonurus macranthus* Maxim. 唇形科 益母草属

多年生草本，粗壮，具条棱，被伏毛。叶形变化很大；最下部的茎生叶心状圆形，茎上部的叶近无柄，披针形或卵状披针形。轮伞花序腋生，具8~12朵；花冠淡红紫色或淡红色，长2.5~2.8cm。小坚果。花期8~9月，果期9~10月。**见于井庄镇**。生于林下、山坡灌丛、林缘及草地。全草入药，用于利尿和治眼疾。

毛水苏 *Stachys baicalensis* Fisch. ex Benth. 唇形科 水苏属

多年生湿地草本。茎单一或分枝，沿棱及节具伸展的刚毛。叶长圆状披针形，两面被贴生的刚毛，叶缘具圆齿状锯齿。轮伞花序6朵，组成顶生的穗状花序；苞片、花萼被刚毛；花冠紫色，二唇形；上唇圆形被刚毛，下唇3裂，中裂片有白色花纹。小坚果。花期7~8月，果期8~9月。**见于千家店、张山营镇**。生于潮湿地。全草入药，用于治疗感冒，咽喉肿痛，吐血，衄血，崩漏，胃酸过多；外用治疮疖肿毒。

华水苏 *Stachys chinensis* Bunge *ex* Benth. 唇形科 水苏属

多年生湿地草本。根茎长，节部密生须根。茎棱上有倒刺或刚毛，节上毛较密，茎上部较多。叶为长圆披针形，叶缘具齿，叶正面有少量刚毛，叶无柄。轮伞花序6朵，集中在茎顶；花萼尖带刺；花冠粉红色，二唇形。小坚果。花期6~7月，果期7~8月。**见于田宋营村**。生于水边湿地。

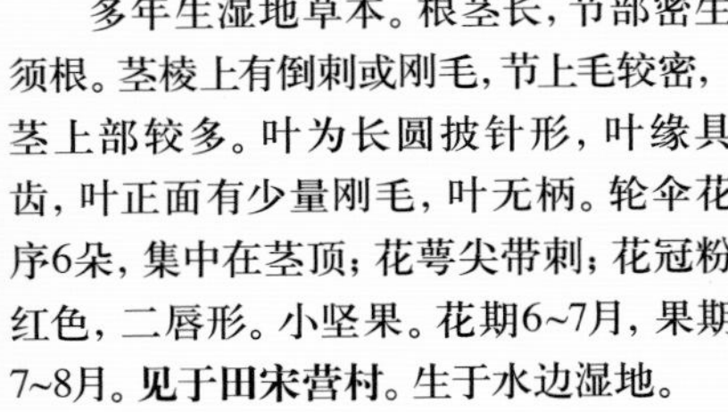

甘露子（甘露）*Stachys sieboldii* Miq. 唇形科 水苏属

多年生湿地草本。根茎白色，在节上有鳞状叶及须根，顶端肥大成念珠状块茎。茎单一或多分枝，节部及棱上密被倒生稍开展的毛。叶片为卵形或长圆状卵形，叶缘具规则的圆齿状锯齿。轮伞花序，排列成顶生的穗状花序；花冠粉红色至紫红色，二唇形。小坚果。花期7~9月，果期9~10月。**见于永宁风动石沟**。生于较湿润的地上。块根常用来作酱菜、泡菜等。地上部分入药，主治黄疸，尿路感染，风热感冒，肺结核。

薰衣草 *Lavandula angustifolia* Mill. 唇形科 薰衣草属

落叶亚灌木。具分枝，被星状绒毛。叶线形，有灰色星状绒毛，新枝上的叶小，簇生。轮伞花序6~10朵，在枝顶集成间断的穗状花序，花梗密被星状绒毛；花冠蓝色，二唇形。小坚果。花期6~8月，果期7~9月。**见于千家店镇**。栽培。原产于地中海沿岸、欧洲各地及大洋洲列岛。供观赏。

风轮菜 *Clinopodium chinense* (Benth.) O. Kuntze 唇形科 风轮菜属

多年生草本，茎上部多分枝，四棱形，有短柔毛及腺微柔毛。叶卵圆形，上部叶有时带红色，叶缘有整齐的圆锯齿。轮伞花序多花密集；花萼管状紫红色，先端具硬刺；花冠紫红色，二唇形。小坚果。花期7~8月，果期8~10月。**见于玉渡山**。生于山坡、草地、路旁。全草入药，有消肿活血的功效。

地椒 *Thymus quinquecostatus* Cêlak. 唇形科 百里香属

落叶亚灌木。近水平伸展，有少量向下弯曲的柔毛。叶长圆披针形，全缘，边外卷，近革质，腺点小且多而密。花序近头状，花萼上唇齿披针形，花冠紫红色。小坚果。花期5~8月，果期9~10月。**见于八达岭镇**。生于山坡或沟边。全草入药，温中散寒，祛风止痛：治吐逆，腹痛，泄泻，食少痞胀，风寒咳嗽，咽肿，牙疼，身痛，肌肤瘙痒；可以提取芳香油；叶可作菜食用。

百里香 *Thymus mongolicus* (Ronniger) Ronniger 唇形科 百里香属

落叶亚灌木。叶有辣味。茎多数，匍匐或上升，被短柔毛。叶为卵椭圆形，全缘，两面无毛。花序近头状；花萼上唇齿短，三角形，具缘毛或无；花冠紫红色或淡紫色，二唇形。小坚果。花期8月，果期9~10月。**见于海坨山**。生于多石山地、山谷、山沟及路旁。全草入药，温中散寒，祛风止痛，治吐逆，腹痛，泄泻，食少痞胀，风寒咳嗽，咽肿，牙疼，身痛，肌肤瘙痒；可以提取芳香油；叶可作菜食用。

紫苏 *Perilla frutescens* (L.) Britt. 唇形科 紫苏属

一年生草本，绿色或紫色，钝四棱形，具四槽，密被毛。叶阔卵形或圆形，先端短尖或突尖，基部圆形或阔楔形，边缘在基部以上有粗锯齿，两面绿色或紫色，或仅背面紫色。轮伞花序2花，密被长柔毛、偏向一侧的顶生及腋生总状花序；花冠白色至紫红色。小坚果近球形，灰褐色，具网纹。花期8~11月，果期8~12月。**见于张山营镇**。栽培。原产于我国。食用，做菜，香料，入药。

薄荷 *Mentha canadensis* L. 唇形科 薄荷属

多年生湿地草本。具棱，棱上长有柔毛。叶为长圆状披针形，叶缘有不规则的锯齿，两面沿脉密生微毛或具腺点。轮伞花序腋生，花冠淡蓝白色，雄蕊4，伸出花冠以外。小坚果。花期7~9月，果期8~10月。**见于妫河两岸**。生于水旁潮湿地。幼嫩茎尖可作菜食。全草入药，具有镇痉、发汗和解热的功效。全株为提取薄荷油、薄荷脑原料。

假龙头花 *Physostegia virginiana* Benth. 唇形科 假龙头花属

多年生宿根草本，具匍匐茎。地上茎直立丛生，呈四棱状。叶对生，长椭圆至披针形，缘有锯齿，呈亮绿色。穗状花序聚成圆锥花序状。小花密集。淡紫、淡蓝、紫红、粉红。小坚果，花、果期8~9月。**见于东小河屯村**。栽培。原产北美洲。可用于花坛、草地成片种植；也可盆栽。株型整齐，花期集中，可用于秋季花坛，亦可用于花境或作切花。

龙葵（天球） *Solanum nigrum* L. 茄科 茄属

一年生草本，株高可达70~120cm，具分枝，无毛。叶卵形，全缘或有不规则的波状粗齿，两面光滑。蝎尾状花序，腋外生，由3~10朵组成；花冠白色，5深裂，向外折。浆果，球形，熟时黑色。花期7~9月，果期8~10月。**见于永宁镇**。生于田野、路边、荒地、沟滩、村庄附近。全株入药，能散瘀消肿、清热解毒。

青杞 *Solanum septemlobum* Bunge 茄科 茄属

多年生草本，茎具棱角，被白色短柔毛至近于无毛。叶互生，卵形，先端钝，基部楔形，通常7裂，有时5~6裂或上部的近全缘，裂片卵状长圆形至披针形，全缘或具尖齿，两面均疏被短柔毛，在中脉、侧脉及边缘上较密。二歧聚伞花序，顶生或腋外生；花冠青紫色，雄蕊5。浆果，近球形，熟时红色。花期7~8月，果期8~10月。**见于刘斌堡乡**。生于阳坡、林下、路旁和水边。全草有毒，含生物碱，药用，能清热解毒。

白英 *Solanum lyratum* Thunb. 茄科 茄属

多年生草质藤本。茎及小枝均密被具节长柔毛。叶互生，多数为琴形，裂片全缘，侧裂片愈近基部愈小，两面均被白色发亮的长柔毛，中脉明显。聚伞花序顶生或腋外生，疏花；花冠蓝紫色或白色，花冠筒隐于萼内。浆果球状，成熟时红黑色。花期夏秋，果熟期秋末。**见于柏木井**。生于山谷草地或路旁、田边，海拔600~2800m。全草入药，可治小儿惊风。果实能治风火牙痛。

野海茄（山茄）*Solanum japonense* Nakai 茄科 茄属

多年生草质藤本。叶卵状披针形或三角状披针形，边缘波状，两面近无毛或被疏柔毛。聚伞花序，顶生或腋生；花冠紫色或白色，花冠筒基部具5个绿色的斑点，先端5深裂，被柔毛。浆果，球形，熟时红色。花期7~8月，果期9~10月。**见于四海镇**。生于林下或灌丛、山坡、水边、路旁。

阳芋（土豆、马铃薯、山药）*Solanum tuberosum* L. 茄科 茄属

一年生草本，高30~80cm，无毛或被疏柔毛。地下茎块状，扁圆形或长圆形。叶为奇数不相等的羽状复叶，小叶常大小相间；小叶，6~8对，卵形至长圆形，全缘，两面均被白色疏柔毛。伞房花序顶生，后侧生，花白色或蓝紫色。浆果圆球状，光滑。花期7~8月。栽培。原产智利的高山上。块茎富含淀粉，既可当粮又可当菜，可提取淀粉；刚抽出的芽条及果实中有丰富的龙葵碱，是提取龙葵碱的原料。

茄 *Solanum melongena* L. 茄科 茄属

直立分枝草本至亚灌木，小枝多为紫色。叶大，卵形至长圆状卵形，先端钝，基部不相等，边缘浅波状或深波状圆裂，上下面密被平贴的星状绒毛。能孕花单生，花后常下垂，不孕花蝎尾状与能孕花并出；萼近钟形，外面密被与花梗相似的星状绒毛及小皮刺，皮刺长约3mm。花、果期6~9月。**见于北关菜园**。栽培。原产于印度。果的形状大小变异极大。果可供蔬食。根、茎、叶入药，为收敛剂，有利尿之效，叶也可以作麻醉剂。种子为消肿药，也用为刺激剂，但容易引起胃弱及便秘，果生食可解食菌中毒。

黄花刺茄（刺萼龙葵）*Solanum rostratum* Dunal 茄科 茄属

茎直立，植株上半部分有分支，类似灌木。全株15~60cm高，表面有毛，带有黄色的硬刺。其叶片深裂为5~7个裂片，具刺；叶长为5~12.5cm，轮生，具柄，有星状毛；中脉和叶柄处多刺。花萼具刺，花黄色，裂为5瓣，长2.5~3.8cm。开花期在6~9月，果实为浆果，附有粗糙的尖刺。分布于美国、墨西哥、原苏联、孟加拉国、奥地利、保加利亚、捷克和斯洛伐克、德国、丹麦、南非、澳大利亚、新西兰。现已传入我国，在辽宁省西部阜新、朝阳、建平一带有分布。有毒。见于康庄。

番茄（西红柿）*Lycopersicon esculentum* Mill. 茄科 番茄属

一年生草本，全体生黏质腺毛，有强烈气味；茎易倒伏。叶羽状复叶或羽状深裂，长10~40cm，小叶极不规则，大小不等，常5~9枚，卵形或矩圆形，长5~7cm，边缘有不规则锯齿或裂片。花序总梗长2~5cm，常3~7朵花；花梗长1~1.5cm；花萼辐状，裂片披针形，果时宿存；花冠辐状，直径约2cm，黄色。浆果扁球状或近球状，肉质而多汁液，橘黄色或鲜红色，光滑；种子黄色。花、果期夏秋季。果实为盛夏的蔬菜和水果。栽培。原产地在秘鲁和墨西哥。

酸浆（姑娘） *Physalis alkekengi* L. 茄科 酸浆属

多年生草本，根状茎长，横走，茎直立，节部稍膨大，无毛或有细软毛。下部的叶互生，上部的叶假对生，卵形。花生于叶腋，花冠白色。浆果，球形，熟时橙红色。花期6~7月，果期7~10月。**见于永宁镇**。生于山坡路边、田间、房前屋后。果可食用；花萼和果（红灯笼）入药，有利尿、止痛的功效。

小酸浆 *Physalis minima* L. 茄科 酸浆属

一年生草本，主轴短缩，顶端多二歧分枝，被短柔毛。叶卵形或卵状披针形，全缘或有齿，两面脉上被柔毛。花冠黄色，花药黄色。浆果，球形。花期6~8月，果期7~9月。**见于张山营镇**。果实药用，具有清热解毒的功效。

灯笼果 *Physalis peruviana* L. 茄科 酸浆属

多年生草本，高45~90cm，具匍匐的根状茎。茎直立，不分枝或少分枝，密生短柔毛。叶较厚，阔卵形，全缘或有少数不明显的尖牙齿，两面密生柔毛。花单独腋生，花冠阔钟状，黄色而喉部有紫色斑纹，5浅裂。浆果成熟时黄色。种子黄色，圆盘状。夏季开花结果。**见于第一中学院内**。生于路旁或河谷。果实成熟后酸甜味，可生食或作果酱。

假酸浆 *Nicandra physalodes* (L.) Gaertn. 茄科 假酸浆属

一年生草本，茎直立，有棱条，无毛，高0.4~1.5m，上部二歧分枝。叶卵形或椭圆形，草质，基部楔形，边缘有具圆缺的粗齿或浅裂，两面有稀疏毛；花单生于枝腋而与叶对生，俯垂；花冠钟状，浅蓝色，直径达4cm，5浅裂。浆果球状，直径1.5~2cm，黄色。花期7~8月。栽培。原产于南美洲。**见于松山**。逸生，生于田边、荒地或住宅区。全草药用，有镇静、祛痰、清热解毒之效。

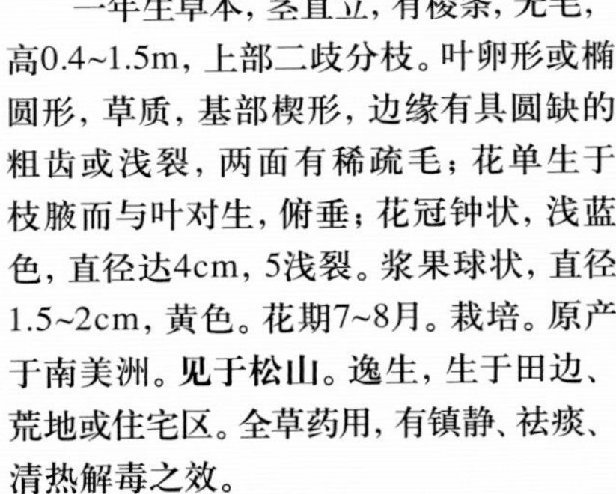

华北散血丹 *Physaliastrum sinicum* Kuang et A. M. Lu 茄科 散血丹属

多年生草本，植株高30~50cm。根多条簇生。茎幼嫩时被有较密的细柔毛；枝条略粗壮。叶片多为阔卵形，全缘而波状。花常双生于叶腋或枝腋，俯垂；花梗密被细柔毛，果时顶端稍增粗；花萼在花时为花冠长的一半，短钟状，外面密生细柔毛；花冠白色，钟状，外面密被细毛，檐部5浅裂，裂片阔三角形，有细缘毛。浆果球状。花、果期6~9月。**见于熊洞沟村**。常生于山谷灌丛中。

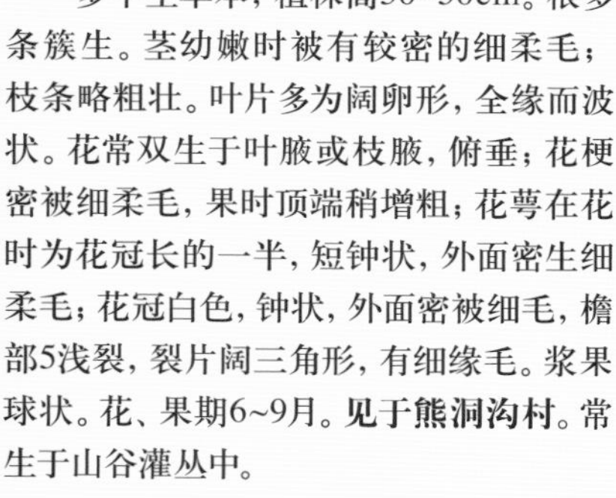

日本散血丹 *Physaliastrum japonicum* (Franch. et Savat.) Honda 茄科 散血丹属

多年生草本，株高50~70cm。茎分枝，被疏短柔毛。叶卵形，顶端急尖，基部偏斜，全缘而稍波状，具缘毛，两面被疏短柔毛。花常2~3朵生于叶腋或枝腋，俯垂；花冠钟状，5浅裂，具缘毛；筒部内面中部具5对同雄蕊互生的蜜腺，下面有5簇髯毛，雄蕊5。浆果，球状，被稍增大的萼片包围，宿萼近球状，浆果顶端裸露。花期6~8月，果期8~9月。**见于玉渡山**。生于林缘草坡中。可栽培观赏。

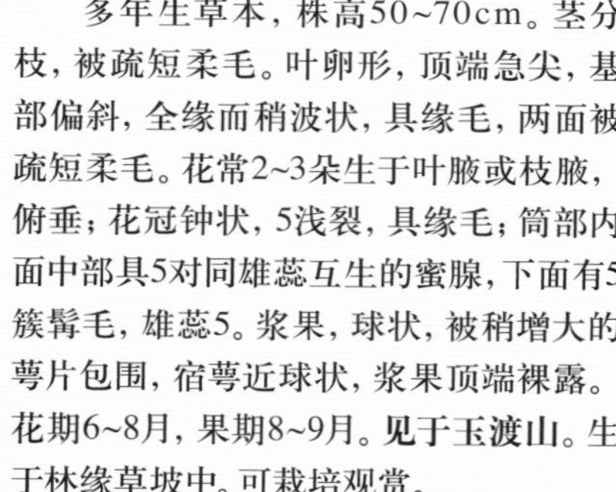

枸杞 *Lycium chinense* Mill. 茄科 枸杞属

落叶灌木，植物体具刺，高达2m。枝条细长，弯曲俯垂。叶互生或簇生于短枝上，叶片卵形或卵状披针形，全缘。花常1~4朵簇生于叶腋；花冠漏斗状，紫色，5深裂，边缘具缘毛；雄蕊5，花萼常3裂。浆果，卵状或长圆状，红色。花期6~9月，果期8~11月。**见于永宁镇**。生于山坡、荒地、盐碱地、路旁和村边宅旁。果实药用；根皮有解热止咳的作用。

宁夏枸杞 *Lycium barbarum* L. 茄科 枸杞属

灌木，高0.8~2m。分枝细密，野生时多开展而略斜升或弓曲，有不生叶的短棘刺和生叶、花的长棘刺。叶互生或簇生，披针形或长椭圆状披针形；花冠漏斗状，紫堇色，筒部长8~10mm，明显长于檐部裂片，花冠裂片无缘毛；花萼常2裂。花开放时平展；雄蕊的花丝基部稍上处及花冠筒内壁生一圈密绒毛。浆果红色。花、果期5~10月，边开花边结果。**见于康庄镇西部**。野生。果实入药，滋肝补肾，益精明目。

辣椒 *Capsicum annuum* L. 茄科 辣椒属

一年生草本，高40~80cm。分枝稍之字形折曲。叶互生，卵形或卵状披针形，全缘，顶端短渐尖或急尖，基部狭楔形。花单生，俯垂；花萼杯状，不显著5齿；花冠白色，裂片卵形；花药灰紫色。果梗较粗壮，俯垂；果实长指状，顶端渐尖且常弯曲，未成熟时绿色，成熟后红色、橙色或紫红色，味辣。花、果期5~11月。栽培。原产于南美洲热带地区。果是蔬菜和调味品，种子油可食用，果亦有驱虫和发汗之效。

脬囊草（泡囊草） *Physochlaina physaloides* (L.) G. Don 茄科 泡囊草属

多年生草本，株高30~45cm。幼茎被腺质短柔毛，以后脱落。叶卵形，边缘全缘而微波状。花排成伞房花序；具有鳞片状苞片；花冠漏斗状，紫色，5浅裂；雄蕊5，花柱明显地伸出花冠。蒴果。花期4~6月，果期6~8月。**见于海坨山**。生于山坡草地或林缘。根药用，具有镇痛、镇静、解痉之功效。花和茎可作止血药。可栽培观赏。

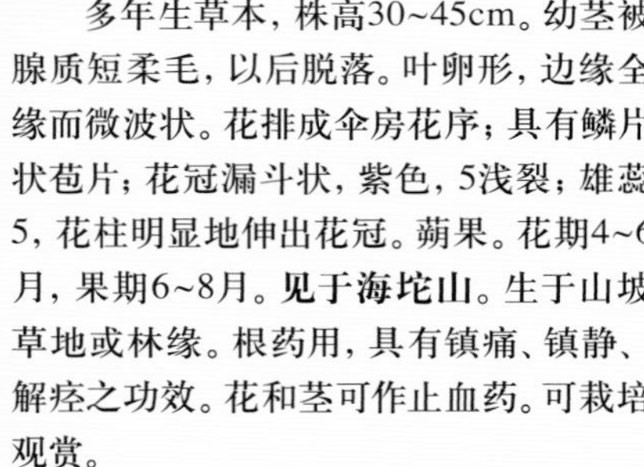

天仙子 *Hyoscyamus niger* L. 茄科 天仙子属

一年生或二年生草本。全株被黏性腺毛。根较粗壮，肉质而后变成纤维质。株高40~80cm，一年的茎很短，不分枝。基部具有莲座状叶丛，长圆形，叶缘粗牙齿或羽状浅裂；茎生叶卵形，叶缘浅裂，叶两面具黏性腺毛。花单生于叶腋，在茎枝的上端聚集成偏向一侧的穗状花序；花冠钟状，5浅裂，黄色，脉纹为紫堇色；雄蕊5，伸出花冠。蒴果，子房近球形。花期5~7月。**见于玉渡山**。生于山坡、路旁、住宅旁和河岸沙地。根、叶、种子入药，有镇痉镇痛作用，又可镇咳和麻醉。

曼陀罗 *Datura stramonium* L. 茄科 曼陀罗属

一年生草本，株高达120cm。茎分枝。宽卵形，叶缘具不规则的波状浅裂。花单生于枝的分叉处或叶腋，花萼筒状，具5棱，5浅裂；花冠漏斗状，下部绿色，上部白色或淡绿色，5浅裂；雄蕊5。蒴果，直立，卵状，表面具坚硬的针刺，成熟时4瓣裂。花期6~10月，果期7~11月。**见于康庄镇**。生于村边、宅旁、路边和草地上。叶、花、种子入药，有镇痉、镇痛和麻醉的功效。

矮牵牛 *Petunia × hybrida* Hort. 茄科 碧冬茄属

多年生草本，株高25~55cm。全株上下都有黏毛。茎直立。叶卵形、全缘，几无柄，互生，嫩叶略对生。花单生叶腋及顶生。花朵硕大，单瓣的呈漏斗状，重瓣的半球形，花瓣边缘多变化。花色十分丰富，有白、粉、桃红、玫瑰红、深红、紫、蓝等色，也有复色类型。从4~10月底可陆续开花不断。栽培。原产于南美洲阿根廷。

毛泡桐 *Paulownia tomentosa* (Thunb.) Steud. 玄参科 泡桐属

乔木，高达20m。树冠宽大伞形，树皮褐灰色；小枝有明显皮孔，幼时常具黏质短腺毛。叶片心脏形，长达40cm，顶端锐尖头，全缘或波状浅裂，正面毛稀疏，背面毛密或较疏，新枝上的叶较大，叶柄常有黏质短腺毛。花序为金字塔形，长一般在50cm以下。花冠紫色，漏斗状钟形；雄蕊长达2.5cm。蒴果卵圆形。花期4~5月，果期8~9月。**见于西三岔村**。栽培。原产于我国。我国西北有野生，分布海拔可达1800m。

柳穿鱼 *Linaria vulgaris* subsp. *chinensis* (Debeaux) D. Y. Hong 玄参科 柳穿鱼属

多年生草本，株高20~50cm，茎直立，单一或分枝，无毛。叶多为互生，少为下部轮生，线形或披针状线形，全缘，无毛。总状花序，顶生，花多数；花萼5裂，花冠黄色，矩长1cm，稍弯曲；喉部附属物位于下唇，橘黄色，有须毛。蒴果，卵球形，种子黑色。花期6~8月，果期8~9月。**见于千家店镇**。生于湿草地、山坡、路边。全草入药，可治风湿性心脏病。可栽培观赏。

阴行草 *Siphonostegia chinensis* Benth. 玄参科 阴行草属

一年生草本，株高30~70cm。干时变黑色，密被锈色短毛。叶对生，有短柄，叶片二回羽状全裂，裂片线形，全缘。花对生于茎枝上部，成稀疏总状花序；花萼细筒状，长10~15mm，密被短毛，10脉明显突出；裂片5；花二唇形；上唇盔状、紫色，下唇3裂、黄色。蒴果，长圆形。花期7~8月，果期9~10月。**见于永宁镇**。生于低山山坡或草地上。全草入药，能清热利湿、凉血止血、祛瘀止痛，可治黄疸肝炎、胆囊炎、泌尿系统结石等症。

达乌里芯芭 *Cymbaria daurica* L. 玄参科 芯芭花属

多年生草本，全株密被白色绵毛而呈银灰白色。根茎直立或稍倾斜向下，多少弯曲。株高10~20cm，茎直立。叶对生，披针形至线形，先端渐尖。花生于叶腋短枝上；花冠黄色，长30~50mm，二唇形，外白色柔毛；上唇先端2裂，下唇3裂。蒴果，革质，长卵圆形。花期5~7月。**见于八达岭镇**。生于山坡、土丘及沟边。全草入药，能祛风湿、利尿、止血。可栽培观赏。

山罗花 *Melampyrum roseum* Maxim. 玄参科 山罗花属

一年生草本，全株被鳞片状短毛。株高20~40cm。茎直立，微四棱。叶对生，狭披针形，先端渐尖，叶全缘。总状花序着生于分枝顶端；花冠紫红色，下部管状，上部二唇形，边缘密生紫红色须毛。蒴果，卵状渐尖。花期7~8月。**见于海坨山、凤凰坨等地林下**。生于山地林下、林缘及林间草甸。全草及根入药，全草能清热解毒；根泡茶有清凉之效。

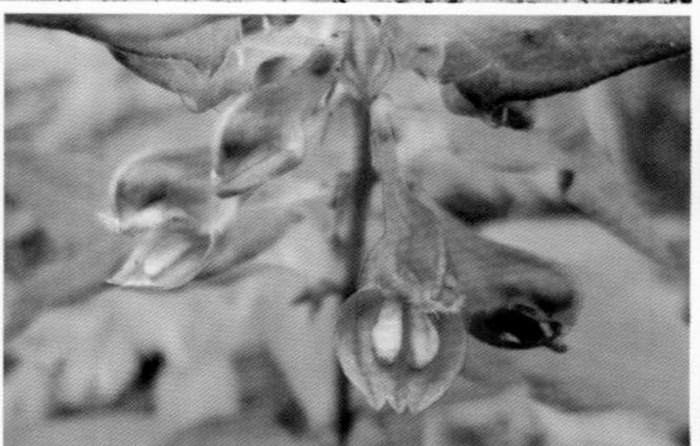

小米草 *Euphrasia pectinata* Ten. 玄参科 小米草属

一年生草本，株高10~30cm。不分枝，被白色柔毛。叶对生，卵形或宽卵形，先端钝，边缘具齿，两面被短硬毛，无柄。穗状花序顶生；苞片叶状，花萼管状；花冠二唇形，白色或紫色，下唇比上唇长；雄蕊4，花药紫色。蒴果，扁。花期7~8月，果期8~10月。**见于玉渡山**。生于阴坡草地及灌丛中。可栽培观赏。

埃氏马先蒿（短茎马先蒿）*Pedicularis artselaeri* Maxim. 玄参科 马先蒿属

多年生草本，干时略变黑色。根多数，似纺锤形，肉质，粗达6cm。茎不发达，细弱。叶丛生，长柄，密被短柔毛，叶片长圆状披针形，羽状全裂，裂片卵形，再羽状深裂。花腋生，花大，浅紫红色，花萼圆筒形，被长柔毛。蒴果，卵圆形。花期4~6月。**见于四海镇**。生于石坡草丛中或林下。可栽培观赏。

红纹马先蒿 *Pedicularis striata* Pall. 玄参科 马先蒿属

多年生草本，株高30~60cm。密被短卷毛。叶互生，基生叶成丛，叶片披针形，羽状全裂或深裂，裂片线形，边缘具浅齿；茎生叶柄较短。花序穗状，密被短毛；花冠黄色，具红色脉纹，花丝1对，被毛。蒴果，斜卵形。花期6~7月，果期7~8月。**见于玉渡山**。生于山坡、林缘草甸或疏林中。可栽培观赏。

返顾马先蒿 *Pedicularis resupinata* L. 玄参科 马先蒿属

多年生草本，株高30~70cm。干时变黑。叶互生，具短柄，叶片披针形、长圆状披针形，叶缘具齿，常反卷，两面无毛。总状花序，苞片叶状；花冠淡紫红色。蒴果，斜长圆状披针形。花期6~8月，果期7~9月。**见于玉渡山**。生于山地林下、林缘草甸及沟谷。根可入药，有祛湿功效。

穗花马先蒿 *Pedicularis spicata* Pall. 玄参科 马先蒿属

一年生草本，株高20~40cm。分枝多，被白色柔毛。茎生叶4叶轮生，3~6轮，长圆状披针形至线状披针形，羽状浅裂至中裂，叶缘有刺尖及锯齿，正面有短白毛，背面脉上有较长的柔毛。穗状花序，顶生；花冠紫红色，花丝1对，有毛。蒴果，长卵形。花期7~8月。**见于凤凰坨、海坨山等地**。生于海拔1300~2700m的山坡草地、林缘草甸。可栽培观赏。

塔氏马先蒿（华北马先蒿）*Pedicularis tatarinowii* Maxim. 玄参科 马先蒿属

一年生草本，茎高20~40cm。中上部常具3~4枚轮生的分枝，圆形，有4条纵毛线，紫色。叶4枚轮生，叶片轮廓长圆形或披针形，羽状全裂，再羽状浅裂。花序生于茎枝端，苞片叶状；花冠紫色，花丝两对，均被毛。蒴果，歪卵形。花期7~8月，果期8~9月。**见于海坨山**。生于海拔1800~2300m的亚高山草甸上。可栽培观赏。

松蒿 *Phtheirospermum japonicum* (Thunb.) Kanitz 玄参科 松蒿属

一年生草本，株高20~40cm。全体被多细胞腺毛。叶对生，具柄，叶片轮廓三角状卵形至卵状披针形；下部叶羽状全裂，向上渐变为羽状深裂至浅裂；边缘具齿。花生于上部叶腋，花冠粉红色，外面被柔毛；下唇2裂较短，上唇3裂；雄蕊4。蒴果，卵球形，密被腺毛和短毛，先端具弯喙。花期6~8月。**见于井庄镇。**生于山地灌丛、草坡和沟谷草甸。全草入药，能清热、利湿。

沟酸浆 *Mimulus tenellus* Bunge 玄参科 沟酸浆属

多年生小草本，柔弱，常铺散状，无毛。茎多分枝，下部匍匐生根。叶卵形、卵状三角形，顶端急尖，基部截形，边缘具明显的疏锯齿，羽状脉，叶柄细长，与叶片等长或较短，偶被柔毛。花单生叶腋；花萼圆筒形，果期肿胀成囊泡状，萼口平截，萼齿5，细小，刺状；花冠较萼长一倍半，漏斗状，黄色，喉部有红色斑点；沿喉部被密的髯毛。雄蕊同花柱无毛。蒴果椭圆形，花、果期6~9月。**见于玉渡山。**生于海拔700~1200m的水边、林下湿地。可食，作酸菜用。

地黄（地酒）*Rehmannia glutinosa* (Gaertn.) DC. 玄参科 地黄属

多年生草本，全株密被淡褐色长柔毛。根状茎肉质肥厚，鲜时橘黄色。茎紫红色，茎上很少有叶片着生。叶片通常基生，倒卵形至椭圆形，边缘有不整齐的锯齿，叶面有皱纹，正面绿色，背面通常淡紫色，被白色长柔毛及腺毛。总状花序顶生，密被腺毛；花冠筒状微弯，外面紫红色，内面黄色有紫斑，顶部二唇形。蒴果，卵球形。花期4~6月，果期7~8月。**见于张山营镇**。生于道旁、荒地。鲜根茎入药，能清热、生津、凉血；生地黄能清热、生津、润燥、凉血、止血；熟地黄能滋阴补肾、补血调经。

弹刀子菜 *Mazus stachydifolius* (Turcz.) Maxim. 玄参科 通泉草属

多年生草本，全株被多细胞白色柔毛。株高10~25cm，茎直立，不分枝。基叶匙形，有短柄；茎生叶对生，上部常互生，无柄，长椭圆形，边缘有不规则的锯齿。总状花序顶生；花萼漏斗状，宿存。花冠蓝紫色；上唇短二浅裂，下唇宽大，3裂，雄蕊4，二强。蒴果，扁卵球形。花期6~7月，果期7~8月。**见于大榆树镇**。生于较湿润的路边、草坡及林缘。全草入药，性微辛、凉，将鲜全草捣烂敷伤口，主治毒蛇咬伤。

通泉草 *Mazus pumilus* (Burm. f.) Steenis 玄参科 通泉草属

一年生草本，高3~30cm，无毛。主根伸长，垂直向下。本种在体态上变化幅度很大，茎直立，上升或倾卧状上升，在节上常能长出不定根，分枝多而披散。基生叶少到多数，有时成莲座状或早落，倒卵状匙形，下延成带翅的叶柄，边缘具不规则的粗齿；茎生叶对生或互生。总状花序生于茎、枝顶端，通常3~20朵，花疏稀；花冠白色、紫色或蓝色。蒴果球形。花、果期4~10月。**见于四海镇**。生于海拔2500m以下的湿润的草坡、沟边、路旁及林缘。

北水苦荬 *Veronica anagallis-aquatica* L. 玄参科 婆婆纳属

多年生水生草本，株高10~50cm，有分枝。叶无柄，上部的半苞茎，线状披针形至狭长卵形，边缘有锯齿。花、花序轴、花梗、花萼和蒴果不具被腺毛或极少；总状花序腋生；花梗与花序轴成锐角；花冠淡蓝紫色或白色，雄蕊短于花冠。蒴果，近球形。花期6~9月。**见于玉渡山**。生于水边湿地或浅水中。全草入药，有止血、止痛、活血消肿、清热利尿、降血压的功效。

水苦荬 *Veronica undulata* Wall. 玄参科 婆婆纳属

多年生湿地草本植物，株高10~50cm。有分枝，密生腺毛。叶无柄，上部的半苞茎，线状披针形至狭长卵形，边缘有锯齿。花、花序轴、花梗、花萼和蒴果被腺毛；总状花序腋生；花梗与花序轴成直角；花冠淡蓝紫色或白色，雄蕊短于花冠。蒴果，近球形。花期6~9月，果期7~9月。**见于千家店镇干沟村水边。**生于水边湿地或浅水中。全草入药，有活血止血、解毒消肿的功效。

阿拉伯婆婆纳 *Veronica persica* Poir. 玄参科 婆婆纳属

铺散多分枝草本，高10~50cm。茎密生两列多细胞柔毛。叶2~4对，具短柄，卵形或圆形，边缘具钝齿，两面疏生柔毛。总状花序很长；苞片互生，与叶同形且几乎等大；花梗比苞片长，有的超过1倍；花冠蓝色、紫色或蓝紫色；雄蕊短于花冠。蒴果肾形，被腺毛，成熟后几乎无毛。花期3~5月。**见于延庆第一中学院内阴湿地。**生于荒野的杂草中。

大婆婆纳 *Veronica dahurica* Stev. 玄参科 婆婆纳属

茎单生或数枝丛生，直立或上升，不分枝，下部通常密生伸直白色长毛，少混生黏质腺毛，上部至花序各部密生黏质腺毛，茎长灰色或灰绿色。叶对生，茎基部常密集聚生。花序长穗状；花梗几乎没有；花冠紫色或蓝色。幼果球状矩圆形。花期7~9月。**见于海坨山**。生于草原或针叶林内，海拔可达2500m。

细叶穗花 *Pseudolysimachion linariifolium* (Pall. ex Link) Holub 玄参科 穗花属

多年生草本，茎直立，常不分枝，常被白色而多卷曲的柔毛。叶下部对生，上部互生，线形至长椭圆形，总状花序，单出或复出，长穗状；花冠淡蓝紫色，少白色。蒴果，卵球形。花期6~8月，果期7~9月。**见于刘斌堡乡**。生于山坡草地、灌丛间。叶味甜，采苗炸熟，油盐调食。亦可药用。

水蔓菁 *Pseudolysimachion linariifolium* subsp. *dilatatum* (Nakai et Kitag.) D. Y. Hong 玄参科 穗花属

多年生草本，株高30~80cm。多不分枝，常被白色而多卷曲的柔毛。下部的叶对生，上部的互生，线形至长椭圆形，下部全缘，中上部边缘有三角状锯齿，两面无毛。总状花序，单出或复出，长穗状；花冠淡蓝紫色，雄蕊2，花丝无毛，伸出花冠。蒴果，卵球形。花期6~8月，果期7~9月。**见于刘斌堡乡**。生于山坡草地、灌丛间。叶和幼苗可调食。

兔儿尾苗 *Pseudolysimachion longifolium* (L.) Opiz 玄参科 穗花属

多年生草本；根状茎长而斜走。茎直立，高近1m，光滑或被有短柔毛，通常不分枝。叶对生，偶有3~4叶轮生，叶片披针形，顶端渐尖，基部心形，边缘具细尖锯齿，两面无毛。总状花序，顶生，细长，单生或复出；花萼4深裂；花冠蓝色或紫色，4裂，筒部长不到花冠长度之半，喉部有毛；雄蕊2，伸出。蒴果卵球形。花期3~5月。**见于四海镇**。生于林下及山坡草地。

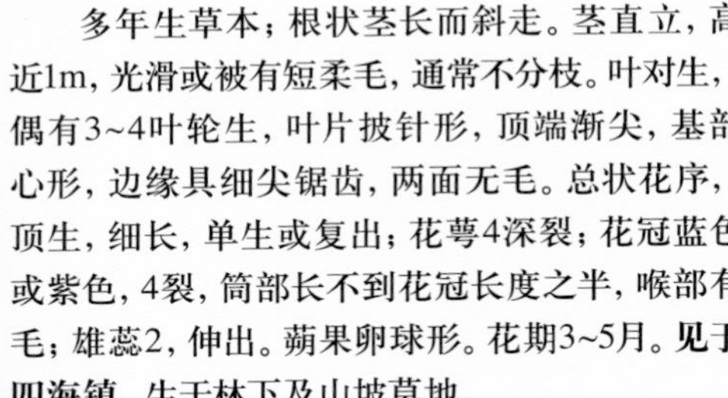

草本威灵仙 *Veronicastrum sibiricum* (L.) Pennell 玄参科 腹水草属

多年生草本，根状茎横走，短根多而须状。株高60~120cm，不分枝，无毛。叶4~6片轮生，广披针形或长椭圆形，边缘具锐锯齿。花序顶生，长尾状，无毛；花冠青紫色，筒状。蒴果，卵状圆锥形。花期6~8月。**见于海坨山**。生于山坡草地及山坡灌丛中。全草入药，能祛风除湿、解毒消肿、止痛、止血。可作栽培观赏花卉。

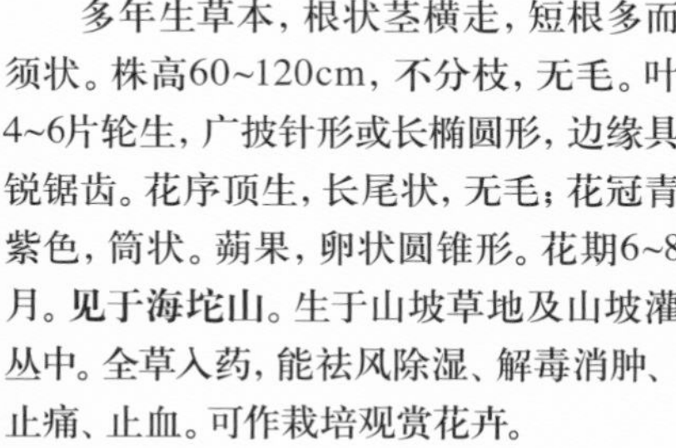

角蒿 *Incarvillea sinensis* Lam. 紫葳科 角蒿属

一年生草本，茎直立，株高20~90cm。具细条纹，植株被细毛。分枝上的叶为互生，基部的叶为对生；叶为二至三回羽状深裂或全裂，羽片4~7对。花红色，有多朵组成顶生的总状花序，密被短毛；花萼钟状，5裂，被毛；花冠二唇形，雄蕊4，2长2短；雌蕊密被腺毛；柱头扁圆形。蒴果，长角状弯曲，先端细尖，内有多粒种子。花期5~8月，果期6~9月。**见于张山营镇**。生于山地、河滩、路边和田野。全草入药，具有祛风湿和活血、止痛的功效。

梓 *Catalpa ovata* G. Don 紫葳科 梓属

落叶乔木，高6~10m。幼枝无毛或具长柔毛。单叶，对生，有时为3叶轮生，叶为宽卵形或近圆形，先端3~5浅裂，全缘。花多数，成顶生圆锥花序，花冠黄白色，二唇形，内具黄色条纹和紫色斑点。蒴果，长圆柱形，长20~30cm，2瓣开裂。花期6~7月，果期7~9月。栽培。分布于长江流域及以北地区。种子入药，作利尿剂；树皮和果实入药，主治热毒。嫩叶可食用。

芝麻 *Sesamum indicum* L. 芝麻科 芝麻属

一年生草本，株高60~80cm。茎直立，四棱形，不分枝，植株被短柔毛和疏的黏液腺。下部叶对生，上部叶为互生，叶片卵形至披针形，全缘或具齿；下部叶常3浅裂。花单生或2~3朵生于叶腋；花冠筒状，二唇形，白色、紫色或淡黄色；雄蕊4，二强。蒴果，长圆状筒形，常4棱；种子多数，黑、白、黄色。花期7~8月。**见于康庄镇榆林堡村**。栽培。原产于亚洲热带地区。是油料作物，可食用；也可入药，作粘滑剂、解毒剂；叶可作蔬菜食用。

茶菱 *Trapella sinensis* Oliv. 胡麻科 茶菱属

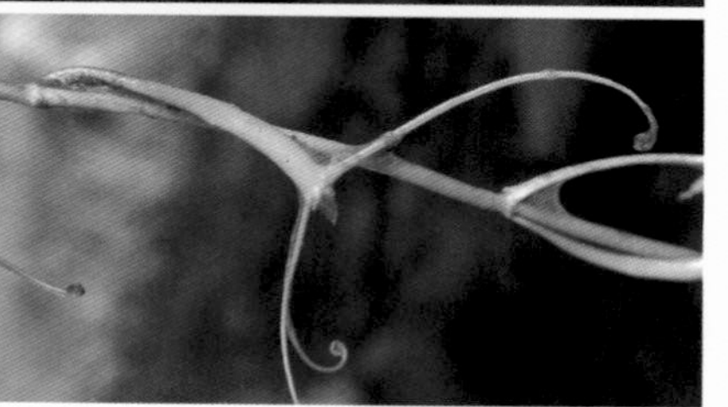

多年生水生草本。根状茎横走。茎绿色，长达60cm。叶对生，表面无毛，背面淡紫红色；沉水叶三角状圆形至心形，顶端钝尖，基部呈浅心形。花单生于叶腋内；花梗长1~3cm，花后增长。花冠漏斗状，淡红色。蒴果狭长，不开裂。花期6月，果期8~9月。**见于张山营镇。**生于静水池塘中，可作饲料。

欧亚列当 *Orobanche cernua* var. *cumana* (Wallroth) G. Beek 列当科 列当属

一年生、二年生或多年生寄生草本，高15~35cm，全株密被腺毛，常具多分枝的肉质根。茎黄褐色，圆柱状，不分枝。叶三角状卵形，密被腺毛。花序穗状；花萼钟状，花冠长1~2.2cm，筒部淡黄色，在缢缩处稍扭转向下膝状弯曲；上唇2浅裂，下唇稍短于上唇，3裂，裂片淡紫色或淡蓝色，雄蕊4枚。蒴果长圆形。花期5~7月，果期7~9月。**见于张山营镇。**生于山坡、林下、路边及沙丘上；常寄生于篙属植物或谷类植物根上。

黄花列当 *Orobanche pycnostachya* Hance 列当科 列当属

一年生寄生草本，株高10~30cm。植株密被腺毛。茎直立，不分枝，圆柱形，基部膨大，黄褐色。叶为鳞片状、卵状披针形。穗状花序顶生，密生腺毛；花冠黄色，有的为白色，二唇形；雄蕊4，二强。蒴果，成熟后2裂。花期5~7月，果期7~9月。**见于大榆树镇**。生于沙丘、山坡、草地。主要寄生在蒿属植物的根上。全草入药，具有补肾助阳、强筋骨的功能。

列当 *Orobanche coerulescens* Steph. 列当科 列当属

一年生寄生草本，高10~35cm。植株被蛛丝状绵毛。茎不分枝，圆柱形，黄褐色，基部常膨大。叶鳞片状，互生，有时为卵状披针形。穗状花序，顶生；花冠二唇形，蓝紫色；雄蕊4，二强。蒴果，卵状椭圆形；种子细小而多，黑褐色。花期6~8月，果期8~9月。**见于张山营前庙村**。生于沙丘、向阳山坡、林缘和山沟等草地。常寄生在蒿属植物的根上。全草入药，具有补肾助阳、散风、败毒的功效。

旋蒴苣苔（牛耳草）*Boea hygrometrica* (Bunge) R. Br. 苦苣苔科 旋蒴苣苔属

多年生阴湿草本。叶基生，密集，无柄，近圆形，卵圆形，叶表面被稀疏的白毛，背面密被白毛。花莛1~5条，生短腺毛；聚伞花序，具花2~5朵；花萼5裂，花冠淡蓝紫色，二唇形，上唇2，下唇3；能育雄蕊2，退化雄蕊2~3，密生短毛，花柱伸出。蒴果，线形，成熟时成螺旋状扭曲。花期7~8月，果期8~9月。**见于千家店镇**。生于阴湿的石缝中或地上。全草入药，可治中耳炎、跌打损伤等。

狸藻 *Utricularia vulgaris* L. 狸藻科 狸藻属

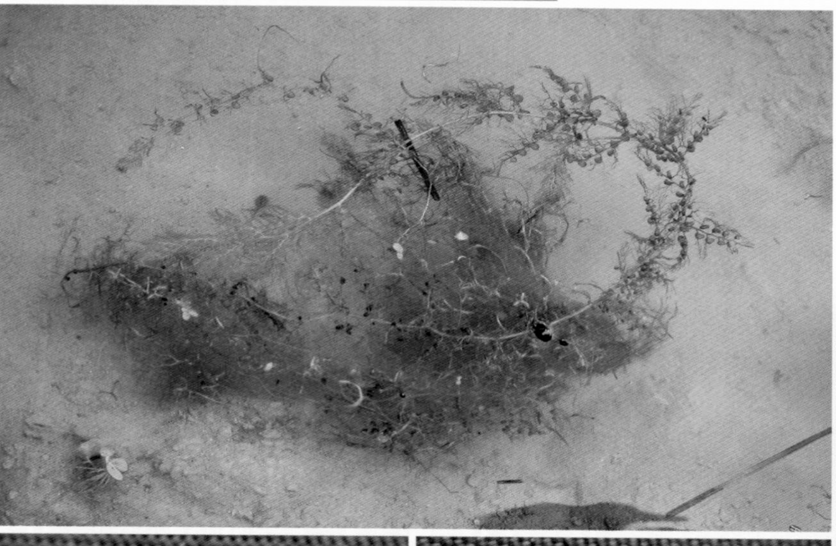

多年生水生食虫草本。茎多分枝，成绳索状，长达60cm。叶互生，二回羽状分裂，裂片丝状，边缘具刺状齿，捕虫囊生于小羽片下，具短柄，卵形。成顶生的总状花序；花冠二唇形，黄色；雄蕊2；柱头圆形，膜质。蒴果，球形，种子多数。花期7~8月，果期8~9月。**见于官厅水库淹没区**。生于湖沼中。可供栽培观赏。

透骨草 *Phryma leptostachya* subsp. *asiatica* (Hara) Kitamura 透骨草科 透骨草属

多年生阴湿草本。株高达1m，茎直立，四棱形。单叶，对生；叶片为卵状长椭圆形，叶缘具粗锯齿，两面脉上具短毛。穗状花序，顶生或腋生；花小淡红色、紫色和白色；花萼上唇3齿，成芒钩；下唇2齿较短，无芒；花冠成唇形，雄蕊4，二强；花柱短于雄蕊。瘦果，包于萼内，下垂，贴生于花序轴上。花期6~9月，果期8~10月。**见于熊洞沟村**。**常见**。生于阴湿山谷或林下。全草入药，可治黄水疮、疥疮，用法：捣烂敷外处或研成粉末调敷。

平车前（车轱辘碾）*Plantago depressa* Willd. 车前科 车前属

一年生草本，具主根。叶基生，长卵状披针形，无毛或有毛，纵脉3~7条。穗状花序，直立，苞片三角状卵形，边缘常成紫色；花萼4裂；花冠裂片4。蒴果。花期6~9月。**见于永宁镇**。生于路边、田野、村庄附近。种子和全草入药，具有清热、利尿、凉血、祛痰的功效。

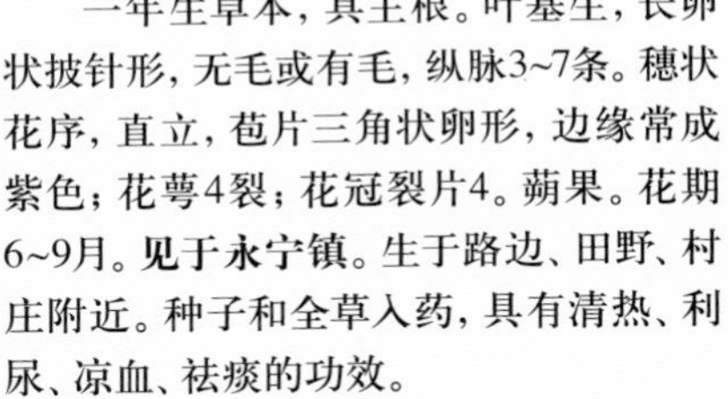

车前（车轱辘碾）*Plantago asiatica* Ledeb. 车前科 车前属

多年生湿地草本。具须根。叶基生，叶片椭圆形；叶缘近全缘，两面无毛。花密生成穗状花序，花冠淡绿色。蒴果，种子常为5~6粒。花期6~9月，果期7~9月。**见于大榆树镇**。生于草甸、沟谷、田野和河边。种子和全草入药，具有利尿、清热的功效。

大车前 *Plantago major* L. 车前科 车前属

多年生湿地草本。根状茎粗壮，具多数须根。叶基生，卵形或宽卵形，先端钝圆，叶缘全缘，常被毛。花莛直立，花排成穗状花序；花小，两性，密生。蒴果，圆锥形，盖裂，种子数8~16粒。花期5~8月，果期7~10月。**见于张山营镇**。生于稻田边，潮湿地。全草入药，有利尿作用；种子具有镇咳、祛痰、止泻的功效。

茜草 *Rubia cordifolia* L. 茜草科 茜草属

多年生攀援草本。根黄赤色。茎四棱形，蔓生，多分枝，茎棱、叶柄、叶缘和下面中脉都有倒刺。叶通常4叶轮生，长卵形至卵状披针形。聚伞花序成圆锥状，顶生和腋生；花小，具短柄；花冠淡黄色，5裂；雄蕊5。果实肉质，双头形，成熟时红色。花、果期6~9月。**见于延庆镇**。生于路边、草丛及灌木丛中。根可作为红色染料，又可药用，有通经活血、化瘀的功效。

异叶轮草 *Galium maximowiczii* (Kom.) Pobed. 茜草科 拉拉藤属

多年生草本，茎高0.3~1m。茎直立，具4棱，无毛，分枝。叶纸质，每轮4~8片，长圆形、椭圆形、卵形或卵状披针形，正面无毛或散生短粗毛，在边缘和背面脉上具向上的粗毛，通常3脉。花序轴长，无毛；花冠白色，钟状。双生或单生，球形。花期6~7月。**见于千家店镇**。生于山地、旷野、沟边的林下、灌丛或草地。

蓬子菜 *Galium verum* L. 茜草科 拉拉藤属

多年生草本，茎直立，四棱，全株无倒钩刺，幼时微有毛。叶6~10个轮生，线形；幼叶表面疏生毛，边缘反卷，背面有柔毛。圆锥花序，顶生或生于上部叶腋，具多花；花冠黄色。果实双头形，无毛。花期6~7月，果期6~8月。**见于香营乡**。生于林缘或草坡。全草入药，能消肿祛瘀、解毒止痒。

猪殃殃 *Galium spurium* L. 茜草科 拉拉藤属

一年生蔓生或攀援草本。茎4棱，棱及叶背中脉上生有倒沟刺。叶6~8个轮生，线状倒披针形，先端常具刺状突尖，边缘有刺毛。花3~10朵，成腋生或顶生疏散的聚伞花序；花冠黄绿色。果实双头形，密生钩状刺。花期5~6月，果期5~7月。**见于大庄科乡**。生于路旁或草坡上。全草入药，有清热解毒、消肿止痛之功效。

四叶葎 *Galium bungei* Steud. 茜草科 拉拉藤属

多年生小草本。茎四棱，有毛或无毛。叶4个轮生，有时下部6个叶轮生，无柄，卵状长椭圆形，下面中脉有短刺毛。花序腋生或顶生；花冠淡黄绿色。果实双头形，扁球状，上有短钩毛或鳞片。花期6~7月。**见于刘斌堡北懒龙沟、黄柏寺北沟等地**。生于林下或林缘。全草及根入药，能清热解毒、利尿、消肿、抗癌。

中亚车轴草 *Galium rivale* (Sibth. et Smith) Griseb. 茜草科 拉拉藤属

多年生草本，茎四棱，上有钩刺。叶6~8个轮生，倒披针形或线形，边缘有毛，具1脉。圆锥花序，顶生或腋生，花较密；花冠白色，花梗短。果实双头形，椭圆状，上有小突起。花期5~6月。**见于海坨山**。生于山谷林下、沟边、河滩、草地。分布海拔700~2300m。

线叶拉拉藤 *Galium linearifolium* Turcz. 茜草科 拉拉藤属

多年生直立草本，基部稍木质，通常高30cm左右。近地面常分枝成丛生状。茎具四角棱，有光泽。叶近革质，4片轮生，狭带形，长1~6cm，宽1~4mm，背面仅中脉上有时有疏短硬毛，1脉，无柄或近无柄。聚伞花序顶生，常分枝成圆锥花序状；花萼和花冠均无毛；花冠白色，裂片4，雄蕊4枚，顶端2裂。果近球状，单生或双生；花期6~8月，果期7~9月。**见于八达岭镇。**生于山地草坡、林下、灌丛、草地。

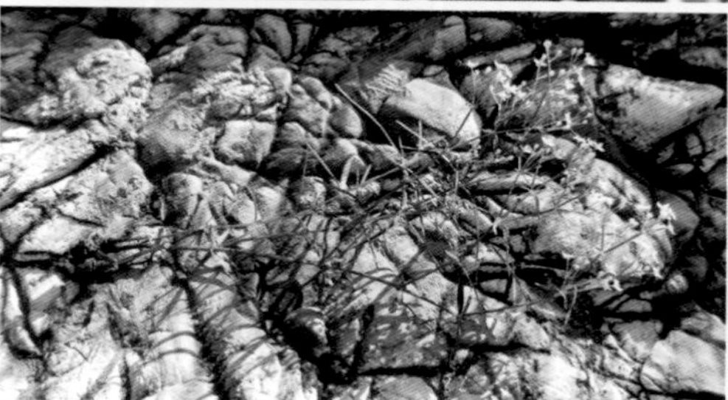

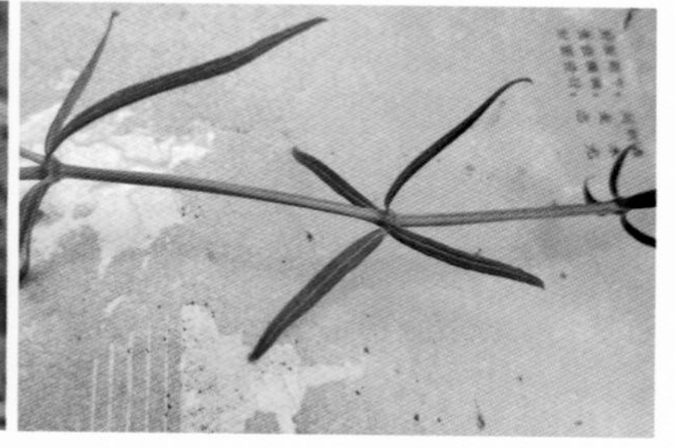

原拉拉藤（少花猪殃殃）*Galium aparine* L. 茜草科 拉拉藤属

多年生草本，茎细弱，具刺毛。叶轮生，倒卵形或狭果披针形，先端钝，有微突尖。花腋生，具长柄，单生或成对。果实双头形，具钩刺。花、果期6~8月。**见于延庆镇。**生于林下。

车叶葎（林地猪殃殃）*Galium asperuloides* Edgew. 茜草科 拉拉藤属

多年生草本，植株细弱，深绿色，茎高10~25cm，光滑无毛。叶4个轮生，其中1对较小，卵形或宽卵形，具1脉，先端急尖，基部圆形或宽楔形，有短柄。聚伞花序疏花，生于茎的上部；花冠白色。果实具长钩刺。花、果期6~8月。**见于玉渡山**。生于林荫地。

薄皮木 *Leptodermis oblonga* Bunge 茜草科 野丁香属

落叶灌木，株高达90cm。小枝有细柔毛。叶对生，全缘，椭圆形；托叶为三角形。花无柄，数朵集合成头状，生于顶部叶腋；萼5齿宿存；花冠紫色，长漏斗形，5裂。蒴果。花、果期6~9月。**见于旧县镇**。生于低山阳坡。可用于水土保持。

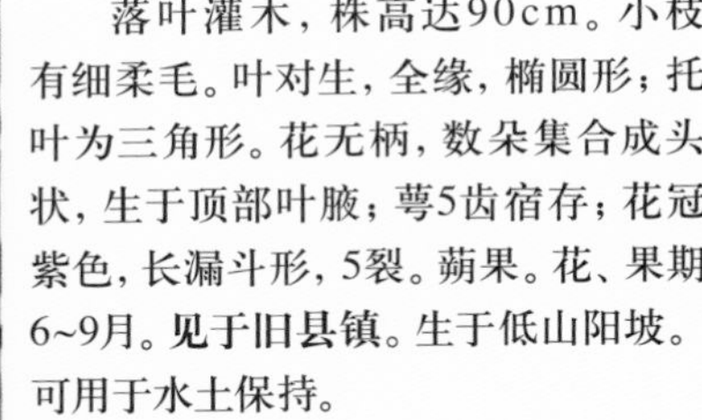

蝟实 *Kolkwitzia amabilis* Graebn. 忍冬科 蝟实属

落叶灌木，株高可达3m。幼枝被柔毛，老枝皮成条状剥落。叶为卵状椭圆形，近全缘。圆锥状聚伞花序，花为1对着生，2花的萼筒下部合生；花冠钟状，粉红色至紫色，裂片5，雄蕊4。果为两个合生，外被刺状的刚毛。花期6月。为我国特有的单种属。果期7~10月。**见于48顷苗圃**。栽培。原产中国中部至西北部。花大而美丽，是很好的观赏植物。

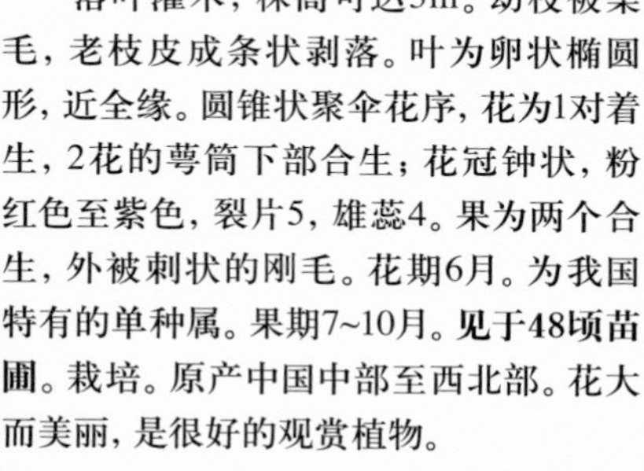

接骨木（王八量）*Sambucus williamsii* Hance 忍冬科 接骨木属

落叶灌木，株高约3m。树皮浅灰褐色，无毛，具纵条棱。奇数羽状复叶，互生，小叶5~7枚，长圆状卵形，叶缘具锯齿。圆锥花序，顶生；花萼5裂，花冠黄白色，雄蕊5，柱头2裂，近球形。果为核果状浆果，紫黑色。花期6~7月。**见于八达岭镇**。生于沟帮、林缘地带。嫩茎可入药，能祛风活血，行瘀止痛、利尿。

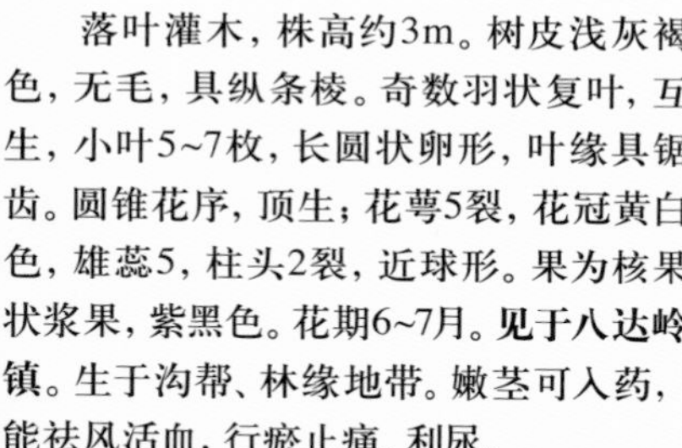

蒙古荚蒾 *Viburnum mongolicum* (Pall.) Rehd. 忍冬科 荚蒾属

落叶灌木，株高能达2m。幼枝具星状毛，老枝灰白色。叶宽卵形至椭圆形，叶缘具齿，正面被疏毛，背面疏生星状毛。花冠淡黄色，筒钟状，无毛，裂片5，雄蕊5。核果，椭圆形，先红后黑。花期5~7月，果期9月。**见于玉渡山**。生于林地或河滩地。茎皮具纤维可制绳子或造纸。

鸡树条 *Viburnum opulus* subsp. *calvescens* (Rehder) Sugim. 忍冬科 荚蒾属

落叶灌木，株高达3m。老枝和茎暗灰色，具浅条裂。叶为长圆状卵形，常3裂，裂片叶具不规则的齿；叶柄具2个托叶。聚伞花序组成复伞形花序，边缘具不育花，白色；花冠乳白色，雄蕊5，长于花冠。核果，近球形，红色。花期5~6月，果期8~9月。**见于玉渡山**。生于林下、山谷和山坡。果实可食；树皮可制绳子；嫩枝入药，能消肿、止咳、杀虫。

六道木（六道子） *Abelia biflora* Turcz. 忍冬科 六道木属

落叶灌木，株高达3m。幼枝被短柔毛，后光滑无毛。茎杆浅灰色，有纵向六道棱，所以称之为六道木。叶披针形或长圆形，正面被短柔毛，背面光滑无毛，叶缘有锯齿。花不具总梗，通常顶生2对，着生侧枝末端；花萼具4裂片，叶状；花冠筒形，淡黄色，内外均被短柔毛，裂片4；雄蕊4，2长2短；柱头头状。瘦果，弯曲，具柔毛。花期6~7月，果期8~9月。**见于千家店镇**。生于山坡灌丛中。茎、枝可做拐杖。

锦带花 *Weigela florida* (Bunge) A. DC. 忍冬科 锦带花属

落叶灌木，株高达3m。当年生枝绿色，被短柔毛；小枝细，紫红色，光滑具微棱。叶椭圆形至倒卵形，叶缘具浅锯齿，两面被短柔毛。花冠漏斗状钟形，外面粉红色，里面灰白色，裂片5，雄蕊5，柱头扁平2裂。蒴果。花期6~8月，果期9~10月。**见于四海镇**。生于山坡林内或灌丛中。可栽培观赏。

北京忍冬 *Lonicera elisae* Franch. 忍冬科 忍冬属

落叶灌木，株高达2m。幼枝被微毛。叶和花同时出现；叶卵状椭圆形至椭圆状长圆形，两面被短柔毛。花生于当年枝叶腋中；苞片小；萼筒和萼齿均被腺毛和刚毛；花冠漏斗状，白色或粉红色，外面有毛，基部具浅囊；雄蕊5，不伸出花冠。浆果，红色，椭圆形。花期4月，果期6月。**见于大庄科乡**。生于沟谷或灌丛中。可栽培供观赏。

金银忍冬（金银木） *Lonicera maackii* (Rupr.) Maxim. 忍冬科 忍冬属

落叶灌木，株高达5m。幼枝具微毛，小枝中空。叶卵状椭圆形至卵状披针形，两面脉上被毛。总花柄短于叶柄，具腺毛；相邻两花的萼筒分离；花冠先白后变成黄色，芳香，二唇形；雄蕊5。浆果，红色。花期5~6月，果期8~10月。栽培。原产地朝鲜、中国东北地区。

金花忍冬 *Lonicera chrysantha* Turcz. 忍冬科 忍冬属

落叶灌木，株高达3m。枝中空。叶菱状卵形至菱状披针形。相邻的两花的萼筒分离，被腺毛；花冠先白后变成黄色，外疏生微毛，二唇形；雄蕊5，与花柱短于花冠。浆果，红色。花期5~6月，果期7~8月。**见于玉渡山**。生于沟谷、林下、灌丛中。栽培可供观赏。

忍冬（金银花）*Lonicera japonica* Thunb. 忍冬科 忍冬属

木质藤本。幼枝密生柔毛和腺毛。叶卵状椭圆形，幼时两面被毛。花成对生于叶腋；苞片叶状，边缘具纤毛；萼筒无毛，5裂；花冠二唇形，先白色，后变黄色，具芳香；上唇具4裂片，直立，下唇反转；雄蕊5，与花柱等长于花冠。浆果，球形，黑色。花期6~8月，果期8~10月。**见于张山营镇**。栽培。原产于北美洲。花可入药、作茶饮，有清热、抗病毒的作用，花可提取芳香油；茎皮可作纤维。

华北忍冬 *Lonicera tatarinowii* Maxim. 忍冬科 忍冬属

落叶灌木，株高达2m。叶长圆状披针形，正面近无毛，背面被灰白色毡毛。总花柄具2花；相邻2个小苞片与萼筒合生；花冠二唇形，深紫色；雄蕊5，不外伸。浆果，红色。花期5~6月，果期7~9月。**见于大庄科乡**。栽培可供观赏。

丁香叶忍冬 *Lonicera oblata* K.S. Hao ex P. S. Hsu & H. J. Wang 忍冬科 忍冬属

落叶灌木，株高达2m。幼枝浅褐色，略呈四角形，老枝灰褐色。冬芽有两对卵形。叶厚纸质，三角状宽卵形至菱状宽卵形，基部宽楔形至截形；叶柄长1.5~2.5cm。苞片钻形；花白色；相邻两萼筒分离，无毛，萼檐杯状，齿不明显。果实红色，圆形，直径约6mm；种子近圆形或卵圆形。果熟期7月。**见于松山景区**。生于多石山坡上，分布海拔1200m。

五福花 *Adoxa moschatellina* L. 五福花科 五福花属

多年生小草本。全草香味。株高7~15cm，茎单一细弱，无毛，有匍匐枝。基生叶1~3片，一至二回三出复叶，柄长；茎生叶2枚，对生，三出复叶。花小黄绿色，5朵花集成顶生，头状聚伞花序；顶生花1朵，花冠裂片4，雄蕊8，花柱4；侧生花4朵，花冠裂片5，雄蕊10，花柱5。核果，球形。花期5~7月，果期6~8月。**见于永宁镇。**生于海拔1000~1800m桦木林下及林间草甸中。用途不详。

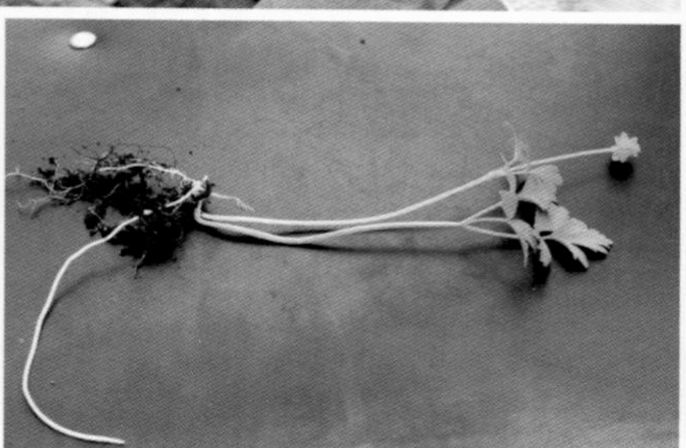

缬草 *Valeriana officinalis* L. 败酱科 缬草属

多年生草本，根有异味，株高100~150cm。茎直立，中空，有纵条纹。基生叶长卵形，为单数羽状复叶或不规则深裂，小叶片9~15，顶端裂片较大，全缘或具少数锯齿，叶柄长；茎生叶对生，无柄抱茎，单数羽状全裂，小叶全缘或具不规则粗齿；向上叶渐小。伞房花序顶生，花小，白色或紫红色。瘦果，卵形。花期6~7月。**见于珍珠泉乡。**生于山坡、沟谷及灌丛中。根及根茎入药，有祛风湿、镇静、调经的作用。

败酱（黄花龙芽）*Patrinia scabiosifolia* Fisch. ex Trevir. 败酱科 败酱属

多年生草本，株高100~150cm。根有臭味。根状茎横走。基生叶成丛，有长柄；茎生叶对生，叶片披针形或窄卵形，羽状全裂或深裂，顶端裂片较大。聚伞圆锥花序伞房状；总花梗方形，两侧2棱被白毛；苞片小；花较小，黄色；花冠上端5裂；雄蕊4。瘦果。花期6~7月。**见于玉渡山**。生于山坡、路旁、沟谷及林缘阴湿的草丛中。根入药，有清热解毒、排脓消肿、祛瘀活血的作用。

墓头回（异叶败酱）*Patrinia heterophylla* Bunge 败酱科 败酱属

多年生草本，株高30~70cm。茎分枝少，有毛。基生叶缘有齿，柄长；茎生叶对生，下部叶常2~3对，羽状裂，顶裂片大；中部叶1~2对羽状裂；上部叶较窄，近无柄。花序梗有苞片，花冠黄色，雄蕊4。瘦果，长圆柱形或倒卵球形，翅状苞片长圆形。花期7~8月，果期8~9月。**见于玉渡山**。生于干燥的山坡草丛和沟边、路旁。根及全草入药，能清热燥湿、止血、止带、截疟。

糙叶败酱 *Patrinia scabra* Bunge 败酱科 败酱属

多年生草本，株高30~70cm。茎分枝，密生短毛。基生叶倒披针形，2~4对羽状浅裂；茎生叶对生，窄卵形或披针形，1~3对羽状深裂或全裂，顶裂片大。苞片对生，不裂，萼不明显；花冠筒状，上部5裂，花黄色。瘦果，圆柱形，有带紫色的翅状苞片。花期7~8月，果期9~10月。**见于香营乡**。生于山坡、沟边、路旁草丛中。根入药，有清热、燥湿、止血功效。

日本续断 *Dipsacus japonicus* Miq. 川续断科 川续断属

多年生湿地草本，株高1~2m。茎直立，被白色柔毛，具4~6棱，沿棱有倒钩刺。基生叶长椭圆形，3裂或不裂，有长柄；茎生叶对生，倒卵状椭圆形，3~5羽状深裂，边缘有粗锯齿，两面被白色贴伏柔毛，背面叶脉上具钩刺；向上渐无柄，柄上生有钩刺。头状花序，顶生，球形，总苞片先端具粗刺状长喙；花冠淡紫红色。瘦果。花、果期7~9月。**见于永宁镇**。生于山地草甸较湿沟谷处。可栽培观赏。

华北蓝盆花 *Scabiosa tschiliensis* Grün. 川续断科 蓝盆花属

多年生草本，株高30~60cm。茎自基部分枝，具白色卷伏毛。基生叶簇生，叶片卵状披针形，有浅裂，两面密生白色柔毛。茎生叶对生，羽状深裂至全裂；上部叶全裂。头状花序，具长柄，花序直径2.5~4cm。边花二唇形，蓝紫色；中央花筒状，裂片5，近等长。瘦果，椭圆形。花期7~8月，果期9~10月。**见于千家店镇。**生于海拔500~2300m的山坡草地上。可栽培观赏。

盒子草 *Actinostemma tenerum* Griff. 葫芦科 盒子草属

一年生湿地攀援草本。茎细长，长约2m，被短柔毛，卷须分2叉，与叶对生。叶互生，戟形，叶边缘3~5裂，中裂片长。雄花序总状腋生，雌花单生或生于雄花序基部；花冠黄绿色，雄蕊5，柱头2裂。果卵形，上半部光滑，下半部有突起，成熟时中部盖裂。花期8~9月。**见于张山营、康庄等地。**生于水边，河岸上。全草入药，能利尿消肿、清热解毒。

假贝母 *Bolbostemma paniculatum* (Maxim.) Franquet 葫芦科 假贝母属

多年生攀援草本。鳞茎肥厚，肉质，乳白色；茎革质，攀援状，无毛。叶柄纤细，叶片卵状近圆形，掌状5深裂，每个裂片再3~5浅裂。卷须丝状，单一或二歧。花雌雄异株。花黄绿色；雄蕊5。子房近球形，花柱3。果实圆柱状，成熟后由顶端盖裂。花期6~8月，果期8~9月。**见于井庄镇**。生于山坡或平地。鳞茎入药，有散结、消肿、解毒之功效。

裂瓜 *Schizopepon bryoniifolius* Maxim. 葫芦科 裂瓜属

一年生攀援草本，长达2~3m。枝细弱。卷须丝状，中部以上二歧，无毛；叶片卵状圆形或阔卵状心形，膜质，边缘有3~7个角或不规则波状浅裂。花极小，两性，在叶腋内单生，总状花序；花冠辐状，白色，裂片长椭圆形，全缘，子房卵形，3室，花柱短，柱头3。果实阔卵形，顶端锐尖，长10~15mm，成熟后由顶端向基部3瓣裂。花、果期夏、秋季。**见于珍珠泉乡**。生于山地林缘及灌木丛中。用途不详。

刺果瓜 *Sicyos angulatus* L. 葫芦科 刺果瓜属

一年生攀援草本。茎上具有棱槽，并散生硬毛，具有卷须，能攀援到10m高的大树上。叶心形，具有3~5个角或裂片。花冠黄绿色，花瓣5，直径9~14mm；球状花序，花柄长满白硬毛。果长卵圆形，多个果实形成球状，每个果被长满了长短不一、粗细不等的白色硬毛。花期7~9月。**见于张山营、大榆树等地**。属于外来物种，据当地农民反映，侵入时间不足10年，但危害极大。由于刺果瓜生命力极强，生长旺盛，致使农作物和高大树木不能进行光合作用而死亡。据资料介绍，刺果瓜原产北美洲，后作为观赏植物引入欧洲，因逃逸成为杂草。其在欧洲、北美洲的多个国家及日本、朝鲜、我国大陆和台湾等国家和地区均有发生。建议：在没有大面积扩散之前，对于有害的外来物种——刺果瓜，进行彻底清除。

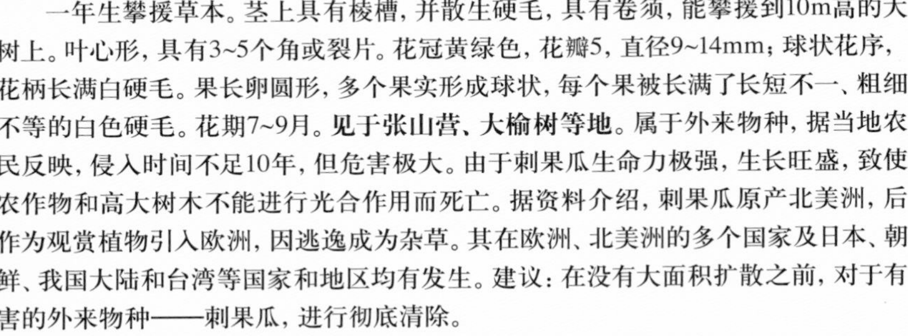

赤瓟 *Thladiantha dubia* Bunge 葫芦科 赤瓟属

多年生草质藤本。块根黄色。茎少分枝，被长硬毛，卷须不分枝。叶广卵形或卵状心形，边缘有不整齐的齿牙。花单性异株，雄花单生或成假总状花序；雌花单生于叶腋，无苞片；花冠钟状，5深裂，黄色，雄蕊5。浆果，卵状长圆形，具10条纵纹，熟时红色。花期7~8月，果期8~9月。**见于沈家营镇**。生于村舍附近、沟谷、山坡草丛中。果实能理气、活血、祛痰利湿；根有活血散瘀、清热解毒、通乳之功效。

南瓜 *Cucurbita moschata* Duchesne 葫芦科 南瓜属

一年生蔓生草本。茎节部生根，伸长达2~5m，密被白色短刚毛。叶柄粗壮，被短刚毛；叶片宽卵形，有5角或5浅裂。卷须稍粗壮。雌雄同株。雄花单生，花萼筒钟形，花冠黄色，雄蕊3，花丝腺体状。雌花单生，柱头3，膨大，顶端2裂。瓠果形状多样，因品种而异，外面常有数条纵沟。花、果期5~7月。**见于旧县镇**。栽培。原产北美洲。可代粮食用；种子有清热除湿、驱虫的功效；藤有清热的作用；瓜蒂有安胎的功效；能根治牙痛。

西葫芦 *Cucurbita pepo* L. 葫芦科 南瓜属

一年生蔓生草本。茎有棱沟，有短刚毛。叶片质硬，挺立，三角形或卵状三角形，边缘有不规则的锐齿。卷须稍粗壮，具柔毛，分多歧。雌雄同株。雄花单生，花冠黄色，雄蕊3。雌花单生，子房卵形，1室。果实形状因品种而异。花、果期5~6月。**见于延庆镇北关村**。栽培。原产印度。我国北方如山东、河北、北京等各地广泛栽培。是初夏的主要蔬菜之一。

葫芦 *Lagenaria siceraria* (Molina) Standl. 葫芦科 葫芦属

一年生攀援草本。茎、枝具沟纹，被黏质长柔毛。叶柄纤细，有和茎枝一样的毛被；叶片卵状心形或肾状卵形。卷须纤细，初时有微柔毛。雌雄同株，雌、雄花均单生。雄花花冠均被微柔毛；花萼筒漏斗状；花冠黄色；雄蕊3。雌花花萼和花冠似雄花；密生黏质长柔毛，柱头3，膨大，2裂。果实初为绿色，后变白色至带黄色。花期夏季，果期秋季。**见于张山营镇**。栽培。原产非洲。瓠果熟后可作容器；果皮种子入药，利尿、消肿、散结。

黄瓜 *Cucumis sativus* L. 葫芦科 黄瓜属

一年生蔓生或攀援草本。茎、枝伸长，被白色的糙硬毛。卷须细，不分歧，具白色柔毛。叶柄稍粗糙，有糙硬毛，叶片宽卵状心形，被糙硬毛，3~5个角或浅裂，有齿。雌雄同株。雄花，常数朵在叶腋簇生，花冠黄白色。雌花，单生或稀簇生；子房纺锤形，粗糙，有小刺状突起。果实长圆形或圆柱形，长10~30cm，表面具刺尖的瘤状突起。花、果期夏季。**见于康庄镇**。栽培。原产于印度。是主要蔬菜。藤叶可入药，能消炎、祛痰、镇痛。

西瓜 *Citrullus lanatus* (Thunb.) Matsum. & Nakai 葫芦科 西瓜属

一年生蔓生藤本。茎、枝粗壮，具明显的棱沟，被淡黄褐色长柔毛。卷须较粗壮，具短柔毛；叶片纸质，轮廓三角状卵形，边缘波状或有疏齿。雌雄同株。雌、雄花均单生于叶腋。雄花花萼筒宽钟形，密被长柔毛；花冠淡黄色，雄蕊3。雌花子房卵形，柱头3，肾形。果实大型，近于球形、肉质、多汁，色泽及纹饰各式。花、果期夏季。**见于康庄镇**。栽培。原产于非洲热带地区。是夏季之水果，能降温去暑；果皮药用，有清热、利尿、降血压之功效。

桔梗（炮掌子花、白马肉）*Platycodon grandiflorus* (Jacq.) A. DC. 桔梗科 桔梗属

多年生草本，具白色乳汁。根粗大，长圆柱形，表皮黄褐色。茎直立，单一或分枝。叶3枚轮生，有时为对生或互生，叶为卵状或卵状披针形，叶缘具尖锯齿，背面被白粉。花一至数朵，生于茎顶或分枝顶端，花裂片5，三角形；花冠蓝紫色，浅钟状；雄蕊5，雌蕊5裂。蒴果，倒卵形，成熟时顶端5瓣裂。花期7~9月。**见于大榆树镇**。生于低山坡。根可入药，具有祛痰、利咽、排脓的功效；花大而美丽，可作为观赏植物。

羊乳 *Codonopsis lanceolata* (Sieb. et Zucc.) Trautv. 桔梗科 党参属

多年生草质藤本。具白色乳汁和特殊的臭味。根粗壮，圆锥形，外皮淡黄褐色。在主茎上的叶互生，较小，菱状狭卵形，在分枝顶端的叶3~4枚近轮生，短柄；叶菱状卵形，全缘，正面绿色，背面灰绿色，无毛。生于分枝顶端，花萼裂片5，绿色，花冠黄绿色并带紫色斑点，宽钟状，5浅裂，雄蕊5，柱头3裂。蒴果，圆锥形，花萼宿存。花期7~8月。**见于玉渡山**。生于林下，山地灌丛中或沟谷阔叶林中。根入药，具有补虚通乳、排脓解毒的功效。

党参 *Codonopsis pilosula* (Franch.) Nannf. 桔梗科 党参属

多年生草质藤本。具白色乳汁，植株具臭味。根锥状圆柱形，外皮黄褐色至灰棕色。茎细长而多分枝，光滑无毛。叶互生或对生，卵形或狭卵形，叶缘具波状齿或全缘。花1~3朵生枝的顶端，花萼片5，无毛，花冠淡黄绿色，带污紫色斑点，宽钟形，5浅裂；雄蕊5，柱头3裂。蒴果，圆锥形，花萼宿存。花期7~8月，果期8~9月。**见于玉渡山**。生于林内，灌丛中。根入药，具有补脾、益气、生津的功效。

紫斑风铃草 *Campanula punctata* Lam. 桔梗科 风铃草属

多年生草本，茎通常不分枝，株高20~50cm，密生柔毛。基生叶具长柄，卵形；茎生叶具有叶片下延的翅状柄，卵形或卵状披针形，叶缘具不规则的锯齿，叶两面有柔毛。花单个顶生或腋生，下垂，花柄长；花萼有柔毛；花冠黄白色，具多数的紫色斑点，钟状，5浅裂，雄蕊5，柱头3裂。蒴果，半球状圆锥形。花期7~8月。**见于海坨山**。生于阴坡山地、灌丛或林缘的坡上。花大而美丽，可以栽培观赏。全草入药，具有清热解毒、止痛的功效。

展枝沙参 *Adenophora divaricata* Franch. et Savat. 桔梗科 沙参属

多年生草本，具白色乳汁。胡萝卜状根。茎直立，无毛或具疏柔毛，花序中上部分枝互生。茎生叶3~4片轮生，菱形，叶缘有锐锯齿。圆锥花序塔形，花下垂，花萼片5，花冠5浅裂，蓝紫色，雄蕊5，柱头与花冠等长。花期7~9月，果期9~10月。**见于刘斌堡乡**。生于山坡草地或林缘。可代沙参入药，能清肺化痰。

多歧沙参 *Adenophora potaninii* subsp. *wawreana* (Zahlbr.) S. Ge et D. Y. Hong 桔梗科 沙参属

多年生草本，具白色乳汁。根为胡萝卜形。茎高达1m，被反曲的短柔毛或近无毛。茎生叶互生，具柄；叶为卵形至披针形，叶缘具锯齿，两面近无毛。圆锥花序，多分枝，有次级分枝，花萼片通常反卷，并有狭长齿。蒴果。花期7~9月，果期9~10月。**见于大庄科乡**。生于草坡、林边、山路旁。根入药，能清热养阴、润肺止咳。

紫沙参（细叶沙参）*Adenophora capillaris* subsp. *paniculata* (Nannf.) D. Y. Hong et S. Ge 桔梗科 沙参属

多年生草本，茎直立，粗壮，绿色或紫色。基生叶心形，叶缘有锯齿；茎生叶互生，线形至线状披针形，全缘，两面疏生短毛。圆锥花序，顶生，多分枝；花萼无毛，裂片5；花冠筒状坛形，蓝紫色至白色，5浅裂，雄蕊5，露出花冠，花柱明显伸出花冠。蒴果。花期6~9月，果期8~10月。**见于海坨山**。生于山地、林缘、灌丛、沟谷。栽培供观赏。

沙参 *Adenophora stricta* Miq. 桔梗科 沙参属

多年生草本，具白色乳汁。茎通常单生，不分枝，株高60~120cm。茎生叶互生，无柄；叶为卵形至倒披针形，叶缘具钝齿或尖锯齿。花常仅数朵，花序总状；花萼片带有锯齿，花冠为狭钟状或筒状钟形，紫色，长2~3.4cm；花盘筒状。蒴果。花期7~9月。**见于海坨山阴坡**。生于山坡草地、林缘、灌丛中。根入药，能清热养阴、润肺止咳。

荠苨（杏叶沙参）*Adenophora trachelioides* Maxim. 桔梗科 沙参属

多年生草本，具白色乳汁。株高80~140cm，无毛。叶互生，具柄，叶片心形或三角状卵形。圆锥花序，分枝近平展，无毛，花冠蓝紫色至白色；雄蕊5，花丝下部变宽，密生白色柔毛。蒴果。花期7~9月。**见于凤凰坨**。生于山坡草地、林缘、灌丛中。根入药，可治疗疮毒、咳嗽等。

石沙参 *Adenophora polyantha* Nakai 桔梗科 沙参属

多年生草本，具白色乳汁。根相似于胡萝卜形。株高20~80cm，无毛。基生叶早枯，心状肾形；茎生叶互生，卵形至披针形，叶缘具锯齿；两面无毛；无柄。花序通常不分枝，总状；花常偏向一侧；花萼被毛；花柱稍长于花冠。蒴果。花期7~9月。**见于四海镇。**生于山地草坡、灌丛边。根为祛痰药。

北方沙参 *Adenophora gmelinii* (Spreng.) Fisch. 桔梗科 沙参属

多年生草本，根似胡萝卜状。茎单生，直立，高30~70cm，不分枝，通常完全无毛。茎生叶着生方式多变，有的大部分轮生，有的少数轮生而大部分互生，也有的对生兼有互生，无柄；叶片狭椭圆形至条形，基部楔形，顶端急尖至短渐尖，通常两面无毛，边缘具锯齿或具细长锯齿。花序圆锥状，花序分枝短而互生；花冠蓝色、紫色或蓝紫色，钟状。花期8~9月。**见于海坨山、凤凰坨。**林下。生于林缘或沟谷草甸。

林泽兰 *Eupatorium lindleyanum* DC. 菊科 泽兰属

多年生湿地草本，株高40~80cm。嫩茎和叶均密被细软毛。叶对生，无柄，线状披针形至卵状披针形，3裂或不裂，两面粗糙无毛，边缘有疏锯齿。头状花序多数，苞片绿色或紫红色，顶端急尖，筒状花淡紫色或白色。瘦果。花期7~9月，果期8~10月。**见于官厅湖边**。生于沟谷或湿润草甸或水边湿地。全草入药，能解表退热。

山马兰 *Aster lautureanus* (Debeaux) Franch. 菊科 紫菀属

多年生草本，株高50~80cm。茎直立，上部分枝，有短硬毛，下面近无毛。基生叶与茎下部叶开花时凋落，茎中部叶质厚，披针形，全缘或有疏锯齿；上部叶渐小。头状花序，直径2~3cm，总苞片2层，舌状花浅紫色。瘦果。花、果期7~9月。**见于千家店镇**。生于山坡、草地或杂木林中。栽培供观赏。

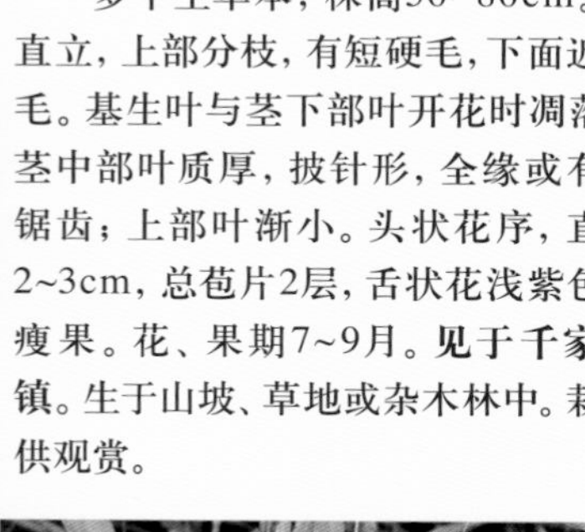

全叶马兰 *Aster pekinensis* (Hance) Kitag. 菊科 紫菀属

多年生草本，株高60~150cm。茎直立，帚状分枝，下部光滑，上部具细短毛。叶互生，线状披针形，无柄，全缘，常波状卷曲，两面被粉状绒毛。头状花序，舌状花淡紫色。瘦果。花期7~8月，果期7~9月。**见于八达岭镇**。生于路旁、荒地、山坡、林缘。可以栽培观赏。

蒙古马兰（裂叶马兰）*Aster mongolicus* Franch. 菊科 紫菀属

多年生湿地草本，株高60~120cm。茎直立，有沟棱，无毛或疏生向上的白色短毛，上部分枝。叶羽状中裂，质地较薄。头状花序直径2.5~3.5cm，单生枝端且排成伞房状；舌状花淡蓝紫色。瘦果倒卵形。花、果期8~9月。**见于千家店大石窑村**。生于河岸、渠边、林内、灌丛中。栽培供观赏。

东风菜 *Aster scaber* Moench 菊科 紫菀属

多年生草本，株高80~180cm。茎直立，粗壮，无毛，上部有分枝。基生叶和下部茎生叶心形，边缘有齿，正面绿色，背面淡绿色，两面疏生糙毛；叶柄长并带翅；中部叶具带翅柄，渐变小卵状三角形，基部心形至截形。头状花序多数，舌状花雌性白色，管状花两性黄色。瘦果。花期6~7月，果期7~8月。**见于玉渡山**。生于林缘、山坡、灌丛中。根和全草入药，能清热解毒、祛风止痛。用鲜草捣烂，敷到伤周围，治毒蛇咬伤；敷于太阳穴治头痛。

紫菀 *Aster tataricus* L.f. 菊科 紫菀属

多年生草本，株高80~170cm。茎直立，粗壮，有疏粗毛，茎基部有残叶片和不定根生成。基生叶大型，长圆形或椭圆状匙形，长20~30cm，宽5~10cm，边缘有牙齿，两面有疏硬毛；下部和中部叶椭圆至披针形，边缘有锯齿或全缘；上部叶渐小，披针形，全缘。头状花序多数，总苞紫红色，舌状花蓝紫色，管状花黄色。瘦果。花期7~8月，果期7~9月。**见于刘斌堡乡**。生于山地、草甸、灌丛中。根及茎入药，能润肺、化痰、止咳。

三脉紫菀 *Aster trinervius* subsp. *ageratoides* (Turcz.) Grierson 菊科 紫菀属

多年生草本，株高40~90cm。茎直立，上部有分枝。基生叶和茎下部叶宽卵形；中部叶椭圆形，基部楔形，边缘有锯齿；上部叶渐小，有浅齿或全缘；全部叶沿脉有粗毛，具离基三出脉。头状花序，总苞倒锥形或半球形；总苞片3层；舌状花10多个，舌片紫色、浅红色或白色；筒状花黄色。瘦果。花、果期8~9月。**见于大榆树镇**。生于山坡、林缘，林下。全草入药，能清热解毒、止咳祛痰、止血。

荷兰菊（纽约紫菀）*Aster novi-belgii* L. 菊科 紫菀属

多年生草本，株高60~100cm。宿根花卉.须根较多，有地下茎。茎丛生、多分枝。叶呈线状披针形，光滑，幼嫩时微呈紫色。在枝顶形成伞状花序，花蓝紫色。花、果期8~9月。栽培。原产于北美洲。花期长，性耐寒，繁殖容易，为良好的观赏植物。

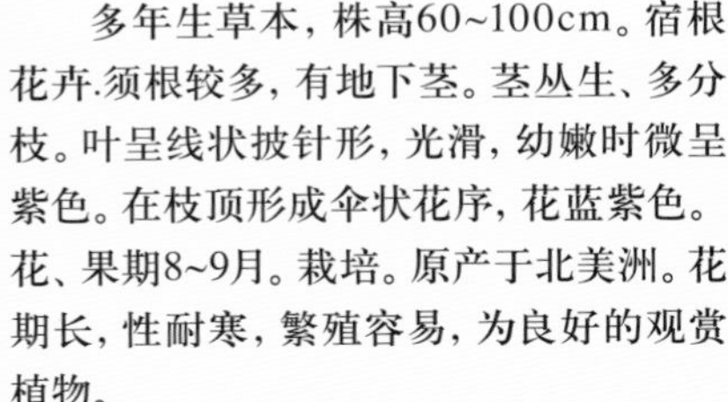

碱菀 *Tripolium pannonicum* (Jacq.) Dobrocz. 菊科 碱菀属

一年生盐碱湿地草本植物。茎直立，全株光滑，上部稍分枝。叶肉质，线状披针形，全缘或有微锯齿。头状花序，总苞片肉质，舌状花蓝紫色，管状花黄色。花、果期7~9月。**见于康庄镇**。生于盐碱地或湖边、沼泽湿地。为寒带地区盐土、盐碱土和碱土的指示植物。

翠菊 *Callistephus chinensis* (L.) Nees 菊科 翠菊属

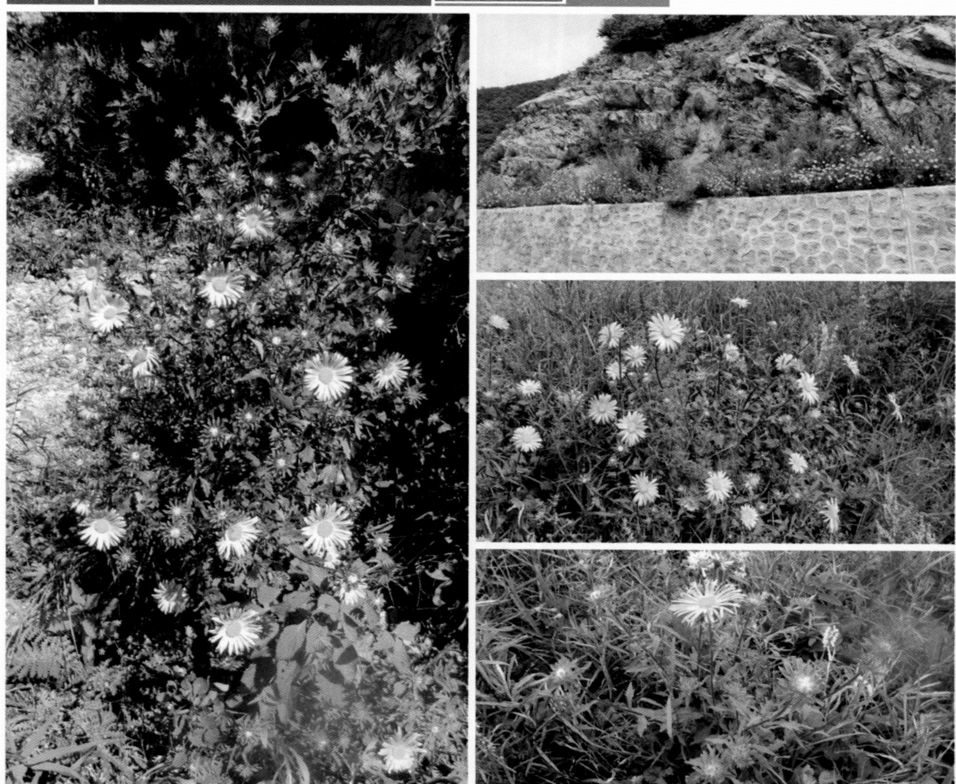

一年生或二年生草本，株高30~80cm。茎直立粗壮，紫色，有白色糙毛。叶基部和茎下部叶开花时枯萎，中部叶卵形，边缘有粗锯齿，两面被疏短硬毛；上部渐小。头状花序大，单生顶端。总苞3层，外层叶状，绿色，边缘有白长硬毛；舌状花紫、蓝红、白等多色。瘦果。花期8月，果期7~9月。**见于松山**。生于山坡、林缘或灌丛中。用于栽培观赏。

阿尔泰狗娃花 *Heteropappus altaicus* (Willd.) Novopokr. 菊科 狗娃花属

多年生旱生草本，株高20~70cm。全株被弯曲短硬毛和腺点，多自基部分枝。叶互生，线形，无叶柄，全缘，两面或背面被毛，常有腺点。头状花序，单生枝顶成伞房状；舌状花浅蓝紫色，管状花5裂，其中有一裂片较长。瘦果扁，倒卵状长圆形，被绢毛，上部有腺点；冠毛污白色或红褐色，为不等长的糙毛状。花期5~9月，果期5~10月。**见于香营乡**。生于山坡、路旁及房舍附近。全草能清热降火、排脓，根能润肺止咳。

狗娃花 *Heteropappus hispidus* (Thunb.) Less. 菊科 狗娃花属

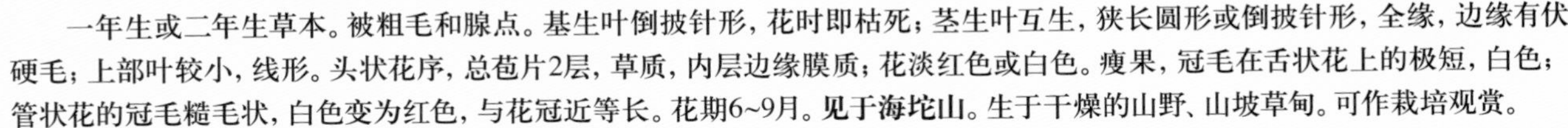

一年生或二年生草本。被粗毛和腺点。基生叶倒披针形，花时即枯死；茎生叶互生，狭长圆形或倒披针形，全缘，边缘有伏硬毛；上部叶较小，线形。头状花序，总苞片2层，草质，内层边缘膜质；花淡红色或白色。瘦果，冠毛在舌状花上的极短，白色；管状花的冠毛糙毛状，白色变为红色，与花冠近等长。花期6~9月。**见于海坨山**。生于干燥的山野、山坡草甸。可作栽培观赏。

短星菊 *Brachyactis ciliata* Ledeb. 菊科 短星菊属

一年生盐碱湿地草本，株高20~40cm。茎紫色，具纵长棱，疏被弯曲柔毛。叶互生，线状披针形或线形，稍肉质，先端锐尖，基部无柄，半抱茎，全缘，具缘毛，两面无毛。总状花序，总苞片3层，线状倒披针形，外面苞片稍短，先端锐尖，背面无毛，边缘有睫毛；舌状花长约4.5mm，黄色，管状花长4mm。瘦果。花期8~9月。**见于西湖南岸**。生于盐碱湿地、沙质地、山坡湿处。

长茎飞蓬 *Erigeron acris* subsp. *politus* (Fr.) H. Lindb. 菊科 飞蓬属

二年生或多年生草本，株高10~50cm。根状茎木质。茎数个，直立，上部有分枝，紫色，密被贴短毛；叶全缘，质较硬，两面无毛，基部叶密集，莲座状，中部和上部叶无柄，长圆形或披针形；头状花序较少数，生于伸长的小枝顶端，总苞半球形，总苞片3层，紫红色；雌花外层舌状，淡红色或淡紫色；两性花管状，黄色；瘦果长圆状披针形，冠毛白色。花期6~8月，果期7~9月。**见于海坨山**。生于低山草地，沟边及林缘。

一年蓬 *Erigeron annuus* (L.) Desf. 菊科 飞蓬属

一年生草本，株高30~100cm。茎粗壮，基部径6mm，直立，上部有分枝。基部叶花期枯萎，长圆形或宽卵形，长4~17cm，边缘具粗齿，中部和上部叶较小，披针形，近全缘，最上部叶线形。头状花序数个或多数，排列成疏圆锥花序。总苞半球形，总苞片3层；外围的雌花舌状，白色，中央的两性花管状，黄色；瘦果披针形。花期6~9月。**见于延庆镇**。逸生，原产于美洲。生于路边旷野或山坡荒地。全草可入药，治疗疟疾、急性胃肠炎等。

小蓬草 *Erigeron canadensis* L. 菊科 飞蓬属

一年生草本，株高60~80cm。茎直立，淡绿色，疏被硬毛，上部多分枝。叶互生，线状披针形，边缘有长睫毛。头状花序极多，在茎顶密集成长形圆锥状；舌状花直立，白色带紫。瘦果。花、果期6~9月。**见于沈家营镇**。原产于北美洲，归化植物。生于田野、路旁、村舍附近，全草入药，可治肠炎、痢疾等。

火绒草 *Leontopodium leontopodioides* (Willd.) Beauv. 菊科 火绒草属

多年生草本，地下茎粗壮。有多数簇生的花茎，无莲座状叶丛。叶直立，线形，无柄，正面灰绿色，被柔毛，背面有白色或灰白色密绵毛。苞片少数，两面被白色或灰白色茸毛。花、果期7~10月。**见于旧县镇**。生于山坡草地、石砾地。全草入药，能清热凉血、利尿、治疗蛋白尿及血尿等。

长叶火绒草 *Leontopodium longifolium* Ling 菊科 火绒草属

多年生草本，株高20~45cm。有多数近丛生的花茎。基生叶狭匙形，中部叶直立，线形，最长可达13cm，宽2~10mm，两面被密或疏的白色柔毛状绵毛，正面毛不久脱落成无毛；苞叶多数，密生白色绵毛，较花序长3倍。头状花序，3~30个密集，被长柔毛。小花雌雄异株。瘦果。花、果期7~8月。**见于海坨山草甸**。生于山坡、草甸、洼地、灌丛。全草入药，治疗外感、发热，头痛、咳嗽、支气管炎。

绢茸火绒草 *Leontopodium smithianum* Hand.-Mazz. 菊科 火绒草属

多年生草本植物。被灰白色毛。叶线状披针形，两面被灰白色柔毛。苞叶少数3~10个，线状披针形。头状花序，由3~25个组成伞房状。瘦果。花、果期7~10月。**见于海坨山山顶草甸。**生于低山及亚高山草地海拔1500m左右处。

旋覆花 *Inula japonica* (Miq.) Komarov 菊科 旋覆花属

多年生湿地草本，株高20~70cm。上面有分枝。叶的基部渐狭或急狭或有半苞茎的小耳。头状花序，直径2~4cm，总苞径1.3~1.7cm，舌状花和管状花为黄色。花期6~8月。**见于官厅淹没区。**生于山坡路旁、湿润草地、农田、河岸边及水田埂。花入药，能降气、化痰、行水。

线叶旋覆花 *Inula linariifolia* Turcz. 菊科 旋覆花属

多年生草本，株高30~50cm。植株被毛，基部常有不定根。叶线状披针形，有时呈椭圆状披针形，下部渐狭成叶柄，边缘反卷，背面有腺点蛛丝状毛。头状花序，直径1.5~2.5cm，枝端单生或3~5个排成伞房状，总苞被腺点及短柔毛，舌、管状花黄色。瘦果。花期6~9月，果期8~10月。**见于千家店镇**。生于山坡、荒地、路旁、河岸。头花入药，能降气、化痰、行水。可以栽培观赏。

欧亚旋覆花 *Inula britannica* M.Bieb. 菊科 旋覆花属

多年生湿地草本，株高20~60cm。根状茎短，横走或斜升。茎直立，被长柔毛，上部有分枝。基生叶和下部茎生叶开花时枯萎，长椭圆形或披针形；中部叶长椭圆形，基部宽大，无柄，心形或有耳，半抱茎，边缘近全缘，背面有伏毛和腺点。上部叶渐小。头状花序，直径2~5cm，1~5个生茎顶成伞房状；舌状花和管状花均为黄色。花期7~8月。**见于妫河边**。生于湿润的农田、地埂和路旁。花入药，能降气、化痰、行水。可以栽培观赏。

烟管头草 *Carpesium cernuum* L. 菊科 天名精属

多年生草本，株高30~80cm。茎直立，分枝平展，被白色长柔毛。下部叶匙状长圆形，长叶柄，两面有白色长柔软毛和腺点；中部叶向上渐小，长圆形，叶柄短。头状花序，单生枝的顶端，向下弯垂，基部有数个线状披针形不等长的苞片；总苞4层，外苞较长，卵状长圆形，绿色叶状；花黄色。瘦果，线形。花期7~8月。**见于珍珠泉乡**。生于山谷、沟边、林缘等地。全草入药，主治感冒发热、咽喉肿痛等症。

苍耳（苍颗）*Xanthium strumarium* L. 菊科 苍耳属

一年生草本，株高40~100cm。多分枝。叶三角状卵形或心形，基部近心形或截形，不分裂或3~5不明显浅裂，边缘有不规则锯齿，两面有贴生粗伏毛。雄头状花序球形，密生柔毛；雌头状花序椭圆形，被短柔毛。内层总苞片结合成囊状，成熟时总苞变坚硬，绿色或淡黄色，外面疏生具钩的总苞刺。瘦果。花期7~8月，果期8~9月。**见于康庄镇**。生于田野、路边、沟滩。种子可以榨油；带刺的苍耳果入药，能散风祛湿、通鼻窍、止痛、止痒。

意大利苍耳 *Xanthium italicum* Moretti 菊科 苍耳属

一年生草本。侧根分支很多，直根深入地下达1.3m，在缺氧环境中可以发育成很大的气腔。茎高20~150cm，直立，粗糙具毛，分枝多，有紫色斑点。叶单生，下部叶常对生，高位叶互生；宽卵形，3~5圆裂片。花小，绿色，头状花序单性同株。瘦果卵球形，表面覆盖棘刺，上面布满了独特的毛。**见于白河堡水库淹没区。**来源于国外，浸入植物，应消灭。

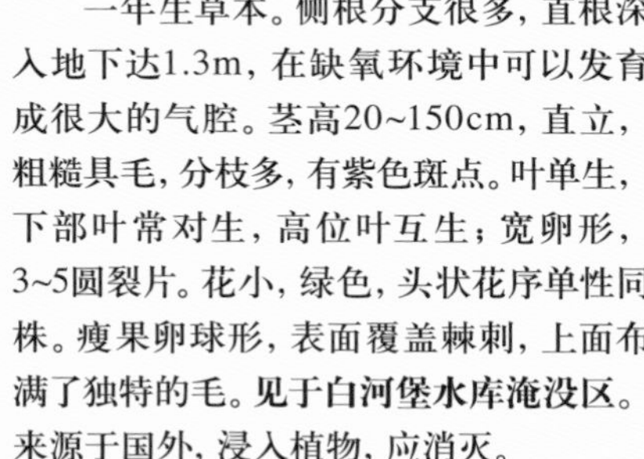

百日菊 *Zinnia elegans* Sessé & Moc. 菊科 百日菊属

一年生草本，株高40~80cm。植株被糙毛和长硬毛。叶对生，宽卵圆形，基部稍心形抱茎，全缘，两面粗糙，背面密被短柔毛。头状花序5~10cm，单生枝端，花梗中空；舌状花多色，管状花黄色。瘦果。花期7~9月，果期7~10月。**见于上德龙湾村公园。**栽培。原产于墨西哥。

多花百日菊 *Zinnia peruviana* (L.) L. 菊科 百日菊属

一年生草本。茎直立，有二歧状分枝，被粗糙毛。叶披针形，基部圆形半抱茎，两面被短糙毛。头状花序生枝端，排列成伞房状圆锥花序；花序梗膨大中空圆柱状，长2~6cm。总苞钟状，苞片多层，边缘稍膜质。舌状花黄色、紫红色或红色，管状花红黄色，雌花瘦果狭楔形，极扁，具3棱，被密毛；管状花瘦果长圆状楔形，极扁，有1~2个芒刺，具缘毛。花期6~10月，果期7~11月。**见于小铺村**。生于山坡、草地或路边。

腺梗豨莶 *Sigesbeckia pubescens* (Makino) Makino 菊科 豨莶属

一年生草本，株高50~100cm。上部二歧分枝，被开展的灰白色长柔毛和糙毛。基部叶和中部叶卵状披针形，基部宽楔形，边缘有不规则粗齿，正面深绿色，背面淡绿色，两面均有短柔毛，叶脉有长柔毛。头状花序，密被紫褐色具柄腺毛；舌状花和管状花均为黄色。瘦果。花期8月。**见于四海镇**。生于路边荒地及林间、灌丛中。全草入药，能祛风湿、利筋骨、降血压。

鳢肠 *Eclipta prostrata* (L.) L. 菊科 鳢肠属

一年生草本，茎直立，斜升或平卧，高达60cm，通常自基部分枝，被贴生糙毛。叶长圆状披针形，无柄，顶端尖或渐尖，边缘有细锯齿，两面被密硬糙毛。头状花序；总苞球状钟形，总苞片绿色，长圆状披针形；花冠管状，白色，顶端4齿裂；瘦果暗褐色。花、果期6~9月。**见于张山营镇**。生于河边、田边或路旁。全草入药，有凉血、止血、消肿、强壮之功效。

松果菊 *Echinacea purpurea* (L.) Moench 菊科 松果菊属

多年生草本，株高30~100cm。叶互生，卵形，长7~20cm，边缘有锯齿，有具翅的短柄或下部具窄边的长柄。头状花序，单生花梗上；舌状花一轮，紫红色，中性，先端具2浅齿；管状花两性，紫色；瘦果，具四棱。花、果期7~10月。**见于老白庙村公园**。栽培。原产于北美洲。供观赏。

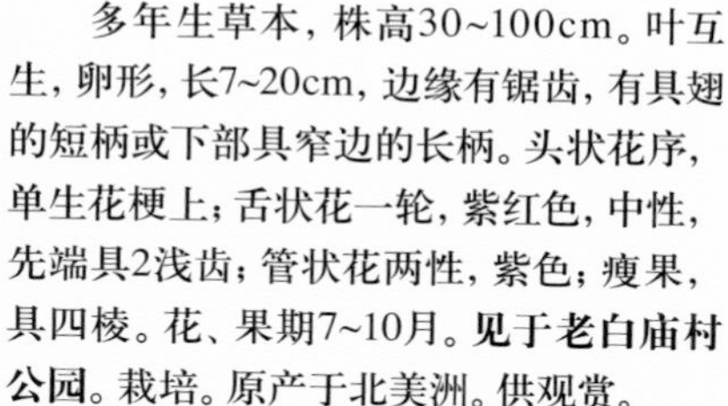

黑心金光菊 *Rudbeckia hirta* L. 菊科 金光菊属

一年生或二年生草本，株高40~80cm。茎不分枝或上部有分枝，全株被粗刺毛。下部叶长卵圆形，叶基部楔状下延，边缘有锯齿；上部叶长圆状披针形，边缘有锯齿或全缘，无柄。头状花序，直径5~7cm，有长花梗；舌状花鲜黄色，长3~5cm；管状花暗褐色或黑紫色。瘦果。花、果期7~9月。栽培。原产于北美洲。**见于小张家口村**。供观赏。

串叶松香草 *Silphium perfoliatum* L. 菊科 松香草属

多年生草本，株高2~3m。根分泌有似松脂香气的物质。茎直立，四棱形，光滑无毛，上部分枝。叶对生，茎从两叶中间贯串而出，卵形，先端急尖，下部基部渐狭成柄。头状花序，在茎顶成伞房状，总状苞片数层，舌状花黄色，2~3轮，管状花黄色，两性不育。瘦果扁，具翅。花、果期6~10月。**见于农场路边**。栽培。原产于北美洲的加拿大和美国南部、西部。观赏；优质牧草。

向日葵（葵花）*Helianthus annuus* L. 菊科 向日葵属

一年生草本，株高1~3m。直立，粗壮，被白色短硬毛，不分枝或上部分枝。叶互生，心状卵形或卵圆形，边缘具粗锯齿，两面被短糙毛，有长柄。头状花序，极大，直径15~30cm，单生于茎顶，下垂；舌状花多数，黄色，不结实；管状花极多，棕色或紫色，结实。瘦果。花期7~9月，果期8~9月。**见于千家店镇。**栽培。原产北美洲。瘦果可以榨油、炒食。葵花头、果壳和茎杆可作工业原料，制作人造丝及纸浆等。

菊芋（鬼吃姜）*Helianthus tuberosus* Parry 菊科 向日葵属

多年生草本，株高2~3m。具块茎及纤维状根。茎直立，被短硬毛或刚毛，上部有分枝。下部叶对生，上部叶互生，叶卵形或卵状椭圆形，边缘有粗锯齿，正面被短硬毛，背面叶脉上有短硬毛。头状花序，直径5~9cm，单生枝顶，舌状花和管状花均为黄色。瘦果。花期9~10月。**见于沈家营镇。**栽培。原产北美洲。块茎作菜可食用。块茎含有丰富的淀粉，可制菊糖。菊糖在医疗上是治疗糖尿病的良药。块茎及叶亦可入药，能清热凉血。叶可以作饲料。

瓜叶葵 *Helianthus debilis* subsp. *cucumerifolius* (Torr. & A.Gray) Heiser 菊科 向日葵属

一年生草本，株高1~2m。茎直立，具斑点，上部粗糙。叶互生，具长柄，三角状卵形，边缘有锯齿，两面被粗毛。头状花序，直径5~8cm，舌状花黄色，管状花紫褐色。瘦果。花期7~9月。栽培。原产北美洲。**见于延庆镇**。观赏植物；种子可以榨油。

剑叶金鸡菊 *Coreopsis lanceolata* L. 菊科 金鸡菊属

多年生草本，株高20~60cm。有纺锤状根。上部有分枝。叶在茎部成对簇生，有长柄，叶片匙形或线状倒披针形，茎上部叶少数，全缘或3深裂。头状花序，在茎顶单生，舌状花和管状花均为黄色。瘦果。花、果期6~9月。栽培。原产北美洲。**见于张山营镇**。为夏季观赏草花。

大花金鸡菊 *Coreopsis grandiflora* Nutt. ex Chapm. 菊科 金鸡菊属

多年生草本，株高20~100cm。茎直立，下部常有稀疏的糙毛，上部有分枝。叶对生；基部叶有长柄、披针形或匙形；下部叶羽状全裂；中部及上部叶3~5深裂，两面及边缘有细毛。头状花序，单生于枝端，径4~5cm，具长花序梗。总苞片外层较短，有缘毛；内层卵形或卵状披针形；舌状花6~10个，舌片宽大，黄色，长1.5~2.5cm；管状花两性。瘦果广椭圆形，边缘具膜质宽翅，顶端具2短鳞片。花期5~9月。栽培。原产北美洲。**见于延庆镇**。供观赏。

大丽花 *Dahlia pinnata* Cav. 菊科 大丽花属

多年生草本，株高1~2m。纺锤形块根。茎直立，粗壮。叶对生，一至三回羽状全裂，上部叶有时不分裂，裂片卵形或圆状卵形。头状花序大，有时下垂，花梗长，总苞片5，叶状；舌状花8朵，有多种颜色，管状花黄色，有的栽培品种全为舌状花。瘦果。花期6~10月。栽培。原产于墨西哥。**见于永宁镇**。除了观赏之外，根内含有菊糖，在医药上与葡萄糖有同样的功效。

秋英 *Cosmos bipinnatus* Cav. 菊科 秋英属

一年生草本，株高1~2m。茎直立，有分枝。叶对生，二回羽状深裂，裂片线形，全缘。头状花序，单生；舌状花8瓣，有红、粉、白等色；管状花黄色。瘦果。花期6~8月。栽培。原产于墨西哥。**见于四海镇**。花期长，是良好的观赏花卉。

婆婆针 *Bidens bipinnata* L. 菊科 鬼针草属

一年生草本，株高50~90cm。茎直立，有分枝，无毛。叶对生，具长叶柄，二回羽状深裂，边缘具不规则的细尖齿或钝齿，两面均疏被柔毛。头状花序，总苞杯形，基部有柔毛；舌状花黄色，1~4朵，不育；管状花黄色，结实。瘦果，顶端冠毛芒状3~4枚，具倒刺毛。花期7~9月。**见于延庆镇**。生于田边、路边、荒地、山坡上。全草入药，能祛风湿、清热解毒、止泻。

狼把草 *Bidens tripartita* L. 菊科 鬼针草属

一年生湿地草本，茎高20~150cm。圆柱状或具钝棱而稍呈四方形，无毛，上部分枝。叶对生，叶片无毛，通常3~5深裂，顶生裂片较大。头状花序，单生茎端及枝端，具较长的花序梗。总苞盘状，外层苞片5~9枚，叶状。无舌状花，全为筒状两性花。瘦果扁宽，楔形边缘有倒刺毛，顶端芒刺通常2枚。花、果期8~10月。**见于三里河湿地**。生于水边湿地。全草入药，能清热解毒、养阴益肺、收敛止血。

小花鬼针草 *Bidens parviflora* Willd. 菊科 鬼针草属

一年生草本，株高50~100cm。茎直立，多分枝，细弱，钝四棱形，暗紫色。叶对生，具长柄，叶二至三回羽状全裂，上部叶互生。头状花序，单生枝端，具长梗，无舌状花，管状花6~12朵，顶端4裂。瘦果，线形，顶端有2芒刺，具倒毛刺。花期7~8月。**见于香营乡**。生于田野、路边、荒地上。全草入药，有清热解毒、活血散瘀之效。

大狼把草 *Bidens frondosa* Buch.-Ham. ex Hook.f. 菊科 鬼针草属

一年生湿地草本。茎直立，分枝，高20~120cm，无毛，常带紫色。叶对生，具柄，为一回羽状复叶，小叶3~5枚，披针形，边缘有粗锯齿，至少顶生者具明显的柄。头状花序单生茎端和枝端，总苞钟状，外层苞片5~10枚，叶状，边缘有缘毛，无舌状花，冠檐5裂；瘦果扁平，狭楔形，长5~10mm，顶端芒刺2枚，有倒刺毛。花、果期7~9月。**见于张山营镇**。生于田野湿润处。全草入药，主治体虚乏力、盗汗、咯血、痢疾、疳积、丹毒。

柳叶鬼针草 *Bidens cernua* L. 菊科 鬼针草属

一年生湿地草本，株高40~80cm。茎直立，麦秆色或红色，中、上部有分枝。叶对生，无柄，披针形，不分裂，基部渐狭，半抱茎，边缘有疏锐锯齿，两面无毛。头状花序，开花时下垂，总苞盘状，总苞片线状披针形，叶状；舌状花黄色，无性，管状花黄色，两性，顶端5裂。瘦果，扁平，楔形，具4棱，棱上有倒刺毛，顶端芒刺4枚，有倒刺毛。花期9月。**见于三里河湿地**。全草入药，能祛风湿、清热解毒、止泻。

粗毛牛膝菊 *Galinsoga quadriradiata* Ruiz & Pav. 菊科 牛膝菊属

本种与牛膝菊形态特征相似，只是本种植物体长满了稠密的长柔毛；叶边缘有粗锯齿或犬齿。**见于东龙湾水塘边**。

牛膝菊 *Galinsoga parviflora* Cav. 菊科 牛膝菊属

一年生草本，株高20~50cm。茎直立，有分枝，略被毛或无毛。叶对生，卵形至披针形，基部圆形或宽楔形，边缘有浅圆齿或近全缘。头状花序，有长柄，总苞半球形；舌状花5个，白色，一层；管状花黄色，瘦果。花期6~8月。原产美洲，归化植物。**见于刘斌堡乡**。生于路边、沟边、田间。花入药，能清肝明目。

万寿菊 *Tagetes erecta* L. 菊科 万寿菊属

一年生草本，株高60~90cm。茎粗壮，分枝向上平展，羽状全裂，边缘具锐锯齿，上部叶裂片的齿端有长细芒，叶缘有少数腺体。头状花序，单生，花序梗顶端棍棒状膨大；舌状花橘黄、黄色。瘦果。花期7~8月。栽培。原产墨西哥。**见于四海镇**。为夏季常见观赏草花；花可以提取黄色素。花入药，味苦，辛，性凉，具有平肝，清热功效。可治多种眼疾，祛风，化痰，可治感冒，百日咳，并有补血通经，去疲生新肌的功效。

天人菊 *Gaillardia pulchella* Foug. 菊科 天人菊属

本种与缩根天人菊特征相似，不同点为本种舌状花瓣上半部为黄色，基部为紫红色。花、果期6~9月。栽培。原产于北美洲。**见于东湖公园**。供观赏。

宿根天人菊（大天人菊）*Gaillardia aristata* Pursh. 菊科 天人菊属

多年生草本，株高40~80cm。茎不分枝，全株被粗节毛。基生叶或下部茎生叶长椭圆形或匙形，全缘或羽状缺裂，两面被柔毛，有长叶柄；中部叶披针形，基部无柄或心形抱茎。头状花序，总苞披针形，外面有腺点及密柔毛；舌状花瓣黄色；瘦果。花期6~7月。栽培。原产北美洲。**见于东湖公园**。石河营村南公园有栽培。为夏季观赏草花。

高山蓍（锯草）*Achillea alpina* L. 菊科 蓍属

多年生草本。根状茎短。茎密生，白色柔毛，仅在上部有分枝。叶无柄，叶线状披针形，篦齿状羽状浅裂至深裂，齿尖和裂片顶端有软骨质尖头。两面有柔毛，有或无腺点。头状花序，多数，密集成伞房状；舌状花、管状花均为白色。瘦果。花期7~8月。**见于玉渡山**。生于山坡、沟旁或林缘。全草入药，能清热解毒、祛风止痛。茎叶含有芳香油，可作调香原料。

线叶菊 *Filifolium sibiricum* (L.) Kitam. 菊科 线叶菊属

多年生草本。根状茎粗壮，斜升。茎直立，密集丛生，基部密被厚的纤维鞘，不分枝或上部稍分枝，无毛。基生叶有长柄，倒卵形或长圆形，茎生叶较小，全部叶二至三回羽状全裂，末回裂片丝形。头状花序，总苞球形或半球形，无毛，花黄色。瘦果。花期5~6月。**见于八达岭镇**。生于干燥山坡草地。为劣质饲草。

茼蒿 *Chrysanthemum coronarium* Linn. 菊科 茼蒿属

一年生草本，株高30~80cm。直根系。上部有分枝，光滑无毛。基生叶开花时枯萎，下部叶和中部叶倒卵形至长椭圆形，二回羽状分裂，一回裂片3~8对。头状花序，2~8个生枝顶，有长梗；舌状花黄色。瘦果。花期6~7月。栽培。原产于地中海。**见于北关菜园**。蔬菜。

滨菊 *Leucanthemum vulgare* Lam. 菊科 滨属

多年生或二年生草本。茎直立，不分枝，被长毛；叶互生，长倒披针形，基生叶长达30cm，上部叶渐短，披针形，边缘具圆或钝锯齿。头状花序，单生枝端，直径3~4cm；舌状花白色，舌片宽，总苞片宽长圆形，先端钝，边缘膜质；瘦果，无冠毛。花、果期5~9月。栽培。原产于欧洲。**见于东湖公园**。供观赏。

菊花（秋菊） *Chrysanthemum morifolium* Ramat. 菊科 菊属

多年生草本，株高30~60cm。基部木质，多分枝，密被白色短柔毛，略带红色。叶卵形至披针形，基部心形，羽状深裂或浅裂，两面密被白色短柔毛，叶长柄。头状花序，单个或数个集生于茎顶；舌状花形状不一，颜色不一，管状花黄色，有时因栽培的原因全部为舌状花。瘦果。花期8~9月。栽培。原产于我国。**见于四海镇**。除观赏外，花可以入药，能散风清热、明目平肝。

小红菊 *Chrysanthemum chanetii* H. Lév. 菊科 菊属

多年生草本，株高20~40cm。有分枝，疏被毛。基生叶及下部茎生叶掌状或羽状浅裂，宽卵形或肾形，两面有腺点和绒毛，叶柄有翅；茎中部叶变小，基部截平或宽楔形。头状花序，单生或2~5个在茎顶排成伞房状，全部总苞片边缘白色或褐色膜质，舌状花多种颜色。瘦果。花期8~9月。**见于海坨山**。生于山坡林缘、灌丛及河滩、沟边。可栽培观赏。

楔叶菊 *Chrysanthemum naktongense* Nakai 菊科 菊属

多年生草本，株高20~60cm。茎直立，自中部分枝，分枝斜生。上部茎生叶倒卵形、倒披针形，3~5裂或不裂。全部茎叶基部楔形或宽楔形，有长柄。头状花序，2~9个在茎枝顶端排成疏松伞房花序，极少单生。总苞碟状，舌状花白色、粉红色或淡紫色。瘦果。花期7~9月。**见于海坨山阴坡林下**。生于山坡、沟谷、林缘、灌丛。可栽培观赏。

甘菊（野菊花）*Chrysanthemum lavandulifolium* (Fisch. ex Trautv.) Makino 菊科 菊属

多年生草本，株高30~100cm。具地下匍匐茎。中部以上有多分枝，有疏柔毛。基生叶和茎下部叶开花时枯萎，茎中部叶轮廓卵形，二回羽状分裂，正面绿色有微毛，背面淡绿色有白色分叉柔毛并有腺点；上部叶羽裂、3裂或不裂。头状花序，多数，复伞房状；总苞片边缘白色或褐色膜质；舌状花黄色。瘦果。花期9月。**见于大榆树镇**。生于平原荒地、山坡、河岸及黄土丘陵。花入药，能清热解毒、凉血降压。是晚秋时主要开花植物。

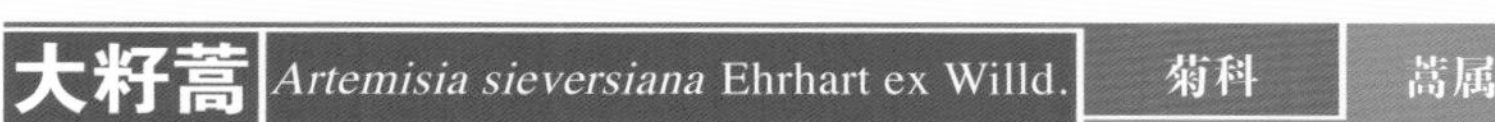

大籽蒿 *Artemisia sieversiana* Ehrhart ex Willd. 菊科 蒿属

一年生或二年生草本植物，高30~150cm。根粗壮。具纵棱并有白色短柔毛，单生或从基部分枝。中、下部叶有长柄，叶片二至三回羽状分裂，正面灰绿色，背面密被柔毛，两面密布腺点。头状花序，较大，半球形，下垂；花冠黄色。瘦果。花期8月。**见于香营乡**。生于农田、路旁、荒地、山坡上。全草入药，能祛风、清热、利湿。

柳叶蒿 *Artemisia integrifolia* L. 菊科 蒿属

多年生草本，高50~120cm。茎通常单生，紫褐色；茎、枝被蛛丝状薄毛。叶无柄，不分裂，全缘，正面暗绿色，背面除叶脉外密被灰白色密绒毛；基生叶与茎下部叶狭卵形，中部叶长椭圆形；上部叶小，椭圆形全缘。头状花序多数，组成狭窄的圆锥花序；总苞片3~4层，卵形，内层总苞片长卵形，半膜质；雌花10~15朵。瘦果倒卵形。花、果期8~10月。**见于海坨山**。生于林缘、路旁、河边、草地、草甸、灌丛。

野艾蒿 *Artemisia lavandulifolia* DC. 菊科 蒿属

多年生草本，株高60~170cm。密被短柔毛或近无毛，上面有斜升的花序枝。茎下部叶长柄，二回羽状分裂；中部叶羽状深裂，正面生有短柔毛和白色腺点，背面有灰白色密短毛；上部叶渐小，线形，全缘。头状花序，筒状钟形，疏被蛛丝状毛，花红褐色。瘦果。花期7~8月。**见于香营乡**。生于山坡、山谷、草地、灌丛中及路边荒地上。能治疗慢性肝炎、肺结核喘息症、慢性气管炎、急性菌痢。

蒌蒿（水蒿）*Artemisia selengensis* Turcz. ex Besser 菊科 蒿属

多年生草本。根状茎粗壮。茎无毛，常紫红色，上部有直立的花序枝。叶有柄，互生，羽状深裂，末端尖，叶背密生灰白色细毛，茎上部叶有时全缘。着生多数小头状花序，排列成穗状花序；花冠筒状，呈淡黄色。瘦果。花期7~8月。**见于官厅水库淹没区**。生于林下、林缘、山沟和河岸。嫩时可以食用，是优良的蔬菜。

猪毛蒿（驴尾巴蒿）*Artemisia scoparia* Waldst. et Kit. 菊科 蒿属

一、二年生草本，株高50~90cm。单一或有分枝，有时生有密集的不育枝。叶密集，幼时密被灰色绢状长柔毛，后脱落；下部叶二至三回羽状全裂；中部叶一至二回全裂，裂片极细；上部叶3裂或不裂。头状花序小，球形，下垂或斜生。瘦果。花期9月。**见于沈家营镇**。生于砂地、河岸或杂草地。幼苗时代茵蔯蒿入药，能清湿热、利胆退黄。

茵陈蒿 *Artemisia capillaris* Thunb. 菊科 蒿属

多年生草本。根纺锤状；基部木质而成半灌木状。茎有多数直立而开展的分枝，不育枝发达，先端有叶丛。早春基生叶灰色，有绢状柔毛，后变无毛。叶二回羽状分裂，裂片毛发状，密生绢毛。头状花序，卵形，下垂。瘦果。花期8~9月。**见于井庄镇**。生于山坡、荒地、路边草地上。幼嫩茎叶入药，能清热、利湿、退黄。

南牡蒿 *Artemisia eriopoda* Bunge 菊科 蒿属

多年生草本，株高40~80cm。直立，单生或丛生，绿褐色或紫色，基部有密或疏长柔毛，向上渐无毛。基生叶丛生，具长柄，叶圆形羽状分裂；叶正面无毛，背面有微柔毛，上部叶3裂或不裂。头状花序卵形，有光泽，无毛，背面绿色。瘦果。花期6~8月。**见于旧县镇**。生于山坡、林缘、草地上。全草入药，能祛风湿、解毒。

艾 *Artemisia argyi* Lévl. et Van. 菊科 蒿属

多年生草本，株高60~120cm。植株灰白色，香味浓厚。根状茎细长，横走，具匍枝。茎紫褐色，密被灰白色蛛丝状毛。叶互生，中部叶一至二回羽状深裂或全裂，侧裂2对；上下两面有蛛丝状毛及白色腺点；上部叶小，3裂或全缘。头状花序长圆状钟形，下垂，总苞背绵毛，花带紫褐色。瘦果。花期8~9月。**见于井庄镇。**生于山坡、林缘、灌丛、耕地边及路旁。叶入药，能散寒止痛、温经、止血。是艾炙的良好材料。制成艾绳点燃能驱蚊虫。

黄花蒿 *Artemisia annua* L. 菊科 蒿属

一年生草本，高60~150cm。整株黄绿色。直立，无毛，多分枝。中、下部叶花时枯萎，中部叶卵形二至三回羽状分裂，正面绿色，背面淡绿色，无毛，具腺点。头状花序球形，密集，下垂；花筒状黄色。瘦果。花期8~9月。**见于大榆树镇。**生于路边、荒地、山坡沟谷。青时全草入药，能解暑、退虚热。早春可以泡酒，气味浓香。

蒙古蒿 *Artemisia mongolica* Fish. ex Besser 菊科 蒿属

多年生草本，株高80~160cm。近无毛。下部叶开花时枯萎，中部叶一至二回羽状深裂，侧裂片2~3对，正面近无毛，背面除中脉外有蛛丝状灰白色密毛；上部叶3裂或不裂。头状花序，极多数，总苞片稍有蛛丝状毛，背部有绿色中脉，花黄色。瘦果。花期8月。**见于四海镇**。生于荒地草丛中。

白莲蒿 *Artemisia sacrorum* ledeb. ex lfook. f 菊科 蒿属

多年生草本或半灌木，株高40~150cm。粗壮，多分枝，基部木质，暗紫色，无毛。茎下部叶，花时枯萎，中部叶长圆状卵形，二回羽状分裂，两面初时有蛛丝状毛，下面有腺点；上部叶羽状分裂或有齿。头状花序近球形，短梗，下垂。瘦果。花期8~9月。**见于永宁镇**。生于阳坡、荒地、沟滩及灌木丛中。

歧茎蒿 *Artemisia igniaria* Maxim. 菊科 蒿属

多年生草本，株高60~150cm。紫褐色，上部多分枝。茎下部叶长8~11cm，宽5~6cm，叶片卵形羽状深裂，正面无毛，绿色，背面密被灰白色蛛丝状毛或毡毛；上部叶小，近无柄，3裂或不裂，全缘。头状花序钟形，总苞具蛛丝状毛，背部绿色，花黄色。瘦果。花期8~9月。**见于八达岭镇**。生于山坡草地及灌木丛中。

龙蒿 *Artemisia dracunculus* L. 菊科 蒿属

多年生草本，株高30~80cm。直立无毛，下面木质，中上部多分枝。下部叶花时已谢，中部以上叶密集，线形，全缘，两面无毛。头状花序球形，总苞3层，无毛。瘦果。花期8~9月。**见于八达岭镇**。生于林缘、山坡梁脊。

牡蒿 *Artemisia japonica* Kitam. 菊科 蒿属

本种与南牡蒿的区别在于，牡蒿的基生叶及茎生叶匙形，基部狭楔形；叶顶端具不整齐的缺刻。而南牡蒿基生和茎生叶广卵形，有细长柄，3裂或一至二回羽裂状深裂，裂片先端具齿牙状裂。花、果期6~10月。**见于玉渡山**。生于山坡、林缘、林下及灌木丛间。全草入药，能退潮热。

牛尾蒿 *Artemisia dubia* Wall. ex Bess. 菊科 蒿属

多年生草本。茎直立，基部稍木质，粗壮，下部无毛，中部以上被绢状短柔毛，上部有分枝。基部叶花时枯萎。头状花序多数，基部有小苞叶，在分枝的小枝上排成总状花序；总苞片3~4层，边膜质，内层半膜质；雌花6~8朵，两性花2~10朵，不育，花冠管状。瘦果小，长圆形或倒卵形。花、果期8~10月。**见于玉渡山**。生于山坡草甸、河谷草甸上。地上部分入药，能清热解毒、利肺。

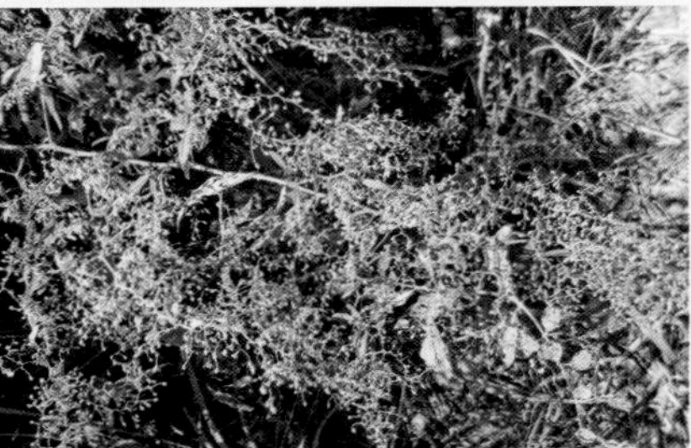

线叶蒿 *Artemisia subulata* Nakai 菊科 蒿属

多年生草本。根状茎细，匍地。茎少数或单生，高45~80cm，淡紫色或褐色。叶正面无毛，背面密被灰白色蛛丝状绒毛；基生叶与茎下部叶倒披针形；中部叶线形全缘，边反卷，无柄；上部叶与苞片叶小，线形，全缘。头状花序长圆形，在茎上组成狭窄总状花序式的圆锥花序；总苞片3层，卵形，背面密被灰白色蛛丝状柔毛。瘦果长卵形。花、果期8~10月。**见于海坨山草甸**。生于山坡、林缘、灌丛、路旁。叶入药，止痛、温经、止血。

裂叶蒿 *Artemisia tanacetifolia* Georgi 菊科 蒿属

多年生草本，株高50~70cm。上部具分枝，下部不分枝，茎被平贴短柔毛。叶质薄，茎下部与中部叶椭圆状长圆形，二回羽状分裂，叶柄长3~12cm；上部叶一至二回羽状全裂，无柄；头状花序球形或半球形，直径2~3mm，下垂；总苞片3层，无毛，中层总苞片卵形，内层总苞片近膜质；花序托半球形；雌花8~15朵。瘦果椭圆状。花、果期7~10月。**见于海坨山**。多生于中、低海拔地区的森林草原、草甸、林缘或疏林。可作饲料。

山蒿 *Artemisia brachyloba* Franch. 菊科 蒿属

半灌木状草本。主根粗大，木质，垂直，常扭曲，有纤维状的根皮；根状茎粗壮，木质。茎多数，丛生，高30~60cm，自基部分枝；茎、枝幼时被短绒毛，后渐脱落。叶面绿色无毛，背面被白色绒毛，基生叶卵形；二回羽状全裂；上部叶羽状全裂。头状花序，椭圆形或长圆状钟形瘦果卵圆形。花、果期7~10月。**见于海坨山阳坡**。生于中、低海拔地区阳坡草地、砾质坡地、岩石缝中，局部地区形成植物群落的优势种。

华北米蒿 *Artemisia giraldii* Pamp. 菊科 蒿属

半灌木状草本。茎多数，常成小丛，直立，高50~80cm。叶纸质，灰绿色，背面初时密被蛛丝状柔毛；茎下部叶卵形，具短柄；中部叶椭圆形，指状3深裂，边略反卷或不反卷；上部叶与苞片叶3深裂或不分裂。头状花序多数，近球形，在分枝上排成穗状花序，总苞片3~4层，外层略短小，外、中层总苞片卵形。瘦果倒卵形。花、果期7~10月。**见于海坨山**。生于山坡、干河谷、丘陵、路旁、滩地、林缘。入药，有清热、解毒、利肺作用。

毛莲蒿 *Artemisia vestita* Kitag. 菊科 蒿属

半灌木状草本。植株有浓烈的香气，根木质，稍粗；茎直立，多数，丛生，下部木质；茎、枝紫红色，被蛛丝状微柔毛。叶面绿色或灰绿色，两面被灰白色密绒毛；茎下部与中部叶卵形、羽状分裂。头状花序多数，球形，下垂，排成总状花序。瘦果长圆形。花、果期8~11月。**见于海坨山、凤凰坨等地**。生于山坡、草地、灌丛、林缘等处，在局部地区成区域性植物群落的优势种。药用，有清热、消炎、祛风、利湿之效。

款冬 *Tussilago farfara* L. 菊科 款冬属

多年生湿地草本，株高5~10cm。根状茎褐色，横生地下。早春先抽出花莛数条，生有白色绵毛，具有10多片鳞片状小叶，淡紫褐色。头状花序，顶生。总苞1~2层，紫红色，背面有蛛丝状毛；舌状花黄色，管状花黄色。瘦果。后出生基生叶，阔心形，边缘有波状顶端增厚的黑褐色疏齿，下面密生白色绒毛。花期3~5月。**见于张山营镇**。是我县野外最早开花植物。生于河边、沟谷水边砂质地。花蕾入药，称冬花，能润肺下气、化痰止咳。

兔儿伞 *Syneilesis aconitifolia* (Bunge) Maxim. 菊科 兔儿伞属

多年生草本，株高60~80cm。根状茎匍匐，横走。直立，单一，无毛，带褐色。基生叶一，刚出土时下垂，并生有绒毛，像兔子耳朵一样，后展开；茎生叶2，互生；叶片圆盾形，掌状7~9深裂，为二至三回叉状分裂。头状花序，多数，复伞房状，总苞1层，淡紫色，管状花淡红色。瘦果。花期7~8月。**见于四海镇**。生于林下及林缘草甸。根入药，能祛风除湿、解毒活血、消肿止痛。可以栽培观赏。

山尖子 *Parasenecio hastatus* (L.) H. Koyama 菊科 蟹甲草属

多年生草本。根状茎平卧，茎坚硬，直立，高40~150cm，不分枝，上部被密腺状短柔毛。下部叶在花期枯萎凋落，中部叶叶片三角状戟形，长7~10cm，宽13~19cm，基部戟形，狭翅的叶柄，叶柄长4~5cm，边缘具不规则的细尖齿，最上部叶和苞片披针形。头状花序多数，下垂，在茎端和上部叶腋排列成塔状的狭圆锥花序。总苞圆柱形，总苞片7~8，线形。小花8~15花冠淡白色，瘦果。花期7~8月，果期9月。**见于玉渡山**。生于山地林缘草甸，林下。

林荫千里光 *Senecio nemorensis* Lorey & Duret 菊科 千里光属

多年生草本，株高40~110cm。根状茎歪斜。茎单一或丛生，近无毛。叶卵状披针形或长圆披针形，基部渐狭近无柄半抱茎，边缘有细锯齿，有细羽状脉。头状花序，多数，复伞房状；总苞基部外层具小苞片，舌状花5个，黄色。管状花多数。瘦果无毛。花期5~7月。**见于海坨山**。生于林下阴湿及草地。可栽培，供观赏。

琥珀千里光 *Senecio ambraceus* Turcz. ex DC. 菊科 千里光属

多年生湿地草本，株高50~70cm。上面有分枝。下部叶倒卵状长圆形，羽状深裂，有柄；上部叶渐小，羽状深裂或有齿或线形。头状花序，多数，复伞房状，花序梗长；总苞半球形，苞片7~10mm；舌状花10余朵黄色，管状花多数黄色。瘦果有毛。花期7~8月。**见于田宋营村**。生于沙质的湿润草地。用作饲草；供人观赏。

额河千里光 *Senecio argunensis* Turcz. 菊科 千里光属

多年生草本。根状茎斜升。茎单生，直立，高30~60cm，被蛛丝状柔毛。基生叶和下部茎叶在花期枯萎；中部茎叶较密集，无柄，羽状全裂至羽状深裂；上部叶渐小，顶端较尖，羽状分裂。头状花序有舌状花，多数，排列成顶生复伞房花序；总苞近钟状，苞片5~6mm；舌状花10~13，舌片黄色；管状花多数；花冠黄色。瘦果无毛。花期8~10月。**见于上花楼子村**。生于草坡、山地草甸。全草入药，能清热解毒、去腐生肌、清肝明目。

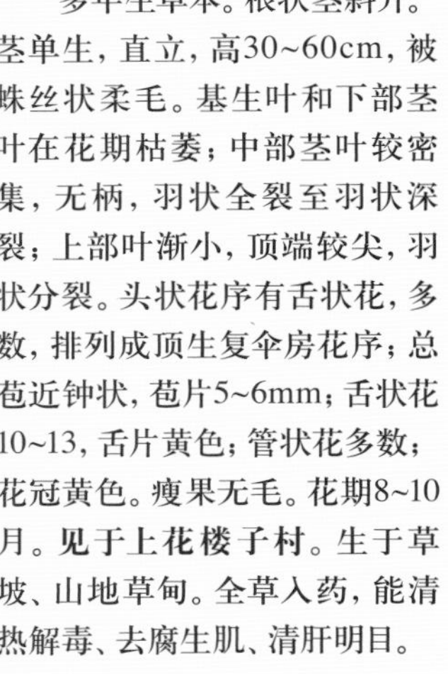

狗舌草 *Tephroseris kirilowii* (Turcz. ex DC.) Holub 菊科 狗舌草属

多年生草本。根状茎斜伸。茎直立单生，全株灰白色蛛丝状毛。叶披针形，边缘有不规则的牙齿；基部半抱茎，并下延。头状花序，3~9个，伞房状，舌状花黄色。瘦果。花期4~5月。**见于张山营镇**。生于山坡或原野丘陵的向阳地。栽培用于观赏。

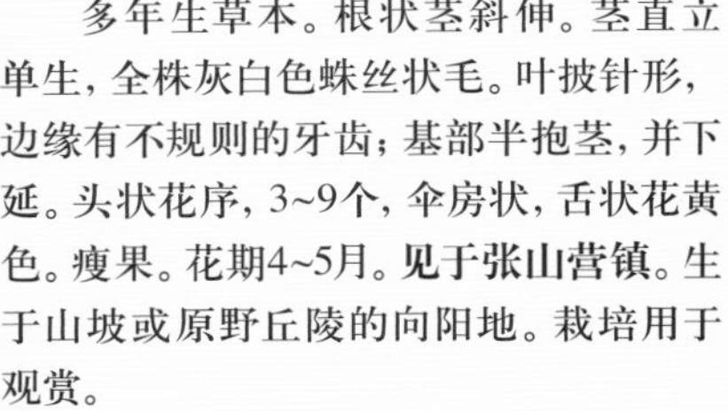

狭苞橐吾 *Ligularia intermedia* Nakai 菊科 橐吾属

多年生草本，株高30~90cm。上部生有蛛丝状毛，基生叶有长柄，柄长20~40cm；叶片肾状心形，边缘具齿，两面无毛。头状花序，集生成总状，长30~40cm，花后下垂；总苞狭圆柱状，在花期长为宽的2倍，冠毛污褐色；舌状花4~6个，黄色。瘦果。花期6~7月。**见于松山**。生于山坡、林缘、沟边、路旁。

全缘橐吾 *Ligularia mongolica* (Turcz.) DC. 菊科 橐吾属

多年生草本，株高40~80cm。直立，无毛。基生叶长柄，叶片长圆形，全缘，顶端近圆形，质稍厚，浅灰绿色，无毛。中下部叶柄短，上部叶无柄抱茎。头状花序，舌状花3~5个黄色。瘦果。花期6~7月。**见于海坨山阳坡**。生于干旱山坡及草地上。用于绿化，供观赏。

金盏花 *Calendula officinalis* Hohen. 菊科 金盏花属

一年生草本，株高20~75cm。通常自茎基部分枝，绿色或多少被腺状柔毛。基生叶长圆状倒卵形或匙形，长15~20cm，全缘或具疏细齿，具柄，茎生叶长圆状披针形，无柄，长5~15cm，宽1~3cm，基部多少抱茎。头状花序单生茎枝端，总苞片1~2层，披针形，小花黄或橙黄色，管状花檐部具三角状披针形裂片，瘦果全部弯曲，淡黄色，瘦果大半内弯，外面常具小针刺。花期4~9月，果期6~10月。栽培。产于南欧。**见于珍珠泉乡。**

驴欺口（蓝刺头）*Echinops latifolius* Tausch. 菊科 蓝刺头属

多年生草本，株高40~90cm。粗壮，褐色。具纵棱，有白色绵毛，不分枝或少分枝。叶互生，二回羽状分裂或深裂；全部边缘具不规则刺齿，正面绿色，无毛或蛛丝状毛，背面生有白色绵毛。复头状花序，球形；外总苞片刚毛状，内总苞片外层匙形，边缘有蓖状睫毛，花冠筒状，裂片5，淡蓝色，筒部白色。瘦果。花期7~8月。**见于玉渡山。**生于林缘、干燥山坡。根入药，能清热解毒、消肿、通乳；花序入药，能活血、发散。

苍术 *Atractylodes lancea* (Thunb.) DC. 菊科 苍术属

多年生草本。根状茎肥大呈结节状。茎高30~50cm，不分枝或上部稍分枝。叶革质，无柄，倒卵形或长卵形，边缘有不连续的刺状牙齿。头状花序，基部的叶状苞片披针形，与头状花序几等长，羽状裂片刺状；花筒状，白色。瘦果。花期7~8月。**见于大榆树镇**。生于干旱山坡、山坡岩石附近或林下及山坡草地上。根状茎入药，能燥湿、祛风、健脾、止痛。

牛蒡（粘赤子）*Arctium lappa* L. 菊科 牛蒡属

二年生草本，株高1~2m。粗壮，带紫色，有微毛，上部多分枝。基生叶丛生，茎生叶互生，叶宽卵形或心形，上部绿色无毛，背面生有灰白色绒毛，边全缘、波状。叶柄长，粗壮。头状花序，丛生排成伞房状，有梗。总苞球形，顶端钩状内弯，管状花淡紫色。瘦果。花期6~7月。**见于玉渡山**。生于村落路旁、山坡、草地。瘦果入药，能散风热、利咽、透疹、消肿解毒。根、茎、叶也可入药，有利尿之效。

丝毛飞廉 *Carduus crispus* Linn. 菊科 飞廉属

二年生草本植物。茎直立，有纵沟棱，具绿色纵向下延的翅，翅有齿刺，疏被长柔毛，上部有分枝。叶椭圆披针形，羽状深裂，裂片边缘具刺，正面绿色，无毛，背面初时有蛛丝状毛。头状花序，2~3个簇生枝端，总苞片尖成刺状，向外反曲，管状花紫红色。瘦果。花期5~6月。**见于刘斌堡乡**。生于荒野路边、田边。地上部分入药，能清热解毒、消肿、凉血止血。

刺儿菜（刺芽）*Cirsium segetum* Bunge 菊科 蓟属

多年生草本。根具细长匍匐根状茎。茎直立，无毛或幼茎被蛛丝状毛，不分枝或上部有分枝。叶互生，下、中部叶椭圆形，全缘或有齿裂或羽状浅裂，齿端有刺，两面有疏或密的蛛丝状毛，上部叶小。雌雄异株，头状花序，通常单生或多个生枝端。雌株头状花序大，雄株则小；总苞片有刺，花冠紫红色。瘦果。花期4~8月。**见于延庆镇。生于荒地、路边、田间等地**。可以作饲料。全草入药，有利尿、凉血、止血功能。

魁蓟 *Cirsium leo* Nakai et Kitag. 菊科 蓟属

多年生草本，茎高1~1.5m，多分枝，有纵条棱，被皱缩毛。茎生叶无柄，披针形，长15~30cm，宽5~10cm。基部微抱茎，边缘有小刺，羽状浅裂至深裂，裂片卵三角形，具刺，两面有皱缩毛，脉上毛较密。头状花序，单生枝顶，总苞有蛛丝状毛，苞片边缘有小刺，顶端成长尖刺，花冠紫色。瘦果。花期7~8月。**见于滴水壶景区**。生于山坡草地上。可作观赏花栽培。

块蓟 *Cirsium viridifolium* (Hand.-Mazz.) C. Shih 菊科 蓟属

多年生草本，株高30~40cm。块根纺锤状。茎直立，被稀疏多细胞长节毛，不分枝。全部叶两面同色，绿色，无毛或有多细胞长节毛。头状花序单生茎顶。总苞钟状，直径1.5~2cm。总苞片约7层，紧密覆瓦状排列，全部苞片或仅内层外面有粘腺。小花紫色，花冠长1.9cm，不等5裂。瘦果压扁。花、果期8~9月。**见于海坨山**。生于湿地、溪旁、路边或山坡，分布在海拔200~2000m处。

烟管蓟 *Cirsium pendulum* Fisch. ex DC. 菊科 蓟属

二年生草本。根茎短，纺锤形。茎上部分枝，有蛛丝状毛。叶宽椭圆形，基部有具翅的短柄，羽状分裂，边缘有刺。头状花序，单生于枝顶，直径3~4cm，下垂，有长柄或短，密生蛛丝状毛。总苞片具刺，向外反曲，中肋带暗紫色，背面有蛛丝状毛，花紫色。瘦果。花期7~9月。**见于四海镇**。生于沟谷及林缘草甸上。全草可作大蓟入药，具有凉血止血、行瘀消肿的功效。

大刺儿菜 *Cirsium setosum* Cwilld. Besser.ex M. Bteb. 菊科 蓟属

多年生草本。茎直立，粗壮，上部密被蛛丝状绵毛。茎下部和中部叶披针形或长圆状披针形，耳状半抱茎，羽状半裂，裂片宽三角形，边缘有大小不等的齿，正面疏生黄色针刺，背面脉上被柔毛；上部叶条状披针形，具疏刺齿。头状花序单生或1~2个集生于枝端，球形；总苞密被蛛丝状绒毛；全为管状花，花冠暗紫色。瘦果长圆形，淡褐黑色，稍光亮；冠毛羽状，污白色，先端略粗糙。**见于官厅淹没区**。生于荒地及路旁。可食用。植株可入药具有凉血，止血，消察散肿。治吐血，鼻出血，尿血，子宫出血，黄疸，疮痈。

泥胡菜 *Hemisteptia lyrata* (Bunge) Bunge 菊科 泥胡菜属

二年生草本。茎直立，光滑。基生叶莲座状，有柄，叶片倒披针形或提琴状羽状分裂，正面绿色，背面被白色蛛丝状毛，茎中部叶片椭圆形，无柄，羽状分裂。头状花序多数，总苞球形，总苞片5~8层，背面顶端下有紫红色鸡冠状附片，花紫红色，全部为管状花。瘦果。花期5~7月。**见于大庄科乡**。生于路边荒地上、山坡。可作饲草。全草可入药，具有清热解毒，消肿散结功效，可治疗乳腺炎，疔疮、颈淋巴炎、痈肿，牙痛、牙龈炎等病症。

紫苞雪莲（紫苞风毛菊）*Saussurea purpurascens* Y. L. Chen et S. Y. Liang 菊科 风毛菊属

多年生草本。根状茎平展。茎直立，带紫色，被白色长柔毛。叶条状披针形或宽披针形，边缘具锐细齿，最上部叶片苞叶状，椭圆形，膜质，紫色，全缘。头状花序4~6个于茎顶密集成伞房状，总苞片4层，边缘或全部暗紫色，被白色长柔毛。管状花冠紫色。瘦果圆柱形。花期8月。**见于海坨山草甸**。生于山顶及山坡草地。可作饲草。

银背风毛菊 *Saussurea nivea* Komarov & Schischkin 菊科 风毛菊属

多年生草本。根状茎斜升，颈部有褐色残叶柄。茎高25~60cm，直立，有纵沟和蛛丝状毛，后脱落，上部有分枝。基生叶在花时凋谢，叶卵状三角形，全部叶正面绿色无毛，背面生有银白色密绵毛。头状花序，多数排成伞房花序。总苞密生白色绵毛；花冠粉紫色。瘦果。花期8~9月。**见于玉渡山**。生于林下或灌丛中。用途不详。

乌苏里风毛菊 *Saussurea ussuriensis* Maxim. 菊科 风毛菊属

多年生草本。根状茎，匍匐。茎高40~90cm，茎直立，被疏毛或无毛，上部有分枝。基生叶花时生存，与下部茎生叶均具长叶柄，叶宽卵形，基部心形或戟形，边缘羽裂。头状花序，多数，排成伞房状；总苞筒状钟形，苞片5~6层，顶端及边缘常带紫红色，被蛛丝状毛。瘦果。花期7~8月。**见于凤凰坨林下**。生于林下、林缘灌丛。嫩茎叶可食。

篦苞风毛菊 *Saussurea pectinata* Korsh. 菊科 风毛菊属

多年生草本。根状茎斜伸。茎高50~90cm，有纵沟，具分枝，下部有蛛丝状毛，上部有短糙毛。下部叶具长柄，卵状披针形，羽状深裂，正面及边缘有短糙毛，背面有短柔毛和腺点。头状花序，总苞5层，有丝状毛和短柔毛。外层苞片卵状披针形，顶端叶质，有栉齿状的附片，常反折。花冠粉紫色。瘦果。花期8~9月。**见于珍珠泉乡**。生于山坡、沟谷、林缘。

风毛菊 *Saussurea japonica* (Thunb.) DC. 菊科 风毛菊属

二年生草本。根纺锤状。茎直立，粗壮，具纵棱，疏被细毛和腺毛。基生叶具长柄，叶片长椭圆形，通常羽状深裂，两面均被细毛和腺毛；由下自上渐小，椭圆形或线状披针形，羽状分裂或全缘，基部有时下延成翅状。头状花序，密集成伞房状；总苞筒状，外被蛛丝状毛；花管状，紫红色。瘦果。花期8~9月。**见于大榆树镇**。生于山坡草地、沟边路旁。有祛风活络，散瘀止痛功效。用于风湿关节痛，腰腿痛，跌打损伤。

华北风毛菊（蒙古风毛菊）*Saussurea mongolica* (Franch.) Franch. 菊科 风毛菊属

多年生草本。根状茎倾斜。茎高35~80cm，基生叶在花时凋落，基生叶和茎下部叶具长柄，叶片卵状或三角形，羽状深裂。头状花序，多数，密集成伞房状；总苞片顶端渐尖，向外反折；花冠紫红色。瘦果。花期7~9月。**见于玉渡山**。生于山坡林下及林缘。可作饲草。

盐地风毛菊 *Saussurea salsa* (Pall.) Spreng. 菊科 风毛菊属

多年生草本。根粗壮，棕褐色；根茎密被残存的死叶柄。茎单一，直立，在上部或中部分枝，具长短和宽窄不一的翅。叶肉质，背面有腺点，基生叶和茎下部叶较大。头状花序小，多数，生于茎枝顶端，排列成伞房状；总苞圆柱状，总苞片5~7层，淡紫红色。小花粉红色或玫瑰红色。瘦果圆柱形。花期7~9月。**见于康庄镇**。生于盐碱土草地、戈壁滩、湖边。

草地风毛菊 *Saussurea amara* Less. 菊科 风毛菊属

多年生草本。茎直立，中部以上通常具分枝，下部疏被毛，上部近无毛。基生叶与茎下部叶椭圆状披针形，先端渐尖，基部楔形，边缘全缘或有波状齿或浅裂，反卷，两面密被黄色腺点，近无毛；上部叶渐变小，呈披针形，全缘。头状花序多数，生枝顶排成伞房状；总苞片4~5层，中层与内层者为条形，顶端有膜质的粉红色附片；花冠淡紫红色。瘦果矩圆形。花期8月。**见于妫河两岸**。生于荒地路边或森林草地。饲用植物。

卷苞风毛菊 *Saussurea tunglingensis* Chen 菊科 风毛菊属

多年生草本，株高20~60cm。根状茎粗短。茎单生，不分枝或少分枝。全部叶两面绿色，背面色淡，两面无毛。头状花序单生茎端或少数，腋生枝端。总苞宽钟状，直径2~2.5cm；总苞片6~7层，外层卵形或卵状三角形，长宽各4mm，顶端渐尖，反卷，中层狭卵形，反卷。小花紫红色。瘦果圆锥状。花、果期7~9月。**见于四海镇**。生于山坡、草地、林缘及山沟。可栽培观赏。

山牛蒡 *Synurus deltoides* (Ait.) Nakai 菊科 山牛蒡属

多年生草本。茎高50~100cm，茎单生，直立，多少被蛛丝状毛。基生叶花时枯萎，下部叶有长柄，叶卵形或卵状长圆形，基部稍呈戟形，边缘有不规则叶齿，正面有短毛，背面密生灰白色毡毛；上部叶柄短，披针形。头状花序，单生于茎顶，下垂。总苞钟状带紫色，被蛛丝状毛，花冠筒状，深紫色。瘦果。花期7~8月。**见于海坨山阴坡林下。**

麻花头 *Klasea centauroides* (L.) Kitag. 菊科 麻花头属

多年生草本。根茎短，黑褐色。茎高30~60cm，具纵沟棱，不分枝或上部少分枝，下部被曲柔毛，基部常带紫红色。基生叶和茎生叶椭圆形。羽状深裂或全裂，两面无毛或背面脉上及边缘被疏柔毛。头状花序，数个生于枝端。总苞卵形，上部稍收缩，宽20~30mm，5~7层。管状花淡紫色。花期5~7月。瘦果。**见于松山**。生于路边、荒地、干坡上。栽培供观赏。

多头麻花头 *Klasea centauroides* subsp. *polycephala* (Iljin) L. Martins 菊科 麻花头属

多年生草本。茎高50~100cm，有纵棱，上部多分枝。基生叶有柄，长椭圆形，羽状深裂，花时常枯萎；茎生叶卵形，长5~15cm，宽4~6cm，羽状深裂或全裂，边缘粗糙，有短糙毛，两面无毛。头状花序，10~50个，在茎顶排成伞房状，总苞上部渐收紧，苞片绿色或黄绿色，不被褐色短毛，管状花冠淡紫色。瘦果。花、果期7~9月。**见于千家店镇上德龙湾村。**生于干燥草地、山坡、路边。可供观赏。

伪泥胡菜 *Serratula coronata* DC. 菊科 伪泥胡菜属

多年生草本。茎高50~100cm，直立，有纵沟，无毛，上部分枝。叶卵形，长10~20cm，宽5~10cm，羽状全裂或分裂，裂片披针形，边缘有锯齿和短刚毛，两面无毛，下部叶有叶柄，上部叶无叶柄。头状花序，3~5个，单生于枝顶；总苞片紫褐色，被褐色短毛，内总苞片无附器。瘦果。花期7~8月。**见于玉渡山。**生于山坡、河滩草地。栽培供观赏。

碗苞麻花头（北京麻花头）*Serratula chanetii* Lévl. 菊科 伪泥胡菜属

多年生草本，株高25~60cm。根状茎短，斜伸或平展，不定根暗褐色，细绳状。茎直立，基部紫红色，不分枝或上部有分枝。基生叶大头羽状裂或羽状分裂，顶裂片较大，卵形或椭圆形，边缘有疏锯齿。茎生叶向上渐变小，羽状深裂或全裂，最上部叶苞叶状，全缘。头状花序，单生于枝端，总苞杯状，管状花冠紫红色。瘦果，倒圆锥形。花、果期6~7月。**见于海坨山**。生于山坡草地。

漏芦 *Stemmacantha uniflora* (L.) Ditrich 菊科 漏芦属

多年生草本。根肥厚，木质，上部覆多年残余的叶柄。茎直立，不分枝，具纵沟棱，被绵毛或短柔毛。基生叶与茎下部叶羽状深裂至浅裂，长10~20cm，边缘具不规则牙齿，两面被软毛，叶柄被厚绵毛。头状花序大，单生茎顶，直径5cm；管状花冠淡紫色。瘦果，倒圆锥形，棕褐色，具四棱。花期5~6月。**见于香营乡**。生于山坡、向阳地、草地。根入药，能清热解毒、消肿、下乳汁。亦用作驱蛔虫。花大，可用作栽培观赏。

矢车菊 *Centaurea cyanus* L. 菊科 矢车菊属

一年生或二年生草本，株高30~70cm或更高。直立，自中部分枝。全部茎枝灰白色，被薄蛛丝状卷毛。全部茎叶两面异色或近异色，正面绿色或灰绿色，被稀疏蛛丝毛或脱毛。头状花序多数或少数在茎枝顶端排成伞房花序。全部苞片顶端有浅褐色或白色的附属物，全部附属物沿苞片短下延，边缘流苏状锯齿。边花增大，超长于中央盘花，蓝色、白色、红色或紫色。瘦果椭圆形。花、果期2~8月。原产于欧洲东南部。栽培种。**见于上郝庄**。观赏植物。

蚂蚱腿子 *Myripnois dioica* Bunge 菊科 蚂蚱腿子属

落叶灌木，高50~80cm。叶互生，宽披针形，长2~4cm，宽1~2cm，全缘，两面有柔毛或无，三出脉。头状花序，生于叶腋，先叶开花。雌花和两性花异株；雌花花冠淡紫色，两性花花冠白色。瘦果。花期4月。**见于刘斌堡乡**。生于阴坡山地林缘及灌丛，形成局部群落。是很好的水土保持植物。

大丁草 *Leibnitzia anandria* (L.) Turcz. 菊科 大丁草属

多年生草本。茎高8~15cm，花莛直立，初有白色蛛丝状毛，后脱落。叶全部基生，羽状分裂。正面绿色，背面被白色绵毛。头状花序，单生，春季开的是异型花，外围一层舌状花，雌性，中央有多数两性管状花；秋天开的是同型花，仅有管状花，结实。舌状花，花冠二唇形，管状花冠也是二唇形。瘦果，纺锤形。花期4~6月。**见于张山营镇**。生于山野阴地。全草入药，能祛风湿、止咳、解毒，主治风湿麻木、咳喘、疔疮。

猫儿菊 *Hypochaeris ciliata* (Thunb.) Makino 菊科 猫儿菊属

多年生草本。具乳汁。茎高30~50cm，直立，具纵棱，不分枝，全部或仅下部被较密的硬毛。基生叶簇生，长椭圆形，长7~20cm，宽1~4cm，边缘有不规则的小尖齿，两面密生硬毛或刚毛。茎生叶基部耳状抱茎，两面具被硬毛。头状花序大，单生茎顶；舌状花冠橘黄色。瘦果。花期6~7月。**见于玉渡山**。生于向阳山坡、草甸或林缘。可栽培观赏；根入药，能利水，治膨胀。

桃叶鸦葱（老羊见） *Scorzonera sinensis* Lipsch. et Krasch. ex Lipsch. 菊科 鸦葱属

多年生草本。具乳汁。根粗壮，根衣稠密而厚实，纤维状，褐色。茎单生，无毛，有白粉。基生叶披针形或宽披针形，长5~15cm，无毛，有白粉，边缘深波状弯曲。茎生叶半抱茎。头状花序，单生茎顶，舌状花黄色，外面玫瑰色。瘦果，圆柱形。花期4~5月。**见于永宁镇**。生于山坡草地、路边、荒地上。根入药，能清热解毒、消炎、通乳。

鸦葱 *Scorzonera austriaca* Balb. 菊科 鸦葱属

多年生草本。具乳汁。根粗壮，圆柱形，黑褐色。茎高10~30cm，无毛。基生叶灰绿色，边缘无波状，平展；茎生叶2~3片，披针形。头状花序，单生，舌状花黄色，干后紫红色。瘦果。花期5~6月。**见于凤凰坨**。根入药，有清热解毒、消炎、通乳作用。

华北鸦葱（燕羽）*Scorzonera albicaulis* Bunge　菊科　鸦葱属

多年生草本。具乳汁。根肥厚，基部有少数上年残叶。茎高40~60cm，中空，有沟纹，密被蛛丝状毛，后脱落。叶线形，长10~30cm，宽8~15mm，茎生叶基部扩大抱茎。头状花序，数朵排成伞房状；舌状花黄色，干后红紫色。瘦果，圆柱形。花期5~7月。**见于永宁镇**。生于路边、田埂、荒地及山坡上。根入药，能清热解毒、消炎、通乳。

毛连菜 *Picris hieracioides* Boiss.　菊科　毛连菜属

二年生草本。具乳汁。茎高40~80cm，直立，全体被钩状刚毛。上部多分枝，基部略带紫色。基生叶和茎下部叶长圆状披针形，长6~12cm，宽1~3cm，两面具被钩状分叉的硬毛；中部叶披针形，无柄，微抱茎；上部叶小，线状披针形。头状花序，多数，在茎顶排成伞房状，舌状花黄色。瘦果，红褐色。花期6~8月。**见于旧县镇**。生于山野路边、林缘、林下或沟谷中。全草有清热、消肿、止痛作用。

蒲公英 *Taraxacum mongolicum* Hand.-Mazz. 菊科 蒲公英属

多年生草本。具乳汁。长圆倒披针形或倒披针形，逆向羽状分裂，侧裂片4~5对，顶裂片较大，戟状长圆形，疏被蛛丝状毛。花莛数个，与叶近等长，被蛛丝状毛。总苞淡绿色，苞片披针形，边缘膜质，被白色柔毛。舌状花黄色。瘦果，褐色，喙长6~8mm。花期3~4月。**见于沈家营镇**。生于路旁、荒地、沟滩等地。全草入药，能清热解毒、利尿散结。

斑叶蒲公英 *Taraxacum variegatum* Kitag. 菊科 蒲公英属

多年生草本。具乳汁。叶上有紫红色斑点或斑纹。花莛红紫色；总苞先端紫红色，舌状花黄色。瘦果。花期5~6月。**见于刘斌堡乡**。生于山坡草甸或轻盐碱地。全草入药，能清热解毒、利尿散结。

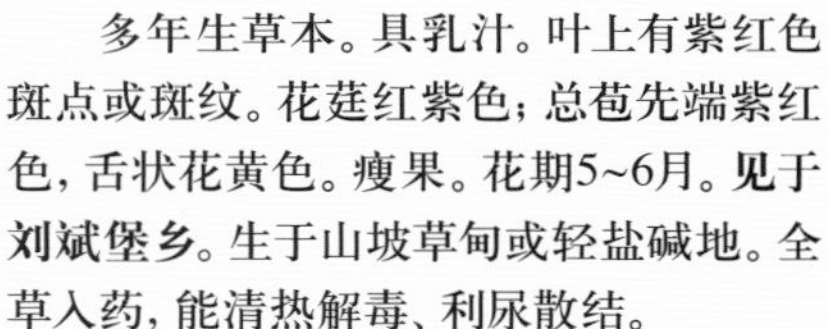

芥叶蒲公英 *Taraxacum brassicaefolium* Kitag. 菊科 蒲公英属

多年生草本。具乳汁。叶基生，宽倒披针形或宽线形，长10~30cm，宽3~6cm；正面绿色，被蛛丝状毛，大头羽状半裂或为规则的羽状深裂，侧裂6~7对，常向上呈弓形弯曲。花莛数个，疏被蛛丝状毛，常为紫褐色，头状花序，总苞片先端带紫色，有角质突起。舌状花黄色。瘦果。花期5~7月。**见于玉渡山**。生于山地草甸、林缘及沙质湿地。全草入药，能清热解毒、利尿散结。

白缘蒲公英 *Taraxacum platypecidum* Diels 菊科 蒲公英属

多年生草本。具乳汁。根颈部有黑褐色残叶基。叶宽倒披针形，长10~30cm，宽2~4cm，疏被蛛丝状长柔毛，羽状分裂，侧裂片5~8对，三角形，全缘或有疏齿。花莛数个，高达40cm，密被白色蛛丝状毛，外总苞片具宽的白膜质边缘，背部深绿色，无角状突起，总苞长16~17mm。瘦果。花期6~7月。**见于海坨山山顶草甸**。生于沟谷草甸及草坡上。全草入药，能清热解毒、利尿散结。

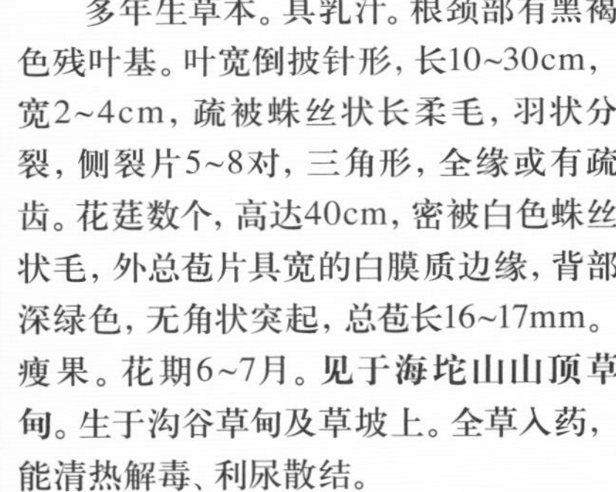

异苞蒲公英 *Taraxacum heterolepis* Nakai et Koidz. ex Kitag. 菊科 蒲公英属

多年生草本。叶倒披针形或线形，叶的顶裂片较小，三角形；外层总苞片不具宽的白膜质边缘；舌状花黄色。瘦果下部光滑，果喙长9mm，褐色。花、果期5~7月。**见于延庆镇**。生于山野荒地。全草入药，能清热解毒、利尿散结。

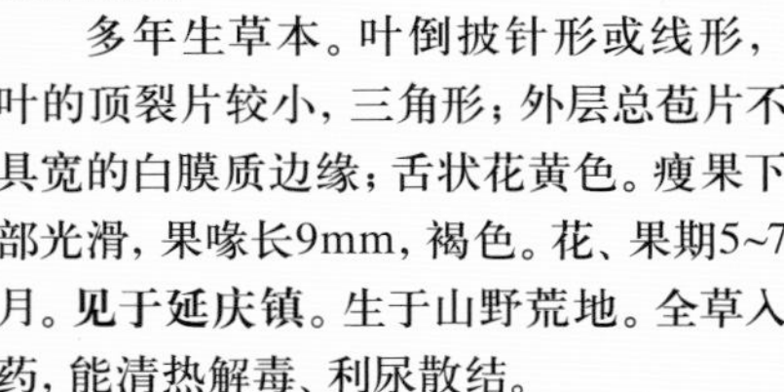

华蒲公英 *Taraxacum borealisinense* Kitam. 菊科 蒲公英属

多年生草本。叶边缘叶羽状浅裂或全缘，两面无毛，叶柄和背面叶脉常紫色。花葶1至数个；头状花序，淡绿色；总苞片3层，先端淡紫色，无角状突起；内层总苞片披针形，长于外层总苞片的2倍；舌状花黄色，边缘花舌片背面有紫色条纹。瘦果倒卵状披针形；冠毛白色，长5~6mm。花、果期6~8月。**见于张山营镇**。生于稍潮湿的盐碱地或原野、砾石中。

白花蒲公英 *Taraxacum leucanthum* (Ledeb.) Ledeb. 菊科 蒲公英属

多年生草本。基叶线状披针形，近全缘至具浅裂，两面无毛。花葶一至数个，长2~6cm；头状花序直径25~30mm；总苞长9~13mm，先端具小角或增厚；外层总苞片具宽的膜质边缘；舌状花通常白色，稀淡黄色，边缘花舌片背面有暗色条纹。瘦果，倒卵状长圆形。花、果期6~8月。**见于水泉南沟村南路边**。生于山坡湿润草地、沟谷、河滩草地以及沼泽草甸处。

苦苣菜 *Sonchus oleraceus* (L.) L. 菊科 苦苣菜属

一年生或二年生草本。具乳汁。根纺锤状。茎高40~80cm。不分枝或上部分枝，无毛或上部有腺毛。叶柔软，无毛，长椭圆状广披针形，长15~25cm，宽3~6cm，羽状深裂，边缘有不规则的刺状尖齿，基部耳状抱茎。头状花序，舌状花80多朵，黄色。瘦果。花期6~7月。**见于井庄镇**。生于山野、路边及荒地上，常见。可作饲料；全草入药，能清热、凉血、解毒。

苣荬菜（取麻菜） *Sonchus wightianus* DC. 菊科 苦苣菜属

多年生草本。具乳汁。具长匍匐茎，横走。茎高20~50cm，无毛，下部常带紫红色，不分枝。基生叶广披针形或长圆披针形，灰绿色，边缘具牙齿；茎生叶无柄，基部叶耳状抱茎。头状花序，舌状花80多朵，黄色。瘦果，长圆形。花期6~8月。**见于延庆镇**。生于农田、荒地、林下。根、叶都能食用；全草入药称为败酱草，能清热解毒、消肿排脓、祛瘀止痛。

翼柄山莴苣 *Lactuca triangulata* Maxim. 菊科 莴苣属

二年生或多年生草本。具乳汁。具纵沟，下部带紫色。叶柄长，有狭翅，基部扩大，半抱茎；叶片三角形或棱形。头状花序，在茎顶及枝端排列成疏而狭窄的圆锥状或总状圆锥状，有10~15个小花。舌状花黄色。瘦果，冠毛白色。花期7~8月。**见于玉渡山**。生于山坡林下。可作饲料。

翅果菊（山莴苣）*Lactuca indica* L. 菊科 莴苣属

二年生或一年生草本，具乳汁。茎高1~1.5m，无毛，上部有分枝。茎生叶抱茎，两面无毛或背面主脉上疏生长毛，带白粉，叶披针形或逆向羽状分裂或全裂。头状花序，多数，在枝端排列成狭圆锥状。舌状花黄色。瘦果，黑色，具短喙。花期7~8月。**见于四海镇**。生于路旁、荒地、河边及草甸上。优良的饲料植物。

莴苣 *Lactuca sativa* L. 菊科 莴苣属

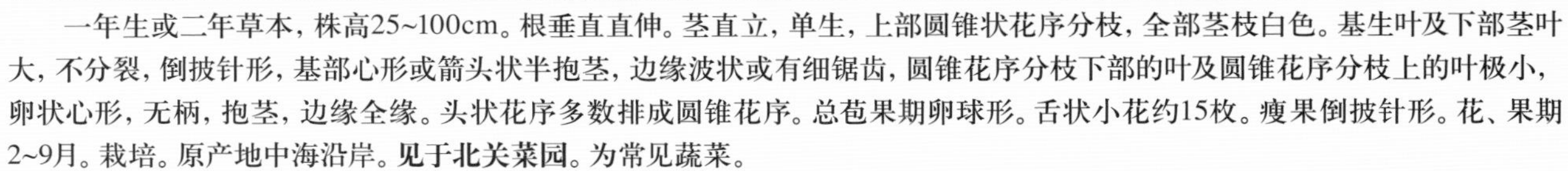

一年生或二年草本，株高25~100cm。根垂直直伸。茎直立，单生，上部圆锥状花序分枝，全部茎枝白色。基生叶及下部茎叶大，不分裂，倒披针形，基部心形或箭头状半抱茎，边缘波状或有细锯齿，圆锥花序分枝下部的叶及圆锥花序分枝上的叶极小，卵状心形，无柄，抱茎，边缘全缘。头状花序多数排成圆锥花序。总苞果期卵球形。舌状小花约15枚。瘦果倒披针形。花、果期2~9月。栽培。原产地中海沿岸。**见于北关菜园**。为常见蔬菜。

乳苣（禾取、蒙山莴苣、紫花山莴苣）*Lactuca tatarica* (L.) C. A. Mey. 菊科 莴苣属

多年生草本。具乳汁。根肥厚，具根状茎。茎高30~80cm，直立，无毛。下部叶长圆形，灰绿色，稍肉质，长3~15cm，宽1~2cm，叶羽状或逆向羽状分裂或不分裂。头状花序，花多数；舌状花紫色或淡紫色。瘦果，喙较长，冠毛白色。花期7~8月。生于河滩、田边、固定沙丘等地，**见于延庆镇**。可栽培观赏；可作饲料。

北山莴苣 *Lactuca sibirica* (L.) Benth. ex Maxim 菊科 莴苣属

多年生草本。具乳汁。茎高30~70cm，茎单生，无毛。叶披针形，基部耳状抱茎；全缘或有时有锯齿或浅裂，无毛。正面绿色，背灰绿色。头状花序，花多数，总苞紫红色，舌状花蓝紫色。瘦果，喙极短；冠毛污白色。花期7月。**见于海坨山路边**。生于林下、林缘或草甸上。可作饲料。

盘果菊(福王草) *Nabalus tatarinowii* (Maxim.) Nakai 菊科 耳菊属

多年生草本。茎高90~120cm，有纵沟，上部多分枝，被短柔毛或长柔毛。叶互生，具长柄；叶卵形或心形，长7~12cm，宽4~9cm；基部心形，边缘有不整齐的锯齿，上部被疏刚毛，叶柄上常有卵形耳状小裂片。头状花序，在茎顶成圆锥状；舌状花污黄色。瘦果。花期7~8月。**见于海坨山和凤凰坨**。生于林下。用途不详。

多裂福王草(多裂耳菊) *Nabalus tatarinowii* subsp. *macrantha* (Stebbins) N.Klian 菊科 盘果菊属

多年生草本。根圆柱状，具多数纤维状根。茎直立，圆柱形，上部多分枝。叶薄，膜质，掌状分裂，顶裂片较大，卵状披针形，顶端渐尖，卵状披针形或披针形，基部常有1对小裂片，有时近耳状，边缘有疏细齿；上部叶渐小，叶柄具狭翅。头状花序狭窄，在茎上部排成总状圆锥花序；总苞圆柱形；外层总苞片短，卵状披针形，条形；舌状花淡紫色。瘦果，圆柱形，有7~8条纵肋，紫褐色；冠毛红褐色。花、果期7~9月。**见于四海西沟里**。生于山谷、沟边、林下。

北方还阳参 *Crepis crocea* Rchb. ex Misxer 菊科 还阳参属

多年生草本。全体灰绿色，具乳汁。根直立，木质，深褐色，颈部被覆多数褐色枯叶柄。茎直立。基部茎叶极小，鳞片状或线钻形；中部茎叶线形，质地坚硬，顶端急尖，基部无柄，边缘全缘，反卷，两面无毛。头状花序直立，多数或少数，在茎枝顶端排成伞房状花序。舌状小花黄色。瘦果纺锤形，黑褐色，冠毛白色，微粗糙。花、果期4~7月。**见于大榆树、康庄等镇**。生于山地阳坡及田边、路旁。全株入药，能益气、止咳平喘、清热降火。

苦菜（苦菜麻）*Ixeris chinensis* (Thunb. ex Thunb.) Nakai 菊科 苦荬菜属

多年生草本。具乳汁。茎高10~30cm，无毛，直立。基生叶莲座状，线状披针形或倒披针形；全缘或具疏小齿或不规则羽裂，茎生叶1~2，基部抱茎。头状花序，多数排列成伞房状，总苞筒状或长卵形；舌状花20个左右，黄色、白色等多种颜色。瘦果。花期4~6月。**见于旧县镇**。生于平原荒地、路旁、山野。全草入药，能清热解毒、凉血、活血排脓；可作饲料。

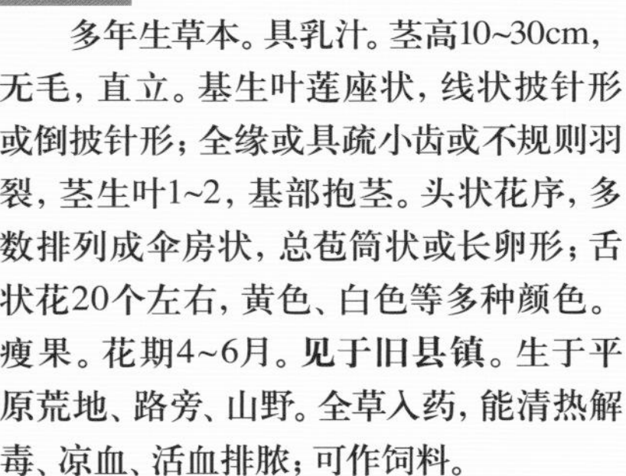

细叶黄鹌菜 *Youngia tenuifolia* (Willd.) Babcock et Stebbins 菊科 黄鹌菜属

多年生草本。具乳汁，株高10~70cm。根木质，垂直直伸。茎直立，数茎成簇生，全部茎枝无毛。基生叶多数羽状全裂或深裂，线形或线状披针形，两面无毛；中上部茎叶向上渐小，与基生同形。头状花序，极小，排列成聚伞圆锥花序。总苞圆柱状，长8~10mm；总苞片4层，黑绿色，近顶端有角状附属物。舌状小花黄色。瘦果黑色或黑褐色，纺锤形。花、果期7~9月。**见于海坨山**。

黄鹌菜 *Youngia japonica* (L.) DC. 菊科 黄鹌菜属

一年生草本，株高10~100cm。具乳汁。根垂直直伸，生多数须根。茎直立，单生。基生叶长椭圆形，大头羽状深裂或全裂；茎生叶与基生叶同形。头状花序含10~20枚舌状小花。总苞圆柱状；总苞片4层，全部总苞片外面无毛。舌状小花黄色，花冠管外面有短柔毛。瘦果纺锤形，压扁，褐色，向顶端有收缢，顶端无喙。花、果期4~10月。**见于张山营镇**。生于山坡、山谷及山沟林缘、林下、林间草地及潮湿地、河边沼泽地、田间与荒地上。可作饲草。

尖裂假还阳参（抱茎苦荬菜）*Crepidiastrum sonchifolium* (Maxim.) Pak et Kawano 菊科 假还阳参属

多年生草本，具乳汁。茎高0~80cm，无毛，有分枝。基生叶多数，长3~8cm，宽1~2cm；边缘有锯齿或不整齐的羽状分裂。茎生叶较小，基部抱茎，全缘或为羽状分裂。头状花序，小形，舌状花黄色。瘦果。花期4~6月。**见于康庄镇**。生于平原、荒地、山坡、路旁，极普遍。可作饲料；全草入药，能清热、解毒、消肿。

黄瓜假还阳参（黄瓜菜）*Crepidiastrum denticulatum* (Houtt.) Pak et Kawano 菊科 假还阳参属

一年生或二年生草本。具乳汁。直根根系。茎高30~120cm，有分枝。长椭圆形不分裂，边缘大锯齿或重锯齿，两面无毛。头状花序多数，舌状花黄色。瘦果。花期8月。**见于大庄科乡**。生于山坡林缘、路边、田边。可作饲料。

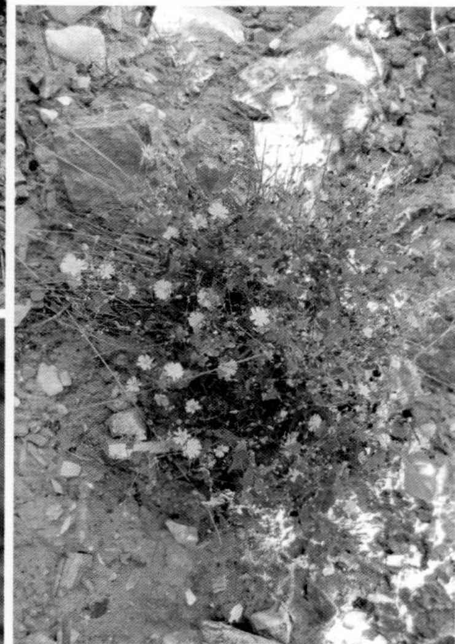

赛菊芋 *Heliopsis helianthoides* (L.) Sweet 菊科 赛菊芋属

多年生草本，株高60~150cm。茎分枝；叶对生，具柄，有主脉3条，长卵圆形或卵状披针形，边有粗齿。头状花序具柄，异性，放射状，美丽；总苞片2~3列；舌状花黄色，雌性，结实或不孕，宿存于果上；盘花两性，结实，一部分为花序的托片所包藏；瘦果，无冠毛。花期6~9月。**见于大庄科乡**。栽培。原产北美洲。

蛇鞭菊 *Liatris spicata* Willd. 菊科 蛇鞭菊属

多年生草本。茎基部膨大呈扁球形，地上茎直立，株形锥状。基生叶，线形。头状花序排列成密穗状，淡紫红色，花期7~8月。栽培。原产美国东部地区。**见于农场路边公园**。

水烛（香蒲）*Typha angustifolia* L. 香蒲科 香蒲属

多年生沼生草本。株高2~3m。叶线形，下部为鞘状，抱茎。肉穗花序，雌花序与雄花序间隔一段距离；雄花序在上，长20~30cm；雌花在下，10~28cm。坚果小，无纵沟。花期5~6月。**见于莲花湖边上**。生于池沼水边及浅水中。花粉入药，有行瘀利尿和收敛止血的作用；茎叶可作编织和造纸原料；雌花称蒲绒，可作填充物。

小香蒲 *Typha minima* Funck 香蒲科 香蒲属

多年生沼生草本。根茎粗壮。茎高30~50cm。叶窄线形，宽不超过2mm，茎生叶无叶片。肉穗花序，长10~12cm，圆柱形，雌雄花序间隔一段距离；雄花序在上，长5~9cm；雄花仅有1枚雄蕊；雌花序在下，短而粗，有小苞片，长2~4cm，直径1~2cm。花期5~7月。**见于张山营镇**。生于河滩、湿地或沼泽中。用途与香蒲相同。

达香蒲 *Typha davidiana* (Kronf.) Hand.-Mazz. 香蒲科 香蒲属

多年生水生草本。根状茎粗壮。地上茎直立，高约1m。叶片长60~70cm，宽约3~5mm，质地较硬，下部背面呈凸形，横切面呈半圆形，叶鞘长，抱茎。雌雄花序远离；雄花序长12~18cm，穗轴光滑，基部具1枚叶状苞片，花后与花先后脱落；雌性花序长4.5~11cm，直径1.5~2cm，叶状苞片比叶宽，花后脱落；种子纺锤形，长约1.2mm，黄褐色，微弯。花、果期5~8月。**见于野鸭湖边**。生于湖泊、河流近岸边。

宽叶香蒲 *Typha latifolia* L. 香蒲科 香蒲属

多年生水生草本。根状茎乳黄色，先端白色。地上茎粗壮，高1~2.5m。叶条形，叶片长45~95cm，宽0.5~1.5cm，光滑无毛，上部扁平，背面中部以下逐渐隆起；下部横切面近新月形，细胞间隙较大，呈海绵状；叶鞘抱茎。雌雄花序紧密相接；叶状苞片1~3枚，花后脱落。种子褐色，椭圆形。花、果期5~8月。**见于三里河湿地**。生于湖泊、池塘、沟渠、沼泽和湿地。

黑三棱 *Sparganium stoloniferum* (Graebn.) Buch.-Ham. ex Juz. 黑三棱科 黑三棱属

多年生沼生草本。根茎细长，下生短的块茎，须根多。茎高60~120cm，上部有分枝。叶线形，下部叶长达90cm，宽3cm，中脉明显。雌花序1个，生于最下部分枝顶端，或1~2个生于较上分枝的下部，球形；雄花序数个或多个，生于分枝上部或枝端，球形，花密集。聚花果球形，无柄。花期6~7月。**见于妫河流域**。生于池沼中。为优质饲料，是良好的池边绿化、观赏植物。

穿叶眼子菜 *Potamogeton perfoliatus* L. 眼子菜科 眼子菜属

多年生沉水草本。茎长约60cm，有分枝。叶互生，唯有花梗下的叶对生，广卵形或卵状披针形，叶基抱茎，全缘，边缘明显波状。有不明显的细锯齿，叶脉多条；托叶与叶基部离生，膜质。穗状花序，腋生顶端，密生小花。小坚果，广倒卵形，背部有3棱，有喙。花期6~8月，果期7~9月。**见于六道河**。生于静水池塘中。可作饲料。

竹叶眼子菜（马来眼子菜）*Potamogeton wrightii* Morong 眼子菜科 眼子菜属

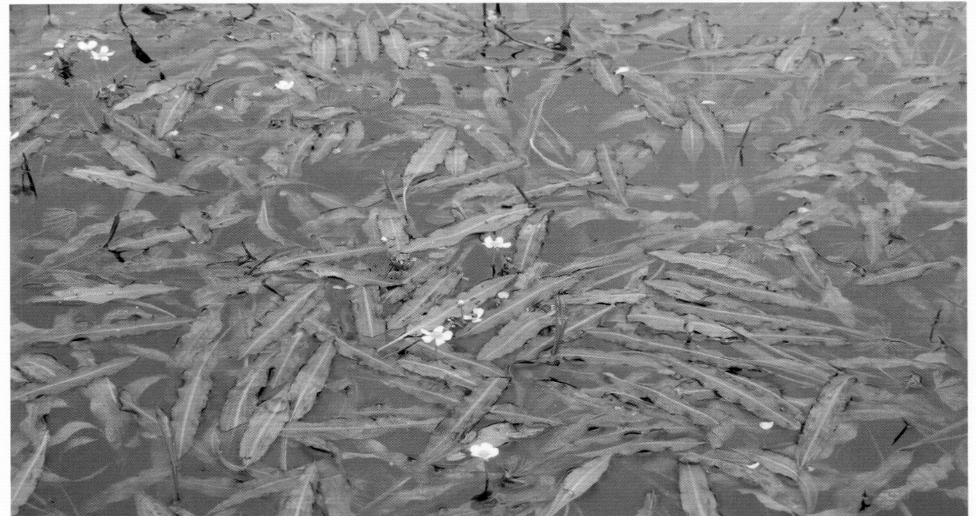

多年生沉水草本。根状茎，细长，不分枝或少分枝。叶互生，唯有花梗下的叶对生，线状长圆形或线状披针形。有柄，先端突尖，边缘波状，中脉明显，基部抱茎。穗状花序，腋生茎端，花序梗长4~6cm，较叶柄粗，穗长2~5cm，密生花。小坚果，倒卵形。花期6月，果期7~8月。**见于珍珠泉乡**。生于静水池沼和河渠中。可作家禽饲料。

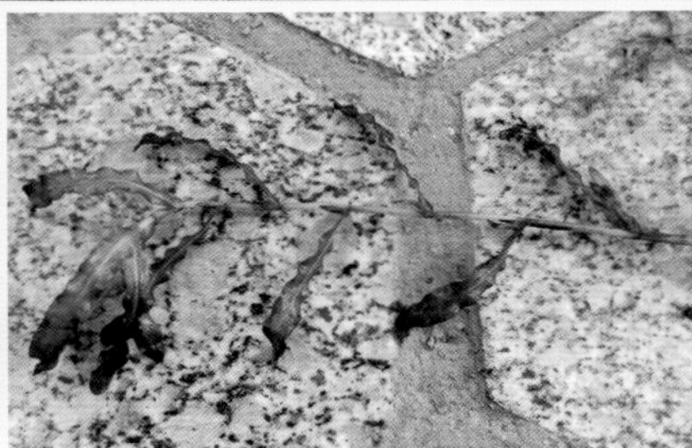

菹草 *Potamogeton crispus* L. 眼子菜科 眼子菜属

多年生沉水草本。茎细长，具分枝，长30~60cm。侧枝常成短枝，顶端成芽苞，脱落后长成新的植株。叶披针形，不具柄，长4~7cm，宽5~10mm，边缘波状皱曲，具细齿。穗状花序，茎顶腋生，疏生数花。坚果，广卵形，背面具棱，顶端具短喙。花期5~6月。**见于张山营镇**。生于静水池塘及溪沟中。是良好的饲料。

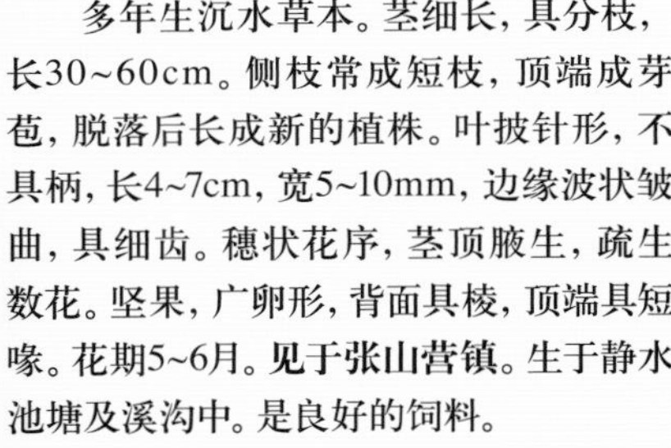

小眼子菜（线叶眼子菜）*Potamogeton pusillus* L. 眼子菜科 眼子菜属

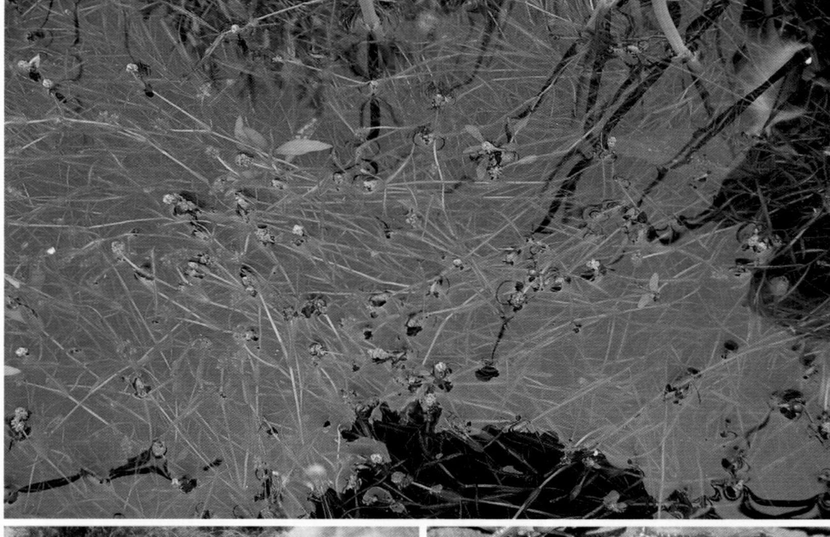

多年生沉水草本。茎纤细，有稀疏的分枝，叶线形，长3~5cm，全缘。有3脉，无柄；托叶膜质，不与叶基合生，早落。穗状花序，枝端顶生，花梗细长；具少数花。小坚果，斜倒卵形。花期5~6月。**见于小河屯村南**。生于静水池塘。可作饲料。

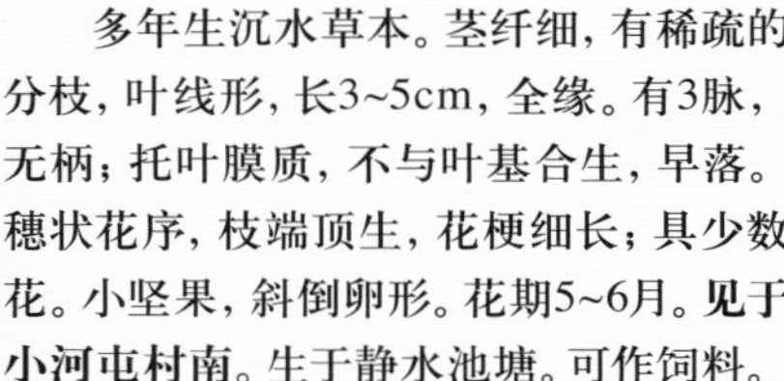

眼子菜 *Potamogeton distinctus* A. Benn. 眼子菜科 眼子菜属

多年生水生草本。根茎发达，白色，多分枝，常于顶端形成纺锤状休眠芽体，并在节处生有稍密的须根。茎圆柱形，直径1.5~2mm，通常不分枝。浮水叶革质，披针形；沉水叶披针形至狭披针形，草质，具柄，常早落；托叶膜质，呈鞘状抱茎。穗状花序顶生，具花多轮，开花时伸出水面，花后沉没水中；果实宽倒卵形。花、果期5~10月。**见于张山营镇**。生于池塘、水田和水沟等静水中。

篦齿眼子菜 *Stuckenia pectinata* (L.) Börner 眼子菜科 眼子菜属

多年生沉水草本。茎丝状，淡黄色，通常呈多次二叉分支。叶丝状，长2~10cm，全缘，具托叶，白色膜质，基部与叶相连，成鞘状，包于茎上。穗状花序，腋生茎顶，花梗长3~10cm，间断而少花。小坚果。花期在夏季。**见于妫河**。生于池沼、浅水中。

角果藻 *Zannichellia palustris* L. 眼子菜科 角果藻属

多年生沉水草本。茎细弱，少分枝。叶线形，长3~4cm，叶对生，托叶成鞘状，抱茎。花微小，单性，雌雄花各有1个同生于一膜质的苞内；雄花具一雄蕊；雌花具2~6心皮。瘦果，2~4个成一簇。花期在夏季。**见于滴水壶**。生于淡水池沼或内陆咸水中。可作饲料。

大茨藻 *Najas marina* L. 茨藻科 茨藻属

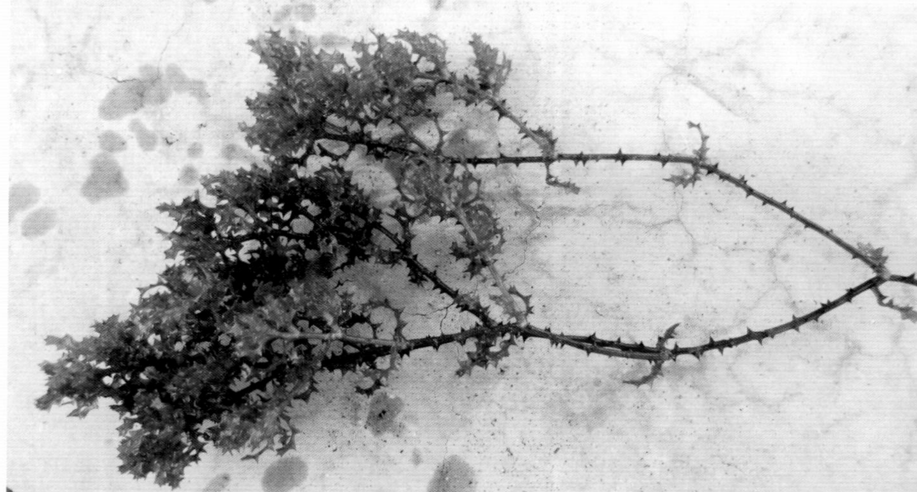

一年生沉水草本。茎柔软，多分枝，茎上疏生刺。叶硬，线形，长1.5~3cm，宽2~3mm，边缘每侧有6~8个粗齿，基部叶鞘圆，无齿。花单生于叶腋，雌雄异株；雄花长3~4mm，为佛焰苞所包；雌花无花被，柱头2。果椭圆形。花、果期8~10月。**见于官厅水库库滨带池塘内**。可作饲料。

小茨藻 *Najas minor* All. 茨藻科 茨藻属

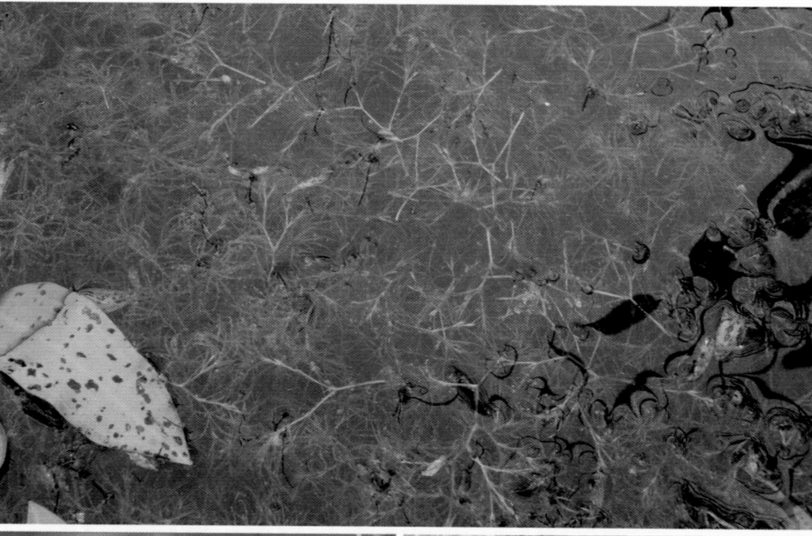

一年生沉水草本。茎上无刺；叶细丝状，边缘具细齿牙，叶鞘边缘细齿，叶鞘短耳状；新生叶直，后变为反曲；果实线状椭圆形。花、果期8~9月。**见于张山营小河屯南平原造林水坑内**。生于静水池塘中。可作饲料。

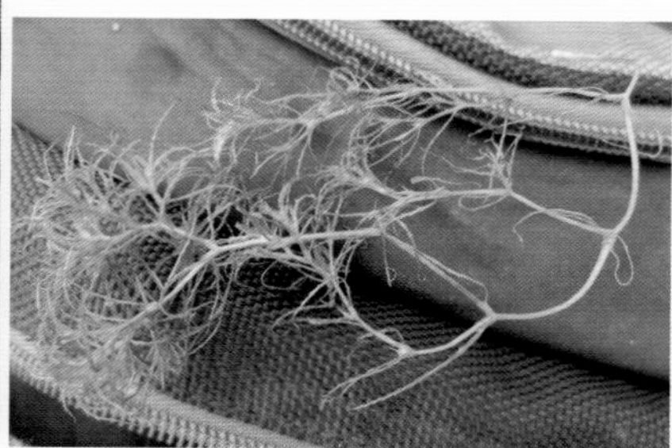

水麦冬 *Triglochin palustris* L. 水麦冬科 水麦冬属

多年生湿地草本。根茎短，须根细而密生。叶基丛生，线形，长10~25cm，宽1~2mm，横切面半圆形。花莛高20~50cm。总状花序顶生。花小，疏生，具短柄，无苞片，花瓣6，黄色或紫绿色。蒴果，线形，长6~8mm，宽约1.5mm，成熟时3瓣开裂。花期6~7月，果期7~8月。**见于西湖南岸湿地。**生于河岸或沟谷湿地。

泽泻 *Alisma plantago-aquatica* L. 泽泻科 泽泻属

多年生水生草本。根具球茎。叶基生，叶片宽椭圆形至卵形，长5~18cm，宽2~10cm，先端急尖或短尖，基部广楔形、圆形或稍心形，全缘，叶柄长达50cm。花茎高40~80cm，花两性，顶生圆锥花序。外轮花被3，绿色，内轮花被3，白色。雄蕊6。瘦果，扁平。花期6~7月。**见于张山营镇。**生于浅水池塘、水沟中。球茎入药，有清热、利尿、渗湿等作用。

野慈菇 *Sagittaria trifolia* L. 泽泻科 慈菇属

多年生水生草本。根状茎横生，较粗壮，顶端膨大成球茎，长2~4cm，径约1cm，土黄色。基生叶簇生，叶形变化极大，多数为狭箭形，通常顶裂片短于侧裂片，顶裂片与侧裂片之间缢缩；叶柄粗壮，长30~60cm，基部扩大成鞘状，边缘膜质。花梗直立，高20~80cm，粗壮，总状花序或圆锥形花序；花白色。瘦果，斜倒卵形。花期6~9月。**见于张山营镇**。生于池塘、稻田内。叶可观赏；球茎可食用。

花蔺 *Butomus umbellatus* L. 花蔺科 花蔺属

多年生水生草本。根茎粗壮横生。叶基生，上部伸出水面，线形，三棱状，基部成鞘状。花茎圆柱形，直立，有纵纹。花两性，成顶生伞形花序。外轮花被3，带紫色，宿存；内轮花被3，淡红色。蓇葖果。花期5~7月。**见于妫河流域**。生于池塘、河边浅水中。叶可作编织及造纸原料；花供观赏。

水鳖（白苹） *Hydrocharis dubia* (BL.) Backer　水鳖科　水鳖属

多年生水生漂浮草本。须根。茎有匍匐茎。叶圆形，全缘，叶柄长达4~12cm，叶表深绿色，背面略紫红色。花单性异株，雄花2~3朵，外轮花被片3，革质；内轮花被片3，膜质，白色。雌花单生于苞片内，外、内轮花被各为3，白色。花期8~9月。**见于康庄镇**。生于水池塘。可作饲料。

黑藻 *Hydrilla verticillata* (Linn. f.) Royle　水鳖科　黑藻属

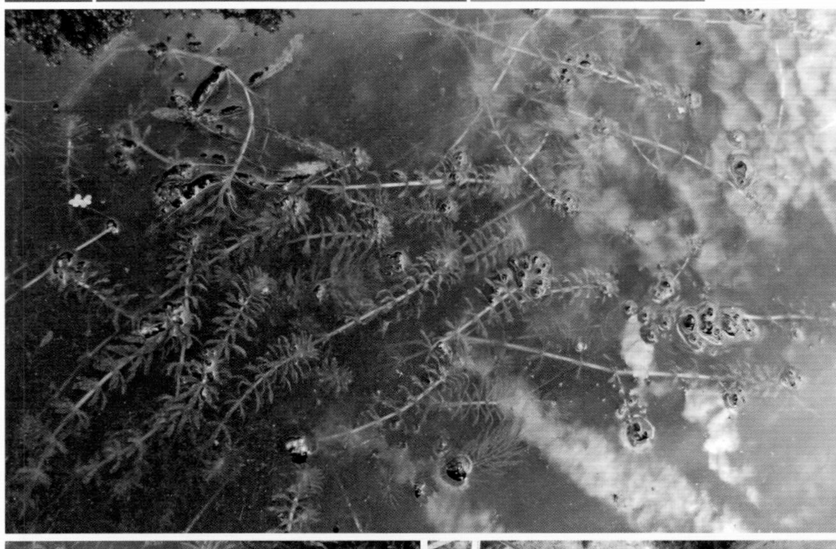

多年生沉水草本。茎具分枝，长达2m。叶4~8叶轮生，线形，长1~2cm，宽3~5mm，质薄，无柄。雄花至成熟时伸出佛焰苞，浮于水面；雌花单生，花被2轮，内轮花被花瓣状，成熟时子房延伸成一细长的喙，将雌花推出水面；花柱3；果线形。花期8~9月。**见于妫河、白河**。可作饲料。

紫羊茅 *Festuca rubra* L. 禾本科 羊茅属

多年生草本。具横走根茎；秆基部红色或紫色；叶片光滑内卷，叶宽1~2mm；圆锥花序紧缩成线形或穗状，小穗先端带紫色，含3~6小花，外稃之芒是稃体的一半。花、果期6~7月。**见于海坨山山顶草甸**。生于干燥山坡及草甸上。优质牧草。

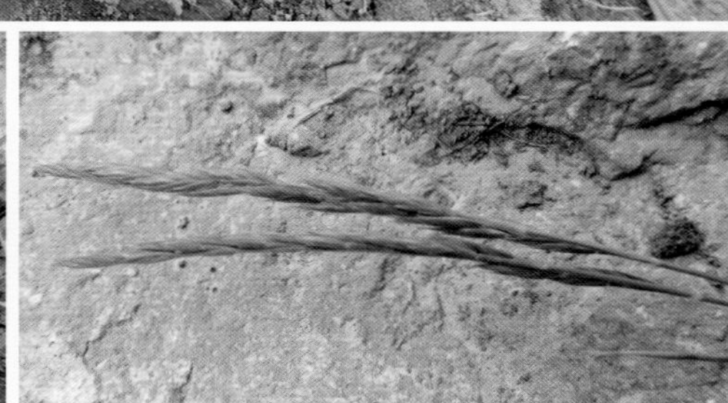

远东羊茅 *Festuca extremiorientalis* Ohwi 禾本科 羊茅属

多年生草本。具短根茎。疏丛生，秆单生；叶舌截形，叶宽2~5mm；圆锥花序开展疏散，长10~20cm，小穗绿色或带紫色，含4~5花；外稃具长芒，芒长等于稃体。花、果期6~8月。**见于北地村西沟**。生于海拔900~2800m的林下、山谷、河边草丛中。优质牧草。

草地早熟禾 *Poa pratensis* L. 禾本科 早熟禾属

多年生草本。具有匍匐根状茎。秆直立，疏丛状或单生；叶舌膜质，截形；叶片条形，先端渐尖，内卷；花序卵圆形，开展，先端稍下垂；小穗卵圆形，草绿色，成熟后草黄色；第一颖具一脉，外稃间脉明显。花、果期6~8月。**见于永宁镇**。生于干燥山坡及草甸上。优质牧草；是公园草地栽培的主要品种。

硬质早熟禾 *Poa sphondylodes* Trin. 禾本科 早熟禾属

多年生密丛型草本，秆高30~60cm。具3~4节，顶节位于中部以下，上部长裸露，质地坚硬。叶鞘基部带淡紫色，顶生者长于它的叶片，叶舌长约4mm，圆锥花序紧缩而稠密；小穗含4~6小花；颖果长约2mm，腹面有凹槽。花、果期6~8月。**见于香营乡**。生于山坡、路旁、荒地上。优质牧草。

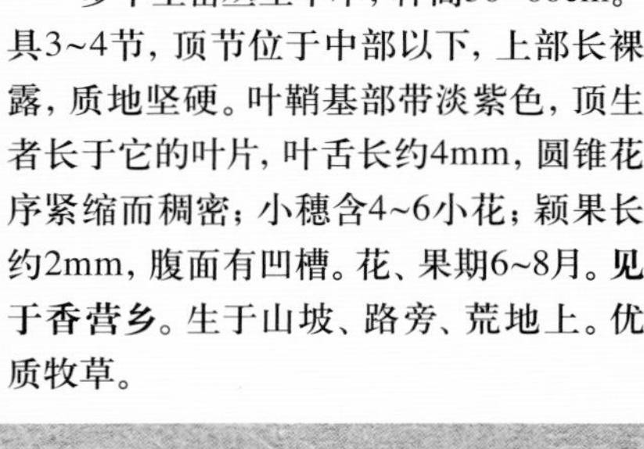

林地早熟禾 *Poa nemoralis* L. 禾本科 早熟禾属

多年生草本，疏丛。不具根状茎。秆高30~70cm，直立或铺散。具3~5节；叶鞘稍短或稍长于其节间，顶生叶鞘短于它的叶片一半以上；叶片扁平，柔软；圆锥花序狭窄柔弱，长5~15cm，分枝开展；小穗含3小花；基盘具少量绵毛。花期5~6月。**见于井庄镇**。生于海拔1000m以上山地林下或路边。优质的牧草。

星星草 *Puccinellia tenuiflora* (Griseb.) Scribn. et Merr. 禾本科 碱茅属

多年生湿地草本。须根，秆丛生，高30~60cm。直立或基部膝曲，灰绿色，叶鞘短于节间，光滑无毛；叶舌长约1mm，先端半圆形；叶片条形，内卷，被微毛，正面微粗糙，背面光滑。圆锥花序开展；小穗含3~4花，花药长1mm；小穗草绿色，成熟时变为紫色。花、果期5~8月。**见于张山营镇、康庄镇**。生于较潮湿盐碱化草地上。优质牧草。

微药碱茅 *Puccinellia micrandra* (Keng) Keng f. & S.L.Chen 禾本科 硷茅属

多年生湿地小草本，高10~20cm。丛生。叶鞘无毛，长于节间；叶质较硬而直立，内卷；圆锥花序，开展；小穗2~3小花，长2~3mm；花药长0.5mm。花期5~6月。**见于张山营镇**。生于微碱性潮湿地或菜田田埂上。可作饲草。

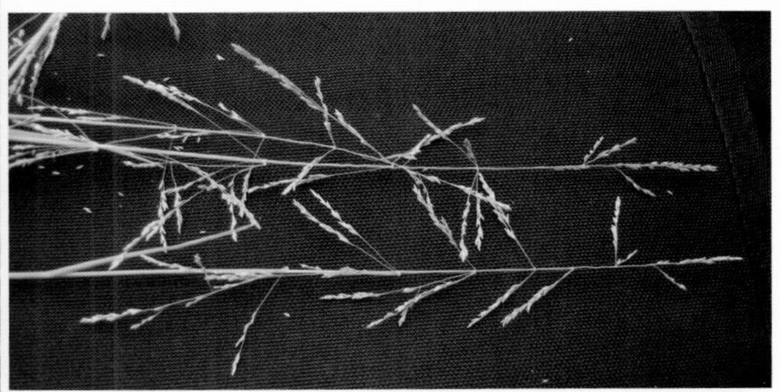

碱茅 *Puccinellia distans* (L.) Parl. 禾本科 碱茅属

多年生湿地草本。秆高20~30cm。秆丛生，直立或基部膝曲，具3节。叶鞘长于节间；叶舌长1~1.5mm，先端截平、半圆形或齿裂；叶片扁平或对折；圆锥花序幼时为叶鞘所包藏，后伸出而展开，每节具2~6个分枝；小穗含5~9花；小穗紫色，平滑无毛；颖果纺锤形。花、果期5~9月。**见于野鸭湖湿地**。生于潮湿微碱性土壤上。植株可作饲料。

鹤甫碱茅 *Puccinellia hauptiana* (Krecz.) Kitag. 禾本科 碱茅属

多年生湿地草本，秆高20~30cm。疏丛型草本。叶舌长1~1.5mm；叶片扁平，正面与边缘微粗糙；圆锥花序开展；分枝平展或反折；小穗含5~8小花；颖卵形，外稃倒卵形，先端宽圆而钝，具纤毛状细齿，绿色，基部具短柔毛；内稃等长或长于其外稃，脊上具纤毛状粗糙；花药狭椭圆形。花、果期6~7月。**见于张山营镇**。生于河滩、湖畔沼泽地、田边沟旁、低湿盐碱地及河谷沙地。

臭草 *Melica scabrosa* Trin. 禾本科 臭草属

多年生草本，秆高30~70cm，须根系。丛生，直立或基部膝曲，密生分蘖；叶鞘闭合；下部叶鞘长于节间，上部短于节间；叶舌膜质透明；叶片较宽；圆锥花序大；分枝紧贴主轴，直立或斜向上升；小穗含2~4个能育花，顶部几个不育外稃集成小球形，小穗多而密集；第一颖3~5脉。花期4~5月。**见于沈家营镇**。生于山野、空地、荒地上。优质牧草。

大臭草 *Melica turczaninoviana* Ohwi 禾本科 臭草属

多年生草本。本种与臭草相比，区别最大的是本种小穗紫色，颖卵状长圆形，先端钝。花、果期4~7月。**见于海坨山林下**。生于林间草甸、林缘山坡上。优质牧草。

细叶臭草 *Melica radula* Franch. 禾本科 臭草属

多年生草本。须根细弱，较稠密。本种与臭草相比，极相似，只是叶较狭，花序也较小，只有很稀疏的小穗；植株体也较矮小，叶舌也很短。花、果期5~8月。**见于张山营镇**。生于海拔350~2100m的沙质土沟边、沙质土山坡或田野、路旁。

广序臭草（华北臭草）*Melica onoei* Franch. et Sav. 禾本科 臭草属

多年生草本。本种与臭草相比，显著区别为本种顶端不育外稃只有一个，不形成球形；植株比较大；叶鞘闭合几达鞘口，均长于节间；叶舌质硬，顶端截平；叶片较长而宽，正面常带白粉；圆锥花序较大，长达35cm。花、果期7~9月。**见于四海镇**。生于林下或沟谷中较湿润的地方。优质牧草。

无芒雀麦 *Bromus inermis* Leyss. 禾本科 雀麦属

本种与雀麦相似，只是无芒雀麦多年生草本，叶鞘和叶片无毛，外稃通常无芒。花、果期6~8月。**见于大榆镇**。生于林缘草甸、山坡、谷地、河边路旁，为山地草甸草场优势种。优质牧草。

雀麦 *Bromus japonicus* Houtt. 禾本科 雀麦属

一年生草本，秆高30~100cm。叶鞘被白色柔毛；叶舌透明膜质，顶端具裂齿；叶片两面皆生白色柔毛，有时背面无毛。圆锥花序，下垂，长达20cm。小穗含7~14个小花，上部小花通常不发育，外稃具芒。花期5~7月。**见于48顷**。生于荒野路旁。优质牧草。

北京隐子草（咸草）*Cleistogenes hancei* Keng 禾本科 隐子草属

多年生草本。具短的根状茎。秆直立，疏丛；叶鞘短于节间，并疏生疣毛，表面有盐晶析出，有咸味；叶舌短，先端裂成细毛；叶片扁平或稍内卷，质硬；圆锥花序开展，具多数分枝；小穗灰绿色或带紫色，排列较密，长8~14mm。花期7~8月。**见于旧县镇**。生于山坡路旁。优质牧草。

丛生隐子草（咸草）*Cleistogenes caespitosa* Keng 禾本科 隐子草属

本种与其他的隐子草相比，特点为丛生，叶鞘无毛，仅鞘口具长柔毛，叶鞘有盐的结晶，有咸味；叶片宽2~4mm；颖具1脉；外稃芒长0.5~1mm；花序小穗较多。花、果期7~9月。**见于八达岭镇**。生于旱坡。优质牧草。

多叶隐子草（咸草）*Cleistogenes polyphylla* Keng 禾本科 隐子草属

与其他隐子草相比，最明显的区别是本种圆锥花序较紧缩，基部常为叶鞘所包。花、果期7~9月。**见于三里庄村**。生于干燥山坡或草地。优质牧草。

大画眉草 *Eragrostis cilianensis* (All.) Janch. 禾本科 画眉草属

一年生草本，秆粗壮，高30~90cm。鲜草时有异味。直立丛生；叶脉上与叶缘均有腺体；小穗宽2~3mm，颖和外稃的脊上常具黄色腺点，外稃长2mm以上。花期7~8月。**见于大庄科乡**。生于路边、撂荒地上。常见。具有利尿通淋、疏风清热的功效，花则具有解毒，止痒之功效。优质牧草。

小画眉草 *Eragrostis minor* Host 禾本科 画眉草属

与大画眉草相似，不同点为本种株高较矮，为20~40cm，叶舌短，花序更开展而疏松；小穗线状长圆形，深绿色。花、果期6~10月。**见于永宁镇**。生于撂荒地上。优质牧草。

知风草 *Eragrostis ferruginea* (Thunb.) Beauv. 禾本科 画眉草属

多年生草本。秆丛生或单生，直立或基部膝曲，粗壮。叶鞘两侧极压扁，光滑无毛，鞘口与两侧密生柔毛，通常在叶鞘的主脉上生有腺点；叶片平展或折叠。圆锥花序大而开展，分枝节密；小穗中部或中部偏上有一腺体，在小枝中部也常存在，腺体多为长圆形，稍凸起；小穗多带黑紫色，有时也出现黄绿色；颖开展。颖果棕红色。花、果期8~12月。**见于井庄镇。**生于低山山顶、路边。优质牧草。

龙常草 *Diarrhena mandshurica* Maxim. 禾本科 龙常草属

多年生草本，秆高70~120cm。具短根状茎。秆直立，具5~6节。叶鞘短于节间密生微毛；叶舌厚，先端截平并有齿裂；叶片线状披针形，正面密生短毛。圆锥花序，基部小穗成对着生。小穗含2~3小花。颖果锥形，先端乳黄色。花、果期6~7月。**见于凤凰坨。**多生于林下或草地。优质牧草。

九顶草（冠芒草）*Enneapogon desvauxii* P. Beauv. 禾本科 九顶草属

多年生密丛草本，秆高5~25cm。秆节常膝曲，被柔毛。叶鞘多短于节间，密被短柔毛；叶片长2~12cm，多内卷，密生短柔毛，基生叶呈刺毛状。圆锥花序短穗状，紧缩呈圆柱形，铅灰色；小穗通常含2~3小花；颖背部被短柔毛；第一外稃基盘亦被柔毛，顶端具9条直立羽毛状芒，芒略不等长。花、果期8~11月。**见于康庄一带。**生于干燥山坡及草地。

芦苇（苇子）*Phragmites australis* (Cav.) Trin. ex Steud. 禾本科 芦苇属

多年生水生高大草本。发达的匍匐根状茎。茎秆直立，秆高1~3m，节下常生白粉。叶鞘圆筒形，叶片宽处逾10cm。圆锥花序分枝稠密，向斜伸展，花序长10~40cm。小穗有小花4~7朵。基盘长丝状柔毛。花期7~9月。**见于张山镇。**多水地区常形成苇塘。可编织、造纸、制工艺品；苇叶包粽子；芦根药用，有健胃和镇呕、利尿的功效。

小麦 *Triticum aestivum* L. 禾本科 小麦属

一年生草本，冬小麦为越年生。分蘖形成疏丛，秆高1m左右，顶节最长。叶鞘短于节间，叶舌短小；叶片披针形；穗状花序直立，顶生；小穗含3~9花，颖革质，外稃厚纸质，顶端具芒；颖果长圆形。花、果期5~6月。栽培。原产墨西哥。**见于张山营镇上郝庄村**。是重要的粮食作物；果实入药能养心安神。

纤毛鹅观草（纤毛披碱草）*Elymus ciliaris* (Trin. ex Bunge) Tzvelev 禾本科 披碱草属

多年生草本，秆高40~80cm。常被白粉，无毛。叶片宽3~10mm，无毛。穗状花序稍下垂，小穗含7~10小花；颖椭圆状披针形，具短尖头，有明显的5~7脉，边缘与边脉上具纤毛；外稃背部有粗毛，边缘有长而硬的纤毛，基盘两侧及腹面具极短的毛；芒反曲；内稃长为外稃的2/3，脊上具短纤毛；子房上端有毛。花、果期5~7月。**见于珍珠泉乡**。生于路旁、山坡。幼时可作牧草。

鹅观草 *Elymus kamoji* (Ohwi) S. L. Chen 禾本科 披碱草属

多年生湿地草本，秆高30~100cm。须根深15~30cm。秆直立或基部倾斜，疏丛生，叶鞘外侧边缘常被纤毛。叶舌截平，长0.5mm。叶片扁平，光滑或稍粗糙。穗状花序长7~20cm，下垂。小穗绿色或呈紫色，长13~25mm（芒除外），含3~10花；颖披针形，边缘为宽膜质，顶端具2~7mm的短芒。花期5~6月。**见于旧县镇车坊村**。生于山坡、水边、湿润草地上。可作牧草栽培。

披碱草 *Elymus dahuricus* Turcz. 禾本科 披碱草属

多年生草本植物，秆高70~140cm。须根系。秆直立。叶鞘多长于节间。叶舌长约1mm。叶片有时带粉绿色。穗状花序14~18cm长，每节通常2小穗，顶端和基部每节仅1小穗；小穗长10~15mm，含3~5花；颖除芒外长10mm，具3~5脉，颖先端具3~6mm的长芒。花期7月。**见于五中北、河南岸**。生于山坡、草地或路旁。可作优质牧草栽培。

老芒麦 *Elymus sibiricus* L. 禾本科 披碱草属

多年生草本，秆高60~90cm。须根系。秆单生或成疏丛，叶鞘光滑无毛；叶片扁平。穗状花序较疏松而下垂，长15~20cm，通常每节具2枚小穗，有时基部和上部的各节仅具1枚小穗；小穗灰绿色或稍带紫色，含4~5小花；颖狭披针形，明显短于第一小花。颖和稃具芒。花、果期6~8月。**见于妫河岸边**。生于山坡、路边、山地林缘。是优质的牧草。

本田披碱草 *Elymus hondae* (Kitag.) S. L. Chen 禾本科 披碱草属

秆高70~100cm。秆无毛；基部的叶鞘常具倒毛。叶片正面粗糙，脉上具糙毛，背面较平滑。穗状花序多少带紫色，具小穗11枚；小穗较疏松的两侧排列于穗轴上；颖宽披针形，先端渐尖或具小尖头，脉上粗糙，边缘无毛；外稃上部具明显5脉，粗糙，先端两侧或一侧具微齿；内稃稍短于外稃，先端钝圆而微下凹成2齿，脊中部以上具纤毛，脊间上部被微毛而下部无毛。**见于石峡村榛子岭**。生于山坡。优质牧草。

赖草 *Leymus secalinus* (Georgi) Tzvel. 禾本科 赖草属

多年生草本，秆高45~100cm。根状茎。秆直立，较粗硬，单生或呈疏丛状，秆上部密生柔毛。叶舌较长0.8~1.5mm。叶长8~30cm，宽4~7mm。小穗长10~15mm，颖锥形。花期6月。**见于康庄镇**。生于沙地上。优质牧草。根茎入药，能清热、止血、利尿。

羊草 *Leymus chinensis* (Trin. ex Bunge) Tzvelev 禾本科 赖草属

多年生草本。具根状茎，横走或下伸，常具沙套。杆散生，全部无毛。叶鞘平滑，基部残留叶鞘呈纤维状，叶灰绿色；叶舌截平。穗状花序直立，穗轴边缘具细小纤毛，含5~10花，通常2枚生于一节，粉绿色，成熟时变黄，颖锥状，质地较硬，边缘微具纤毛。颖果。花、果期6~8月。**见于旧县镇**。生于盐碱地及干旱地。常见。一般牧草。

芒颖大麦草 *Hordeum jubatum* L. 禾本科 大麦属

多年生草本，秆高30~45cm。秆丛生，直立或基部稍倾斜，平滑无毛，径约2mm，具3~5节。叶舌干膜质、截平；叶片扁平，粗糙，长6~12cm，宽1.5~3.5mm。穗状花序柔软，绿色或稍带紫色，长约10cm（包括芒）；穗轴成熟时逐节断落；外稃披针形，具5脉，长5~6mm，先端具长达7cm的细芒；内稃与外稃等长。花、果期5~8月。栽培。原产北美洲及欧亚大陆的寒温带。**见于车坊村。**

紫大麦草 *Hordeum roshevitzii* Bowden 禾本科 大麦属

多年生草本，具短根茎。秆直立，丛生，光滑无毛，具3~4节。叶舌膜质，长约0.5mm；叶片长3~14cm，宽3~4mm。穗状花序，穗扁形，长4~7cm，宽5~6mm，绿色或带紫色；颖及外稃均为刺芒状；外稃披针形，先端具长3~5mm的芒，内稃与外稃等长；花药长约1.5mm。花、果期6~8月。**见于西湖南岸。**生于河边、草地沙质土上。

黑麦草 *Lolium perenne* L. 禾本科 毒麦属

多年生草本。具细弱根状茎。秆丛生，具3~4节，质软，基部节上生根。叶舌长约2mm；叶片线形，柔软，具微毛，有时具叶耳。穗状花序直立或稍弯；小穗7~15花，边缘狭膜质；外稃长圆形，基盘明显，顶端无芒；内稃与外稃等长，两脊生短纤毛。花、果期5~7月。**见于张山营镇**。生于草甸草场，路旁湿地常见。

牛筋草（蟋蟀草）*Eleusine indica* (L.) Gaertn. 禾本科 蟋蟀草属

一年生草本，秆高15~90cm。须根细而密。丛生，直立或基部膝曲。叶鞘压扁，具脊，无毛或疏生疣毛。叶舌长约1mm。穗状花序，常为数个呈指状排列于茎顶端。小穗有花3~6朵。花期6~7月。**见于香营乡**。生于道旁、田边、山野。是优质的牧草；全草可入药，能活血补气。

中华草沙蚕 *Tripogon chinensis* (Franch.) Hack. 禾本科 草沙蚕属

多年生草本。须根纤细而稠密。秆直立，高10~30cm；叶鞘通常仅于鞘口处有白色长柔毛；叶片狭线形。穗状花序细弱，微扭曲，多平滑无毛；小穗线状披针形，含3~5小花；颖具宽而透明的膜质边缘；外稃芒长1~2mm；内稃膜质。花、果期7~9月。**见于大庄科乡太平庄村**。多生于干燥山坡或岩石及墙上。

虎尾草 *Chloris virgata* Sw. 禾本科 虎尾草属

一年生草本，须根，较细。秆稍扁，基部膝曲，节着地可生不定根。丛生，高10~60cm。叶鞘松弛，肿胀而包裹花序。叶片扁平。穗状花序，4~10余枚指状簇生茎顶，呈扫帚状。小穗紧密排列于穗轴一侧，成熟后带紫色。花期6~7月。**见于延庆镇**。生于田间、路旁、荒野等地。是最优质的饲草之一。

菵草 *Beckmannia syzigachne* (Steud.) Fern. 禾本科 菵草属

一年生湿地草本，株高0~80cm。耐盐碱。具2~4节。叶鞘长于节间，无毛。叶片长5~20cm，宽3~10mm。叶正面粗糙，背面光滑。圆锥花序，长7~15cm，分枝稀疏，贴生。小穗压扁，圆形，黄绿色，无芒。花期5~7月。**见于延庆镇**。生于水边潮湿地方。优质饲草。

野牛草 *Buchloe dactyloides* (Nutt.) Engelm. 禾本科 野牛草属

多年生草本，株高5~25cm。植株纤细，叶鞘疏生柔毛；叶舌短小，具细柔毛；叶片线形，粗糙，长3~10cm，宽1~2mm，两面疏生白柔毛。雄花序有2~3枚，总状排列，成两行紧密覆瓦状排列于穗轴的一侧，长5~15mm，宽约5mm，草黄色；雌花序常呈头状，长6~9mm，宽3~4mm。花、果期6~8月。原产美洲。**栽培于莲花湖南岸**。

洽草 *Koeleria macrantha* (Ledeb.) Schult. 禾本科 落草属

多年生草本，秆高25~45cm。叶片扁平，宽1~2mm，被短柔毛或正面无毛。穗形圆锥花序直立，有光泽，主轴及分枝都有毛；小穗长4~5mm，小穗轴几无毛，含2~3小花；花、果期5~8月。**见于海坨山林缘**。生于山坡草地或路边。幼嫩时可作牧草。

拂子茅 *Calamagrostis epigeios* (L.) Roth 禾本科 拂子茅属

多年生湿地草本。具根状茎。秆直立，平滑无毛。叶鞘平滑或稍粗糙，短于或基部者长于节间。叶舌膜质，长5~9mm，长圆形，先端易撕裂。圆锥花序紧密，圆筒形，直立，具间断。小穗线形，淡紫色；花药黄色。外稃芒自中部附近伸出。花期6~7月。**见于康庄镇**。生于河滩草甸、沟谷、低地。可作牧草；抗盐碱，适合在盐碱地绿化。

假苇拂子茅 *Calamagrostis pseudophragmites* (Haller) Koeler 禾本科 拂子茅属

多年生湿地草本，秆直立，高30~60cm。根状茎。叶鞘平滑无毛；叶舌膜质，背部粗糙，先端2裂或多撕裂，叶片常内卷。圆锥花序稍开展，长10~20cm。小穗绿色，成熟时常带褐色。外稃之芒自近顶端伸出。花、果期7~9月。**见于官厅水库周围湿地**。生于河滩、沟谷、低地、沙地上。植株可作牧草。

野青茅 *Deyeuxia pyramidalis* (Host) Veldkamp 禾本科 野青茅属

多年生草本，高60cm左右。秆丛生。叶鞘除上部外其他都长于节间。叶舌长2~5mm。叶片长25cm左右，宽5mm左右，上下两面粗糙。圆锥花序，紧缩似穗状，穗带紫色，芒自稃基部1/5处伸出，长5~8mm。花、果期7~9月。**见于千家店镇**。生于山坡草地、沟谷荫蔽的地方。优质饲草。

华北剪股颖 *Agrostis clavata* Trin. 禾本科 剪股颖属

多年生草本，秆高35~90cm。具细弱根茎。秆丛生，直立或基部微膝曲，平滑，具3~4节。叶鞘无毛，一般短于节间；叶舌膜质，长2~4mm；叶片扁平，线形。圆锥花序疏松开展，长10~24cm，分枝纤细，向上伸展；小穗黄绿色或带紫色；两颖近等长，稃与颖近等长，无芒。颖果扁平，纺锤形。花、果期夏秋季。**见于北地村西沟**。生于林下、林边、丘陵、河沟以及路旁潮湿地方。是优质的饲草。

长芒棒头草 *Polypogon monspeliensis* (L.) Desf. 禾本科 棒头草属

一年生湿地草本。秆直立或基部膝曲，具4~5节，高20~60cm。叶鞘松弛抱茎，大多短于或下部者长于节间；叶舌膜质。圆锥花序穗状；小穗淡灰绿色，成熟后枯黄色；颖片倒卵状长圆形，被短纤毛，先端2浅裂，芒自裂口处伸出，细长而粗糙；外稃光滑无毛。颖果倒卵状长圆形。花、果期5~10月。**见于小河屯村南**。生于河岸、渠边、浅水边缘等地。中等饲草。

日本乱子草 *Muhlenbergia japonica* Steud. 禾本科 乱子草属

多年生湿地草本，秆高15~50cm。根茎短达2cm。秆基部倾斜或横卧，光滑无毛，节上易生根，叶鞘光滑无毛，多数短于节间。叶舌膜质，长0.2~0.4mm，先端截平。叶片扁平，狭披针形。圆锥花序狭窄，稍弯曲，长4~12cm，每节具一分枝。小穗灰绿色带紫色。花、果期8~9月。**见于箭秆岭**。可作饲草。

乱子草 *Muhlenbergia huegelii* Trin. 禾本科 乱子草属

多年生湿地草本。与日本乱子草的区别是：本种有长而被鳞片的根茎；叶片长而宽，长4~13cm，宽4~9mm；花序也较大，长达8~27cm，每节簇生数分枝；外稃的芒也较长，达到9~16mm。花、果期8~9月。**见于井庄镇西三岔村**。多生于山谷及河沿潮湿的地方。上等饲草。

看麦娘 *Alopecurus aequalis* Sobol. 禾本科 看麦娘属

一年生湿地草本，秆高15~40cm。须根细软。秆少数丛生，光滑，叶鞘灰色。叶片扁平质薄。圆锥花序紧缩圆柱状，灰绿色，长2~7cm，宽3~6mm。花药橙黄色。花期5~7月。**见于大庄科乡莲花山**。生于水稻田及湿地。优质牧草。

蔺状隐花草 *Crypsis schoenoides* (L.) Lam. 禾本科 隐花草属

一年生草本，秆光滑无毛，斜生或平卧。叶片披针形，扁平或边缘内卷，顶端常内卷呈针刺状。圆锥花序紧密成穗形，头状或圆柱状，花序下托以膨大的苞片状叶鞘。小穗含一小花，两侧压扁，脱节于颖之下；颖膜质，顶端钝；外稃质薄，略长于颖，顶端无芒。花期5~6月。**见于官厅水库淹没区**。多生于沙质土上及路边草地，海拔320~540m。

隐花草 *Crypsis aculeata* (L.) Ait. 禾本科 隐花草属

一年生草本，秆长5~30cm。须根稀疏而细弱。秆平卧或斜向上升，光滑无毛，通常具分枝。叶鞘短于节间，松弛。叶片披针形，质硬，边缘内卷，顶端呈针刺状。圆锥花序短缩呈头状，宽大于长度，背面紧托两枚苞片状叶鞘。花、果期7~9月。**见于张山营**。生于路旁、河边、沟岸和盐碱地上。饲草；是盐碱地指示植物。

远东芨芨草 *Achnatherum extremiorientale* (Hara) Keng ex P. C. Kuo 禾本科 芨芨草属

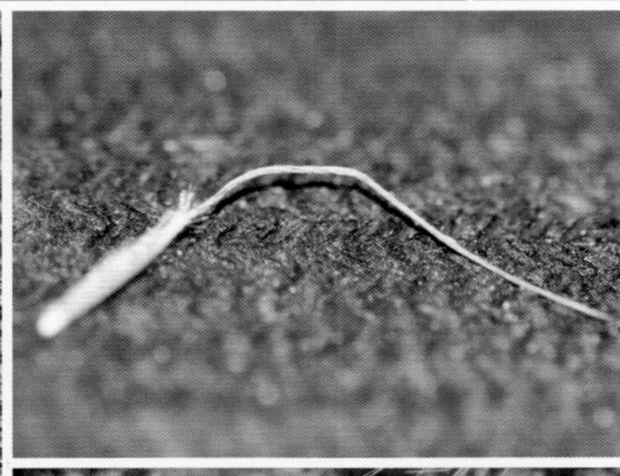

多年生草本，秆高约130~150cm。秆直立，疏丛生，光滑，具3~4节。叶鞘较疏松。叶舌长1mm。叶片扁平或边缘内卷，长达50cm，宽7~12mm。圆锥花序开展。小穗草绿色或成熟时变紫色，外稃密生短柔毛，芒长2cm，一回膝曲。花期7~9月。**见于玉渡山**。是造纸的原料；优质牧草。

芨芨草 *Achnatherum splendens* (Trin.) Nevski 禾本科 芨芨草属

植株具粗而坚韧外被砂套的须根。秆直立，坚硬，内具白色的髓，形成大的密丛，高50~250cm，节多聚于基部。叶鞘无毛，具膜质边缘；叶舌三角形或尖披针形，长5~1mm；质坚韧，长30~60cm，宽5~6mm。圆锥花序长30~60cm，开花时呈金字塔形开展，主轴平滑，分枝细弱，2~6枚簇生；小穗灰绿色，基部带紫褐；颖膜质；外稃背部密生柔毛，芒自外稃齿间伸出，不扭转，长5~12mm，易断落。花、果期6~9月。**见于海坨山脚下。**生于微碱性的草滩及沙土山坡上。可编织、造纸，又能改良碱地及水土保持，还是优质饲草。

羽茅 *Achnatherum sibiricum* (L.) Keng 禾本科 芨芨草属

多年生草本。与远东芨芨草相似，只是本种花序紧缩，穗不往开散。花、果期6~8月。**见于康庄西南坡上。**常见。是造纸的原料，也优质牧草。

长芒草 *Echinochloa caudata* Roshev. 禾本科 针茅属

多年生旱地草本，秆高20~60cm。须根坚韧，外具沙套。秆紧密丛生，基部膝曲，光滑或边缘具纤毛，基部叶鞘内藏有小穗。叶舌膜质，两侧下延。纵卷成针状，长3~15cm。圆锥花序，常为叶鞘所包，长为10~20cm，分枝2~4个簇生。小穗灰绿或浅紫色，芒长3~5cm。花期5~6月。**见于大榆树镇**。生于干燥山坡或荒地上。良好牧草。

西北针茅 *Stipa sareptana* var. *krylovii* (Roshev.) P. C. Kuo et Y. H. Sun 禾本科 针茅属

多年生草本，秆高40~80cm。密丛型，秆纤细直立，基部常为枯萎叶鞘包裹。叶片卷折成细条形。圆锥花序狭窄，下部常为顶生叶鞘所包；小穗含一小花，草黄色，颖窄披针形，先端纤细，芒针细丝状，卷曲；基盘尖锐。颖果细长，纺锤形。花、果期6~8月。**见于八达岭镇**。优质牧草。

三芒草 *Aristida adscensionis* L. 禾本科 三芒草属

一年生草本，秆高15~45cm。须根坚韧，有时具砂套。秆具分枝，丛生，光滑；叶鞘短于节间，光滑无毛，疏松包茎，叶舌短而平截，膜质，具长约0.5mm之纤毛；叶片纵卷，长3~20cm。圆锥花序狭窄或疏松，长4~20cm；分枝细弱，单生，多贴生或斜向上升；小穗灰绿色或紫色；外稃具三芒。花、果期6~10月。**见于康庄西南坡**。生于干山坡、黄土坡、河滩沙地及石隙内。是优质饲草。

光稃茅香 *Anthoxanthum glabrum* (Trin.) Veldkamp 禾本科 黄花茅属

多年生湿地矮小草本，秆高15~22cm。根状茎；直立，叶鞘密生短毛。叶片狭长。圆锥花序卵状锥形，长5cm。小穗褐黄色，光泽。外稃和颖片具短毛。**见于刘斌堡乡**。生于沟边湿地或山坡湿地上。可作饲草。

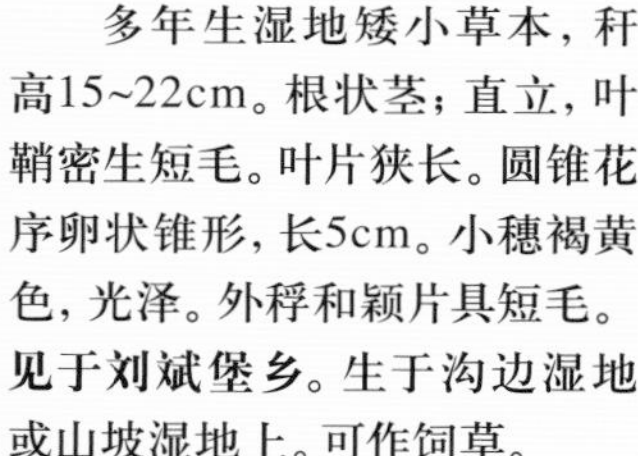

虉草 *Phalaris arundinacea* L. 禾本科 虉草属

多年生湿地草本，秆高60~140cm。具根状茎。茎秆通常单生或少数丛生，有6~8节。圆锥花序紧密狭长成穗状，长8~15cm，密生小穗。小穗由1枚可孕小花及2枚不孕退化为外稃的小花所组成，长4~5mm，颖具狭翼。花期6~7月。**见于莲花山**。生于水湿处、河滩草甸。优质牧草；也是编织、造纸的原料。

李氏禾（假稻）*Leersia hexandra* Swartz. 禾本科 假稻属

多年生浅水草本。秆高达80cm。秆下部伏卧而上部斜升直立，节处生须根，并密生倒刺毛，扎手。叶片背面中脉处有倒刺毛。圆锥花序，下面分枝平展。小穗长4~6mm，草绿色或紫色；外稃具5脉，脊具刺毛，内稃具3脉，中脉亦具刺毛。颖果，如同水稻。花、果期8~10月。**见于莲花山、田宋营等地**。生于水湿地或浅水池塘中。可作牧草。

蓉草 *Leersia oryzoides* (L.) Swartz. 禾本科 假稻属

多年生浅水草本，秆高100~120cm。具根状茎。秆下部倾卧，节着土生根，具分枝，节生鬓毛。叶鞘被倒生刺毛；叶片两面与边缘具小刺状粗糙。圆锥花序疏展，长15~20cm，分枝长达10cm，下部长裸露；小穗长约5mm，长椭圆形；外稃压扁，脊具刺状纤毛；内稃脊上生刺毛；雄蕊3枚，花药长2~3mm。有时上部叶鞘中具隐藏花序，其小穗多不发育。花、果期6~9月。**见于景沟村水库边**。生于河岸沼泽湿地。

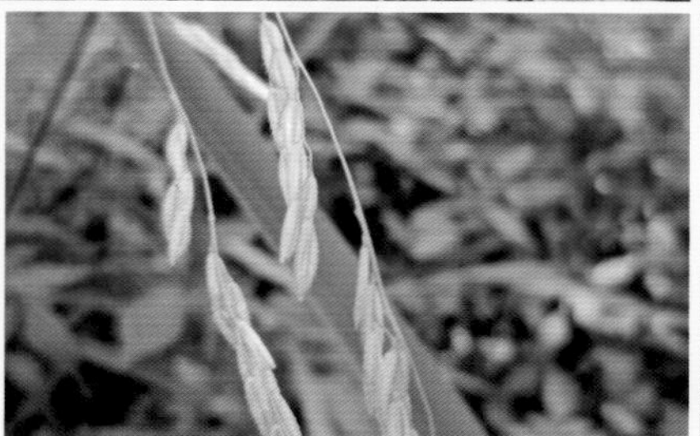

菰（茭白）*Zizania latifolia* (Griseb.) Turcz. ex Stapf 禾本科 菰属

多年生挺水草本植物，秆高100~120cm。根状茎。秆直立，基部节上生不定根。叶大，长30~80cm，宽10~25cm。穗大，长30~50cm。分枝多数簇生，基部分枝开展，雌雄同株，雄小穗生于花序下部，紫色，雌小穗生于花序上部。花期7月份。**官厅水库边常见**。生于湖泊、池沼边缘。可生产茭白供食用；可作饲草。根和谷粒可入药，能治疗冠心病或作利尿药。草有固堤作用。

求米草 *Oplismenus undulatifolius* (Ard.) Roem. & Schult. 禾本科 求米草属

一年生草本，秆细弱，基部横卧；叶鞘遍布短刺毛；叶舌纸质，短小；叶片披针形，具横脉，通常皱而不平；先端尖，基部近圆形而稍不对称，通常具细毛。复总状花序，小穗簇生，在顶部成对着生；小穗卵圆形，颖革质，顶端具硬而直的芒；颖果椭圆形。花、果期7~10月。**见于大庄科乡旺泉沟**。生于树下和阴湿的地方。

稗 *Echinochloa crus-galli* (L.) Beauv. 禾本科 稗属

一年生草本，须根庞大。茎丛生，粗壮，光滑无毛，基部倾斜。叶鞘松池，光滑无毛。无叶舌。叶片中脉宽而白色。圆锥花序，疏松，紫色。花期7月。**生于宅边草地、耕地或水田中**。谷粒可食用或酿酒；是造纸的原料；优质饲草。

无芒稗 *Echinochloa crus-galli* var. *mitis* (Pursh) Peterm. 禾本科 稗属

一年生草本，是稻田中的主要杂草。苗期同水稻相似，区别在于比水稻秧发黄。叶片中脉明显；叶鞘具脊，无毛；无叶舌。圆锥花序，分枝为总状花序，无芒；颖果。花、果期7~8月。**见于小河屯村南**。优质牧草。

长芒稗 *Echinochloa caudata* Roshev. 禾本科 稗属

一年生草本，本变种与原种的区别在于：外稃具长芒，紫色；花序紧密。开花提前1个月。分布普遍。芒长外观美，可用作美化环境。

野黍 *Eriochloa villosa* (Thunb.) Kunth 禾本科 野黍属

一年生草本，秆直立；叶鞘松弛，节具毛；叶舌短小，具纤毛；叶片长5~25cm，宽5~15mm。总状花序，密生柔毛，常排列于主轴的一侧，形成圆锥花序；小穗卵状披针形，颖和稃被细毛。颖果。花、果期7~9月。**见于香营乡**。生于旷野、山坡、湿地。可作饲草。

毛马唐 *Digitaria ciliaris* var. *chrysoblephara* (Figari et De Notaris) R. R. Stewart 禾本科 马唐属

一年生草本，秆基部倾卧，着土后，节易生根，具分枝，高30~60cm。叶鞘多短于其节间，常具柔毛。叶片线状披针形，两面多少生柔毛，边缘微粗糙。总状花序4~10枚，长5~12cm，呈指状排列于秆顶。第一外稃间脉与边脉间具柔毛及疣基刚毛，成熟后两种毛均平展张开。花期6~7月。**见于张山营镇**。良好饲草。

马唐 *Digitaria sanguinalis* (L.) Scop. 禾本科 马唐属

一年生草本，秆高40~100cm。秆广展、分枝，下部节上生根。叶片线状披针形，长3~17cm，宽3~10mm，基部近浑圆，两面疏生软毛。总状花序3~10枚，长5~8cm，上部者互生或呈指状排列于茎顶。小穗通常孪生，一具长柄，一具短柄或几无柄。花期6~7月，**见于张山营镇**。生于草地和荒野路旁。优质牧草。

止血马唐 *Digitaria ischaemum* (Schreb.) Schreb. ex Muhl. 禾本科 马唐属

一年生湿地草本，秆高15~40cm。秆直立或基部倾斜，下部常有毛。叶鞘具脊，无毛或疏生柔毛。总状花序2~4枚，长2~8cm，彼此甚接近或最下1枚较离开；穗轴宽0.8~1.2mm，边缘粗糙。小穗长1.8~2.3mm，每节着生2~3枚。谷粒成熟后黑褐色，与小穗等长。花期7~8月。**见于张山营镇**。生于水边或荒野湿润的地方，常与马唐混生。优质饲草。

狗尾草 *Setaria viridis* (L.) Beauv. 禾本科 狗尾草属

一年生草本，秆高30~100cm。直立，叶鞘较松池，具柔毛或无毛；叶舌毛状，长1~2mm。叶片长5~30cm，通常无毛。圆锥花序，圆柱形，直立或稍弯垂，刚毛宿存，绿色、黄色或带紫色。小穗椭圆形，先端钝。谷粒长圆形，顶端钝，具细点状皱纹。颖果。花期6~7月。**见于延庆镇。**生于田间、路边、山野、荒地上。是优质饲草；全草入药，能清热明目、利尿、消肿排脓。

金狗尾草 *Setaria pumila* (Poir.) Roem. & Schult. 禾本科 狗尾草属

一年生草本，秆高20~90cm。直立或基部倾斜，叶片线形，长5~40cm，顶端长渐尖，基部钝圆，通常两面无毛或仅于腹面基部疏被长柔毛。叶鞘无毛。叶舌毛状，长1mm。圆锥花序紧缩，圆柱状，主轴被微柔毛。刚毛稍粗糙，金黄色或稍带褐色。小穗椭圆形，长约3mm，顶端尖，通常在一簇中仅1个发育。花期6~7月。**见于千家店镇。**生于路旁、荒地及山坡上。优质饲草。

粱（粟） *Setaria italica* (L.) Beauv. 禾本科 狗尾草属

一年生栽培谷物。秆直立，粗状，高80~150cm。叶鞘无毛；叶舌具纤毛；叶片线状披针形。圆锥花序，圆柱状，成熟时下垂；主轴密生柔毛；刚毛较小穗为长；小穗椭圆形；谷粒圆球形；颖果。花、果期7~9月。栽培。原产于我国黄河流域。**见于张山营镇**。谷粒是人们的主要粮食；秆叶是优质饲草。

狼尾草 *Pennisetum alopecuroides* (L.) Spreng. 禾本科 狼尾草属

多年生湿地草本。茎直立，单一或有短分枝，上部密被长柔毛。叶鞘光滑，扁压具脊。叶舌具长约2.5mm纤毛。穗状圆锥花序。主轴密生柔毛，紫色。小穗披针形，刚毛同小穗一起脱落。花期7~9月。**见于箭杆岭沟湿地**。在山区湿润处、沟旁等地成片生长。用作饲草；可以代绳索用。

白草 *Pennisetum flaccidum* Griseb. 禾本科 狼尾草属

多年生草本，秆高30~120cm。根具横走根茎。叶舌具纤毛。叶片线形。穗状圆锥花序。小穗单生，刚毛长1~2cm，白色。花期7~8月。**见于张山营镇**。生于沙地、田野、撂荒地上。优质饲草；根茎入药，能清热、利尿。

毛秆野古草 *Arundinella hirta* (Thunb.) Tanaka 禾本科 野古草属

多年生草本。丛生，黄绿色。具横走根状茎。秆直立，较坚硬，高70~100cm，密生糙毛。叶鞘边缘具纤毛或全部密生疣毛。圆锥花序，深紫色。花期8~9月。**见于井庄镇**。生于山地阴坡、半阴坡及林下湿处。是良好的饲草。

虱子草 *Tragus berteronianus* Schult. 禾本科 虱子草属

一年生小草本，秆高10~20cm。叶鞘短于节间，无毛。叶舌具短柔毛。叶片线形，边缘具刺毛。密集成穗状，长3~5cm。小穗第二颖革质，背部具5条肋刺。花期7~8月。**见于张山营镇**。生于沙质墙壁、荒野和村庄道旁。

荻 *Miscanthus sacchariflorus* (Maxim.) Hackel 禾本科 芒属

多年生湿地高大草本。根状茎粗壮，被鳞片。秆直立，高1.5m，具10多节，节生柔毛。下部叶鞘长于节间；叶舌先端钝圆，叶片长线形，叶长20~50cm，除正面基部密生柔毛外两面无毛；边缘锯齿状粗糙，基部常收缩成柄，顶端长渐尖，中脉白色，粗壮。圆锥花序疏展成伞房状。小穗狭披针形，基盘具白色丝状长柔毛，长为小穗的2倍。花、果期8~9月。**见于玉渡山水库北岸**。洼地，生于河流沟溪两岸湿地或山坡草地上，通常形成小群聚。根茎入药，能清热、活血。

白茅 *Imperata cylindrica* (L.) Raeusch. 禾本科 白茅属

多年生草本。有长根状茎。秆直立，形成疏丛，具2~3节，节上具长柔毛。叶多集中于基部，叶鞘无毛，叶舌干膜质，钝尖；叶片主脉明显，顶生叶片很短小。圆锥花序，圆柱状，分枝短穗密集；小穗成对或有时单生。花药黄色，柱头深紫色。颖果。花期4~6月，果期6~7月。**见于江水泉公园**。生于河滩沙地、山坡、路旁、草地。茎秆可造纸；根状茎入药，称毛根，利尿、清凉剂，又是好的固沙植物。

大油芒 *Spodiopogon sibiricus* Trin. 禾本科 大油芒属

多年生草本，秆高90~120cm。秧黄绿色；根状茎。7~9节。叶片中脉宽而白色。叶鞘长于节间，密生柔毛。圆锥花序，长12~20cm，分枝近轮生；小枝具2~3节，每节2小穗。花序成熟时为紫色。花期7~8月。**见于大滩**。生于山地阳坡，为山地草甸优势种之一。优质饲草。

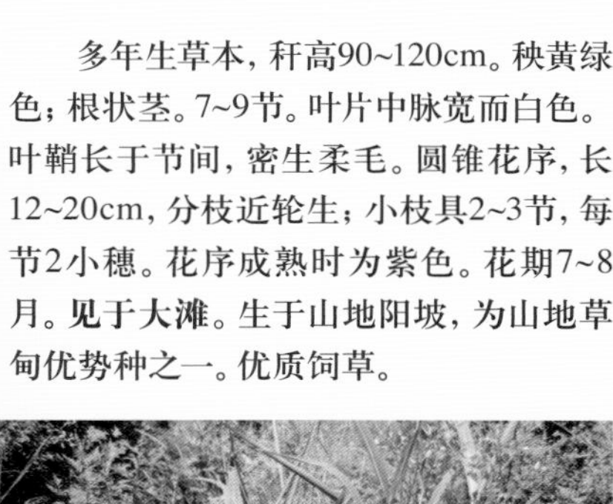

柔枝莠竹 *Microstegium vimineum* (Trin.) A. Camus 禾本科 莠竹属

一年生湿地草本，秆高50~70cm。分枝多，侧面有一深沟。叶鞘短于节间，边缘和鞘口有毛，在上部叶鞘中常有隐藏小穗。叶舌膜质，很短。叶片线状披针形，长3~9cm，宽5~10mm。总状花序，长3~7cm，灰绿色，有时带紫色，穗轴具棱，棱上有纤毛。小穗无柄，基盘具毛。花期8~9月。**见于大庄科乡。**生于阴湿的地方。可作饲草。

牛鞭草 *Hemarthria altissima* (Poir.) Stapf et C. E. Hubb. 禾本科 牛鞭草属

多年生湿地草本，秆高60~80cm。具长的横走根状茎。叶鞘无毛，通常短于节间。叶舌为一圈短小纤毛。叶片线形，先端细长渐尖，长达20cm，宽4~6mm。总状花序，长10cm，粗壮，通常单生茎顶。小穗成对着生，一有柄，一无柄，具明显的基盘，嵌生于穗轴的凹穴内。花期6~7月。**见于官厅水库淹没区。**成优势种，生于水边、沟边湿地。可作饲草。

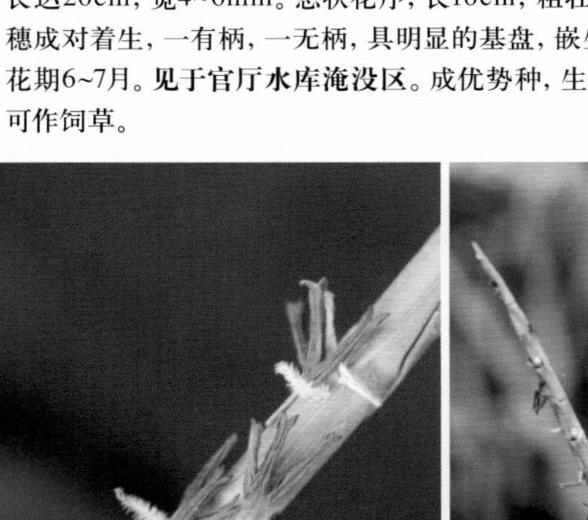

荩草 *Arthraxon hispidus* (Thunb.) Makino 禾本科 荩草属

一年生湿地草本。秆细弱，无毛，基部倾斜，高30~45cm。叶鞘短于节间，具短硬疣毛；叶舌边缘具纤毛；叶片卵状披针形，基部心形，抱茎，长2~4cm，宽8~15mm，下部边缘具纤毛，叶边带紫色。花序由2~10个总状花序排列呈指状，紫色。花期7~8月。**见于井庄镇**。生于山坡草地较阴湿处。可作牧草；茎叶药用治久咳、洗疮；汁液可作染料。

高粱 *Sorghum bicolor* (L.) Moench 禾本科 高粱属

一年生草本，秆较粗壮，直立，高3~5m，横径2~5cm，基部节上具支撑根。叶鞘无毛或稍有白粉；叶片线形长40~70cm，宽3~8cm，背面淡绿色或有白粉，中脉较宽，白色。圆锥花序疏松，长15~45cm；两颖上部及边缘通常具毛，稃自裂齿间伸出一膝曲的芒。颖果淡红色至红棕色，顶端微外露。花、果期6~9月。栽培。原产于非洲。**见于刘斌堡乡**。谷粒用来造酒、食用、作饲料，各地栽培；秆可编席；穗可作扫帚。

白羊草 *Bothriochloa ischaemum* (L.) Keng 禾本科 孔颖草属

多年生旱生草本。具短根状茎。丛生，直立或基部膝曲，高30~80cm，节无毛或具白色毛。叶鞘无毛，秆基成簇的分枝形成密集的叶鞘。叶舌具纤毛。叶片狭线形，长5~18cm，宽2~3mm，两面疏生柔疣毛或背面无毛。总状花序，4至多个在茎顶排列成伞房或指状，灰色或带紫色。花期6~7月。**延庆低山阳坡为优势种，见于旧县镇**。是水土保持植物；是良好的牧草；根是制作刷子的原料。

细柄草 *Capillipedium parviflorum* (R. Br.) Stapf 禾本科 细柄草属

多年生草本。秆直立或基部稍倾斜，高50~100cm，不分枝或具数直立。叶片线形，长15~30cm，宽3~8mm。圆锥花序长圆形，长7~10cm，分枝簇生，可具一至二回小枝，纤细光滑无毛，枝腋间具细柔毛，小枝为具1~3节的总状花序；第二先端具一膝曲的芒，芒长12~15mm。有柄小穗中性或雄性，等长或短于无柄小穗，无芒，二颖均背腹扁。花、果期8~10月。**见于烧窑峪村北沟阳坡**。生于山坡草地、河边、灌丛中。是良好的牧草。

阿拉伯黄背草 *Themeda triandra* Forsk. 禾本科 菅草属

多年生旱生草本。须根粗壮。秆粗壮直立，基部压扁，高80~110cm。叶鞘紧裹茎秆，通常生硬疣毛。叶舌先端钝圆，具小纤毛。叶片线形，长12~40cm，宽4~5mm，背面粉白色，基部生硬疣毛。假圆锥花序，长30~40cm，分枝成总状；花序黄色；芒长5~6cm，弯曲。花期7~9月。**见于香营乡**。生于干燥阳坡。是良好牧草；是延庆地区过去冬季农家蒸年糕所用的锅盖，俗称“绛朋”制作的主要材料。

玉米 *Zea mays* L. 禾本科 玉蜀黍属

一年生高大草本。秆直立，不分枝，高1~4m，基部各节具气生支柱根。叶鞘具横脉；叶片扁平宽大，基部圆形呈耳状，中脉粗壮，边缘微粗糙。顶生雄性圆锥花序大型。雌花序在秆中部被宽大的鞘状苞片所包藏（玉米棒）；雌小穗孪生，成16~30纵行排列于粗壮之序轴上；雌蕊具极长而细弱的线形花柱（玉米须）。花、果期秋季。栽培。原产南美洲。**见于延庆镇**。谷粒可作粮食和工业原料；秆叶是主要的饲草。

少花蒺藜草 *Cenchrus spinifex* Cav. 禾本科 蒺藜草属

一年生草本，根状茎粗壮。高50cm，基部横卧地的节处生根。叶鞘背部有细疣毛，下部和边缘处有纤毛。叶舌有纤毛。叶片长5~20cm，宽4~10mm；正面基部生有长柔毛。总状花序，直立，4~8cm；主轴上生有圆形刺苞。花期在夏季。**见于康西草原南农田边上**。属于外来入侵植物，生于干热地区砂质土壤上。

三棱水葱（藨草） *Schoenoplectus triqueter* (L.) Palla 莎草科 水葱属

多年生沼生草本。具长的匍匐根状茎；茎秆散生，粗壮，高20~100cm，三棱形，基部具2~3个叶鞘，鞘膜质，最上一个鞘顶具叶片，叶片扁平；总苞1个，为秆的延伸；聚伞形花序假侧生，有1~8个辐射枝，顶有1~8个簇生的小穗。花、果期6~9月。**见于官厅水库淹没区**。生于潮湿多水之地。利用秆长而韧，可代替绳。

萤蔺 *Scirpus campestris* Willd. ex Kunth 莎草科 藨草属

多年生沼生草本。根状茎短，有多数须根；秆丛生，圆柱形，直立，高25~60cm，较纤细，平滑；无叶片，有1~3个叶鞘着生在秆的基部；苞片1，直立，为秆的延长；小穗假侧生，鳞片宽卵形，无辐射枝。**见于官厅水库淹没区水边**。生于水稻田、池边或浅水边。可作编织、造纸等。

林生藨草（东方藨草）*Scirpus sylvaticus* L. 莎草科 藨草属

多年生沼生草本。根状茎匍匐状；秆粗壮，有节；叶条形，基生和秆生；叶状苞片2~4枚；长侧枝聚伞花序多次复出，大型；小穗单生或2~3个聚合在一起，长卵形，暗绿色；小坚果倒卵形，扁三棱状。花、果期6~8月。**见于井庄镇北地村西沟**。生于水边、山坡阴湿处。茎叶可作造纸原料，也可作牧草。

扁秆荆三棱（扁秆藨草） *Bolboschoenus planiculmis* (F.Schmidt) T.V.Egorova 莎草科 藨草属

多年生湿地草本。根状茎具地下匍匐枝，其顶端变粗成块茎状，块茎倒卵状或球形；秆单一，较细，三棱形，平滑，具秆生叶；叶片长线形，扁平，而顶部渐狭，具长叶鞘。长侧枝聚伞花序短缩成头状或有时具1~2个短的辐射枝，通常具1~6个小穗；小穗卵形，花药黄色。花、果期5~9月。**见于官厅水库淹没区**。生于河岸、沼泽等湿地。茎叶可造纸，可作编织用。

卵穗荸荠 *Eleocharis ovata* (Roth) Roem. & Schult. 莎草科 荸荠属

一年生沼生草本。无匍匐根状茎；秆多数，密丛生，瘦细，圆柱状，光滑，无毛；小穗卵形或宽卵形，顶端急尖，锈色，密生多数花；柱头2，下位刚毛6条。花期5~6月。**见于妫河沿岸**。生于沼泽中。

具槽秆荸荠（针蔺）*Eleocharis valleculosa* Ohwi 莎草科 荸荠属

多年生沼生草本。具横生匍匐的根状茎；秆丛生或单生，坚硬，圆柱形，具锐纵棱，无叶片；在基部有1~2枚褐色长叶鞘；小穗矩圆状卵形或条状披针形，具多数密生的花，鳞片紫褐色。花期6~7月。**见于妫河两岸**。生于浅水中。

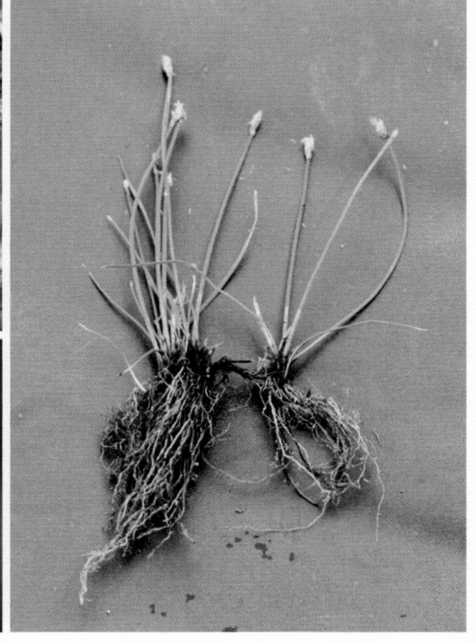

中间型荸荠 *Eleocharis intersita* Zinserl. 莎草科 荸荠属

多年生沼生草本。有长的匍匐根状茎；秆少数或稍多数，丛生，圆柱状，干后略扁，一般细弱，有钝肋条和纵槽；无叶，只在秆的基部有1~2个叶鞘，鞘基部带红色，鞘口截形；小穗卵形，下位刚毛4条，稍长于小坚果，有倒刺；柱头2；小坚果倒卵形或宽倒卵形，双凸状。花、果期4~6月。**见于妫河边**。生于潮湿处。

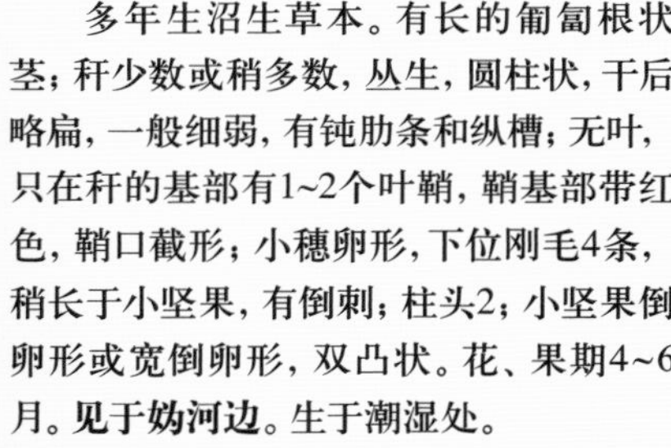

牛毛毡 *Eleocharis yokoscensis* (Franch. et Sav.) Ts. Tang et F. T. Wang 莎草科 荸荠属

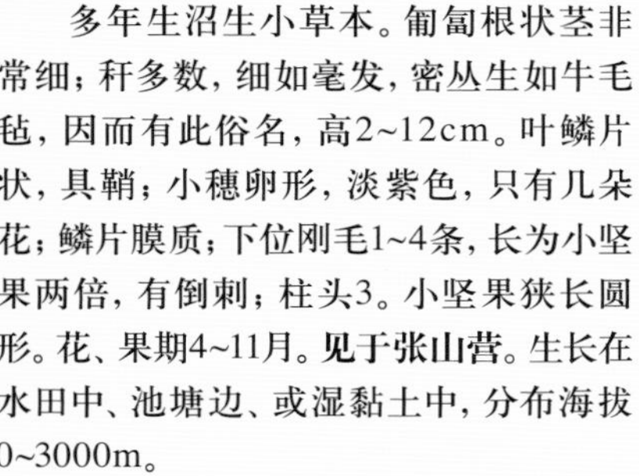

多年生沼生小草本。匍匐根状茎非常细；秆多数，细如毫发，密丛生如牛毛毡，因而有此俗名，高2~12cm。叶鳞片状，具鞘；小穗卵形，淡紫色，只有几朵花；鳞片膜质；下位刚毛1~4条，长为小坚果两倍，有倒刺；柱头3。小坚果狭长圆形。花、果期4~11月。**见于张山营**。生长在水田中、池塘边、或湿黏土中，分布海拔0~3000m。

双穗飘拂草 *Fimbristylis subbispicata* Nees et Meyen 莎草科 飘拂草属

一年生湿地草本。无根状茎；秆直立，稍扁平；叶稍硬短于秆；小穗通常1枚，顶生。小坚果表面具有六角形网纹。花期6~8月，果期7~9月。**见于井庄镇箭杆岭村**。生于低山湿地、溪边近水处。是造纸的原料，也可以制绳。

烟台飘拂草 *Fimbristylis stauntonii* Debeaux & Franch. 莎草科 飘拂草属

一年生草本，无根状茎；茎秆丛生，三棱形，无毛，直立；聚伞花序，花柱无毛，小坚果长圆形，鳞片长圆状披针形。花、果期6~8月。**见于官厅水库淹没区**。生于耕地、稻田埂上。是造纸的原料。

两歧飘拂草 *Fimbristylis dichotoma* (L.) Vahl 莎草科 飘拂草属

一年生湿地草本。秆丛生，无毛或被疏柔毛；叶线形，与秆等长；苞片3~4枚，叶状；长侧枝聚伞花序复出；小穗单生于辐射枝顶端，卵形；鳞片卵形，褐色，有光泽；雄蕊1~2个；花柱扁平，上部有缘毛，柱头2；小坚果宽倒卵形，长1mm，具5~9条显著纵肋。花、果期7~10月。**见于大庄科乡黄土梁村**。生长于稻田或空旷草地上。是造纸的原料。

头状穗莎草 *Cyperus glomeratus* L. 莎草科 莎草属

一年生湿地草本。秆散生，粗壮，高50~95cm，钝三棱形；叶短于秆，叶鞘长，红棕色。苞片3~4个，比花序长。长侧枝聚伞花序复出，具3~8个辐射枝，但长短不同；穗状花序圆形，长圆形，由多个小穗组成；小穗扁平线形，穗轴有透明的翅。花期6~8月。**见于官厅水库周边**。生于水边沙土上。

旋鳞莎草 *Cyperus michelianus* (L.) Delile 莎草科 莎草属

一年生湿地草本。具须根；秆密丛生，高8~25cm，扁三棱形，平滑；叶平张或有时对折；苞片3~6枚，叶状，基部宽，较花序长很多；长侧枝聚散花序呈头状，卵形或球形，具极多数密集小穗；小穗卵形或披针形，鳞片螺旋状排列，淡黄白色。花、果期6~9月。**见于官厅水库淹没区**。生于湿地。

白鳞莎草 *Cyperus nipponicus* Franch. et Savat. 莎草科 莎草属

一年生草本，秆密丛生，扁三菱形，基部具少数叶。叶通常短于秆或有时等长，叶鞘膜质，淡红棕色或紫褐色。长侧枝聚伞花序缩短成头状、圆球状，具多数密生的小穗；小穗轴具白色透明的翅。小坚果，长圆形，黄棕色。花、果期7~9月。**见于妫河两岸**。生于湿地或菜畦中。

褐穗莎草 *Cyperus fuscus* L. 莎草科 莎草属

一年生湿地草本，秆高6~30cm。丛生，扁三棱形；叶基生，短于秆或与秆近等长，叶鞘带紫红色；苞片2~3，叶状，长于花序。花序为长侧枝聚伞花序，复出或有时简单，具3~5个长短不等的辐射枝。小穗5~10，每小穗有14~28花，小穗轴无翅，鳞片膜质，宽卵形，两侧紫褐色或褐色。花期7~8月。**见于张山营镇**。生于湿地、沟边或稻田中。

具芒碎米莎草 *Cyperus microiria* Steud. 莎草科 莎草属

一年生沼生草本。具须根；秆丛生，高20~50cm，锐三棱形；叶短于秆，叶鞘红棕色；叶状苞片3~4枚，长于花序；长侧枝聚伞花序复出或多次复出，具5~7个辐射枝，辐射长短不等，最长达13cm；小穗排列稍稀，斜展，柱头3；小坚果倒卵形。花、果期8~10月。**见于莲花山**。生于河岸边、路旁湿处。

碎米莎草 *Cyperus iria* L. 莎草科 莎草属

一年生湿地草本。秆丛生，扁三棱形；叶片长线形，短于秆，叶鞘红棕色；叶状苞片；长侧枝聚伞花序复出，辐射枝4~9枚，每辐射枝具5~10个穗状花序；具小穗5~22个；小穗排列疏松，压扁，小穗轴无翅。花、果期6~8月。**见于大庄科、康庄等地**。生于田间、山坡、路旁湿地。

异型莎草 *Cyperus difformis* L. 莎草科 莎草属

一年生沼生草本。根为须根；秆丛生，扁三棱形，平滑；叶短于秆，平张或折合；叶鞘稍长，褐色；苞片2枚，叶状，长于花序；长侧枝聚伞花序，具3~9个辐射枝；头状花序球形，小穗密聚；花柱极短，柱头3，短；小坚果倒卵状椭圆形，三棱形，淡黄色。花、果期7~10月。**见于官厅水库、妫河周边湿地**。生于稻田中或水边潮湿处。

水莎草 *Cyperus serotinus* Rottb. 莎草科 莎草属

多年生沼生草本。根状茎长，横走；秆粗壮，扁三棱形，光滑；叶片少，线形；苞片3~4枚，叶状；复出长侧枝聚伞花序有4~7个第一次辐射枝；柱头2个；小坚果平凸状。花、果期7~9月。**见于官厅水库周边**。生于浅水或水边。9月份穗红色可以观赏。

球穗扁莎 *Pycreus flavidus* (Retz.) T. Koyama 莎草科 扁莎属

多年生沼生草本。根状茎短，具须根；秆丛生，细弱，钝三棱形，一面具沟；叶少，短于秆；苞片2~4枚，较长于花序；简单长侧枝聚伞花序具1~6个辐射枝，最长达6cm；每一辐射枝具2~20余个小穗；小穗极压扁；柱头2，细长。小坚果倒卵形，稍扁。花、果期6~11月。**见于官厅水库周边**。生长于田边、沟旁潮湿处或溪边湿润的沙土上。

红鳞扁莎 *Pycreus sanguinolentus* (Vahl) Nees 莎草科 扁莎属

多年生沼生草本。根为须根；秆密丛生，高7~40cm；叶稍多，边缘具白色透明的细刺；苞片3~4枚，叶状；简单长侧枝聚伞花序具3~5个辐射枝，极短；小穗辐射展开，鳞片边缘暗血红色或暗褐红色；花柱长，柱头2；小坚果倒卵形双凸状。花、果期7~10月。**见于官厅水库周边湿地**。常与球穗莎草混生，生长于山谷、田边、河旁潮湿处，或长于浅水处，多在向阳的地方。

大披针薹草（顺坡溜）*Carex lanceolata* Boott 莎草科 薹草属

多年生草本。植株紧凑簇生，地上茎斜升，秆扁三棱形；叶片质软，扁平，叶片长8~25cm，沿坡下垂；小穗3~5个，顶生者为雄小穗，条状披针形，其余为雌小穗，矩圆形。花期4~5月。本种与矮苔草一起为山地优势种。**见于大庄科乡**。生于海拔1000m以下阴坡和林下。优质牧草；是造纸的原料。

低矮薹草（羊胡子草）*Carex humilis* Leyss. 莎草科 薹草属

多年生草本，秆高3~6cm。丛生，秆藏于叶丛中，有三钝棱；叶近丝状，内卷，柔软，花后极延长；小穗2~4；顶生1枚雄性，披针状卵形，其余的雌性，卵形或矩圆形。花、果期5~7月。在延庆山地属于优势种。**见于珍珠泉乡**。生于海拔1000m以下阴坡或疏林下。优质牧草。

宽叶薹草 *Carex siderosticta* Hance 莎草科 薹草属

多年生草本植物。具细长匍匐根状茎，根茎肥厚；茎秆长在叶的侧面，高10~30cm。叶宽，广披针形，，宽1~3cm，质薄；小穗4~8个，雌雄花同穗，雄雌顺序，圆柱形。花、果期5~7月。**见于四海镇**。生于阔叶林下，常形成小群落。可作饲草。

异鳞薹草 *Carex heterolepis* Bunge 莎草科 薹草属

多年生湿地草本。根状茎细长而匍匐；茎上长出成束的枝条，三棱形，上部粗糙；叶短于秆，扁平，叶少，下部有节，两面光滑；小穗3~6个，上面一个是雄穗，雌穗长2~6cm；果囊比鳞片长，双凸状。花期4~6月。**见于云瀑沟**。生于海拔1500m以下的潮湿的地方。可作饲草。

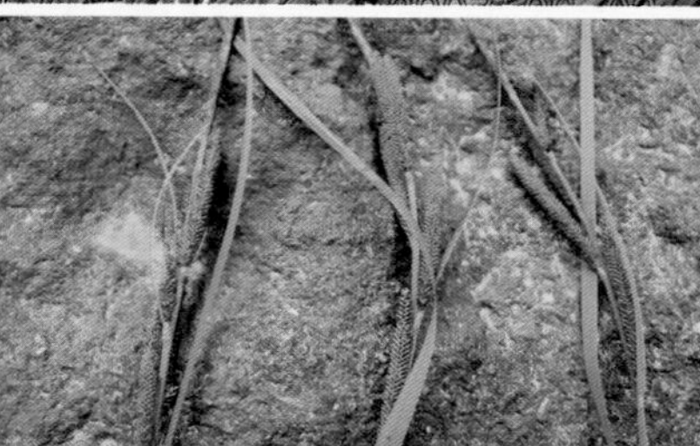

溪水薹草 *Carex forficula* Franch. & Sav. 莎草科 薹草属

多年生湿地草本。根状茎短；秆高40~80cm，密丛生，三棱形，粗糙；叶片正面绿色，背面灰绿色；小穗3~5个，顶生一枚雄穗，线形，3~4cm，其余为雌穗，狭长2~5cm，无柄。花期4~6月。**见于旧县镇云瀑沟**。生于水边、山地阴处。

圆囊薹草（京薹草）*Carex orbicularis* Boott 莎草科 薹草属

多年生草本。具匍匐根状茎；植株高20~30cm，秆三棱形，纤细；叶基生，短于秆，基部具褐色叶鞘，具隔节；小穗2~5个，上部1~2个为雄穗，与雌穗远离，雌穗长圆形；柱头3。**见于五里坡**。生于向阳草地上。可作绿化草皮植物；也可作牧草。

白颖薹草 *Carex duriuscula* subsp. *rigescens* (Franch.) S. Y. Liang et Y. C. Tang 莎草科 薹草属

多年生草本。根状茎细长，匍匐状。秆高5~20cm，纤细，平滑。叶短于秆，内卷。穗状花序成球形；小穗3~6个，密生，卵形，雄雌顺序，具少数花；雌花鳞片宽卵形，锈褐色，边缘及顶端为白色膜质，顶端锐尖，具短尖。果囊宽卵形。花期4~5月。**见于刘斌堡乡**。生于干燥草地、沙地、路旁、山坡。

锥囊薹草 *Carex raddei* Kük. 莎草科 薹草属

多年生湿地草本。秆粗壮，三棱；叶和叶鞘生柔毛，并具隔节。小穗4~5枚，上部1~3枚雄性，圆柱形，其余为雌穗；苞片具发达的叶鞘，长于花序；果囊长圆锥形，长7~11mm，淡绿色无毛，上部渐狭成喙。花期5~6月。**见于张山营镇**。生于河岸沙地、田边、浅水中和山坡阴湿地。优质牧草。

尖嘴薹草 *Carex leiorhyncha* C. A. Mey. 莎草科 薹草属

多年生湿地草本。植株紧密丛生；根状茎极短；秆高10~40cm，扁钝三棱形，具肋，有锈点；叶多数短于秆，中肋的叶面凹陷，下面隆起；小穗多数，苞片卵形，短于穗长。花、果期5~8月。见于玉渡山。生于草甸或林间草地、路边潮湿地。可作牧草。

点叶薹草 *Carex hancockiana* Maxim. 莎草科 薹草属

多年生湿地草本。茎细，高40~50cm；叶软，背面密生小点；小穗3~5个，顶穗为雄雌花都有，侧穗为雌穗，很短；果囊肿胀，雌花鳞片短于果囊。花期5~6月。见于玉渡山。生于水边草地、灌木丛中。优质牧草。

日本薹草 *Carex japonica* Thunb. 莎草科 薹草属

多年生湿地草本，秆高20~50cm。扁三棱形，中部以下生叶；叶长于秆，具3条脉，中脉不明显；小穗2~4个，疏远，顶生为雄穗，淡锈色；其余为雌穗，淡绿色；果囊红黄色，喙直立。花期4~6月。**见于妫河边**。生于林下潮湿地。为优质牧草。

翼果薹草 *Carex neurocarpa* Maxim. 莎草科 薹草属

多年生湿地草本。根状茎短，木质。秆丛生，全株密生锈色点线，叶边缘粗糙，先端渐尖，基部具鞘，锈色。苞片下部的叶状，上部的刚毛状。小穗多数，雄雌顺序；穗状花序紧密，呈尖塔状圆柱形；小坚果疏松地包于果囊中；柱头2个。花、果期6~8月。**见于玉渡山**。生于水边湿地或草丛中，海拔100~1700m。优质牧草。

青绿薹草 *Carex breviculmis* R.Br. 莎草科 薹草属

多年生草本。丛生，秆直立，三棱柱形，基部具淡褐色叶鞘；叶短于秆，质稍硬。小穗2~4，雄穗顶生很小；雌穗侧生，鳞片具长芒；小坚果膨大成帽状。花期5~6月。**见于玉渡山**。生于向阳山坡或草甸上。优质牧草。

亚柄薹草 *Carex lanceolata* var. *subpediformis* Kükenth. 莎草科 薹草属

多年生草本。叶短于秆或与秆近等长，灰绿色，扁平；小穗3~5，顶生者为雄小穗，侧生者为雌小穗；具3~6花，生于稍弯曲的小穗轴上；雌花鳞片椭圆形，顶端稍圆形；果囊无脉或脉不明显；小坚果，三棱形。花期4~6月，果期5~7月。**见于大庄科乡**。生于山坡草地。优质牧草。

四花薹草 *Carex quadriflora* (Kük.) Ohwi 莎草科 薹草属

根状茎短，斜生。秆密丛生，侧生，高15~30cm，纤细，粗不及1mm，钝三棱柱形，上部粗糙，基部具紫红色的叶鞘。叶短于秆，基部具紫红色的宿存叶鞘。苞片佛焰苞状，红褐色，边缘膜质，具芒状苞叶。小穗2~3个，彼此稍疏远；顶生的1个雄性；侧生的1~2个为雌性小穗，线形；小穗柄纤细如丝状。果囊长于鳞片，倒卵形，具短喙。小坚果倒卵形，三棱形。**见于海坨山草甸。**生于山坡柞树林下。

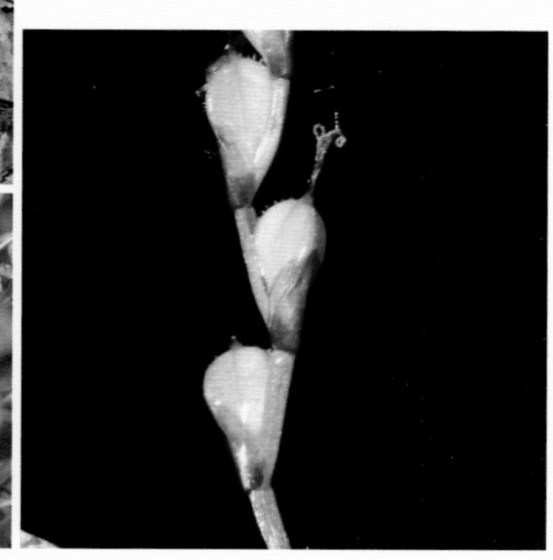

直穗薹草 *Carex orthostachys* C. A. Mey. 莎草科 薹草属

多年生湿地草本。根状茎具长的地下匍匐茎；秆疏丛生，高40~70cm，锐三棱形，较粗壮；叶短于秆；苞片叶状，小穗5~7个，上部的间距短，最下面的小穗较远离，上面的柄短；小坚果疏松地包于果囊内，柱头3个。花、果期5~7月。**见于珍珠泉乡。**生于河岸湿地上。

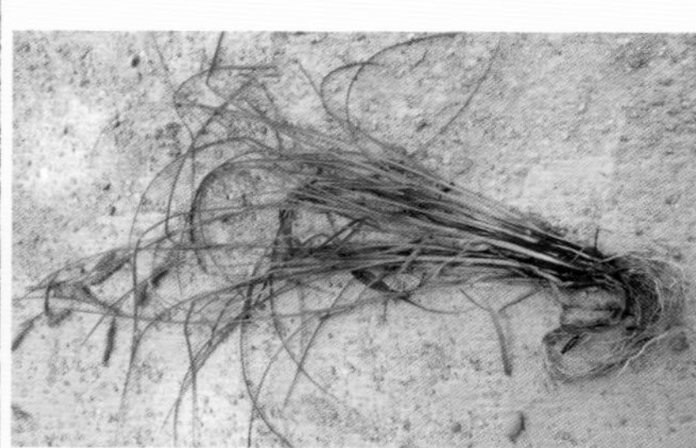

长嘴薹草 *Carex longerostrata* C. A. Mey. 莎草科 薹草属

多年生草本。成丛生长，秆侧生，扁三菱形；叶片质微硬，边缘稍外卷；下部苞片具鞘，顶端叶片与小穗等长。雄花鳞片长圆形，具芒；侧生者雌性，花密生；果囊长，具长喙，小坚果尖端喙状。花、果期6~8月。**见于珍珠泉乡水泉沟南沟。**生于山地森林和灌丛中。优质牧草。

小粒薹草 *Carex karoi* (Freyn) Freyn 莎草科 薹草属

多年生草本。秆密丛生，基部残存纤维状；叶生于近基部，短于秆；苞片最下面1枚叶状，较小穗长，上面的为刚毛状；小穗3~4个，顶生小穗为雌雄顺序，小穗柄纤细，下面的较长；果囊长于鳞片，鼓胀三棱形；小坚果疏松地包于果囊中；柱头3个。花、果期6~8月。**见于玉渡山。**生于灌木丛中潮湿处、河边、溪旁、沼泽地。优质饲草。

二柱薹草 *Carex lithophila* Turcz. 莎草科 薹草属

多年生草本。根状茎长而匍匐；秆高10~60cm，叶短于秆；苞片鳞片状；小穗10~20个；穗状花序圆柱形；雄花鳞片长圆形，淡锈色；雌花鳞片卵状披针形，边缘白色膜质；果囊长于鳞片；小坚果稍松地包于果囊中；花柱基部稍膨大，柱头2个。花、果期5~6月。**见于延庆镇江水泉公园**。生于沼泽、河岸湿地或草甸上。

柄薹草 *Carex mollissima* Christ. ex Scheutz 莎草科 薹草属

多年生草本，秆高30~40cm。叶长于秆，灰绿色；苞片叶状，长于小穗；小穗3~4个，间距最下面的小穗稍远离，上面的较接近，上端1~2个小穗为雄小穗，线形或棍棒形，具短柄；其余小穗为雌小穗；小坚果很松地包于果囊内，椭圆形；花柱细长，基部弯曲，不增粗；柱头3个，很短。花、果期7~8月。**见于海坨山**。生于山坡、疏林中。优质牧草。

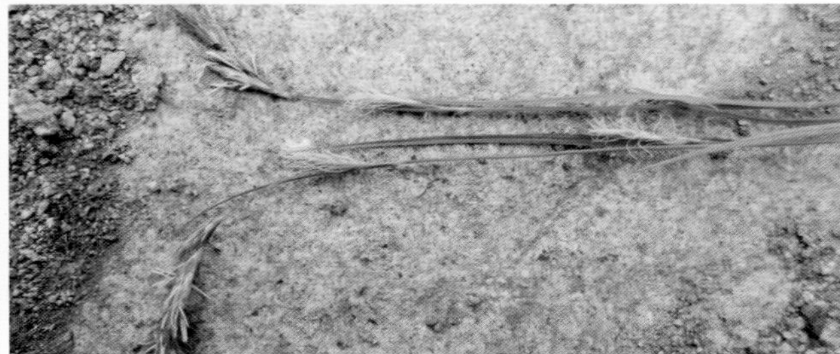

鸭绿薹草 *Carex jaluensis* Kom. 莎草科 薹草属

多年生草本。根状茎具较粗壮的地下匍匐茎。秆密丛生，较粗壮。叶稍短于秆，下面的叶具较长的叶鞘。小穗5~7个，下面的1~2个稍远离，上面的小穗间距较短；顶生小穗为雄小穗，其余小穗为雌小穗，狭圆柱形，密生多数花，下面的小穗具较细长的柄，上面的小穗近于无柄。果囊椭圆形或倒卵状长圆形，淡绿色或淡黄绿色，无毛。柱头3个。花、果期5~7月。**见于北地北沟**。生于山谷河边、沟边湿地或林下。

异穗薹草 *Carex heterostachya* Bunge 莎草科 薹草属

多年生草本，秆高20~40cm。具长的根状茎。三棱形。叶短于秆，具稍长的叶鞘。苞片芒状，常短于小穗。小穗常较集中生于秆的上端，间距较短，上端1~2个为雄小穗，长圆形或棍棒状，无柄；其余为雌小穗，卵形或长圆形，密生多数花，近于无柄。果囊斜展，稍长于鳞片。花柱基部不增粗，柱头3个。花、果期4~6月。**见于张山营平原造林**。生于干燥的山坡、草地或道旁荒地。

麻根薹草 *Carex arnellii* Christ ex Scheutz 莎草科 薹草属

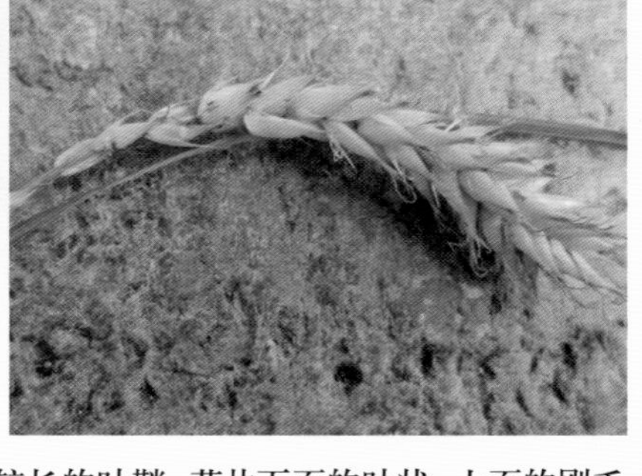

根状茎粗。秆密丛生，高25~90cm，三棱形，稍细，基部具叶。叶几与秆等长，具较长的叶鞘。苞片下面的叶状，上面的刚毛状，短于小穗，具短鞘，长不及1cm。小穗5~7个，上面2~3个为雄小穗，狭长圆形，近于无柄，下面3~4个为雌小穗，间距较疏远，圆柱形，小穗柄细长，小穗或多或少下垂。果囊斜展，喙口具两裂齿。小坚果三棱形。花、果期5~6月。**见于妫河边**。生于山坡、林下、草甸中或水边湿地。

菖蒲 *Acorus calamus* L. 天南星科 菖蒲属

多年生水生草本，有香气。根茎粗大，直径8~15mm；叶剑形，自根茎端丛生，中脉突出明显，基部扁平；花莛高40~70cm，佛焰苞与叶同形；肉穗花序，花密集，花被片6，黄绿色；浆果，长圆形，红色。花期5~8月。**见于妫河流域**。生于山谷湿地或河滩湿地。菖蒲叶丛翠绿，端庄秀丽，具有香气，适宜水景岸边及水体绿化。可制香料；根状茎制酒、提取淀粉。

东北南星（山棒子）*Arisaema amurense* Maxim. 天南星科 天南星属

多年生草本。根块茎小，近球形，直径1~2cm；掌状复叶1枚，小叶5片，卵形，全缘；肉穗花序，佛焰苞绿色；浆果红色，仿佛玉米棒。花期5~7月。**见于井庄镇西三岔村。**生于林下阴湿地。块茎入药，能去风痰，治疗淋巴结核。

一把伞南星（山棒子）*Arisaema erubescens* (Wall.) Schott 天南星科 天南星属

多生年草本。块根茎扁球形；叶1枚，叶片放射状分裂，小叶7~23，披针形，顶端细丝状；肉穗花序，佛焰苞绿色；果序似玉米棒，红色。花期5~8月，果期8~9月。**见于玉渡山。**生于林下湿地。块茎药用，能解毒消肿、祛风定惊、化痰散结。

虎掌（掌叶半夏）*Pinellia pedatisecta* Schott 天南星科 半夏属

多年生草本。块茎近圆球形，直径可达4cm，根密集，肉质；叶1~3或更多，叶片呈鸟足状分裂，裂片6~11，披针形；佛焰苞淡绿色，管部长圆形，檐部长披针形。肉穗花序：雌花序长1.5~3cm；雄花序长5~7mm；浆果卵圆形，绿色至黄白色，藏于宿存的佛焰苞管部内。花期6~7月，果期9~11月。**见于西三岔村**。生于林下、山谷或河谷阴湿处。

半夏（三叶半夏）*Pinellia ternata* (Thunb.) Makino 天南星科 半夏属

多年生草本。块根茎圆球形；叶基生，一年生的为单叶，心状箭形，二至三年生的为3叶；花序柄长于叶柄，佛焰苞绿色或绿白色，管部狭圆柱形；肉穗花序；浆果，卵圆形，黄绿色，先端渐狭为明显的花柱。花期5~7月。**见于松山**。生于阴湿地。块茎有毒，经炮制后入药，具有开胃、健脾、祛痰、镇静的作用。

浮萍 *Lemna minor* L. 浮萍科 浮萍属

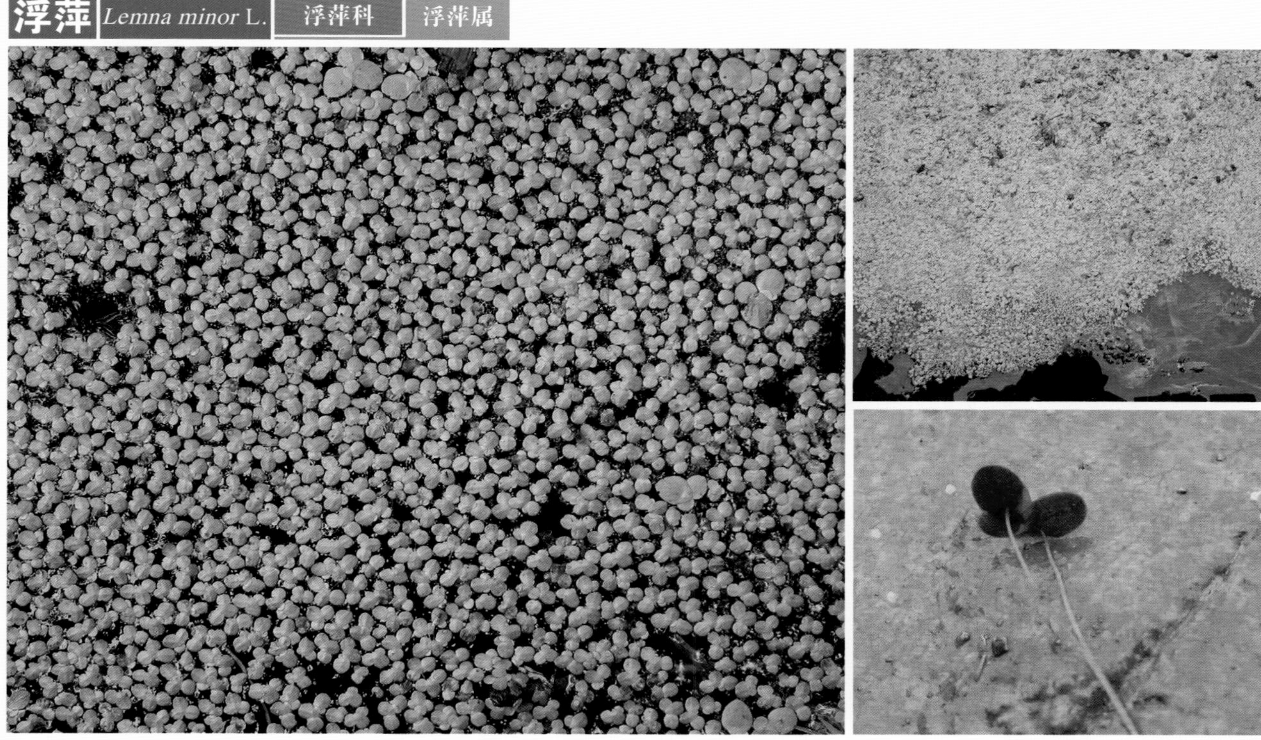

浮水小草本。根1条，长3~4cm，纤细；叶状体对称，倒卵形，正面平滑，绿色，不透明，背面浅黄色或为紫色；花单性，雌雄同株，生于叶状体边缘开裂处；佛焰苞翼状，内有雌花1，雄花2；果实近陀螺状。花期7~8月。**见于张山营镇静水塘中**。生于池塘、水田或其他静水水域。为良好的猪、鸭饲料和草鱼的饵料。全草入药，主治表邪发热、麻疹、水肿等症。

紫萍 *Spirodela polyrhiza* (L.) Schleid. 浮萍科 紫萍属

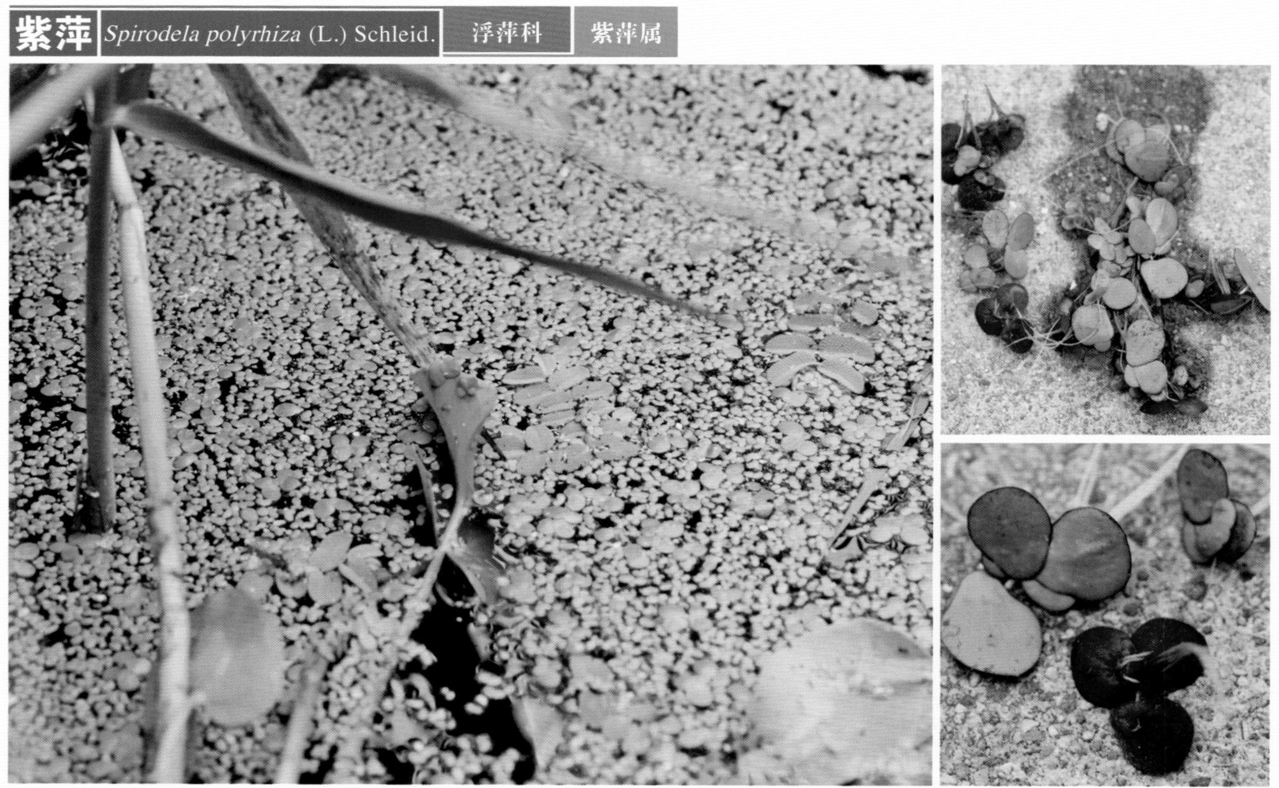

一年生浮水草本。下面着生5~11条细根，根长3~5cm，白绿色。叶状体倒卵状圆形，单生或2~5个簇生，扁平，深绿色，背面紫色。**见于妫河流域**。生于稻田、水塘及静水的河面。作饲料；全草入药，具有发汗、利尿、消肿的作用。

鸭跖草 *Commelina communis* L. 鸭跖草科 鸭跖草属

一年生草本，根基部枝匍匐而节上生根；多分枝，上部枝上升；单叶互生，卵状披针形，叶无柄；花蓝色，两性；花瓣3；蒴果近球形。花期6~7月。**见于千家店镇**。生于路旁、田埂、山坡、林缘阴湿处。全草入药，具有清热、利尿和抗病毒的功效；可作饲料。

饭包草（火柴头）*Commelina benghalensis* L. 鸭跖草科 鸭跖草属

多年生匍匐草本。茎上部直立，基部匍匐，被疏柔毛，匍匐茎的节上生根；叶具明显叶柄；叶片椭圆状卵形或卵形，全缘，边缘具毛，两面被短柔毛或疏长毛或近无毛；聚伞花序数朵，几乎不伸出苞片，花瓣蓝色；蒴果椭圆形。花期7~8月。**见于康安小区**。生于阴湿或林下潮湿处。可作景观应用。

竹叶子 *Streptolirion volubile* Edgew. 鸭跖草科 竹叶子属

多年生缠绕草本。叶长柄，心形，叶边缘有毛；花2~3朵，白色，花瓣3；蒴果，椭圆形，具喙。花期7~9月。**见于大庄科**。生于山沟、农田旁的沙质湿润土壤上。全草入药，具有清热利尿的作用。

鸭舌草 *Monochoria vaginalis* (Burm.f.) C.Presl 雨久花科 雨久花属

多年生水生草本。根具短的地下茎；具基生叶和茎生叶，叶卵圆形；总状花序，花蓝紫色，花瓣长圆形；蒴果，卵形。花、果期7~10月。**见于张山营南淹没区**。生于沼泽潮湿地区。全草入药，具有止痛的功效。

扁茎灯心草 *Juncus compressus* Jacq. 灯心草科 灯心草属

多年生湿地草本。根状茎横走，节间短；茎高25~75cm，圆柱形，中空，直立，丛生；叶线形，扁平，有叶耳，叶片边缘卷曲；聚伞花序，花单生，花被片6，外轮与内轮花被片近等长；蒴果，卵形，光亮。花期5~7。**见于官厅水库周边湿地**。生于河边，池旁，水沟边，稻田旁，沼泽湿处。全草入药，具有清热、利水之功效。

小灯心草 *Juncus bufonius* L. 灯心草科 灯心草属

一年生湿地草本。具须根；簇生，茎直立，基部通常红褐色；叶基生和茎生，叶片稍扁平，具沟，叶鞘膜质；花序二歧聚伞花序，顶生；花被片淡绿褐色，外轮花被片比内轮花被片长，先端锐尖；蒴果，三角状长圆形。花期6~8月。**见于官厅水库周边**。生于水边和潮湿地上。全草可供药用，主治小便涩痛、水肿、尿血等症。

尖被灯心草 *Juncus turczaninowii* (Buchen.) V. Krecz. 灯心草科 灯心草属

多年生草本。根状茎横走；茎密丛生，直立，绿色，具纵沟纹。基生叶1~2枚；茎生叶通常2枚；叶片扁圆柱形，横隔明显，关节状；复聚伞花序顶生，由多数头状花序组成；头状花序半球形，直径2~5mm；种子椭圆形或近卵形，棕色，表面具网纹。花期6~7月，果期7~9月。**见于官厅水库淹没区**。生于河边湿草地、沼泽草甸。

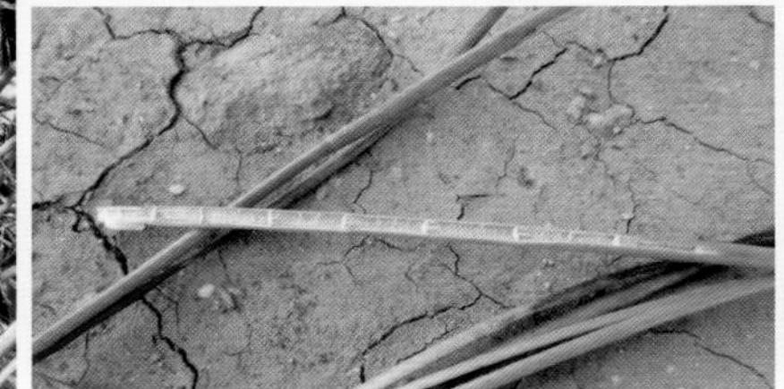

曲枝天门冬 *Asparagus trichophyllus* Bunge 百合科 天门冬属

多年生草本。根稍肉质；茎光滑，上部回折状；花每2朵腋生，单性，雌雄异株，花绿黄色或稍带紫色。花、果期5~8月。浆果，熟时红色。**见于四海镇**。生于低山旱坡。生于山坡路边、田边或荒地上。块根可入药，具有清热化痰的作用。由于曲枝奇特造型，可栽培供观赏。

兴安天门冬 *Asparagus dauricus* Fisch. ex Link 百合科 天门冬属

多年生草本。茎与分枝均具条纹，有时幼枝具软骨质齿。叶状枝稀少。花2朵，腋生，黄绿色。花、果期5~9月。浆果，球形，内有2~4粒种子。**见于大榆树镇。**生于山坡、荒地、沙丘等地。

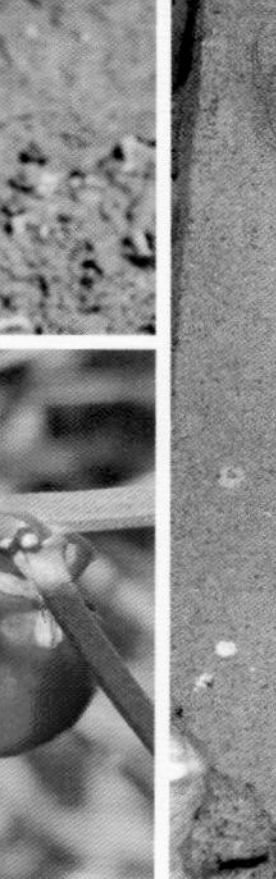

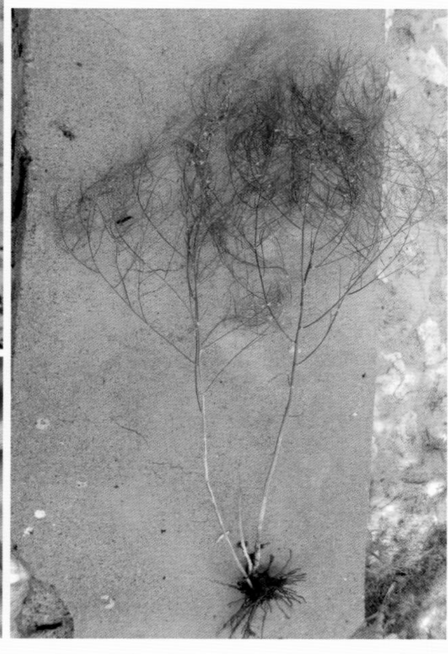

龙须菜 *Asparagus schoberioides* Kunth 百合科 天门冬属

多年生草本。根细长；茎上部和分枝具纵棱，分枝有时具极狭的翅；叶状枝常带3~7枚簇生，窄条形镰刀状；雌雄异株，花2~4朵腋生，黄绿色。花期5~6月，果期7~9月。浆果，熟时红色。**见于玉渡山。**生于草坡或林下。幼时可食用。

南玉带 *Asparagus oligoclonos* Maxim. 百合科 天门冬属

多年生草本。根稍肉质。茎平滑或稍具条纹，坚挺；分枝具条纹，有时嫩枝疏生软骨质齿。叶状枝通常5~12枚成簇，近扁的圆柱形。花1~2朵腋生，黄绿色。花、果期5~8月。浆果。**见于刘斌堡乡**。生于山坡草地、林下或湖湿处。可作花卉进行栽培，供观赏。

长花天门冬 *Asparagus longiflorus* Franch. 百合科 天门冬属

多年生草本。根较细；茎通常中部以下平滑，上部多少具纵凸纹并稍有软骨质齿；叶状枝每4~12枚成簇，伏贴或张开，近扁的圆柱形；茎上的鳞片状叶基部有长1~5mm的刺状距；花通常每2朵腋生，淡紫色；浆果，熟时红色，通常有4颗种子。花、果期5~8月。**见于千家店镇**。生于山坡、林下或灌丛中。

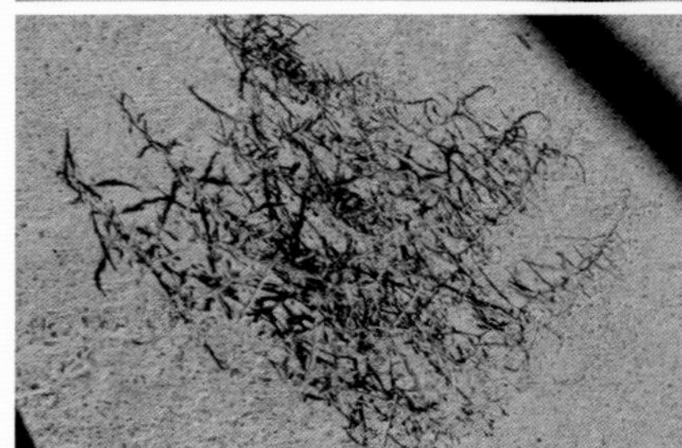

北重楼 *Paris verticillata* M. Bieb. 百合科 重楼属

多年生草本。根状茎细长；茎绿白色，有时带紫色；叶6~8枚轮生，披针形、狭矩圆形；顶生一花，外轮花被绿色，叶状，内轮花被线形；子房球形紫褐色；蒴果，浆果状，不开裂。花、果期5~7月。**见于玉渡山**。生于海拔1000m以上的山坡、草地、阴湿地和沟边。北重楼的轮生叶很美丽，可用作盆栽和庭园绿化。根茎可入药，具有清热解毒、散结消肿的功效。

铃兰 *Convallaria majalis* L. 百合科 铃兰属

多年生草本。具有多分枝的根茎；叶2~3枚，基生，卵圆形，具光泽；花钟状，下垂，总状花序偏向一侧，花白色。花、果期5~8月。浆果，球形，熟时红色。**见于凤凰坨、玉渡山等地**。生于阴坡林下或沟边。全草入药，有强心、利尿之功效。为著名观赏花卉。

波叶玉簪 *Hosta undulata* (Otto & A.Dietr.) L.H.Bailey 百合科 玉簪属

多年生草本。根状茎粗状；叶卵状心形，叶缘波状，有时叶边处具不等宽的白色条纹；花单生或2~3朵簇生，白色，芬香，漏斗状；蒴果圆柱状，有三棱。花、果期6~10月。栽培。原产于我国。**见于夏都公园**。可观赏；花有清咽、利尿和通经的功能；根和叶有小毒，外用可治乳腺炎。

紫萼 *Hosta ventricosa* (Salisb.) Stearn 百合科 玉簪属

多年生草本。根状茎粗达2cm，常直生，须根被绵毛；叶基生，多数，叶柄槽状；叶面亮绿色；花10~30朵，排成长约30cm的总状花序；花紫色，6瓣；蒴果黄绿色。花、果期6~8月。栽培。原产我国中部地区。**见于夏都公园**。供观赏。根、叶入药，有毒，外用治乳腺炎。

知母 *Anemarrhena asphodeloides* Bunge 百合科 知母属

多年生草本。根茎横生，粗壮，密被许多黄褐色纤维状残叶，下面生有多数肉质须根。叶基生，线形。花2~6朵成一簇，散生在花葶上部呈总状花序；花黄白色，多于夜间开放，具短梗。花、果期5~7月。蒴果卵圆形。**见于张山营镇**。生于山坡、草地、路旁或干旱的荒滩上。根状茎为著名的中药，具有滋阴降火、润燥滑肠的作用。

小黄花菜 *Hemerocallis minor* Mill. 百合科 萱草属

多年生草本。根具短的根状茎和稍肉质肥大的纺锤状根；叶基生，排成二列，线形；花顶生1~3朵，淡黄色，6瓣；蒴果，黑色，具棱。花、果期6~9月。**见于旧县镇北山**。生于山坡、山谷、荒地和林缘。花蕾和花是高档的食用菜；也可栽培观赏。

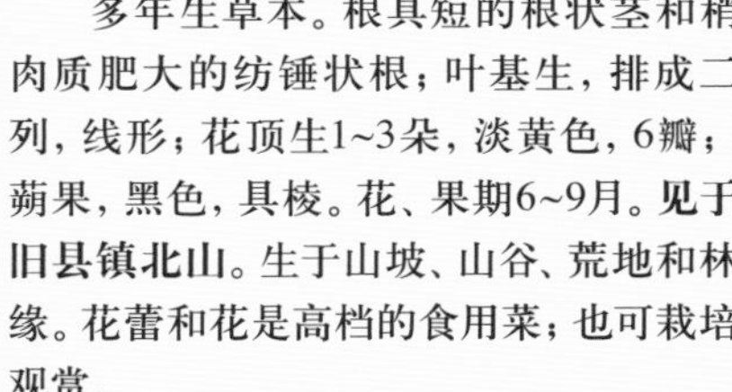

北黄花菜 *Hemerocallis lilioasphodelus* L. 百合科 萱草属

多年生草本。根状茎短，稍肥厚；叶基生，排成二列，线形；花葶由叶丛中抽出，顶生4朵花；花淡黄色或黄色，芳香；蒴果椭圆形。花、果期6~7月。**见于海坨山**。生于山顶草甸、湿草地、山坡和灌木丛中。花可食用；可栽培观赏。

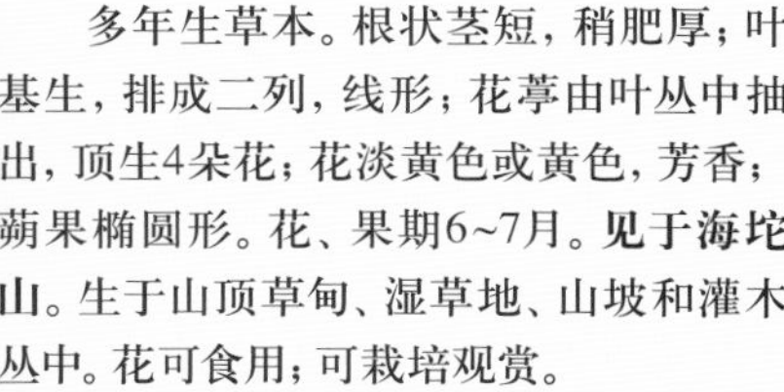

鞘柄菝葜 *Smilax stans* Maxim. 百合科 菝葜属

落叶灌木或半灌木。茎和枝条稍具棱，无刺。叶卵形、近圆形，背面稍苍白色或有时有粉尘状物；叶柄向基部渐宽成鞘状，背面有多条纵槽。花序具1~3朵或更多的花；花绿黄色，有时淡红色；浆果熟时黑色，具粉霜。花期5~6月，果期10月。**见于珍珠泉乡**。生于山坡、林下、灌丛中。具有解毒和祛风的作用。

黄花油点草 *Tricyrtis pilosa* Wall. 百合科 油点草属

多年生草本。基生叶叶面上分布着大小不等浅黑色斑点，似油点，叶互生，无柄，椭圆形至倒卵形，抱茎；聚伞花序疏生少花，顶生或生上部叶腋，花被片6，基色为黄色或黄绿色，有紫褐色斑点，矩圆形，外轮者基部具囊，水平开展；蒴果长圆形，具3棱，黑色。花、果期6~9月。**见于玉渡山、千家店镇。**生于林下、灌木丛及路旁；花朵形态奇特，美丽，用来培植花卉新品种。

玉竹 *Polygonatum odoratum* (Mill.) Druce 百合科 黄精属

多年生草本。根茎横走，肉质，黄白色，密生多数须根；茎单一，高20~60cm。叶互生，无柄；叶片椭圆形至卵状长圆形，正面绿色，背面灰色；叶脉隆起，平滑或具乳头状突起，叶全缘。花腋生，通常1~4朵簇生，花黄绿色至白色。浆果球形，熟时蓝黑色。花期5~6月。**见于大庄科乡。**生于林下、林间、灌丛或阴坡上。根茎入药，具有滋补强壮的功效。

五叶黄精 *Polygonatum acuminatifolium* Kom. 百合科 黄精属

多年生草本。根状茎细圆柱形；茎高20~30cm；叶互生，椭圆形至矩圆状椭圆形，仅具4~5叶；花序具2花，花被白绿色，裂片长4~5mm，花冠筒内花丝贴生。花期5~6月。**见于凤凰坨阴坡**。生于林下，分布在海拔1100~1400m处。

黄精 *Polygonatum sibiricum* Redouté 百合科 黄精属

多年生草本。根茎横走，圆柱状，结节膨大；茎圆柱形，直立，不分枝。叶4~6枚轮生，叶片条状披针形，先端渐尖并拳卷。花腋生，下垂，2~4朵成伞形花序，白色至淡黄色；浆果球形，熟时黑色。花期5~6月。**见于千家店镇**。生于林下，灌木丛或山坡上。根茎入药，具有滋养强壮的功效。

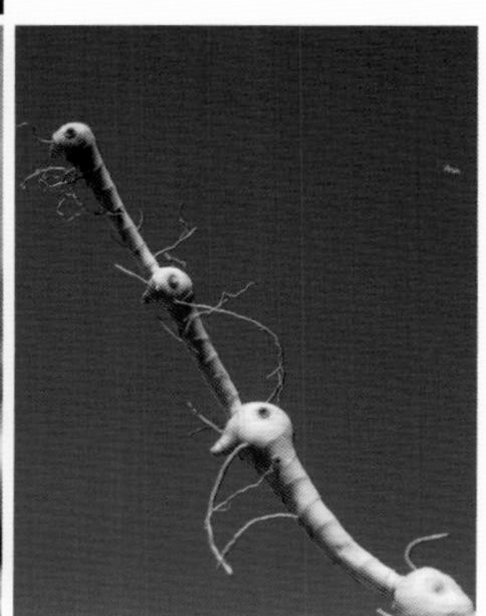

热河黄精（多花黄精）*Polygonatum macropodum* Turcz. 百合科 黄精属

多年生草本。根状茎圆柱形；茎高30~100cm茎直立或稍倾斜，单一不分枝。叶互生，卵形至卵状椭圆形，先端尖或钝，全缘；花腋生，近伞房状，3~12朵；花冠筒形，白色或带红点，长15~20mm。浆果，球形，熟时蓝黑色。花期6~7月。**见于千家店镇**。生于林下，山坡灌丛中，根茎入药，为滋补强壮剂。

二苞黄精 *Polygonatum involucratum* (Franch. et Savat.) Maxim. 百合科 黄精属

多年生草本。根状茎细圆柱形，肉质；茎高20~30cm，上部倾斜，着生4~7叶。互生，叶卵形；花序腋生，具2花，顶端具2枚叶状苞片；花淡绿色或淡黄绿色，花被合生呈筒状；浆果；花期5~6月，果期8~9月。**见于八达岭镇石峡村**。生于林下、阴湿山坡上。根茎入药，具有滋养的功效。

小玉竹 *Polygonatum humile* Fisch. ex Maxim. 百合科 黄精属

多年生草本。根状茎细圆柱形，匍匐；茎直立，高15~50cm，有棱角。叶互生，无柄或下部叶有极短的柄，叶片长圆形、背面及边缘具短糙毛；叶腋处仅具一花，花白色，顶端带绿色，筒状；浆果蓝黑色。花期6~7月。**见于海坨山**。生于林下、山坡草地。

舞鹤草 *Maianthemum bifolium* (L.) F. W. Schmidt 百合科 舞鹤草属

多年生矮小草本。根状茎细长匍匐。茎直立，不分枝。基生叶具长达10cm的叶柄，到花期则凋萎；茎生叶常2枚，互生于茎的上部，三角状卵形，叶柄有柔毛。总状花序顶生20朵花左右；花白色。浆果，球形熟时红色。花、果期5~9月。**见于凤凰坨阴坡**。生于阴坡林下。全草含皂苷。主治凉血、止血、清热解毒。用于吐血、尿血、月经过多；治外伤出血、瘰疬、脓肿、癣疥、结膜炎。

鹿药（米心菜） *Maianthemum japonicum* (A. Gray) La Frankie 百合科 舞鹤草属

多年生草本。根茎横卧，肉质肥厚，有多数须根。茎单生，有粗毛；叶互生，着生于茎的上半部，卵状椭圆形，边缘及两面密被粗毛；圆锥花序顶生，密生粗毛，花单生，花小，白色；浆果，近球形，熟时红色。花期5~6月，果期8~9月。**见于凤凰坨**。生于林下、灌丛下、水旁湿地或林缘。可食用；根茎入药，具有清热的作用。

山韭 *Allium senescens* L. 百合科 葱属

多年生草本。具粗壮的横生根状茎，鳞茎单生或数枚聚生。叶数片丛生；叶狭条形至宽条形，肥厚，基部近半圆柱状，上部扁平，有时略呈镰状弯曲，短于或稍长于花葶，先端钝圆。花轴高30~40cm；伞形花序顶生；花被6，紫色。花期7~9月。蒴果球形。**见于珍珠泉乡梯子沟山尖**。生于梁脊。具有抗菌消炎的作用。

茖葱（山葱）*Allium victorialis* L. 百合科 葱属

多年生草本。鳞茎近圆柱形；鳞茎外皮灰褐色至黑褐色，破裂成纤维状，成明显的网状。鳞茎单生或2~3枚聚生，近圆柱状。叶2~3枚，倒披针状椭圆形至椭圆形，基部楔形，沿叶柄稍下延，先端渐尖或短尖。花莛圆柱形；伞形花序球状，具多而密集的花，小花梗近等长；花白色或带绿色；花期6~7月。蒴果，近圆球形。**见于千家店镇**。生于海拔1000m以上的阴湿坡、林下草地、沟边。可食用，生吃、熟吃均可。

砂韭 *Allium bidentatum* Fisch. ex Prokh. 百合科 葱属

多年生草本。鳞茎数枚丛生，圆柱状，外皮红褐色。叶半圆形，比花莛短。花莛圆柱状。伞形花序半球形，花柄近等长，花红色或淡紫红色。花、果期7~9月。**见于凤凰坨**。生于山顶草坡。鳞茎可入药，具有发汗、散寒的作用。

薤白（小根蒜）*Allium macrostemon* Bunge 百合科 葱属

多年生草本。鳞茎近球形，粗1~2cm；鳞茎外皮灰黑色，纸质。叶3~5枚，半圆柱形或条形。花序球形，密聚株芽，间有数朵花或全为花，花被宽钟状，红色至粉红色。蒴果近球形。花、果期5~7月。**见于香营乡。**生于山坡、草地、沟滩及路边。鳞茎含有大蒜氨酸、甲基大蒜氨酸、大蒜糖等，可治疗痢疾、慢性气管炎、胃炎等。

长梗韭 *Allium neriniflorum* (Herb.) Baker 百合科 葱属

多年生草本，植物体无葱味。鳞茎单生，卵球状。叶基生，圆柱状或近半圆柱状，中空，具纵棱，等长于或长于花莛。花莛圆柱状，伞形花序疏散；小花梗不等长；花红色至紫红色，花瓣6片。花期7~8月。蒴果，膜质，内含8粒种子。**见于四海镇。**生于海拔2000m以下山坡、湿地、沙地。花大艳丽，可以进行栽培观赏。

野韭 *Allium ramosum* L. 百合科 葱属

多年生草本。具横生、粗壮的根状茎。叶三棱状条形，中空，比花序短。花葶圆柱状，具纵棱，有时棱不明显；花白色；花期6~9月。**见于刘斌堡乡**。生于海拔460~2100m的向阳山坡、草坡或草地上。叶可食用。

细叶韭 *Allium tenuissimum* L. 百合科 葱属

多年生草本。根鳞茎数枚聚生，近圆柱状；鳞茎外皮紫褐色。叶半圆柱状至近圆柱状，线状，与花葶近等长。伞形花序半球状或近扫帚状，松散；花白色或淡红色，稀为紫红色；蒴果卵球形。花期7~8月。**见于康庄镇**。生于山坡草地和沙滩上。具有抗菌消炎的作用。

黄花葱 *Allium condensatum* Turcz. 百合科 葱属

多年生草本。鳞茎近圆柱形，外皮红褐色；花莛圆柱状实心，下部被叶鞘。叶圆柱状或半圆柱状，中空，比花莛矮。伞形花序球形，花密集，淡黄色。蒴果近球形。花、果期7~9月。**见于清水顶**。生于山坡草地上。

球序韭 *Allium thunbergii* G. Don 百合科 葱属

多年生草本。鳞茎常单生，卵状至狭卵状。叶三棱状条形，中空或基部中空，背面具一纵棱，呈龙骨状隆起，短于或略长于花葶。花莛圆柱状，中空。伞形花序球状，具多而极密集的花；小花梗近等长。花红色至紫色。蒴果卵球形。花期8~9月。**见于四海镇**。生于山坡、草地、林缘。鳞茎可入药，治疗痢疾。

葱 *Allium fistulosum* L. 百合科 葱属

多年生草本。鳞茎圆柱状；叶圆筒状，中空；花莛圆柱状，中空；聚伞状伞形花序，多花；花白色；蒴果，倒卵形。花、果期4~7月。栽培。原产西伯利亚。**见于珍珠泉乡**。葱是蔬菜和调味料之一；鳞茎和种子入药，具有通奶解毒作用。

蒜 *Allium sativum* L. 百合科 葱属

多年生草本。鳞茎球形至扁球形，常由多个肉质瓣状小鳞茎组合。花莛圆柱形实心。叶扁平，披针形。总苞具长喙；伞形花序密具珠芽。蒴果。花期7月。栽培。原产于欧洲和亚洲西部。**见于水峪村**。蒜可当菜和调味料；具有杀菌、防腐及消毒的作用。

藜芦（大叶鸭芦）*Veratrum nigrum* L. 百合科 藜芦属

多年生草本。根茎短，具须根。茎直立，株高120cm，粗壮，被有白色柔毛；叶通常阔，抱茎，有叶脉褶；花绿白色或暗紫色，两性或杂性；蒴果。花期6~8月，果期8~10月。**见于玉渡山**。生于海拔800m以上的阴坡林下、草地。全草入药，有祛痰、催吐的作用；因有毒性，可作生物杀虫剂。

棋盘花 *Zigadenus sibiricus* (L.) A. Gray 百合科 棋盘花属

多年生草本。鳞茎小葱头状，外层鳞茎皮黑褐色；叶基生，条形，在花葶下部常有1~2枚短叶；总状花序或圆锥花序具疏松的花；花被片绿白色，内面基部上方有一顶端2裂的肉质腺体；蒴果圆锥形，有狭翅。花期7~8月，果期8~9月。**见于玉渡山**。生于林下和山坡草地上。可以栽培观赏。

小顶冰花 *Gagea hiensis* Pasch. 百合科 顶冰花属

多年生小草本。鳞茎卵形，鳞茎皮褐黄色，通常在鳞茎皮内基部具一团小鳞茎。直立，株高10~25cm。基生叶1枚，扁平；总苞片狭披针形，约与花序等长。花瓣内面淡黄色，外面黄绿色；花序伞形，3~5朵花；排成伞形花序；蒴果近球形。长为宿存花被的1/2；种子近圆形。花期4~5月。**见于凤凰坨、玉渡山等地**。生于山坡、沟边潮湿处。鳞茎入药，可养心安神。

三花洼瓣花 *Lloydia triflora* (Ledeb.) Baker 百合科 洼瓣花属

多年生草本。鳞茎球形，直径约6mm；鳞茎膜质，黄褐色，先端不延伸，内侧基部有几个极小的小鳞茎。基生叶1枚，条形，茎生叶1~3(4)枚，边缘内卷，上面的较小。花2~4朵，排成二歧的伞房花序；小苞片狭条形；花被片条状倒披针形，白色；果实三棱状倒卵形。花期5~6月，果期7月。**见于松山自然保护区**。生于海拔较低的山坡、灌丛下或河沼边。可以栽培观赏。

百合 *Lilium brownii* var. *viridulum* Baker 百合科 百合属

多年生草本。鳞茎球形；茎直立，无毛；单叶，互生，狭线形，无叶柄，直接包生于茎秆上，叶全缘；花乳白色，1~3朵，具香气；蒴果，长圆形，具棱。花、果期5~10月。栽培。原产于亚洲东部、欧洲、北美洲等北半球温带地区。**见于四海镇**。观赏；鳞茎入药，具有润肺止咳的功效。

山丹 *Lilium pumilum* DC. 百合科 百合属

多年生草本。根鳞茎，白色；茎直立，光滑无毛；单叶互生，线形，中脉下面突出；花鲜红色，下垂，花被片6，反卷；总状花序，数朵；蒴果，长圆形，室背开裂。花期6~8月，果期9~10月。**见于四海镇**。山坡草地、林间、路旁。鳞茎可食用，也可入药，具有滋补强壮、止咳祛痰、利尿等功效。

有斑百合 *Lilium concolor* var. *pulchellum* (Fisch.) Baker 百合科 百合属

多年生草本。鳞茎卵状球形，白色，鳞茎上方的茎上簇生很多不定根；茎直立；叶互生，条形或条状披针形；花单生或数朵呈总状花序，生于茎顶端，深红色、黄色，有褐色斑点；蒴果矩圆形。花期6~7月，果期5~9月。**见于松山**。生于山坡、草地、林间或路旁。可栽培观赏；鳞茎可食，也可入药，具有润肺化痰的作用。

卷丹 *Lilium tigrinum* Ker Gawl. 百合科 百合属

多年生草本。鳞茎，白色；茎直立，常带紫色条纹，具白色绵毛；叶散生，矩圆状披针形或披针形，上面叶腋处生有紫色珠芽；花下垂，花被片披针形，反卷，橙红色，有紫黑色斑点；蒴果，狭长卵形。花、果期7~10月。栽培。历史记载分布于河北省。观赏；鳞茎可食用。

绵枣儿 *Barnardia japonica* (Thunb.) Schult. & Schult.f. 百合科 绵枣儿属

多年生草本。鳞茎卵球形，下部有短根茎，数条须根，鳞茎片内面具绵毛；茎直立，株高20~35cm；基生叶狭线形；花小，淡紫红色；花被6，裂片矩圆形，有深紫色的脉纹1条；总状花序；蒴果倒卵形。花、果期6~9月。**见于张山营48顷。**生于丘陵、山坡或田间。鳞茎可食用，也可栽培观赏。

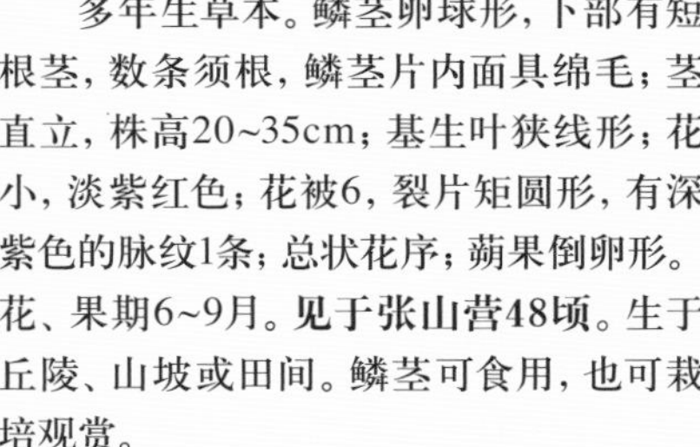

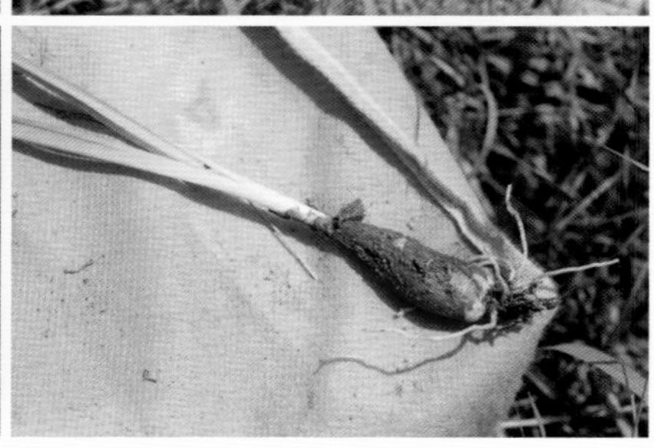

薯蓣（戟叶薯蓣）*Dioscorea polystachya* Turcz. 薯蓣科 薯蓣属

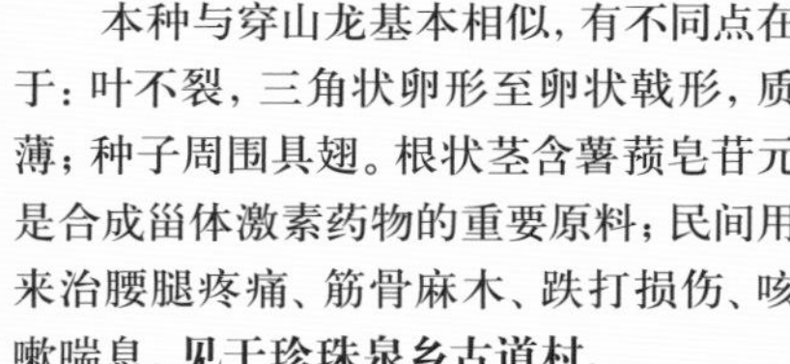

本种与穿山龙基本相似，有不同点在于：叶不裂，三角状卵形至卵状戟形，质薄；种子周围具翅。根状茎含薯蓣皂苷元是合成甾体激素药物的重要原料；民间用来治腰腿疼痛、筋骨麻木、跌打损伤、咳嗽喘息。**见于珍珠泉乡古道村。**

穿龙薯蓣（鸡骨头、串地龙）*Dioscorea nipponica* Makino 薯蓣科 薯蓣属

多年生缠绕草质藤本。根茎横走，具分枝，栓皮呈片状脱落，断面黄色。茎左旋，缠绕，具沟纹。叶互生，掌状3~7浅裂至深裂，全缘。花单性异株，穗状花序腋生；绿色花被6裂；花期7~8月。蒴果，褐色，长圆形，具3翅。**见于四海镇**。生于山坡灌丛中。根入药，有舒筋活血，止咳化痰，祛风止痛的功效。

紫苞鸢尾（山马蔺）*Iris ruthenica* Ker - Gawl. 鸢尾科 鸢尾属

多年生草本。根状茎细长，匍匐多枝，外被褐色纤维。叶线形，基部为退化成鞘状的叶片所包。花茎从叶中抽出；花浅蓝色或蓝色，花瓣带有条纹和斑点。花、果期5~7月。蒴果短而圆，种子球形，具白色突起物。**见于刘斌堡乡**。生于山坡草地；可栽培供观赏。

粗根鸢尾 *Iris tigridia* Bunge 鸢尾科 鸢尾属

多年生草本。植株基部常有大量老叶叶鞘残留的纤维，不反卷，棕褐色。根状茎不明显，木质，须根肉质白色。茎直立，不分枝或少分枝，株高10~20cm。叶条形，有光泽。花有紫、红、粉多种色，特别鲜艳，6个花瓣中，间隔有3个瓣中间长有丝状物。花期4~5月，果椭圆形。**见于四海镇**。不常见，生于干燥山坡。是著名花卉，可栽培观赏。

马蔺 *Iris lactea* Pall. 鸢尾科 鸢尾属

多年生密丛草本。根状茎粗壮，须根发达，深到1m以下。叶线形，长30~50cm，纤维性强。花蓝色，花瓣有紫色花纹，直径5~6cm；先开花后长叶；花、果期4~7月。蒴果长椭圆状柱形。**见于四海镇**。生于路旁，向阳的沙地和山坡上。民间用于包粽子捆扎，蔬菜捆扎等；种子入药，可清热解毒，止血；可用于绿化，防止水土流失。

野鸢尾（扇子草）*Iris dichotoma* Pall. 鸢尾科 鸢尾属

多年生草本。须根。茎直立，株高30~80cm，二歧分枝。叶常具白色边缘，单片叶弯刀形，多片叶组成扇形。花白色，具紫褐色斑点。花期6~8月；蒴果，狭长，具3棱。**见于张山营镇48顷**。生于向阳山坡。叶丛美观，用于花坛、花境、地被栽植。其根茎可提取香精。

细叶鸢尾 *Iris tenuifolia* Pall. 鸢尾科 鸢尾属

多年生密丛草本，植株基部存留有红褐色或黄棕色折断的老叶叶鞘。根状茎块状，短而硬；须根坚硬，细长，分枝少。叶质地坚韧，丝状或狭条形，扭曲，无明显的中脉。花茎长度随埋砂深度而变化，通常甚短，不伸出地面；花蓝紫色；蒴果倒卵形。花期4~5月，果期8~9月。**见于康庄镇**。生于沙地。

鸢尾 *Iris tectorum* Maxim. 鸢尾科 鸢尾属

多年生草本，高20~40cm。根状茎粗壮。叶基生，黄绿色。花茎光滑，苞片2~3枚，绿色，草质，边缘膜质，色淡，内包含有1~2朵花；花蓝紫色，直径约10cm；蒴果长椭圆形。花期4~5月，果期6~8月。栽培。原产我国中部。**见于八达岭镇**。根茎入药，具有消积通便、散瘀的功效。

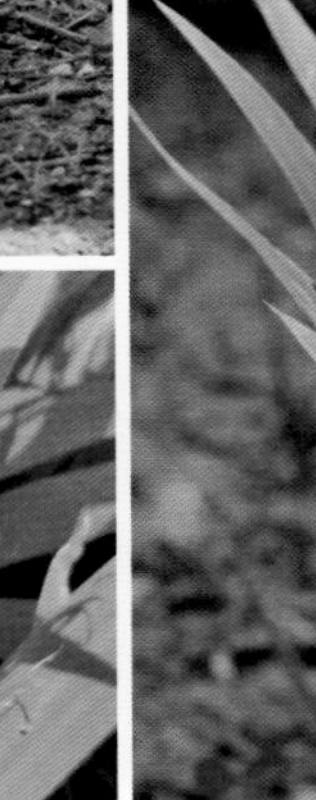

黄菖蒲 *Iris pseudacorus* L. 鸢尾科 鸢尾属

多年生草本。根状茎粗壮。基生叶灰绿色，宽剑形，长40~60cm，宽1.5~3cm，顶端渐尖，基部鞘状，色淡，中脉较明显。花茎粗壮，高60~70cm；苞片3~4枚；花黄色，直径10~11cm，花梗长5~5.5cm，花被管长1.5cm，花药黑紫色；花柱分枝淡黄色。花期5月、果期6~8月。**见于曹官营村南妫河内**。喜生于河湖沿岸的湿地或沼泽地上。

凹舌掌裂兰 *Dactylorhiza viridis* (L.) R.M.Bateman - Pridgeon & M.W.Chase 兰科 凹舌兰属

多年生草本。块根肥厚掌裂状。茎直立，植株高14~45cm。基部叶具2~3枚，椭圆形。总状花序5~8cm长，花绿色，花瓣线形，唇瓣舌状，顶端带有豁口，所以称之为凹舌兰。花、果期7~9月。蒴果，直立，椭圆形。**见于海坨山**。生于林间草地或林缘湿地上。

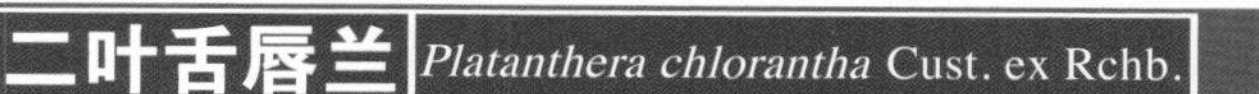

二叶舌唇兰 *Platanthera chlorantha* Cust. ex Rchb. 兰科 舌唇兰属

多年生陆生草本。具1~2枚卵形的块根。茎直立，无毛，高30~50cm。基生叶2枚，椭圆形。花白色，花瓣偏斜，基部较宽大，唇瓣肉质。蒴果，具喙。花期6~7月，果期7~8月。**见于海坨山、凤凰坨等地**。常见。生于山坡林下或草丛中。可作花卉栽培。

二叶兜被兰 *Neottianthe cucullata* (L.) Schltr. 兰科 兜被兰属

多年生陆生草本。肉质块根近球形或椭圆形。茎直立，株高4~24cm。基生叶2枚，卵形，叶上带有紫色花点。总状花序顶生，偏向一侧，花紫粉色，花瓣线形。花、果期6~9月。**见于刘斌堡乡**。极少见。生于林下和林间草地。可作花卉栽培。

手参 *Gymnadenia conopsea* (L.) R. Br. 兰科 手参属

多年生陆生草本。块根椭圆形，下部常掌状分裂，似小手状，所以叫手参。茎直立，肉质，高20~60cm。叶3~5片，狭椭圆形，茎上部有2~3片小叶。花粉红色或淡紫色。花序总状具多数密生的花，圆柱形，花、果期6~10月。**见于海坨山**。生于林间草甸。块根入药，泡酒作强壮剂，有补肾益精、理气止痛的功效。

绶草（盘龙参，纽丝草）*Spiranthes sinensis* (Pers.) Ames 兰科 绶草属

多年生陆生小草本。根数条肉质，白色。茎直立，株高10~40cm。基生叶数片，叶线形或披针形。花小，淡红色，在茎上成螺旋状排列。蒴果，椭圆形。花、果期6~9月。**见于井庄镇**。生于山坡、草地、路边或杂草丛中。根及全草入药，有清热凉血、消炎止痛、止血的功效。

对叶兰 *Listera puberula* Maxim. 兰科 对叶兰属

多年生陆生直立草本。植株直立。具小形和不分裂块茎。具细长的根状茎。茎的中部具2枚对生叶，心形，阔卵形或阔卵状三角形，叶缘多少皱波状。总状花序，顶生；具稀疏的花；苞片披针形，绿色，急尖。花瓣通常较萼片为小，常稍肉质，线形、菱形。蒴果，长圆形。花期6~8月。**见于海坨山阴坡**。生于高山草甸。

角盘兰 *Herminium monorchis* (L.) R. Br. 兰科 角盘兰属

多年生草本。块根球形，直径6~10mm，肉质。茎直立。叶下部具2~3枚叶，上部具1~2枚苞片状小叶。叶片狭椭圆状披针形直立伸展。花黄绿色，花小，花瓣线形，花序总状圆柱形。花、果期6~9月。**见于海坨山**。生于山坡草地、林下、沟边。块茎入药，具有清热、消炎的作用。

沼兰 *Malaxis monophyllos* (L.) Sw. 兰科 沼兰属

多年生草本。茎直立，高15~20cm。根假鳞茎卵形或椭圆形，白色的干膜质鞘。基生叶1~2片，椭圆形，叶柄鞘状抱茎。总状花序，顶生。花小，绿黄色，花瓣线形，唇瓣卵形。蒴果，斜椭圆形。花、果期6~9月。**见于海坨山、玉渡山**。生于林间草甸。

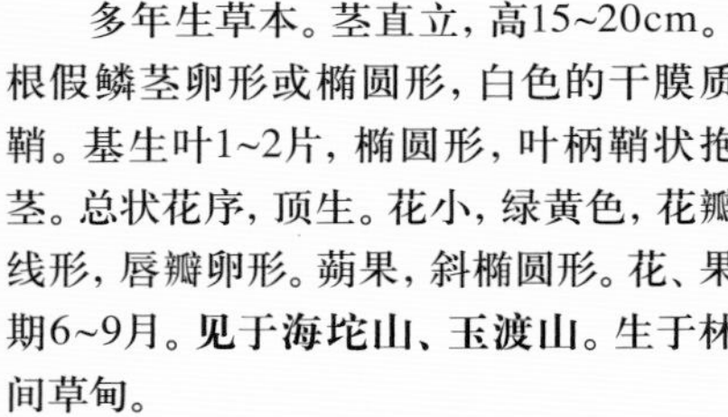

尖唇鸟巢兰 *Neottia acuminata* Schltr. 兰科 鸟巢兰属

多年生腐生草本，植株高14~30cm。根为白色多数，肉质。茎直立，棕色，中部以下具3~5枚鞘，无绿叶；总状花序顶生，长4~8cm，通常具20余朵花；花小，黄褐色；蒴果椭圆形。花、果期6~8月。**见于海坨山**。生于林下和草丛阴处。根状茎可入药，具有清热的作用。

珊瑚兰 *Corallorhiza trifida* Chat. 兰科 珊瑚兰属

腐生小草本，高10~22cm；根状茎肉质，多分枝，珊瑚状。茎直立，圆柱形，红褐色，无绿叶，被3~4枚鞘；鞘圆筒状，抱茎，膜质，红褐色。总状花序，具3~7朵花；花淡黄色或白色；唇瓣近长圆形或宽长圆形，3裂；侧裂片较小，直立；中裂片近椭圆形或长圆形，先端浑圆并在中央常微凹。蒴果下垂，椭圆形。花、果期6~8月。**见于海坨山**。生于林下或灌丛中 。

紫点杓兰 *Cypripedium guttatum* Sw. 兰科 杓兰属

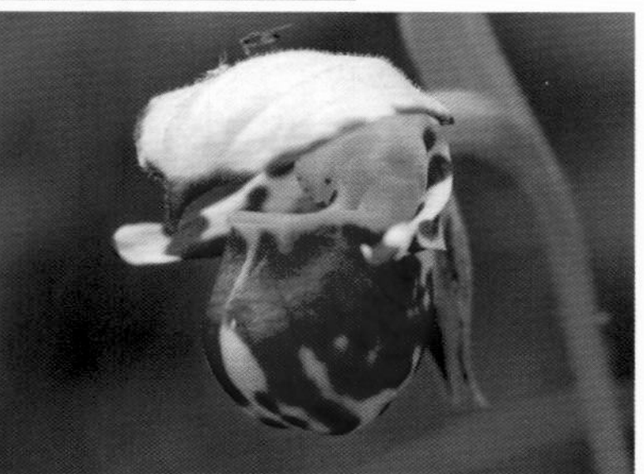

多年生草本，植株高10~25cm。根状茎横走，纤细。茎直立。基生叶两片，椭圆形，茎顶有苞叶一枚。花单生，白色而带紫色斑点，唇瓣囊状。花、果期6~8月。蒴果近狭椭圆形，下垂。**见于海坨山**。生于海拔500~4000m的林下、灌丛中或草地上。可做花卉培植供观赏。

大花杓兰 *Cypripedium macranthos* Sw. 兰科 杓兰属

多年生草本，株高25~50cm。具粗短的根状茎。茎直立，稍被短柔毛或变无毛，基部具数枚鞘，鞘上方具3~4枚叶。叶片椭圆形。花序顶生，具1花，极罕2花；花苞片叶状，通常椭圆形；花大，紫色、红色或粉红色，通常有暗色脉纹；花瓣披针形；唇瓣深囊状，近球形或椭圆形，囊底有毛。蒴果狭椭圆形，无毛。花期6~7月，果期8~9月。**见于海坨山草甸**。生于林缘或草坡上腐殖质丰富和排水良好之地。

山西杓兰 *Cypripedium shanxiense* S. C. Chen 兰科 杓兰属

植株高4.0~55cm，具稍粗壮而匍匐的根状茎。茎直立，被短柔毛和腺毛，基部具数枚鞘，鞘上方具3~4枚叶。叶片椭圆形至卵状披针形，边缘有缘毛。花序顶生，通常具2花，较少1花或3花；花苞片叶状；花褐色至紫褐色，具深色脉纹；唇瓣深囊状，近球形至椭圆形，囊底有毛。蒴果近梭形或狭椭圆形。花期5~7月，果期7~8月。**见于海坨山**。生于海拔1000~2200m的林下或草坡上。

主要参考文献

1. 中国植物志编辑委员会 . 中国植物志（相关卷册） [M]. 北京：科学出版社，1959-2004.

2. 贺士元，邢其华，尹祖棠，等 . 北京植物志 1992 修订版（上、下册） [M]. 北京：科学出版社，1993.

3. 胡东，张铁楼 . 北京地区湿地植物及植被 [J]. 绿化与生活，2001（6）：40-41.

4. 王小平，张志翔，甘敬，等 . 北京森林植物图谱 [M]. 北京：科学出版社，2008.

5. 张钢民，薛康，杜鹏志，等 . 北京常见森林植物识别手册 [M]. 北京：中国林业出版社，2011.

6. 宫兆宁，宫辉力，胡东 . 北京野鸭湖湿地植物 [M]. 北京：中国环境科学出版社，2012.

7. 沐先运，张志翔，张钢民，等 . 北京重点保护野生植物 [M]. 北京：中国林业出版社，2014.

8. 张雨曲，胡东，杜鹏志 . 北京地区湿地植物新记录 [J]，首都师范大学学报（自然科学版），2008，29（3）：56-59.

9. 蒋万杰，吴记贵 . 北京松山常见植物图谱 [M]. 2009.

中文名索引

拉丁学名索引